民族文字出版专项资金资助项目
新型职业农牧民培育工程教材

肉羊养殖技术

ལུག་སྐྱོང་ལྟོག་གསོ་སྤེལ་ལག་རྩལ།

农牧区惠民种植养殖实用技术丛书（汉藏对照）

《肉羊养殖技术》编委会　编

青海人民出版社

图书在版编目（CIP）数据

肉羊养殖技术：汉藏对照 /《肉羊养殖技术》编委会编；尕藏译. -- 西宁：青海人民出版社，2016. 12（2020. 10 重印）
（农牧区惠民种植养殖实用技术丛书）
ISBN 978-7-225-05273-1

Ⅰ. ①肉… Ⅱ. ①肉… ②尕… Ⅲ. ①肉用羊—饲养管理—汉、藏 Ⅳ. ①S826. 9

中国版本图书馆 CIP 数据核字（2016）第 322472 号

农牧区惠民种植养殖实用技术丛书

肉羊养殖技术（汉藏对照）

《肉羊养殖技术》编委会 编

尕藏 译

出版人 樊原成
出版发行 青海人民出版社有限责任公司
西宁市五四西路 71 号 邮政编码：810023 电话：（0971）6143426（总编室）
发行热线 （0971）6143516 / 6137730
网 址 http: // www. qhrmcbs. com
印 刷 青海新华民族印务有限公司
经 销 新华书店
开 本 890mm×1240mm 1/32
印 张 9.25
字 数 225 千
版 次 2016 年 12 月第 1 版 2020 年 10 月第 3 次印刷
书 号 ISBN 978 – 7 – 225 – 05273 – 1
定 价 28.00 元

《肉羊养殖技术》编委会

主　　任：张黄元

主　　编：焦小鹿

副 主 编：马清德　宁金友

编写人员：逯来章　杨生龙　逯登伟　杨　卓
林治佳

审　　稿：杨毅青　官却扎西　邓生栋

策　　划：熊进宁　毛建梅　马　倩

翻　　译：尕　藏

《ཤ་སྐྱེད་ལུག་གསོ་སྐྱོང་ལག་རྩལ》

རྩོམ་སྒྲིག་ཨུ་ཡོན་ལྷན་ཁང་།

ཀྲུའུ་རིན། ཀྲང་ཧོང་ཡོན།

གཙོ་སྒྲིག་པ། ཅའོ་ཞའོ་ལུའུ།

གཙོ་སྒྲིག་གཞོན་པ། སྣ་ཚེན་ཏི་ག ཉེན་ཅེན་ཡིའུ།

སྒྲིག་འབྲི་བྱེད་མཁན། ལུའུ་ལེ་ཀྲང་། དབྱང་ཧྲིན་སོང་། ལུའུ་ཏིན་ཤེ།
དབྱངས་སྒྲོན། ལིན་ཀྲི་ཅ།

རྩོམ་ཞུ་བྱེད་མཁན། དབྱང་ཡུས་ཚེན། དཀོན་མཆོག་བཀྲ་ཤིས། ཏིན་ཧྲིན་ཧྲུང་།

རྩིས་འགོད། ཞོན་ཅེན་ཉེན། མའོ་ཅན་མེ། སྣ་ཚན།

ཡིག་སྒྲུར་པ། ནག་པོ་སྐལ་བཟང་།

前　言

养羊业是青海省畜牧业的重要组成部分，在国民经济及人民生活中占有重要地位。现阶段，全省养羊业发展迅速，已成为农牧区经济发展的支柱产业。但目前很多地方的羊场（专业户）还缺乏科学饲养管理技术，生产效率较低，经济效益不高，甚至出现了亏损。因此，普及科学养羊知识，改变传统的养羊方式和方法，提高农牧民群众科学养羊技术水平，加快养羊业发展，是提高农牧业经济效益，推动全省养羊业持续健康发展的保障。根据我们多年的生产实践、科研、教学等经验，参阅相关文献资料，编写了这本农牧民技术培训教材《肉羊养殖技术》一书。主要包括肉羊品种、肉羊消化系统构造及其生长发育规律、肉羊饲料及其加工调料、肉羊饲养管理、繁殖、常见疾病防治、粪污及病死羊无害化处理等技术，以及羊场建设、生产与经营管理等内容，可供羊场技术人员及养羊专业户参考。

限于编者水平有限，加之编写时间仓促，书中难免存在不妥和疏漏之处，希望大家在使用中提出宝贵意见。

编　者

2014 年 10 月

གླེང་གཞི།

ལུག་གསོ་ལས་རིགས་ནི་མཚོ་སྔོན་ཞིང་ཆེན་ཕྱུགས་ལས་ཀྱི་གྲུབ་ཆ་གལ་ཆེན་ཞིག་ཡིན་ལ། རྒྱལ་དམངས་དཔལ་འབྱོར་དང་མི་དམངས་འཚོ་བའི་ཁྲོད་དུ་གོ་གནས་གལ་ཆེན་ཞིག་ཟིན་འདུག དེང་སྐབས་འདིར་ཞིང་ཆེན་ཡོངས་ཀྱི་ལུག་གསོ་ལས་རིགས་མགྱོགས་མྱུར་ངང་གོང་འཕེལ་དུ་སོང་སྟེ། རོང་འབྲོག་དཔལ་འབྱོར་གོང་འཕེལ་དུ་གཏོང་བའི་ཀ་རྟེན་ལྟ་བུའི་ཐོན་ལས་སུ་གྱུར་འདུག འོན་ཀྱང་མིག་སྔར་ས་གནས་མང་པོ་ཞིག་གི་ལུག་རར(ཆེད་གཉེར་ཁྱིམ་ཚང)དང་དུང་ཚན་རིག་གིས་གསོ་སྐྱོང་བདག་གཉེར་བྱེད་པའི་ལག་རྩལ་མེད་པ་དང་། ཐོན་སྐྱེད་ཚོད་ནུས་དམའ་ཞིང་དཔལ་འབྱོར་ཚོད་ནུས་ཞན་པ། ཐ་ན་སྐྱོང་གྲུད་བཟོས་བྱུང་། དེར་བརྟེན། ཚན་རིག་སྣོས་ལུག་གསོ་ཤེས་བྱ་ཁྱབ་གདལ་དུ་གཏོང་བ་དང་། སྲོལ་རྒྱུན་གྱི་ལུག་གསོ་རྣམ་པ་དང་ལུག་གསོ་ཐབས་ལམ་བསྒྱུར་ཅིང་། རོང་འབྲོག་མང་ཚོགས་ཀྱི་ཚན་རིག་གི་ལུག་གསོ་ལག་རྩལ་ཆུ་ཚད་ཇེ་མཐོར་བཏང་ནས་ལུག་གསོ་ལས་རིགས་གོང་འཕེལ་དུ་གཏོང་བ་བཅས་ནི་རོང་འབྲོག་ལས་རིགས་ཁེ་ཕན་ཇེ་མཐོར་བཏང་སྟེ། ཞིང་ཆེན་ཡོངས་ཀྱི་ལུག་གསོ་ལས་རིགས་སུ་མཐུད་དུ་བདེ་ཐང་གོང་འཕེལ་འབྱུང་བའི་ཁག་ཐེག་སྐུལ་འདེད་བྱེད་རྒྱུ་དེ་ཡིན། ང་ཚོས་ལོ་མང་དུ་ཐོན་སྐྱེད་ལག་ལེན་དང་ཚན་རིག་ཞིབ་འཇུག སློབ་གསོ་སོགས་ཀྱི་ཉམས་མྱོང་བཅས་གཞིར་བཟུང་བ་དང་། འབྲེལ་ཡོད་དཔེ་ཆའི་རྒྱུ་ཆར་ཟུར་ལྟ་བྱས་ཏེ། རོང་འབྲོག་མང་ཚོགས་ལག་རྩལ་ཟབ་སྦྱོང་བསླབ་དེབ《ཤ་སྐྱིད་ལུག་གསོ་སྲིལ་ལག་རྩལ》ཞེས་པའི་དཔེ་ཆ་འདི་བསྒྲིགས་པ་ཡིན། གཙོ་བོ་ཤ་སྐྱིད་ལུག་གི་ལུག་རྒྱུད་ངོ་སྤྲོད། ཤ་སྐྱིད་ལུག་གི་འཇུ་བྱེད་མ་ལག་གི་གྲུབ་ཚུལ་དང་ཡར་

སྐྱིད་འཚར་ཡོངས་ཆོས་ཉིད། ཤ་སྤྱོད་ལུག་གི་གཟན་ཆས་དང་གཟན་ཆས་སྡེབ་སྟངས། ཤ་སྤྱོད་ལུག་གི་གསོ་སྐྱེལ་བདག་གཉེར། སྐྱེ་འཕེལ་བྱེད་སྟངས། རྒྱུན་མཐོང་ལུག་ནད་འགོག་བཅོས། རྫིང་ལུད་དང་ལུག་རོ་གནོད་མེད་ཅན་དུ་བསྒྱུར་བ། ལུག་ར་འཛུགས་སྐྲུན། ཐོན་སྐྱེད་བདག་གཉེར་དོ་དམ་སོགས་ཀྱི་ནང་དོན་འདུས་པས་ན། ལུག་རའི་ལག་རྩལ་མི་སྣ་དང་ལུག་གསོ་ཆེད་གཉེར་ཁྱིམ་ཚང་གིས་ཟུར་ལྟ་བྱེད་པར་མཁོ་སྤྲོད་བྱས་པ་ཡིན།

སྒྲིག་པ་པོའི་ཆུ་ཚད་ཞན་པ་དང་སྒྲིག་ཡུན་ཐུང་བའི་དབང་གིས་དཔེ་ཆ་ཧུ་ཆད་ལྷག་དང་མི་འོས་ས་ཡོད་སྲིད་པས། ཚང་མས་དཔེ་ཆ་འདི་བེད་སྤྱོད་བྱེད་སྐབས་རིན་ཐང་དང་ལྡན་པའི་བསམ་འཆར་འདོན་རོགས་ཞུ།

སྒྲིག་པ་པོ་ནས།

2014ལོའི་ཟླ་10པ།

目　录

དཀར་ཆག

第一章　肉羊品种及主推技术

第一节　地方绵羊品种及生产性能

一、地方品种

藏系羊是我国三大原始绵羊品种之一，主要分布在青藏高原，青海省是主要产区。依其生态环境，结合生产、经济特点，青海藏系羊可分为高原型藏羊、欧拉型藏羊和山谷型藏羊等三类。其中高原型藏羊占全省藏羊总数的90%，内有2%左右的黑藏羊，主产于贵南县，散见于环湖各县，主要分布在高寒牧区；欧拉型藏羊占5%，主要分布在河南县、久治县；山谷型藏羊数量不多，占4%左右，仅在班玛县、囊谦县部分山间谷地和湟水谷地有少量分布。

（一）高原型藏羊

1. 品种特征：体质结实，体格高大，四肢较长。公、母羊均有角，公羊角长而粗壮，呈螺旋状向左右平伸；母羊角扁平、较小，多呈捻转状向外伸展。鼻梁隆起，耳大，前胸开阔，背腰平直，十字部稍高，小尾扁锥形。被毛以体躯白色、头肢杂色为主，体躯杂色和全白个体很少。被毛异质，毛纤维长。这一类型藏羊所产羊毛为著名的“西宁毛”（图1－1）。

（公）

（母）

图 1－1　高原型藏羊

2. 生产性能：成年公羊平均体重约 51.0 千克，成年母羊平均体重约 43.6 千克；年剪毛量公羊 1.40～1.72 千克，母羊 0.84～1.20 千克，净毛率 70% 左右。体侧毛辫长 20～30 厘米。母羊一般年产 1 胎，一胎 1 羔，产双羔者很少。屠宰率 43%～47.5%。

（二）欧拉型藏羊

欧拉型藏羊主要分布在黄南州河南县、泽库县和果洛州久治县。

1. 品种特征：体格高大，早期生长发育快，肉用性能好。头稍狭长，多数具肉髯。公羊前胸着生黄褐色毛，母羊则不明显。背腰宽平，后躯较丰满。被毛短，死毛含量很高。头、颈、四肢多为黄褐色花斑。大多数体躯被毛为杂色，全白和体躯白色个体较少。

（公）

（母）

图 1－2　欧拉型藏羊

2. 生产性能：体格较大，成年公羊体重 61.05 ~90.65 千克，成年母羊体重 52.89 ~64.13 千克；剪毛量成年公羊约 1.10 千克，成年母羊约 0.93 千克。成年羯羊屠宰率约为 50.18%（图 1 - 2）。

（三）山谷型藏羊

山谷型藏羊主要分布在青海省东部湟水谷地的部分州县和青南藏区班玛、囊谦两县。

1. 品种特征：体格较小，结构紧凑，体躯呈圆桶状，颈稍长，背腰平直。头呈三角形，公羊大多有扁形大弯曲螺旋形角，母羊多无角。四肢较短，体躯被毛以白色为主（图 1 –3）。

（公）

（母）

图 1 –3　山谷型藏羊

2. 生产性能：体格较小，成年公羊平均体重约 40.65 千克，成年母羊平均体重约31.66千克。被毛主要有白色、黑色和花色，多呈毛丛结构，干死毛多，毛质较差。年剪毛量 0.8 ~1.5 千克。屠宰率 48% 左右。

二、培育品种

（一）青海高原毛肉兼用半细毛羊

青海高原毛肉兼用半细毛羊简称青海高原半细毛羊。1987 年培育成功，并得到青海省人民政府的新品种认定和命名。2012 年由国家品种委员会认定为新品种。中心产区位于青海湖四周的海北州、海南州和海西州的柴达木盆地。2005 年，全省存栏 120.66 万只。

1. 品种特征：青海高原半细毛羊公羊大多有螺旋形角，母羊无角或有小角。体躯呈长方形、粗而短，背腰平直，骨骼粗壮结实。头宽、大小适中，耳小、宽厚。头毛覆盖至眼线，前肢毛着生至腕关节，后肢毛着生至飞节。蹄壳呈黑色（图 1－4）。

（公）

（母）

图 1－4　青海高原毛肉兼用半细毛羊

2. 生产性能：青海高原半细毛羊成年公、母羊平均体重分别约为65.5千克和 37.53 千克。产毛量公、母羊平均分别约为 5.26 千克和 2.9 千克。羊胴体重约 16.83 千克。青海高原半细毛羊一般 1.5 岁配种，母羊多产单羔，产羔率 102%，羔羊繁殖成活率 65%～75%。

（二）青海毛肉兼用细毛羊

青海毛肉兼用细毛羊于 1976 年由青海省三角城种羊场育成，2012 年由国家品种委员会认定为绵羊新品种。青海毛肉兼用细毛羊以三角城种羊场为主要产区，分布于海北州门源县、刚察县，海东市和西宁市大通县、湟中县和湟源县等地区。现存栏 3.1 万只。

1. 品种特征：青海毛肉兼用细毛羊被毛为白色，体质结实，结构匀称。胸宽深，背腰平直。公羊有螺旋形大角，颈部有 1～2

个完全或不完全的横皱褶；母羊多数无角、少数有小角，颈部有发达的纵皱褶。被毛呈毛丛结构，闭合良好，密度中等以上。头毛着生至两眼连线，前肢毛着生至腕关节，后肢毛着生至飞节。羊毛细度均匀、弯曲正常，油汗呈乳白色或淡黄色，含量适中。净毛率在40%以上（图1－5）。

（公）

（母）

图1－5　青海毛肉兼用细毛羊

2. 生产性能：青海毛肉兼用细毛羊成年公、母羊平均体重分别约为81.0千克和37.31千克。剪毛量成年公羊7.07～9.91千克，成年母羊5.05～5.41千克；育成公羊4.46～6.06千克，育成母羊4.45～4.75千克。毛长度成年公羊8.85～10.69厘米，成年母羊9.14～9.32厘米；育成公羊8.87～11.75厘米。净毛率成年公羊47.3%，成年母羊42.6%。

育肥羊宰前活重15.40～18.42千克，胴体重18.28～21.38千克，屠宰率41.12%，净肉重15.40～18.42千克，净肉率35.06%。公、母羊10月龄达到性成熟，初配年龄为1.5岁。母羊10～11月份配种，产羔率102%～107%，繁殖成活率96%。

第二节　引入肉羊品种及生产性能

一、引入国外肉羊品种（无角陶赛特羊）

无角陶赛特羊属肉用型绵羊品种，原产于澳大利亚和新西兰，是以雷兰羊和有角陶赛特羊为母本，考力代羊为父本进行杂交，杂种羊再与有角陶赛特公羊回交，然后选择无角后代培育而成。20 世纪 80 年代以来，我国先后从澳大利亚和新西兰引入无角陶赛特羊，分布在新疆、内蒙古、甘肃、北京、河北、山东、山西、陕西、青海等地区。

1. 品种特征：无角陶赛特羊体质结实，头短而宽，耳中等大，公、母羊均无角。胸宽深，背腰平直，体躯较长，肌肉丰满，后躯发育好。面部、四肢及被毛为白色（图 1－6）。

（公）

（母）

图 1－6　无角陶赛特羊

2. 生产性能：无角陶赛特羊体重成年公羊 90～110 千克，成年母羊 65～75 千克，剪毛量成年公羊 3.0～3.7 千克，成年母羊2.3～3.0 千克。羊毛长度 7～9 厘米，毛细度 56～58 支，净毛率60%～65%。生长发育快、胴体品质好、产肉性能高，经过肥育的 4 月龄羔羊胴体重公羔约 22 千克，母羔约 19.7 千克，屠宰率 50% 以上。

母羊常年发情、繁殖率高，产羔率144%，羔羊繁殖成活率131%。

二、引入国内肉羊品种（小尾寒羊）

小尾寒羊属肉裘兼用型绵羊地方品种（图1－7）。

（公）

（母）

图1－7　小尾寒羊

1．品种特征：被毛为白色，极少数羊眼圈、耳尖、两颊或嘴角以及四肢有黑褐色斑点。体质结实，体格高大，结构匀称，骨骼结实，肌肉发达。头清秀，鼻梁稍隆起，眼大有神，嘴宽而齐，耳大下垂。公羊有较大的三菱形螺旋状角，母羊半数有小角或角基。公羊颈粗壮，母羊颈较长。公羊前胸较宽深，鬐甲高，背腰平直，前后躯发育匀称，侧视略呈方形。母羊胸部较深，腹部大而不下垂；乳房容积大，基部宽广，质地柔软，乳头大小适中。四肢高而粗壮有力，蹄质坚实。属短脂尾，尾呈椭圆扇形，下端有纵沟，尾尖上翻。

2．繁殖性能：性成熟早，公羊6月龄性成熟，母羊5月龄即可发情，当年可产羔。初配月龄公羊为12月龄，母羊为6～8月龄。母羊常年发情，但以春、秋季较为集中；发情周期约16.8天，发情持续期约为29.4小时，妊娠期约148.5天；年平均产羔率267.1%，羔羊断奶成活率95.5%。绝大部分母羊一年产2胎，每胎产两羔者非常普遍，三四羔也常见，最高可产7羔，且随胎次的增加而提高。

第三节　主推技术

一、肉羊杂交技术

目前，青海省利用无角陶赛特羊良好的产肉性能和小尾寒羊的多胎性优势，同本地藏羊开展以增加产肉性能为主要目的的多种杂交组合。重点推广人工授精、舍饲饲养和羔羊育肥技术等，扩大良种肉羊覆盖度，不断提高能繁母羊比例，提高出栏率和商品率。

利用杂交优势来生产羔羊肉，是养羊业发达国家生产羊肉的成功经验。青海牧区绵羊品种多，但这些品种普遍存在肉用性能较差的缺点。因此，要提高肉羊的生产水平，改善羊肉品质，可以引进国外的优良肉用品种为父本，以当地品种为母本，进行杂交改良，生产羔羊肉。

二、肉羊杂交主要方法

1．二元杂交方法：主要用生产性能优良的肉用品种做父本，本地羊做母本，杂交一代羊通过育肥进行肉羊生产。这是国内目前较广泛应用的一种杂交方法。如在绵羊生产中用无角陶赛特羊做父本，以小尾寒羊做母系，生产二元杂交肉羊。其方法如下。

无角陶赛特羊♂×小尾寒羊♀（或本地绵羊品种♀）

↓

肉用绵羊

2．三元杂交方法：本地羊♀×小尾寒羊♂

↓

F1♀×无角陶赛特羊♂

↓

三元杂交商品肉用绵羊

三、肉羊杂交利用效果

1. 利用陶赛特公羊与青海改良绵羊杂交，在农户饲养管理条件下，F_1 代羊生长发育快，适应性强，体现了显著的杂种优势，且 F_1 代羊既具有亲本明显的肉用性能特点，又保持了母本对恶劣环境良好的适应性（图 1－8）。

2. 利用陶赛特与藏羊杂交，杂种优势明显，杂种后代采食性好，生长发育快，产肉率高，适应性强，适宜于牧区放牧育肥。在同等的饲养管理条件下，杂种羔羊生长发育快，具有明显的肉用体型，4 月龄断奶胴体重达 12.5 千克，屠宰率 46.14%。

3. 利用陶赛特与小尾寒羊杂交，陶寒 F_1 代羔羊和小尾寒羊羔羊进行 12 月龄前全程跟踪测定，陶寒 F_1 代羔羊 12 月龄体重比小尾寒羊提高 15.65～19.35 千克，杂一代增重效果明显。

4. 无角陶赛特羊与青海半细毛羊杂交效果，陶半 F_1 代羊产羔率达 99.46%，陶半 F_1 代羔羊表现出明显的生长优势。断奶前日增重陶半 F_1 羔羊为 118.67 克，青海半细毛羊为 96 克，陶半 F_1 表现出良好的早熟性和肉用体型，陶半 F_1 代羔羊 6 月龄体长指数和胸围指数分别达到109.25% 和 148.11%，比同龄青海半细毛羊高出 11.67 个和 30.51 个百分点，显示了陶半 F_1 代杂种羔羊的早熟性能和良好的产肉性能。

5. 小尾寒羊与青海藏系羊杂交改良效果，利用小尾寒羊与当地藏系羊进行杂交改良，杂一代初生重、1～5 月龄体重显著高于藏系羔羊（$P<0.05$）。131 日龄寒藏一代、藏系羔羊进行为期 80 天的舍饲育肥试验，寒藏一代的总增重、日增重及胴体重分别为 13.39 千克、167.38 克和 15.62 千克，显著高于藏系羔羊（$P<0.01$）；寒藏一代的屠宰率也有所提高。寒藏一代比藏系羔羊增收 86.25 元/只。

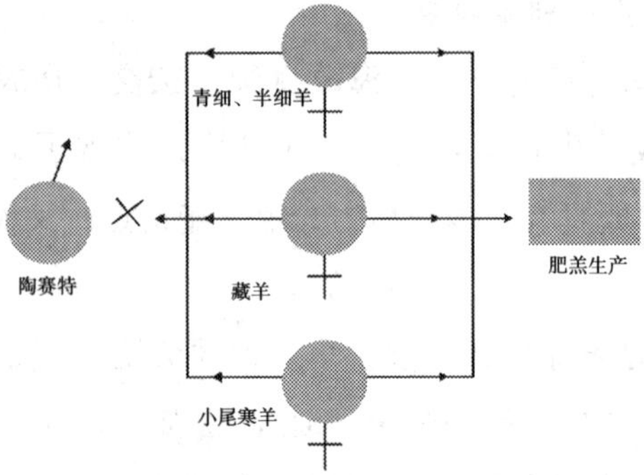

图1－8　杂交示意图

四、藏羊高效饲养管理综合配套技术

（一）藏羊本品种选育技术

1. 鉴定组群：对试验点内藏羊进行全面鉴定，对不合格种公羊进行全面淘汰，母羊进行逐步淘汰；合格的各类生产羊只佩戴耳标和建立养殖档案，建立核心群和种公羊系谱档案、种羊卡片，并按年龄、性别、生产类型等进行分别组群饲养，提高羊只生产性能和羊群整齐度，优化羊群结构。

2. 选种、选配：为提高群体质量、避免近亲交配，试验点根据群体质量制定选种、选配方案。在选择种公羊时，要注意以下三点：①根据系谱看它的祖先品质和生产性能；②根据鉴定材料，看它本身的品质和生产性能；③根据后代品质，看它的遗传性能。

选配时一般遵循以下原则：①公羊的等级要高于母羊；②优良的公、母羊除了有目的的杂交外，都应进行同质选配；③有相同缺点的公、母羊不应交配；④亲缘交配一般应该避免；⑤避免使用过幼、过老的种公羊。

3. 后备种公羊及母羊培育：母羊妊娠后期的饲养管理应给予足够的重视，在冬季草地的安排上、青干草的使用上，首先考虑母羊群。公羊在幼年时不仅要选好，更重要的进行培育，给予充足的乳汁以促使发育，断奶后特别是第一个越冬过春期，要进行补饲。另外，适时断奶对母羊的复壮和羔羊消化机能的锻炼是有益的，是羔羊培育的一种特殊手段，一般在产后 4 个月左右断奶，发育好的羔羊断奶时间可提早一些。

经周岁鉴定后选留的种羊，根据方案进行培育。其中公羊单独组群饲养，一部分留做牧场内种公羊使用，一部分培育后向社会推广，鉴定合格后方可使用；周岁母羊补充进生产群，淘汰老弱羊或生产性能较低的母羊。

（二）划区轮牧技术

划区轮牧是一种有计划的、分小区依次轮流放牧利用草原的科学放牧方式。根据草原的载畜量先将草原划分成季节放牧地，然后把季节放牧地分成若干个小区，按照规定的放牧顺序、放牧周期和分区放牧时间逐区放牧，轮回利用。为了合理利用草场，减少牧草浪费和减少羊群感染寄生虫病的机会，应推行划区轮牧制度。本试验根据对牧场内草场面积、草场类型、草场生产力情况、牲畜载畜量、现存栏牲畜等全面测定，对冬春草场、秋季草场和夏季草场进行放牧区域划分，设定轮牧单元和轮牧小区，试点先从冬春草场进行划区轮牧，然后逐步扩大到夏秋草场，通过试点提出各类草场轮牧方案。

（三）暖棚养羊技术

针对项目区冷季气候条件恶劣的情况，推广冷季保温暖棚养殖技术，使牲畜在寒冷枯草季节减少能量消耗，使部分瘦弱、怀孕母畜及幼畜在补饲后有较好的体质，提高仔畜成活率，特别是为藏羊冬季补饲育肥和产羔提供了理想场所。

（四）藏羊补饲技术

当冬季枯草期牧草营养含量下降或放牧采食不足时，必须进行补饲。特别是对正在发育的幼龄羊、怀孕期和哺乳期的成年母羊补饲尤其重要。种公羊仅靠平时放牧，其营养需要难以满足，在配种期间更应保持较高的营养水平。

补饲量取决于羊群的种类、放牧条件及补饲用料种类等。对当年断奶越冬羔羊应进行重点补饲；对种公羊和核心母羊群的补饲应多于其他种类羊。一般每只羊日补饲干草0.5~1.0千克和混合精料0.1~0.4千克。补饲精料以本地作物为主，其成分为青稞20%，玉米30%，菜籽饼20%，麸皮25%，矿物质3%，食盐2%。

（五）青海藏羊疫病防治技术

疫病是养羊业生产的一大威胁，应重点搞好传染病的预防接种工作，坚持预防为主的原则，定期驱除羊体内外的寄生虫。青海藏羊疫病防治按照《牛、羊规模饲养防疫技术》DB63/T435、《放牧羊寄生虫病防治技术规范》DB63/T463的规定执行。

（六）藏羊适时出栏技术

1. 羔羊的适时出栏：对断奶后至周岁内羔羊进行育肥，羔羊育肥可分为三个阶段，即育肥前期、育肥中期和育肥后期。羔羊育肥的基本原则是：育肥前期管理的重点是观察羔羊对育肥管理是否习惯、有无病态羊、羔羊的采食是否正常，应根据采食情况调整补饲标准和饲料配方等；育肥中期要加大补饲量，增加蛋白质饲料比例，注重饲料中营养的质量和平衡；育肥后期在加大补饲量的同时，增加饲料的能量，适当减少蛋白质的比例，以增加羊的肥度，并提高羊肉的品质，并根据生长阶段、市场及体重适时出栏。

2. 淘汰羊的适时出栏：淘汰羊育肥可分为两个阶段，即预饲期和正式育肥期。预饲期为15天，期内统一进行驱虫、药浴、防疫、健胃、称重、编号以及根据不同体况分群放牧饲养。正式育肥期为75~100天，期内按标准日粮饲喂和科学饲养管理。饲养方式为全舍饲育肥。羔羊全舍饲育肥应当按羔羊的饲养标准供给日粮，其中粗蛋白含量不低于11%，分2～3次饲喂，饲喂顺序先粗后精、先喂后饮。根据生长阶段、市场及体重适时出栏，并对育肥羊只进行屠宰测定。

（七）繁殖力提高技术

利用定期配种（母羊发情季节投放种公羊1月进行配种）、早期断奶、母羊补饲等措施综合提高母羊繁殖力。

（八）饲草料种植技术

牧场羊群除四季放牧外必须补饲，尤其是配种季节的种公母羊、妊娠及哺乳母羊和羔羊，不能单纯依靠放牧饲养，而且必须给予适当补饲，增加营养。通过牧场试验点建设，在试验点落实1种草地块，结合当地土壤墒情，开展饲草料种植工作。

第二章 肉羊消化系统构造与生长发育规律

第一节 肉羊消化系统构造特点

一、消化系统构造

羊和牛一样，属于反刍动物，它的消化系统主要包括口腔、唾液腺、食管、胃（瘤胃、网胃、瓣胃、皱胃）、小肠和大肠。但是，不同的肉羊品种，其消化器官的大小不同。

二、肉羊的消化利用特点

（一）一般羊的消化利用特点

羊是常见家畜中对粗纤维饲料消化利用能力最高的动物（约为65%），其次是牛为55%；单胃动物中猪只有18%，马为30%。

（二）羔羊的消化利用特点

初生时期的羔羊，起主要作用的是皱胃（真胃），其他3个胃的作用很小。羔羊吸吮的母乳直接进入真胃，由真胃分泌的凝乳酶进行消化。但随着日龄的增长和采食植物性饲料的增加，前3个胃的体积逐渐增大，一般在20日龄后出现反刍活动，真胃凝乳酶的分泌逐渐减少，其他消化酶分泌增多，对草料的消化分解能力开始逐渐加强，瘤胃的发育及其机能才逐渐完善。

三、肉羊的生活习性和行为特点

（一）合群性强

绵羊有较强的合群性，受到侵扰时，互相依靠和拥挤在一起。但由于群居行为强，羊群间距离近时容易混群。因此，在管理上应避免混群。不同绵羊品种群居行为的强弱有别，粗毛羊品种最强，毛用品种比肉毛兼用品种强。

（二）觅食能力强，饲料利用范围广

羊嘴较窄、嘴唇薄而灵活、牙齿锋利，既能啃食接触地面的短草，又能利用许多其他家畜不能利用的饲草饲料。羊的四肢强健有力，蹄质坚硬，能边走边采食。利用饲草饲料广泛，如多种牧草、灌木、农副产品以及禾谷类籽实等均能利用。

（三）爱清洁

绵羊具有爱清洁的习性。羊喜吃干净的饲料，饮清凉卫生的水。草料、饮水一经污染或有异味，就不愿采食、饮用。因此，在舍内补饲时，应少喂勤添，以免造成草料浪费。平时要加强饲养管理，注意绵羊的饲草饲料清洁卫生，饲槽要勤扫，饮水要勤换。

（四）喜干燥，怕湿热

绵羊适宜在干燥、凉爽的环境中生活。羊舍潮湿、闷热，牧地低洼潮湿，容易使羊感染寄生虫病和传染病，导致羊毛品质下降，腐蹄病增多，影响羊的生长发育。除应将羊舍尽可能地建在地势高燥、通风良好、排水通畅的坡地上外，还应在羊圈内修建羊床或将羊舍建成带漏缝地面的楼圈。

（五）性情温驯，胆小易惊

绵羊性情温驯，在各种家畜中是最胆小的畜种，且自卫能力差。突然的惊吓，容易“炸群”。羊一受惊就不易上膘，平常对

羊要和蔼，不应高声吆喝、扑打，以免引起惊吓。

（六）嗅觉和听觉灵敏

绵羊嗅觉灵敏，母羊主要凭嗅觉鉴别自己的羔羊，视觉和听觉起辅助作用。分娩后，母羊会舔干羔羊体表的羊水，并熟习羔羊的气味。羔羊吮乳时母羊总要先嗅一嗅羔羊后躯部，以气味识别是不是自己的羔羊。利用这一特点，寄养羔羊时，只要在被寄养的孤羔和多胎羔羊身上涂抹保姆羊的羊水，寄养多会成功。

（七）扎窝特性

羊由于被毛较厚、体表散热较慢，故怕热不怕冷。夏季炎热时，常有“扎窝子”现象。即羊将头部扎在另一只羊的腹下取凉，互相扎在一起，越扎越热，越热越扎挤在一起，很容易相互伤害。所以，夏季应设置防暑措施，防止扎窝子，要使羊休息乘凉，羊场要有遮荫设备，可栽树或搭遮荫棚。

（八）抗病力强

羊的抗病力较强。其抗病力强弱，因品种而异。一般来说，粗毛羊的抗病力比细毛羊和肉用品种羊要强，山羊的抗病力比绵羊强。体况良好的羊只对疾病有较强的耐受能力，病情较轻一般不表现症状，有的直到临死前还能勉强跟群吃草。因此，在放牧和舍饲管理中必须细心观察，才能及时发现病羊。

（九）羊的调情特点

公羊对发情母羊分泌的雌激素很敏感。公羊追嗅母羊外阴部的尿水，并发生反唇卷鼻行为，有时用前肢拍击母羊并发出求偶的叫声，同时做出爬胯动作。母羊在发情旺盛时，有的主动接近公羊，或公羊追逐时站立不动，小母羊胆子小，公羊追逐时惊慌失措，在公羊竭力追逐下才接受交配。因此，由于母羊发情不明显，在进行人工辅助交配或人工授精时，要使用试情公羊发现发情母羊。

第二节　肉羊的生长发育规律

生产上一般以初生重、断奶重、屠宰活重以及平均日增重等概念来反映羊的体重增长和发育状况。

一、肉羊生产期的界定

一般来说，按羊的生长发育特点可把羊划分为胎儿、哺乳、幼年、青年和成年等5个时期。

（一）胎儿期（妊娠期间）

在妊娠初期，母羊怀孕后2个月前，胎儿生长缓慢，以后逐渐加快；维持生命活动的重要器官如头部、四肢等的发育较早，而肌肉、脂肪发育较迟；羔羊的初生重与断奶重密切相关等。因此，在妊娠后期应供给母羊充足的养分。

（二）哺乳期（出生—断奶）

羔羊断奶体重占成年体重的28%左右。哺乳期是羊一生中生长发育的重要阶段，也是定向培育的关键时期。此阶段增重的顺序是内脏→骨骼→肌肉→脂肪，体重随年龄迅速增长，羊从初生重的3.1千克左右增长到断奶重9.6千克左右，相对增长率为209%。

（三）幼年期（断奶—配种前）

羊配种前体重占成年体重的70%左右，这一阶段性发育已趋于成熟，但仍是羊增重最快的阶段，日增重为180克左右。增重的顺序为生殖系统→内脏→肌肉→骨骼→脂肪。

（四）青年期（12—24月龄）

青年羊体重占成年羊体重的85%左右。这个时期，羊的生长发育接近成熟，体形基本定型，生殖器官已发育完善，绝对增重达到高峰，以后增重缓慢。增重的顺序是肌肉→脂肪→骨骼→生殖器官→内脏。

（五）成年期（24月龄至6岁）

成年期的前期体重还会有缓慢的上升，48月龄后增长基本停止。增重部分主要是脂肪。

二、肉羊的组织器官生长变化规律

（一）体组织的生长发育规律

1. 骨骼生长发育规律：羊在出生后体形及各部位的比例都会发生很大的变化。这种变化主要是由躯体各部位骨骼的生长变化引起的。羊在胚胎期，生长速度最快的骨骼是四肢骨，主轴骨生长较慢；出生以后则相反，主轴骨生长加快，四肢骨生长缓慢。就体躯部位而言，出生时头和四肢发育快，躯干较短而浅，腿部发育差；哺乳后首先是体高和体长增加，其后是深度和宽度增加，二者有规律地更替。

2. 肌肉的生长发育规律：肌肉的生长主要是肌纤维体积增大、增粗，并随羔羊月龄增大，肉质的纹理变粗。初生羔羊肌肉生长速度快于骨骼，体重逐渐增加。

3. 脂肪的沉积规律：脂肪在羊体生长过程中的作用主要是保护关节的润滑、保护神经和血管及贮存能量。从初生到12月龄，脂肪沉积缓慢，但仍稍快于骨骼，以后逐渐加快。其次是皮下脂肪沉积，最后是肌间脂肪和肌内脂肪沉积，使肉质变嫩，并呈现出一定的风味。

（二）组织器官的生长发育规律

肉羊的组织器官的生长发育也具有不均衡性，不同组织器官的生长速度是不相同的。皮肤和肌肉无论在胚胎期还是生后期，生长强度都占优势，脂肪组织在生长后期才加快生长。脂肪沉积的部位也随年龄不同而有区别，一般先贮存在内脏器官附近，其次在肌肉之间，继而在皮下，最后贮积于肌肉纤维中，形成肌肉大理石纹。

第三章　肉羊的饲料及其加工调制

饲料是各种营养素的载体，它几乎含有肉羊所需要的所有营养物质。肉羊生长、育肥、繁殖等生理、生产活动所需要的养分，无一不是来源于饲料。因此，饲料是发展肉羊生产的物质基础，广辟饲料来源，备足饲料，并合理加工利用，才能把羊养好。肉羊的饲料种类很多，根据国际饲料命名及分类原则，按饲料特性分为粗饲料、青绿饲料、青贮饲料、能量饲料、蛋白质饲料、矿物质饲料、维生素饲料、添加剂共 8 大类。其中粗饲料天然水分 <45，干物质中粗纤维 $\geqslant 18\%$；青绿饲料天然水分 $\geqslant 45$；青贮饲料天然水分 $\geqslant 45$；能量饲料天然水分 <45，干物质中粗纤维 $<18\%$，干物质中蛋白质 $<20\%$；蛋白质饲料中天然水分 <45，干物质中粗纤维 $<18\%$，干物质中粗蛋白质 $\geqslant 20\%$。

第一节　秸秆饲料加工调制技术

一、物理加工方法

物理加工方法简单易行，通过秸秆长度和硬度等变化，增加其表面积使之更易与羊瘤胃微生物接触，从而提高秸秆的消化利用率。秸秆经过切短或粉碎处理后，更便于家畜咀嚼和提高家畜采食量，并可减少采食过程的能耗和饲喂过程中的饲料浪费。物理加工方法有以下几种（图 3－1）。

（一）切短

利用铡草机将粗饲料切短成 1～2 厘米，如饲草较柔软，可切稍长些，而玉米秸秆较粗硬且有结节，以 1 厘米左右为宜。

（二）粉碎

粗饲料粉碎可提高饲料利用率，便于与精饲料混拌。粉碎的细度不应太细，以便反刍，一般粉碎长度为 0.5 厘米左右。

（三）揉搓

揉搓机械是近年来推出的新产品，为适应反刍家畜对粗饲料利用的特点，可将秸秆饲料揉搓成丝条状，揉碎的玉米秸可饲喂牛羊等反刍家畜。同时提高了适口性，也提高了饲料利用率，是当前利用秸秆饲料比较理想的加工方法。能量采食量为揉碎 > 粉碎 > 铡短，秸秆类饲料推荐利用揉碎和粉碎处理。

（四）盐化

秸秆盐化就是将盐溶液按一定比例喷洒在秸秆上，经一定时间使秸秆软化，增加牲畜适口性和采食量，提高秸秆利用率的一种简单方法。

首先，要把盐化的秸秆切成 1～2 厘米，按每百千克秸秆加盐 0.5 千克盐，加水 30 千克配制溶液；然后将盐溶液喷洒在秸秆上，要求边喷洒边搅拌，充分混合均匀，放入窖中或水泥地面上用塑料膜封严。夏季需经 12～24 小时，冬季 24～36 小时即可饲用，在饲喂牲畜的日粮配合饲料中不再加盐。

切碎的玉米秸

玉米秸苜蓿混合块

玉米秸颗粒

玉米秸块

图 3 - 1　物理加工

二、化学处理方法

（一）碱化及其机理

碱化处理包括用氢氧化钠、氢氧化钙、氢氧化钾等溶液浸泡秸秆或喷洒于秸秆表面，前者常称为湿法处理，后者常称为干法处理。

（二）尿素氨化处理

将尿素 3 ~ 5 千克溶于 60 ~ 80 千克水中，洒入 100 千克切短的秸秆上并拌匀，装入池或塑料袋中密封。此法可以显著提高秸秆的粗蛋白含量（8%）、采食量（20% ~ 40%）、消化率（20% ~ 30%）。

三、生物学处理方法

生物学处理方法主要是指微生物的处理，包括青贮、黄贮、微贮。

（一）青贮

青贮是保存饲草的好方法，它的优点是：①牧草营养损失最少。青绿饲料晒制成干草营养损失20% ~40%，而调制为青贮饲料仅损失10%。②青贮可常年均衡供应青绿多汁饲料。③青贮饲料消化性强、适口性好。④饲料贮存空间小。1立方米青贮饲料可贮存饲料干物质150千克（新鲜饲料450~750千克），同体积干草仅贮存60千克干物质（干草70千克）。

1. 青贮原料与贮存设施：青贮原料有玉米、大麦、高粱、牧草、野草、叶菜类等（图3-2）；青贮饲料的贮存设施有青贮窖、青贮壕、青贮塔和青贮塑料袋等（图3-3）。

图3-2　青贮原料

（1）青贮窖：是青贮饲料使用最多的青贮设施，根据其在地面上下的位置分地下式、半地下式和地上式；根据其形状又有圆形与长方形之分。青贮原料多时，可采用长方形窖。一般深1.5~3.5米，长度可根据需要确定。

（2）青贮壕：长20~40米，上口宽5.5~6米，下口宽4.5~5.5米，深2.5~3.5米。底部向一侧斜以便排出青贮料渗出液，或者底部与壁接合处修一排水沟。若有条件的底部和四壁采用砖石结构或混凝土结构。也可以用塑料薄膜代替，避免泥土污染。

（3）青贮塔：是用砖、水泥、钢筋等原料砌筑而成的永久性塔形建筑。塔高应根据设备条件而定，有自动装料的青贮切碎机条件的，可以建造高 8 ~ 10 米的青贮塔，甚至更高的青贮塔。青贮料从塔顶装入，取青贮料可采用由顶部或底部两种取料法。

（4）青贮塑料袋：采用 0.8 ~ 1.0 毫米厚的聚乙烯双幅塑料薄膜制成塑料袋，每袋装 100 ~ 150 千克青贮原料。用户只需把青贮原料切短，压实装袋，扎口，保证不透气，然后堆积存放在避光阴凉处。袋装青贮的优点是经济简便易行，青贮物料质量好，营养可保存 85% 以上，物料损失小，便于人力搬运和取饲。但在贮放期间要注意预防鼠害和薄膜破裂，以免引起二次发酵。袋装青贮缺点是塑料袋成本较高，袋装量大时需要配备压实装填机。

青贮窖

青贮塑料袋

青贮塔

图 3－3　青贮饲料贮存设施

2. 青贮时机

（1）整株玉米：应在蜡熟期，即干物质产量为25%～35%时为佳。标记是籽粒尖端的几层细胞变黑即形成黑层。

（2）收穗后的玉米秸：宜在玉米果穗成熟、玉米茎叶仅有下部1～2片叶枯黄时立即收割。

（3）豆科牧草：现蕾期至开花初期。

（4）禾本科牧草：孕穗至抽穗期。

3. 青贮饲料的制作

（1）选择制作青贮的条件：①在最佳成熟阶段收割，收割时水分含量为60%～67%。②铡的长度要合适，玉米青贮一般铡成1～1.5厘米，秸秆要铡得更细。这样不仅有利于装窖时压实，排除空气，而且使汁液渗出，润湿原料表面，有利于乳酸菌的发酵。③适宜的水分含量为60%～67%，如果水分超过67%，可以与粉碎的干草或秸秆混合青贮。用秸秆制作青贮时，应加水使含水量达到60%～65%。青贮原料含水量的控制是决定青贮品质的重要因素。

（2）正确判断青贮原料的水分含量

①手挤法：抓一把铡碎的青贮原料，用力挤30秒，然后慢慢伸开手。若伸开手后有水流出或手指间有水，表明其含水量为75%～85%，此时太湿不能做成优质青贮，而应该晒一段时间，或与秸秆等一起青贮，或每吨加90千克玉米面青饲，若伸开手后料团呈球状，手湿，表明共含水量为68%～75%，也应该晒一段时间，或每吨加69千克玉米面，或每层之间加一层秸秆青饲；伸开手后料团立即散开，表明含水量低于60%，要添加水分后才能青贮。

②扭弯法：在铡碎前，扭弯秸秆时不折断，叶子柔软、不干燥，此时的含水量最合适。

（3）青贮饲料的制作方法：青贮制作可分为切短、装填与压实、密封等几个步骤。先将含水分65%左右青贮原料切碎，便于压实，排出空气，尽量造成厌氧环境。一般切成2～3厘米长度，随切碎随入窖，装填15～20厘米厚时，长窖可用拖拉机层层压实，尤其是窖四周边缘和窖角，拖拉机压不到的地方一定要用人工踩实。青贮原料装满窖后再超出窖面1米左右，然后及时用塑料薄膜盖严。上面用土覆盖拍实，土厚30～50厘米呈圆顶，以利排水。青贮窖（壕）密封后，在窖的周围约1米处挖排水沟，以防雨水渗入窖内。如发现窖顶出现裂缝，应及时加土压实，以防漏气。

半干青贮制作方法与高水分青贮制作主要区别是青贮原料要晾晒，水分必须达到45%～55%。半干青贮也要求切短、压实和高度密封。

塑料袋青贮装袋时，应先将袋的底部两角填满压实，然后分批少量加入，层层压紧，每袋装满后用绳子将饲料处扎紧袋口，不要留有空隙。塑料袋严加保护，一旦损坏要立即补好。

4．青贮饲料的制作工艺和流程（图3－4）

（1）全机械化作业的工艺流程

自动或牵引或青贮收割机刈割青贮原料

↓

在田间收割、粉碎

↓

辅车和收割机同步进行

↓

辅车接受已粉碎的青饲料

↓

运输到青贮窖

↓

自动或人工卸车入窖

↓

测定水分

↓

摊平，分层均匀加入尿素、食盐、发酵菌种等添加剂

↓

用拖拉机反复碾压，切实压实

↓

封窖

（2）半机械化作业的工艺流程

割草机或人工刈割青贮原料

↓

整株装车，拉运到青贮设施旁堆积

↓

青贮粉碎机粉碎后直接入窖

↓

摊平，测定水分，分层均匀加入尿素、食盐、发酵菌种

↓

拖拉机反复碾压，切实压实

↓

封窖

收割切碎：长度 1 ~2 厘米

封窖：塑料膜盖严

装填（逐层装入，每层15～20厘米）、压实　　30～40天可开启使用

图3－4　青贮饲料的制作步骤和方法

5. 开窖与利用

（1）开窖：青贮饲料在封窖40～60天后即可开窖饲喂。一般以气温较低又缺饲草的季节开窖为宜。开窖前清除封窖时的盖土、铺草等。圆窖顶部盖好塑料布或席，便于逐层取用。袋装青贮用完一袋再开下一袋，未用完时应将袋口扎紧。注意防止二次发酵。

（2）青贮饲料的品质鉴定：我国一般凭感官鉴定。①气味：质量好的青贮饲料具有一种酸香味，气味芳香，酸味也较浓，似酒糟味；中等青贮酸味较少，具有香味但不浓；劣等青贮带有丁酸味或刺鼻糊臭味、霉味。②色泽：上等青贮呈绿色或黄绿色，接近原料颜色；中等呈黄褐色或暗绿色；下等呈褐色或黑色。③质地：上等青贮茎叶结构保存良好，拿到手中很松散，质地柔软略带湿润；中等柔软但稍干或者水分稍多；下等青贮粘成一团，茎叶腐烂，或者松散干燥、粗硬，已不能饲喂肉羊，只能用做肥料。

（3）青贮饲料饲喂量：羊喂青贮饲料时，喂量由少到多，先与其他饲料混喂，使其逐渐适应。肉羊每只每天可喂1.5～2.0千克。

（二）黄贮

黄贮是利用玉米等禾本科植物籽实收获后的黄秸秆进行处理

的一种方法。黄贮原料来源广、操作简单、技术容易掌握。黄贮后的秸秆质地揉软，适口性好。所用设备和过程与青贮相同。

（三）微贮

微贮是在农作物秸秆中加入微生物活性菌种，放入容器（水泥池、土窖、缸、塑料袋等）中或地面进行发酵，经过一定的发酵过程，使农作物秸秆变成带有酸、香、酒味，家畜喜食的粗饲料。微贮的制作见图 3－5。

秸秆粉碎

加入发酵剂

加水搅拌

压实装袋

密封发酵

储藏待用

图 3－5　微贮的制作

第二节　青绿饲料

一、禾本科青绿饲料

禾本科草种很多，大部分品种在籽实尚未成熟时适口性均非常好。

（一）青饲玉米

在禾本科青绿饲料中以青饲玉米品质最好、老化晚、饲用期长，从抽穗期直到成熟期消化率变化不大，收割晚些干物质单位面积产量增加。青饲玉米柔软多汁，适口性好，适于做肉羊的青饲料。

（二）青饲高梁

高粱的青绿茎叶，尤其是甜茎品种，是肉羊的好饲料，可在抽穗开花至乳熟期收获，早期收割如留茬 3～5 厘米，还可再生供青割利用。

（三）青饲大麦

青饲大麦是优良的青绿多汁饲料。生长期短，再生能力强，及时收割还可收到再生草。大麦于孕穗至开花期收割后，经 30～40 天可再割 1 次，产量与第一次近似或略高，但品质好。大麦抽穗以后老化，品质下降。

（四）青饲燕麦

燕麦叶多茎少，叶子宽长，柔软多汁，适口性好，是一种很好的青饲料。收获期对营养成分影响不大，从乳熟期至成熟期均可收获。

二、豆科青绿饲料

豆科饲用植物的种类比禾本科少很多，但豆科植物蛋白质含量比禾本科高。茎秆中纤维素含量高而可溶性碳氢化合物含量较低。叶子营养丰富。豆科牧草的钙、镁和硫含量比禾本科高，而锰和锌则较禾本科低。苜蓿营养价值高，适口性好，肉羊喜欢吃，一年可收割几茬。可鲜喂，也可制成干草、干草粉或调制青贮饲料。

三、树叶饲料

作为饲料的树叶种类很多，其中较好的有桑树叶、榆树叶、柳树叶等。适时采集营养价值较好，蛋白质的能量亦较高。

四、利用青绿饲料应注意的问题

（一）氢氰酸中毒

高粱、玉米幼苗中含有氢氰酸有机衍生物——氰甙配糖体，特别是高粱、玉米收割后再生幼苗或雨淋霜冻后的幼苗中氰甙含量更高，肉羊采食可引起中毒。氢氰酸中毒时皮肤发红。组织缺氧首先引起中枢神经系统严重障碍，病畜兴奋，呼吸困难，起卧不安，可视黏膜鲜红，最后引起呼吸和心血管中枢麻痹死亡。

（二）苜蓿中毒

鲜苜蓿中含有一种叶红质物质，经太阳照射产生荧光，被羊机体吸收后，经血液进入无色素的皮肤内，在阳光作用下，引起血管破裂和神经系统、消化系统紊乱。为避免中毒，应与其他饲料混合饲喂。

第三节　饲料补充料

饲料补充料是指提高基础日粮营养价值的浓缩料，含有蛋白质或氨基酸、无机盐或维生素。补充料可以直接饲喂，也可以与基础日粮混合后饲喂。主要功能是防止营养缺乏症，保持肉羊的最快生长速度。

一、蛋白质补充料

蛋白质含量在20%以上的饲料都可以称为蛋白质补充料。根据来源，蛋白质补充料可划分为植物蛋白质、动物蛋白质、非蛋白氮和单细胞蛋白。

（一）植物蛋白质

这类蛋白质包括豆饼、菜籽饼等。它们的蛋白质含量和饲养价值变化很大，取决于种类、含壳量和加工工艺。

（二）动物蛋白质

动物蛋白质主要来自肉类加工厂、炼油厂、奶品厂及水产品的不同可食用组织，如肉粉、肉骨粉、血粉和鱼粉等。

（三）非蛋白氮

常用的非蛋白氮为尿素，含氮量46%，粗蛋白质当量280%。当日粮的可消化能含量高、粗蛋白质含量在13%以下时，可以添加尿素。添加尿素时，要注意补充硫，使氮、硫之比达到15：1。要把尿素均匀混合后加入精料。尿素喂量可占日粮蛋白质总量的25%～30%，要让肉羊有5～7天的适应期，少量多次，注意补充维生素A，注意在日粮内添加0.5%食盐。

（四）单细胞蛋白

单细胞蛋白如酵母、海藻和细菌等，可以作为蛋白质和维生素的来源。这类饲料的安全性取决于所用的菌种、底物和生长条件。

二、氨基酸补充料

蛋白质由20种氨基酸组成，有些氨基酸在一般饲料内的含量都很低，故多在补充料内添加人工合成的限制性氨基酸，添加量可参考营养需要量。

三、无机盐补充料

无机盐补充料是一种或几种元素组成的补充料。常量元素包括钙、磷、镁和硫，微量元素包括铜、铁、碘、锰、锌、钴和硒。虽然饲料内含一定量的无机盐，但仍然需要在日粮内补充一种或几种元素。

（一）常量元素

在肉羊日粮内需要添加的常量元素有4种，即钠、氯、钙、磷。粗饲料中钾、钠之比为17：1，因此肉羊在以粗饲料为主时需要添加食盐以平衡钾、钠的供应量。石粉和贝壳粉是钙的廉价来源，磷的来源有磷酸铵、骨粉、磷酸钙、磷酸氢钙和脱氟磷酸盐。钙和磷补充料的含氟量应保持在0.5%以下。

（二）微量元素

日常需补充的微量元素有7种，即钴、铜、碘、镁、锰、硒和锌。影响微量元素需要量的因素有动物个体、饲料种类、土壤特性。

四、维生素补充料

（一）维生素A和胡萝卜素

青绿饲料和黄玉米含有丰富的胡萝卜素，胡萝卜素也叫维生素A原，在肉羊体内可以转化为维生素A，或用添加化学合成的维生素A提供。维生素A既可以加在饲料内饲喂，也可以肌肉注射。

（二）维生素D

对舍饲肉羊要补充维生素D。如果肉羊晒太阳的时间在6小时以上，就不需要在日粮内另外补加维生素D。缺乏维生素D时肉羊易患佝偻病和软骨症。

（三）维生素E

维生素E对繁殖和肌肉的质量有影响。因为植物的叶和谷物中都含有较多的维生素E，所以一般肉羊的饲料内不需要添加，但是对应激、运输和免疫能力差的肉羊就应该补充维生素E。

（四）维生素K

瘤胃微生物能合成足够的维生素K，无需再给肉羊日粮中内添加。

（五）B族维生素

2月龄前的羔羊需要补充B族维生素，2月龄后瘤胃微生物能合成足够的B族维生素，故不需再补加。

五、饲料添加剂

（一）抗生素

抗生素的作用机理是减轻消化道内细菌感染的亚临床症状，增加食欲和养分的吸收，刺激酶的活性，促进营养物质的吸收。

（二）缓冲剂

给肉羊饲喂高精料日粮或大量青绿饲料时，瘤胃的酸度增高，容易出现酸中毒。这时使用缓冲剂能提高肉羊的生长速度，防止酸中毒。

第四节　肉羊的日粮配合

一、日粮配合原则

1. 必须根据营养需要和饲养标准，并结合饲养实践予以灵活运用，使其具有科学性和实用性。

2. 要兼顾日粮成本和生产性能的平衡，必须考虑肉羊的生理特点，因地制宜地选用适口性强、营养丰富且价格低廉、用后经济效益好的饲料，以小的投入获取最佳效益。

3. 配合日粮能被肉羊完全采食。

二、配合饲料的优点

1. 节省饲料，提高饲料转化率：配合饲料是指由各种饲料按比例进行科学配方而成的，由于各营养物质互补和添加剂的调整作用，不仅营养全面、平衡、利用率高，而且还能增进健康，提高生产率。

2. 缩短饲养期，提高出栏率：采用配合饲料的羊，肉羊单位增重耗料少、生长快、出栏快，降低成本，提高经济效益。

3. 合理利用和扩大饲料来源。

三、肉羊饲料配方实例

（一）种公羊精料配方

配方 1　种公羊精料配方

原料名称	配比/%	营养成分	含　量
玉　米	50	干物质/%	86.84
大豆粕	30	粗蛋白/%	19.76
小麦麸	16	粗脂肪/%	2.99
磷酸氢钙	1	粗纤维/%	3.75
玉　米	50	干物质/%	86.84
石　粉	1	钙/%	0.71
食　盐	1	磷/%	0.64
预混料	1	食盐/%	0.98
合　计	100	消化能/（兆焦/千克）	13.13

配方 2　非配种期种公羊全混日粮配方

原料名称	配比千克	营养成分	含　量
野干草	2	干物质/（千克/天）	2.17
精　料	0.5	粗蛋白/（克/天）	238.92
胡萝卜	0.3	粗脂肪/（克/天）	37.30
合　计	2.8	粗纤维/（克/天）	571.93
		钙/（克/天）	12.35
		磷/（克/天）	9.64
		食盐/%	4.90
		消化能/（兆焦/天）	25.54

配方3　配种期种公羊全混日粮配方

原料名称	配比千克	营养成分	含　量
胡萝卜	2	干物质/（千克/天）	2.27
野干草	1.2	粗蛋白/（克/天）	341.04
精　料	1.2	粗脂肪/（克/天）	53.30
合　计	4.4	粗纤维/（克/天）	396.20
		钙/（克/天）	16.58
		磷/（克/天）	13.00
		食盐/%	11.76
		消化能/（兆焦/天）	29.55

（二）妊娠母羊精料配方实例

1. 空怀和妊娠前期母羊精料配方

配方1　空怀和妊娠前期母羊配方

原料名称	配比/%	营养成分	含　量
玉　米	57.5	干物质/%	86.82
大豆粕	20	粗蛋白/%	16.43
小麦麸	18	粗脂肪/%	3.15
石　粉	1.5	粗纤维/%	3.54
磷酸氢钙	1	钙/%	0.86
食　盐	1	磷/%	0.61
预混料	1	食盐/%	0.98
合　计	100	消化能/（兆焦/千克）	13.09

2. 妊娠后期母羊配方

配方1　妊娠后期母羊精料配方

原料名称	配比/%	营养成分	含　量
玉　米	55	干物质/%	86.79
小麦麸	21	粗蛋白/%	16.68
大豆粕	20	粗脂肪/%	3.18
石　粉	1.5	粗纤维/%	3.77
磷酸氢钙	1	钙/%	0.86
预混料	1	磷/%	0.63
食　盐	0.5	食盐/%	0.49
合　计	100	消化能/（兆焦/千克）	13.10

3. 妊娠母羊配合饲料配方

配方1　妊娠前期母羊配合饲料配方

原料名称	配比千克	营养成分	含　量
玉米秸	1.2	干物质/（千克/天）	1.69
苜蓿草粉	0.5	粗蛋白/（克/天）	188.80
精　料	0.2	粗脂肪/（克/天）	30.44
合　计	1.9	粗纤维/（克/天）	434.32
		钙/（克/天）	9.20
		磷/（克/天）	2.30
		食盐/%	1.00
		消化能/（兆焦/天）	17.75

配方 2　妊娠后期全价配合饲料配方

原料名称	配比千克	营养成分	含　量
玉米秸	1.5	干物质/（千克/天）	2.35
野青草	1	粗蛋白/（克/天）	238.36
精　料	0.8	粗脂肪/（克/天）	48.39
胡萝卜	0.5	粗纤维/（克/天）	479.88
合　计	3.8	钙/（克/天）	7.07
		磷/（克/天）	6.40
		食盐/%	4.00
		消化能/（兆焦/天）	25.80

4. 泌乳期母羊混合精料配方

配方 1　泌乳期母羊混合精料配方

原料名称	配比/%	营养成分	含　量
玉米	58	干物质/%	86.76
大豆饼	29	粗蛋白/%	18.32
小麦麸	9	粗脂肪/%	4.09
石　粉	1.5	粗纤维/%	3.09
磷酸氢钙	1	钙/%	0.87
预混料	1	磷/%	0.55
食　盐	0.5	消化能/（兆焦/千克）	11.49
合　计	100		

配方 2　泌乳后期母羊混合精料配方

原料名称	配比/%	营养成分	含　量
玉　米	60	干物质/%	86.86
小麦麸	16	粗蛋白/%	15.57
菜籽饼	12	粗脂肪/%	3.10
大豆粕	8	粗纤维/%	4.21
石　粉	1.5	钙/%	0.90
磷酸氢钙	1	磷/%	0.65
预混料	1	食盐/%	0.49
食　盐	0.5	消化能/（兆焦/千克）	13.03
合　计	100		

注：精饲料的供给量应逐渐减少为哺乳前期的70%，每天为0.2～0.6千克，同时增加青草和普通青干草的供给量。

配方 3　舍饲母羊哺乳期精料配方

原料名称	配比/%	营养成分	含　量
小麦麸	50	干物质/%	86.90
玉　米	46	粗蛋白/%	11.85
石　粉	1.5	粗纤维/%	5.19
预混料	1	钙/%	0.71
食　盐	1	磷/%	0.67
磷酸氢钙	0.5	消化能/（兆焦/千克）	12.64
合　计	100		

5. 羔羊的饲料配方实例

配方1　羔羊早期断奶用代乳品配方

原料名称	配比/%	营养成分	含　量
干脱脂奶粉	65	干物质/%	94.61
玉米油	29	粗蛋白/%	21.65
磷脂油	3	粗脂肪/%	30.96
预混料	3	粗纤维/%	0.13
合　计	100	钙/%	0.83
		磷/%	0.66
		食盐/%	0.00
		消化能/（兆焦/千克）	20.89

配方2　断奶羔羊饲料配方

原料名称	配比/%	营养成分	含　量
燕　麦	66	干物质/%	91.63
小麦麸	20	粗蛋白/%	15.25
大豆粕	10	粗脂肪/%	5.54
磷酸氢钙	1	粗纤维/%	8.95
预混料	1	钙/%	0.74
食　盐	1	磷/%	0.70
石　粉	1	食盐/%	0.98
合　计	100	消化能/（兆焦/千克）	11.01

配方 3　羔羊育肥饲料配方

原料名称	配比/%	营养成分	含　量
玉　米	65.5	干物质/%	86.74
小麦麸	15	粗蛋白/%	14.19
大豆粕	15	粗脂肪/%	3.80
石　粉	1.5	粗纤维/%	3.09
磷酸氢钙	1	钙/%	0.84
食　盐	1	磷/%	0.56
预混料	1	食盐/%	0.98
合　计	100	消化能/（兆焦/千克）	13.28

配方 4　6 月龄内育肥羔羊饲料配方

原料名称	配比/%	营养成分	含　量
玉　米	81.5	干物质/%	86.87
大豆饼	15	粗蛋白/%	13.36
石　粉	1	钙/%	0.62
磷酸氢钙	1	总磷/%	0.46
预混料	1	食盐/%	0.51
食　盐	0.5	粗纤维/%	2.02
合　计	100	粗脂肪/%	3.8
		消化能/（兆焦/千克）	13.77

注：粗饲料为青干草，自由采食。

6. 育成羊的饲料配方实例

配方1　育成羊饲料配方

原料名称	配比/%	营养成分	含　量
玉　米	60	干物质/%	86.94
菜籽粕	20	粗蛋白/%	15.45
小麦麸	16	粗脂肪/%	3.06
磷酸氢钙	1	粗纤维/%	4.74
石　粉	1	钙/%	0.75
食　盐	1	磷/%	0.68
预混料	1	食盐/%	0.98
合　计	100	消化能/（兆焦/千克）	12.91

7. 生长育肥羊的饲料配方实例

配方1　生长育肥羊前期饲料配方

原料名称	配比/%	营养成分	含　量
玉　米	51	干物质/%	86.85
大豆粕	25	粗蛋白/%	18.33
小麦麸	20	粗脂肪/%	3.09
石　粉	1.5	粗纤维/%	3.87
食　盐	1	钙/%	0.76
预混料	1	磷/%	0.56
磷酸氢钙	0.5	食盐/%	0.98
合　计	100	消化能/（兆焦/千克）	13.08

配方2　生长育肥羊中期饲料配方

原料名称	配比/%	营养成分	含　量
玉　米	55	干物质/%	86.93
菜籽饼	18	粗蛋白/%	16.39
大豆饼	12	粗脂肪/%	4.20
石　粉	11	粗纤维/%	4.37
食　盐	1.5	钙/%	0.78
预混料	1	磷/%	0.57
磷酸氢钙	0.5	食盐/%	0.98
合　计	100	消化能/（兆焦/千克）	13.16

配方3　生长育肥羊后期饲料配方

原料名称	配比/%	营养成分	含　量
玉　米	72	干物质/%	86.64
小麦麸	14	粗蛋白/%	12.55
大豆粕	10	粗脂肪/%	3.71
石　粉	1.5	粗纤维/%	2.87
食　盐	1	钙/%	0.70
预混料	1	磷/%	0.46
磷酸氢钙	0.5	食盐/%	0.98
合　计	100	消化能/（兆焦/千克）	13.38

第四章　肉羊饲养管理技术

第一节　肉羊的一般管理技术

一、羊群组成

（一）羊群组成

羊群结构应以繁殖母羊为基础，适当配置其他不同年龄和用途的羊。羊群一般分为繁殖母羊、种公羊、育成公羊、羔羊、去势羊和淘汰羊等。各类羊之间的关系如图 4－1。

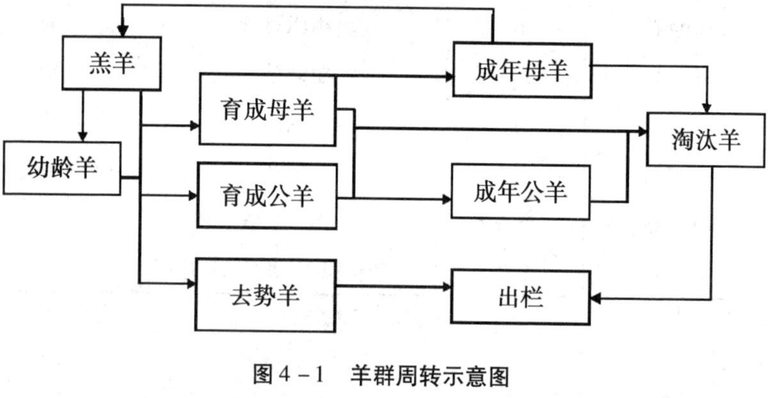

图 4－1　羊群周转示意图

以生产为目的的羊群，为了提高经济效益和加快羊群周转，要不断地降低羊群平均年龄，加大青年羊的比例。不管是纯繁群（表

4－1)，还是生产群，都要尽量减少种公羊的饲养比例（表4－2)。

表4－1　纯繁羊群组成

目　的	纯繁羊群组成				备　　注
育　种	2～5岁	1岁	6岁	6岁以上	加快育种进程，应尽量增大青年羊的比例
	约75%	15%～20%	5%～10%	淘汰	

表4－2　不同配种方式下的羊群组成

方　式	羊群组成（%） 种公羊	试情公羊	备　　注
自然交配	3～4	1～2	公羊5～6岁时淘汰；非母羊、留种用的公母羔全部进行育肥，当年屠宰；繁殖母羊群的年龄更新率为25%～30%
人工授精	0.3～0.5	2～3	

（二）羊群规模

羊群的规模应以充分利用各方面资源为原则。羊群的结构是指各种性别、年龄和用途的羊的数量在羊群中所占的比例。比例适当、结构合理的羊群，具有较高的生产率、繁殖率和商品率。不同生产方向的羊群，其结构有一定差异。

1. 种羊繁殖专业户，以出售种羊为经营目的，因此经产母羊应占羊群总数的60%～65%，老年母羊不超过5%，后备母羊（1～1.5岁）占15%左右。采用自然交配时，成年公羊应占3%，后备公羊占1%～2%，羯羊不超过10%。如果实行人工授精，种公羊数量还可减少，繁殖母羊的比例可增加。

2. 以生产羊肉为主的专业户，为了提高出栏率，加快羊群周转，繁殖母羊的比例应占70%以上，其中壮年母羊应占绝大多数。羔羊产出后经肥育尽快出栏，不要超过1周岁，以生产6～8月龄肥羔为好。提早出栏，母羊可提早发情配种，争取两年产3

胎，甚至一年产2胎，提高肉羊出栏率。

二、肉羊放牧饲养

羊是以放牧为主的草食家畜，放牧是最经济的饲养方式。放牧时，羊采食青绿饲料的种类多，容易获得完全营养，不仅能满足肉羊生长发育的需要，还能达到放牧抓膘的目的。

（一）春季放牧

此时气候渐暖，枯草返青，是羊由舍饲转入放牧的过渡时期，羊经过漫长的冬季，营养不良，体质衰弱，此时又是产羔育幼的时节，放牧的主要任务是恢复膘情，因春季放牧对以后抓膘影响较大，故放牧中应特别注意以下问题。

1. 避免羊跑青：羊过多奔跑，使体力消耗过大。放牧中一是应采用一条鞭的放牧队形，手头要紧；二是要先放黄草，后放青草。

2. 放牧时间要控制：春季气候不稳，忽冷忽热，故要晚出牧早归牧。

3. 防止采食毒草：大多数毒草幼嫩时期难以从外形和气味上辨认，且毒性较强，故放牧中应尽量避开毒草较多的地段，如低温地段和阴湿的北坡等。

（二）夏季放牧

气候变得炎热，雨水充足，牧草生长茂盛，适口性好，消化率高，此时放牧的主要任务是抓好肉膘。放牧中应注意以下几点。

1. 放牧地要高燥：一般选择高山及其他较高的梁坡地，此处风大风多，草低而稀，蚊蝇较少，羊采食安静，寄生虫病较少。

2. 不在露水草地上放牧：夏季露水较大，羊吃露水草易患寄生虫病或传染病，容易拉稀，且草中干物质含量低。

3. 放牧时间应长：羊群宜晚出晚归，供足盐，饮好水，每天放牧时间应在10小时以上，必要时可夜牧。

4. 做到“四防”：即防蚊蝇、防中暑、防淋雨和防跌伤，保证羊群充分采食。

（三）秋季放牧

秋高气爽，气候适宜，雨水较少，牧草结满籽实，营养价值高，羊食欲旺盛。此时放牧的主要任务是抓好膘。此时为提高放牧效率，应注意以下问题。

1. 利用茬子地放牧：茬子地里有许多农作物的籽实和秸秆的细软部分，营养价值较高，可通过放牧进行有效利用。

2. 少走路多放牧：秋季放牧宜慢赶少赶，减少游走里程，有道是“秋跑不上膘”，故羊群放牧队形以满天星为宜。放牧时间要早出晚归，群众总结“秋羊一天没四饱，很难让它上油膘”，其中保证较长的放牧时间是必要的。

3. 做到“四防”：即防食露水草和霜草、防食有毒草、防食有害草、防食高长草。

（四）冬季放牧

冬季气候寒冷，风雪频繁，草叶干枯，草质较差，营养价值低。此时放牧的任务是保膘，处于妊娠、产羔阶段的母羊还应保胎、保羔、避免流产。放牧中要注意以下几点。

1. 放牧时间：一般是晚出早归。顶风放牧比顺风放牧好，因为顶风走时羊毛顺贴体表，可减少体温丧失；牧草倒向嘴边，有利于采食；天气变化时，好顺风往回赶。

2. 选择放牧地：通常考虑要先放阴坡，后放阳坡；先放沟底，后放坡地；先低草，后放高草；先放远处，后放近处。

3. 防止母羊流产：要确保母羊不走冰上，不喝冰水，不喝融雪水，不要急赶，出入圈时不拥挤等。

三、舍饲

舍饲饲养在农区较为常见。羊舍内应设有饲槽和饮水器具，每天喂草料2～3次，饮水2～3次。青草期，舍饲羊每天每只喂给青草或鲜树叶等3～5千克；冬春季枯草期，舍饲羊每天每只喂青干草1～2千克，补饲精料0.3～0.5千克。另外，种公羊、妊娠母羊应适当补饲部分精料和多汁饲料0.5～1千克。在饲喂方法上要先喂粗饲料，后喂精料，先喂适口性差的，后喂适口性好的，这样有助于增加采食量。

四、半放牧半舍饲

此种饲养方式多用于枯草期，羊在枯草期单纯依靠放牧不能满足其机体代谢和生产需要，要适当补饲些青干草、精料，保证羊的健康。补饲时间要因地制宜，青、干草可分早、晚2次补给，精料在晚上一次性补给。如果羊数量少，可将饲草放在筐内让其自由采食。羊数量大时可在栏外设草架喂草，也可将草捆成草把吊在羊能吃到的高度让其自由采食。种公羊一般除放牧外，一年四季均要补饲一定的粗饲料及精料，以保证其身体健壮、性欲旺盛。其他类型的羊在枯草期适当给予补饲，尤其是妊娠及哺乳母羊更需加强补饲，补饲量及种类可视放牧条件、体质、产羔数而定。

第二节　肉羊的饲养管理

一、母羊的饲养管理

种母羊在一年中可分为空怀期、妊娠期和哺乳期三个生理阶段。

（一）空怀期

即由羔羊断奶至配种受胎时段，约为 3 个月。此时要对母羊抓膘复壮，为配种妊娠贮备营养，以确保母羊有较高的受胎率和产羔率。母羊喂给的风干饲料应为体重的 2.5%。

（二）妊娠期

1. 妊娠前期：胎儿发育缓慢，母羊所需营养与空怀期相同，应保持良好的膘情。通常秋季配种以后牧草处于青草期或已结籽，营养丰富，母羊只靠放牧饲养即可；但若配种季节较晚，牧草已枯黄，则应给母羊补饲，日粮组成一般为苜蓿 50%，青干草 30%，青贮玉米 15%，精料 5%。管理上，要避免母羊吃霜草、霉烂饲料，避免受惊猛跑和饮用冰碴水等，以防早期隐性流产。

2. 妊娠后期：在妊娠的最后 5～6 周内，怀单羔母羊可在维持饲养基础上增加 12%，怀双羔母羊则增加 25%。日粮组成为干草 1～1.5 千克，青贮料 1.5 千克，精料 0.45 千克，精料比例在产前 3～6 周增至 18%～30%。在放牧饲养为主的羊群中，妊娠后期冬季放牧每天 6 小时，放牧距离不少于 8 千米；临产前 7～8 天不要到远处放牧，以免产羔时来不及回羊舍；放牧中要稳走慢赶，出入圈门和喂草料时防止拥挤造成流产。

（三）哺乳期

哺乳期范围 90～120 天。由于羔羊生后 2 个月内的营养主要靠母乳，故母羊的营养水平应以保证泌乳量多为前提。产双羔的母羊每天应补给精料 0.4～0.6 千克，苜蓿干草 1 千克；产单羔母羊精料和苜蓿干草则分别为 0.3～0.5 千克和 0.5 千克；这两种情况下均应补给多汁饲料 1.5 千克。在管理上，要求产后 1～3 天内，不应对膘情好的母羊补饲精料，以防消化不良或发生乳腺炎；要保证充足饮水和羊舍干燥清洁。当羔羊长到 2 月龄时，母羊泌乳力渐趋下降，羔羊已能采食大量青草和粉碎饲料，可逐渐取消对母羊的补饲，可转为完全放牧。

二、公羊的饲养管理

种公羊在生产中除在配种季节进行本交、人工授精完成纯种繁殖任务外，在非配种季还可进行冻精生产，以充分利用这一良种肉羊品种。因此，在饲养管理上必须细致周到，应单独组群放牧和补饲，避免公、母羊混养，加强种公羊的运动管理，使其体质结实，体况适中，常年保持在中上等膘情。

（一）非配种期的饲养管理

非配种期的种公羊，除放牧采食外，冬春季节每日可补给混合精料400～600克，胡萝卜或芜根0.5千克，干草3千克，食盐5～10克，磷酸氢钙5克。夏秋季节应以放牧为主，不补青粗饲料，每天只补喂精料500～800克，自由饮水。

（二）配种期的饲养管理

羊配种期的饲养又可分为配种准备期（配种前1～1.5个月）、配种期和配种后复壮期（配种后1～1.5个月）三个不同的阶段。配种准备期应逐渐增加种公羊的精料饲喂量，从按配种期60%～70%喂量供给开始，逐渐增加至配种期的精料供应。配种期种公羊要加强运动，增加日粮中动物性蛋白质含量。每天的饲料补饲量大致为混合精料0.8～1.2千克，胡萝卜0.5～1.0千克或禾本科、豆科混播牧草3～4千克或青干草2千克，食盐15～20克，磷酸氢钙5～10克，分2～3次饲喂，自由饮水。在配种后复壮期，公羊的饲养水平在1～1.5个月保持与配种期相同，使种公羊能迅速地恢复体重，并根据公羊的体况恢复情况逐渐减少精料，直至过渡到非配种期的饲养标准。加强放牧运动，锻炼种公羊的体质，逐渐适应非配种期的饲养和管理。

三、育成羊的饲养管理

育成羊是指从断奶到初次配种期的幼年羊。公、母羊在发育近性成熟时应分群饲养，进入越冬舍饲期则以舍饲为主，放牧为辅。冬羔由于出生早，断奶后正值青草萌发，可以放牧采食青草，有利于秋季抓膘。春羔由于出生晚，断奶后采食青草的时间不长即进入枯草期，这时要提前准备充足的优质青干草和混合精料。

四、羔羊的饲养管理

羔羊的饲养管理是指断奶前的饲养管理，此阶段是羔羊生长发育最重要的时期，在饲养管理上应做好以下工作。

（一）加强环境卫生工作

羔羊体质弱、抗病力差、发病率相对较高，因此搞好圈舍卫生，减少羔羊接触病原菌的机会，是降低羔羊发病率的重要措施。

（二）人工哺乳

如果母羊产后死亡、患乳房炎或产羔多而又找不到合适的保姆羊时，可进行人工哺乳。人工哺乳可用鲜牛奶、羊奶、奶粉、豆浆等代替。

（三）及时断尾

一般在羔羊出生后 2～3 周龄时断尾。断尾时用2%～3%碘酒涂抹伤口进行消毒。断尾后几天内要经常检查，发现化脓、流血等情况要及时处理，以防感染。

（四）及时补饲

母羊的泌乳量在羔羊出生后 4 周左右达到高峰，以后逐渐下降，2 月龄以后必须进行补饲。一般羔羊生后 15 天左右开始学习采食一些嫩草、树叶或精料。用豆科籽实补饲时要磨碎，最好炒一下，并添加适量食盐和磷酸氢钙；补饲多汁饲料时要切成丝状，并与精料混拌后饲喂。羔羊习惯采食草料后，可将青绿饲料或优质青干草放在草架上，任羔羊自由采食。

（五）羔羊断奶

羔羊一般在 3 月龄左右断奶。过早断奶会增大羔羊的死亡率，造成不必要的损失。若断奶时间过晚（超过4月龄），既不利于羔羊的生长发育，又不利于母羊的生产和繁殖。

五、育肥羊的饲养管理

羔羊早期生长的特点是生长发育快、胴体组成部分的增加大于非胴体部分、脂肪沉积少、瘤胃利用精料的能力强等，故此时育肥羔羊既能获得较高屠宰率，又能得到最大的饲料报酬。

（一）早期断奶羔羊全精料育肥技术

1. 配制育肥用日粮：任何一种谷物类饲料都可用来育肥羔羊，但效果最好的是玉米等高能量饲料。研究证明，破碎谷粒饲料的育肥效果比整粒要差，单独喂某一种谷物饲料不如喂混合饲料。

2. 饲喂方式：羔羊自由采食、自由饮水。如发现某些羔羊啃食圈墙时，应在运动场内添设盐槽，槽内放入食盐，加等量的石灰粉，让羔羊自由采食。

3. 管理技术：①羔羊断奶前15天实行隔栏补饲；②可在产羔前给母羊注射或断奶前给羔羊注射疫苗；③断奶前补饲的饲料应与断奶后育肥的饲料相同；④育肥期为50～60天，此间不能断水或断料。

（二）断奶后羔羊育肥技术方案

对体重小或体况差的羊只进行适度育肥，对体重大或体况好的进行强度育肥，均可进一步提高经济收益。此方案灵活多样，可视当地牧草状况和羔羊类型选择育肥方式，如强度育肥或一般育肥、放牧育肥或舍饲育肥。

1. 预饲期的饲养管理：预饲期约为15天，可分为三个阶段。第一阶段为1～3天，只喂干草，目的是让羔羊适应新的环境；第二阶段为7～10天，从第3天起逐步用第二阶段日粮更换干草日粮，第7天换完喂到第10天；第三阶段为10～14天。

2. 正式育肥期的饲养管理：预饲期于第 15 天结束后，转入正式育肥期。此期内应根据育肥计划、当地条件和增重要求，选择日粮类型，并在饲养管理上分别对待。

第五章　肉羊的繁殖技术

要增加肉羊的数量，提高羊的品质，必须通过肉羊的繁殖才能实现。因此，掌握好羊的繁殖技术，搞好肉羊的繁殖工作，是养羊业中不可忽视的重要环节。繁殖技术不仅直接影响养羊业的生产效率，而且也是畜牧科学技术水平高低的综合反应。随着养羊科学技术的迅速发展，家畜的遗传、营养、繁殖、疫病预防等关键技术突飞猛进，生产效益、劳动生产率大幅度提高。在繁殖技术上，通过有效地控制，干预繁殖过程，使羊肉生产能按人们的需要与要求有计划的进行。

第一节　繁殖季节与配种

一、羊的繁殖季节

繁殖季节是指公、母羊有性活动的时期。青海绵羊繁殖季节一般是7月份至第二年1月份，以8～11月份发情最为集中。公羊繁殖的季节性不如母羊明显，其利用期以秋季最佳。

二、配种时间与方法

（一）配种时间选择

羊的配种时期是根据产羔时间、产冬羔、产春羔、产秋羔来决定的，而产羔时间应根据自然条件和饲养管理条件来决定（图

5－1）。

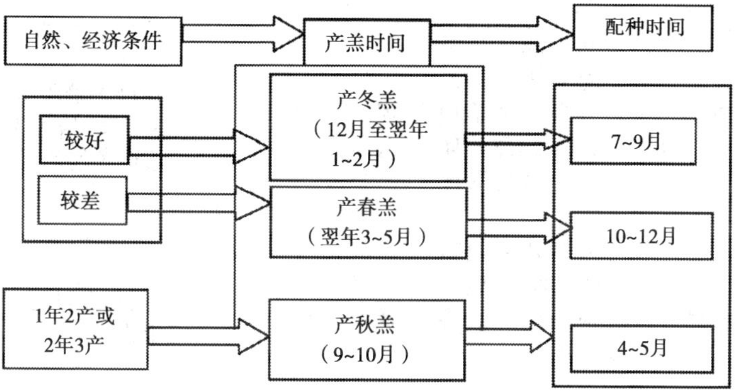

图5－1　配种时间选择

（二）配种方式（表5－1）

表5－1　羊的配种方法比较

配种方式	优　点	缺　点	适用范围
自然交配	节省人力和设备，受胎率较高	混群放牧影响羊只采食；公羊精力消耗太大，不利于充分利用优良种公羊；不清楚配种的确切时间和母羊的预产期；易发生早配或近亲交配；易造成疾病的交叉感染；谱系及后代品质不清	限于一些条件较差的生产单位和农村使用

续表

配种方式	优　　点	缺　　点	适用范围
人工辅助交配	清楚知道配种公羊号、配种母羊号、配种日期和母羊预产期；减少公羊体力消耗，提高受配母羊数	需要一定的人力、物力	在母羊群不大、种公羊数量较多的羊场使用
人工授精	谱系及后代品质清楚，便于选种选配；充分应用优秀的种公羊，加快遗传进展	成本较高	育种场和生产上常用

注：①自由交配是养羊原始的最简单的交配方式。在羊只的繁殖季节，按一定的公母比例（1∶30～40），将选好的公羊与母羊混群放牧饲养，由公羊与发情母羊自行交配。②配种季节每天对母羊群试情，把挑选出来的发情母羊与指定的种公羊交配。

第二节　肉羊的繁殖技术

一、母羊的发情鉴定

（一）母羊发情的生理阶段

羊属于季节性多次发情、自发性排卵动物。发情是指母羊生长发育到性成熟阶段后，在繁殖季节所发生的周期性性活动和性行为现象；自发性排卵是指卵泡成熟后便自发排卵和自动形成黄体。从出生到成年，其发情生理阶段基本可划分为初情期、性成熟期、体成熟期和成年。

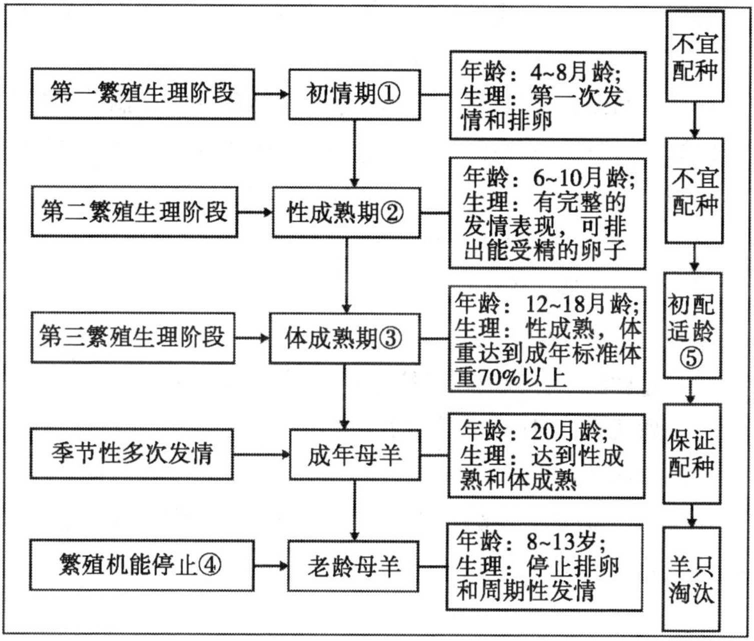

图 5－2　母羊发情的生理阶段

注：①母羊初次出现发情或排卵的时期，受品种、环境、寿命、营养等的影响；②初情期之后继续发情，具备正常发情、排卵并繁殖后代能力的时期；③指母羊生长发育基本完成，获得了成年母羊应有的形态和结构，一般体重达到其成年体重的70%以上；④羊繁殖能力停止的年龄；⑤指肉羊适宜配种的年龄，一般在性成熟之后，体成熟之前。

（二）发情周期的阶段划分

1. 发情前期：即准备期。母羊外部表现不明显，相当于发情第 16 天至第 18 天。

2. 发情期：有明显发情症状的时期。母羊精神状态和行为表现明显，相当于发情周期的第 1 天至第 2 天。

3. 发情后期：卵泡破裂排卵，形成黄体，雌激素开始下降，孕酮尚未分泌。母羊由性兴奋转入安静状态。相当于发情周期的第 3 天至第 4 天。

4. 间情期：又叫休情期。在黄体分泌孕酮的控制下，母羊性欲消失，精神状态恢复正常。相当于发情期第 4 天或第 5 天至第 15 天。

（三）母羊发情周期的特点

1. 发情周期：绵羊平均为 16 天（14～19 天）。

2. 发情持续期：绵羊为 24～36 小时。

3. 排卵时间：绵羊在发情开始后 20～30 小时内。

4. 卵子存活时间：一般 12～24 小时。

5. 排卵数：绵羊 1～3 枚。

6. 产后发情：一般在产后羔羊 2～3 个月发情，不哺乳的母羊在产后 20 天左右发情。

（四）母羊的发情症状（表 5－2）

表 5－2　母羊的发情症状

外部表现	行　　为	症　　状	生殖器官变化
不大明显	喜欢接近公羊，并强烈摆动尾部	公羊爬跨时静立不动，但一般不主动爬跨其他羊；分泌物较少或不见有黏液分泌	外阴部没有明显的肿胀和充血

（五）母羊发情鉴定方法

1. 外部观察法：是直接观察母羊的行为、症状和生殖器官的变化来判断其是否发情的一种方法。这是鉴定母羊是否发情最基本、最常用的方法（表现特征见羊的发情症状）。

2. 公羊试情法：用公羊对母羊进行试情，根据母羊对公羊的行为反应，结合外部观察来判定母羊是否发情。每天早晨或傍晚，将试情公羊放入母羊群中，接受试情公羊爬跨的母羊即为发情羊，做好标记和记录。

（六）试情时的注意事项

1. 保持安静，以免影响试情公羊的性欲。

2. 试情次数要适宜，试情和抓膘两不误。

3. 挑选出有生殖器官炎症的母羊。

4. 做到“一准二勤”，一准即眼睛看得准，二勤是腿勤和手勤。

（七）试情公羊（2 ~5 岁）

不留作种用；身体健壮，性欲旺盛，没有疾病；防止偷配，作一定处理；单圈喂养，按时排精，适当休息；按每百只母羊配备 2 ~3 只为宜。

（八）母羊的异常发情

异常发情是指不正常发情，即发情与排卵不同时进行，或者发情规律不正常的现象。异常发情包括安静发情又称隐性发情，是指母羊缺乏发情表现，但卵巢上有卵泡发育至成熟而排卵；孕后发情又称假发情，是指母羊在妊娠期内出现的发情。

二、人工授精

（一）配种前的准备工作（图5－3）

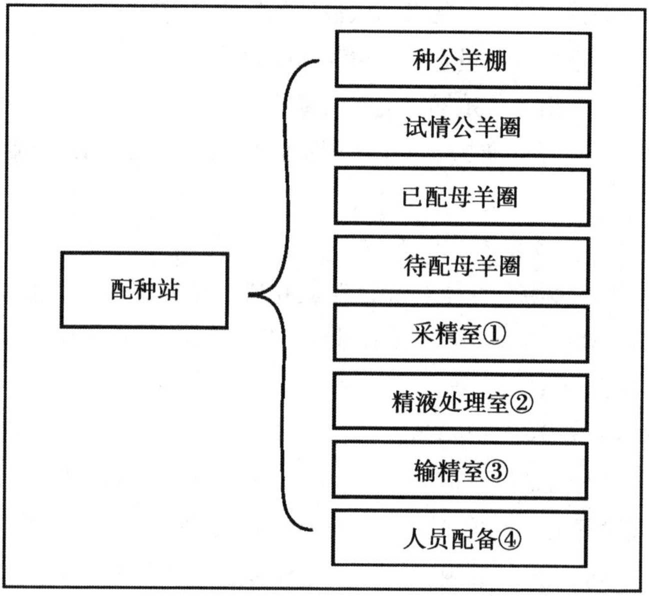

图5－3　配种站基本设置组成示意图

注：①装有固定架，用以保定台羊；②要有天棚，墙壁刷白，面积不需太大，光线充足，温度保持18～25℃，寒冷地区可设火墙；③面积较大，光线充足，干燥清洁，并装有横杠式输精架，可把母羊后肢架在横杠上，一次能挂5～7只，便于连续输精；④每个授精站至少要有2～3名技术人员，用于负责公羊的保健及人工授精等事宜。

（二）制定选种选配方案

正确的选种选配可以迅速提高羊群的质量。

1．体质结实匀称，生产性能高，生殖器官正常，雌性特征明显，精液品质优良。

2．种公羊数按照1∶200～400的比例计算。

3. 有条件的羊场，每只种公羊可预备 1 ~ 2 只后备公羊。

4. 选配要掌握“两配四不配”的原则。两配指同质选配和异质选配；四不配是凡有共同缺点的不配、近亲的不配、公羊等级低于母羊等级的不配、极端矫正的不配。

（三）种公羊的调教

对于母羊不感兴趣的初次参加配种的公羊，可采用以下方法进行调教。

1. 公羊和若干只健康母羊合群同圈。

2. “观摩”别的种公羊配种或采精。

3. 按摩睾丸，早晚各 1 次，每次 10 ~ 15 分钟。

4. 注射丙酮睾丸素 3 次，每次 1 ~ 2 毫升，隔日 1 次。

5. 把发情母羊的阴道分泌物或尿液涂在种公羊鼻尖上，诱发其性欲。

（四）授配母羊的准备

力求母羊在配种前达到中上等膘情，以确保发情整齐，争取在一个半月左右结束配种。最好在配种开始后第一发情期内有 75% ~ 80% 母羊受胎。

在羔羊离乳以后，就应对羊群加以整顿，一般羔羊在 2 ~ 3 月龄断奶。

1. 淘汰不适宜繁殖的老龄母羊、连年不育的母羊和有缺陷不能继续繁殖的母羊。

2. 加强对瘦弱母羊的饲养管理。

3. 母羊自羔羊离乳到下次配种能有 1.5 ~ 2 个月的休息和复壮抓膘的时间，保持圈舍干燥通风，夜间休息好。

4. 参加配种的母羊进行短期优饲，以较短时间内提高羊的营养水平，让其尽快达到要求。

（五）人工授精方法

人工授精方法见图 5－4。

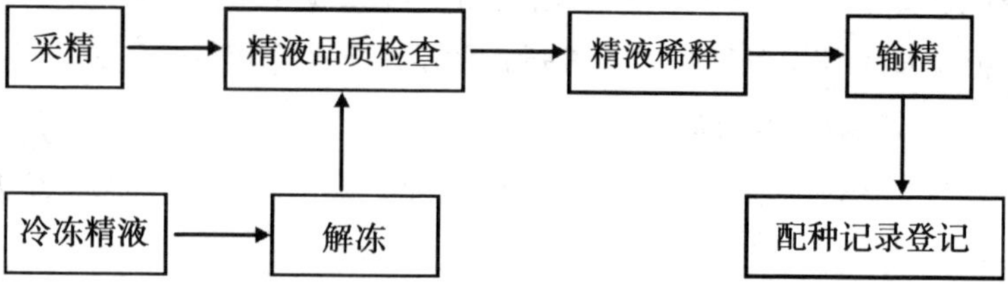

图 5－4　人工授精技术程序

1．采精：采精前，应做好各项准备工作，如人工授精器械的准备、种公羊的准备和调教、与配母羊的准备、做好选配计划等。采精前应选好台羊，台羊的选择应与采精公羊的体格大小相适应，且发情明显。

种公羊的精液用假阴道采取。安装假阴道时，注意内胎不要出褶，安装好后用 75% 酒精棉球消毒，再用生理盐水冲洗数次。采精前的假阴道内胎应保持有一定的压力、湿度和滑润度。为使假阴道保持一定的温度，应从假阴道外壳活塞处灌入 50～55℃温水 150 毫升，然后拧紧活塞，调节好假阴道内温度为 40～42℃。为保证一定的滑润度，用灭菌后的清洁玻璃棒沾少许灭菌凡士林均匀抹在内胎的前 1/3 处，也可用生理盐水冲洗，保持滑润。通过通气门活塞吹入气体，使假阴道保持一定的松紧度，使内胎的内表面保持三角形合拢而不向外鼓出为适度（图 5－5、图 5－6、图 5－7）。

采精操作是将台羊保定后，引公羊到台羊处，采精人员蹲在母羊右后方，右手握假阴道，贴靠在母羊尾部，入口朝下，与地面呈 30°～45°角。公羊爬跨时，轻快地将阴茎导入假阴道内，保持假阴道与阴茎呈一直线。当公羊用力向前一冲即为射精，此时操作人员应随同公羊跳下母羊背时将假阴道紧贴包皮退出，并迅速将集精瓶口向上，稍停，放出气体，取下集精瓶（图5－8）。采精过程中，不允许大声喧闹，不允许太多人围观，更不允许吸烟，也不允许打羊，动作要稳、迅速、安全。采精次数一般每天1次，每周不超过5次。采精期间，必须给公羊加精料补充营养，加强运动，保持充沛体力。另外，采精期间不宜用药过多，如有病应停止采精，治愈后再采精。

正常成年公羊的采精频率及其精液特理见表5－3。

表5－3　正常成年公羊的采精频率及其精液特性

每周采精次数	平均每次射精量（毫升）	平均每次射出精子总数(亿)	平均每周射出精子总数(亿)	精子活率（%）	正常精子数（%）
5	0.8～1.2	16～36	200～400	60～80	80～95

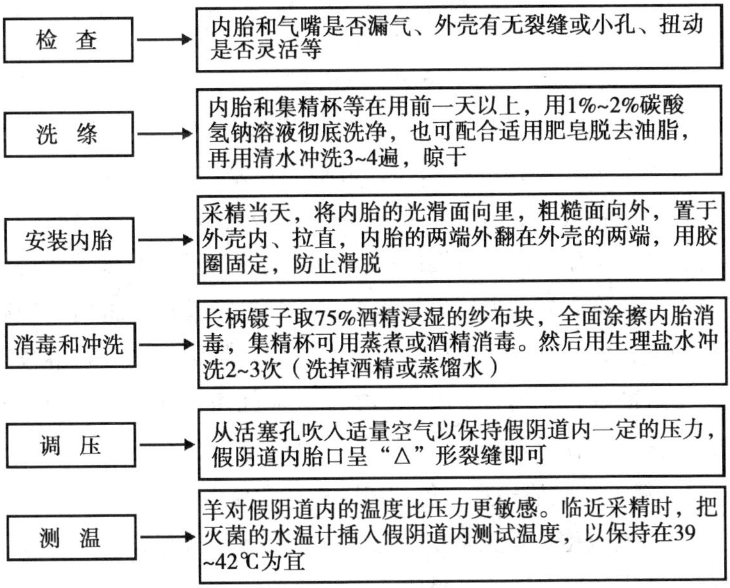

图5－5　假阴道的安装方法

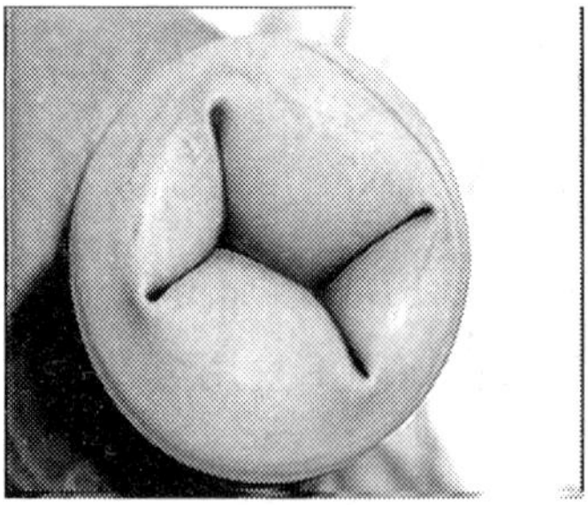

图 5－6　不太理想的状态（但可以用）

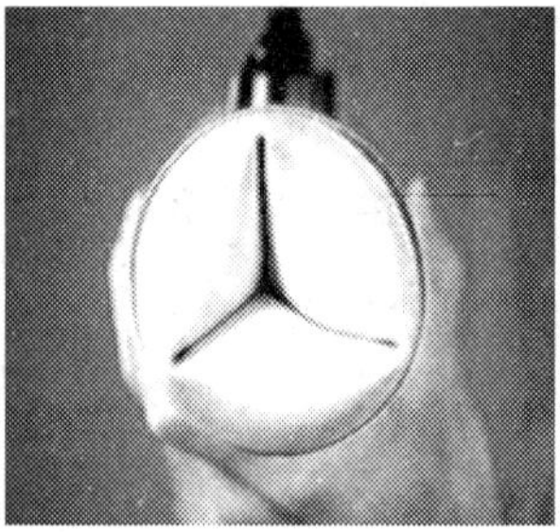

图 5－7　羊假阴道安装充气后的理想状态

图 5－8　室内采精

采精时的注意事项包括：①应用手握包皮将阴茎导入假阴道，避免手指或外壳碰触阴茎，也不能把假阴道硬往阴茎上套。更不要让假阴道内的水流入精液，外壳有水要擦干。②盛有精液的器皿必须避免太阳光直接照射，注意保持 18℃ 的温度。③集精杯取下后，将假阴道夹层内的水放出。如继续使用，将内胎洗刷消毒冲洗；如不继续使用，将内胎上残留的精液用洗衣粉溶液洗去，反复冲洗，干燥后备用。④羊交配时间短，向前一冲即行射精，操作时注意力要高度集中，动作要迅速准确。

2．精液的品质检查：包括肉眼检查和显微镜检查两部分。

（1）肉眼检查：正常精液为乳白色，无味或略带腥味。凡带有腐败臭味，表现红色、褐色、绿色的精液不可用于授精。绵羊每次射精量一般为 0.8～1.2 毫升。

（2）显微镜检查：检查刚采出的精液，应在18~25℃室温下进行。用输精器吸好精液后，滴在载玻片上，盖上盖玻片，注意勿使发生气泡。然后放在400~600倍显微镜下进行检查。

①精子密度：如果在视野内看见布满密集的精子，精子间几乎无空隙，精液等级应评为“密”；如果精子与精子之间的空隙，相当于一个精子的幅度，能看见每个精子活动者应评为“中”；如果在视野中只看见少量的精子，精子之间的空隙很大，超过了一个精子的长度应评为“稀”；如果精液内没有精子，可用“无”字作记号。为了比较准确地掌握精子数，可用血球计算器检查，要求每7天检查1次。

②精子活力：以直线前进运动精子计算，用5分制评定。在显微镜下，用目力来衡量，精子100%直线前进者，评为5分；80%直线前进的评为4分；以下每少20%减1分。如果精子仅摇摆运动，而不前进，则用“摆”字表记；如果精子全部不活动，则用“死”字表记；公羊的精液，必须被评为“密—五”“密—四”或“中—五”“中—四”的，可以用来输精（表5-4）。

表5-4 精子活力评分标准

评分标准	精子呈直线前进运动的百分率（%）										
	100	90	80	70	60	50	40	30	20	10	0
0~10级评分（分）	1.0	0.9	0.8	0.7	0.6	0.5	0.4	0.3	0.2	0.1	0
五级制评分（分）	5		4		3		2		1		0

（3）精液稀释：稀释精液的目的在于扩大精液量，提高精子活力，延长精子存活时间。精液稀释流程见图5-9。常见稀释液有以下几种。

①生理盐水稀释液：用注射0.9%生理盐水或用经过灭菌消毒的0.9%氯化钠溶液。此种方法简单易行，但稀释倍数不宜超过2倍。

②葡萄糖卵黄稀释液：100毫升蒸馏水中加入葡萄糖3克，柠檬酸钠1.4克，溶解过滤后灭菌冷却至30℃，加新鲜卵黄20毫升，充分混合。

③牛奶（或羊奶）稀释液：用新鲜牛奶（或羊奶）以脱脂纱布过滤，蒸气灭菌15分钟，冷却至30℃，吸取中间奶液可作稀释液。

上述稀释液中，每毫升稀释液应加入青霉素和链霉素各500国际单位，调整溶液pH=7后使用，稀释时应在25~30℃温度下进行。

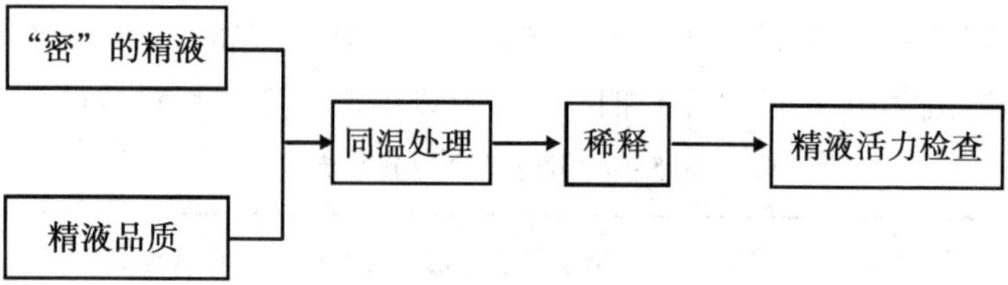

图5-9　精液稀释流程图

（4）精液保存

①常温（18~25℃）保存：精液稀释后，通过酸抑制精子的代谢活动来实现，用此种方法只能保存1~2天。

②低温（2~5℃）保存：将稀释精液由30℃降至2~5℃，保存到输精时为止，温度维持不变。

3. 输精

（1）输精前的准备：输精前所有的器材要消毒灭菌，输精器和开腟器最好蒸煮或在高温干燥箱内消毒。连续输精时，每输完1只羊后，输精器外壁用生理盐水棉球擦净，便可继续使用。母羊的保定，正规操作应设输精架，若没有输精条，可采用横杠式输精架。在地面上埋两根木桩，相距1米宽，绑上一根5~7厘米粗的圆木，距地面约70厘米，将待输精母羊的两后腿担在横杠上悬空，前肢着地，1次可同时放3~5只羊，输精时比较方便。另一种简便的方法是由一人保定母羊，使母羊自然站立在地面上，输精员蹲在输精坑内，也可以由两人抬起母羊后肢保定，高度以输精员能较方便找到子宫颈口为宜。

（2）输精：输精时，将输精器慢慢插入子宫颈口内0.5~1厘米，将所需的精液量注入子宫颈口内。输精量为原精液量0.05~0.1毫升。有时处女羊阴道狭窄，开腟器无法充分展开，找不到子宫颈口，这时可采用阴道输精，但精液量至少要提高1倍。为提高受胎率，每只羊一个发情期内至少输精2次，每次间隔8~12小时。

输精技术要点见表5-5。

表5-5 输精技术要点

输精量（毫升）	输精时间	输精次数	间隔时间（小时）	有效精子数	输精部位
绵羊0.2~0.5	发情后20~30小时内	2次	8~10	绵羊7500万个以上	子宫颈浅部或阴道底部

第三节　母羊分娩和羔羊护理

一、母羊产前的准备工作

由于青海省气候较冷，日夜温差大，一般产羔季节安排在冬季和早春，应准备好产房。有条件的应设单独产羔室，养羊少的，可在羊舍内隔出一定面积做产房。产房面积按每只产羔母羊1.8～2.0平方米计算。产房应清除积粪，舍内墙壁、地面及一切用具必须进行消毒。消毒液有15%～20%草木灰水、2%～3%来苏儿溶液、20%石灰水溶液、1%苛性钠溶液等，地面上垫4～5指厚的细沙土或干土面，然后铺上干净柔软的褥草。另外，准备充足的碘酒、酒精、高锰酸钾、药棉、纱布及产科器械。

二、母羊分娩的助产

（一）分娩征兆

母羊临近分娩时，乳房胀大，乳头竖立，手挤时可有少量浓稠的乳汁溢出；骨盆韧带松驰，尾根两侧下陷，腹部下垂，肷窝凹陷，阴唇肿大潮红、有黏液流出；行动迟缓，撒尿次数频繁，时而回头看视腹部，常单独呆立墙角或趴卧，四肢伸直，不爱吃草，站立不安，有时鸣叫，前肢挠地，临产前有努责现象。发现上述现象，应快速送入产房，用温水洗净外阴部、肛门、尾根、股内侧和乳房，用1%～2%来苏儿溶液消毒。

（二）接产

首先剪去临产母羊乳房周围和后肢内侧的羊毛，用温水洗净乳房，并挤出几滴初乳，再将母羊尾根、外阴部、肛门洗净，用1%来苏儿消毒。母羊生产多数能正常进行，羊膜破水后10～30

分钟，羔羊即能顺利产出，两前肢和头部先出，当头露出后，羔羊就能随母羊努责而顺利产出。产双羔时，先后间隔 5～30 分钟，个别时间会更长些，母羊产出第一只羔羊后，仍表现不安，卧地不起，或起来又卧下，努责等，就有可能是双羔，此时用手在母羊腹部前方用力向上推举，则能触到一个硬而光滑的羔体。经产母羊产羔较初产母羊要快。

羔羊产出后，应迅速将口、鼻、耳中的黏液抠出，以免引起窒息或异物性肺炎。羔羊身上的黏液必须让母羊舔净，既可促进新生羔羊血液循环，并有助于母羊认羔。冬天接产工作应迅速，避免感冒。

（三）难产与助产

初产母羊应及时助产。阴道狭窄、母羊体弱、胎儿过大等均可引起难产。助产的方法是拉出胎羔，在破水后 30 分钟，如母羊努责无力，羔羊仍未产出，即可助产。助产人员应将手指甲剪短、磨光，消毒手臂，涂上润滑油，先将羔羊两前肢反复拉出送入，然后一手拉前肢，一手扶头，随母羊努责，慢慢向下拉出，切忌用力过猛，或不配合努责节奏硬拉而拉伤阴道。助产应及时，过早不行，过迟母羊精力消耗太大，羊水流尽更不易产出。

三、产后母羊和初生羔羊的护理

（一）产后母羊的护理

产后母羊应注意保暖、防寒、防潮、避风，预防感冒，保持安静休息。产后 1 小时后饮些温水，第一次不宜过多，一般 1～1.5 升即可，并喂一些麦麸和优质青干草。产后头几天应喂质量好、容易消化的饲料，量不宜过多，经过 3 天，饲料即可转为正常饲料。

（二）初生羔羊的护理

羔羊出生后，使其尽快吃上初乳，瘦弱的羔羊、初产母羊或母性差的母羊，需人工辅助吃奶；对母羊缺奶的，也应先吃到初乳之后再找保姆羊（奶山羊等）喂养。

（三）假死羔羊的救治

产出后的羔羊发育正常，不呼吸，但心脏仍跳动，称为假死。对假死的羔羊抢救方法很多，首先清除呼吸道内吸入的黏液、羊水，擦净鼻孔，向鼻孔吹气或进行人工呼吸；或提起羔羊两后肢，悬空并拍击其背、胸部；或是让羔羊平卧，保持前低后高，手握前肢，反复前后屈伸，然后用手轻拍胸部两侧等。

第四节　提高肉羊繁殖力的技术措施

一、提高肉羊繁殖力的措施

提高肉羊繁殖力的措施，除了加强公母羊的饲养管理，调整畜群结构、增加适龄繁殖母羊比例，加强环境控制以外，主要措施是选育选配、培育早熟多胎肉用品种和利用杂交优势等。

（一）加强选育选配

1. 种公羊的选择：种公羊要选择体形外貌健壮，睾丸发育良好，雄性特征明显，尽量选择产双羔或多羔的母羊后代作种。

2. 母羊的选择：母羊的繁殖力随年龄的增加而增长，并且能够遗传影响下一代。选择母羊应从多胎的母羊后代中选择优秀个体，注意母羊的泌乳、哺乳性能。

3. 选配：正确选配是提高繁殖力的重要技术措施。选用双羔公羊配双羔母羊，所产的多胎公母羔羊经过选择培育作种用。

（二）培育早熟多胎肉用品种

利用我国引入的多胎肉用品种，与当地的多胎品种杂交，培育出性成熟早、全年发情、产羔率高、泌乳性能强、抗病力强的母羊；培育出生长速度快、饲料利用率高、适应性强、胴体品质好的公羊；而且公母羊遗传性能稳定的早熟多胎肉用品种。

（三）充分利用杂交优势

引进多胎基因品种，利用多胎品种与当地品种杂交，改良当地品种，是提高当地肉羊繁殖力的最快、最有效、最简便的好方法。

二、肉羊繁殖的调控技术

（一）母羊繁殖的调控技术

1. 诱发发情：是在母羊发情期内，借用外源激素引起正常发情并进行配种，可缩短母羊的繁殖周期，提高繁殖力。其方法有羔羊早期断奶、激素处理及生物学处理等。其中①羔羊早期断奶：实质是缩短母羊的哺乳期，使母羊提早发情，但早期断奶要求羔羊的培育条件较高，必须解决人工乳及人工育羔等方面的技术问题。②同期发情：方法一是将浸有孕激素的海绵置于子宫颈外口处，处理10～14天后取出，当天肌肉注射孕马血清促性腺激素400～500国际单位，一般30小时左右即有发情表现，发情当天和次日各输精1次或与公羊自然交配。常用孕激素的种类和剂量为孕酮150～300毫克，甲孕酮50～70毫克，甲地孕酮80～150毫克，18甲基－炔诺酮30～40毫克，氟孕酮20～40毫克。方法二是每日将一定数量的字激素均匀拌入饲料，连喂12～14天。药物用量约为阴道海绵法的1/10～1/5，最后一次口服药的当天，肌注孕马血清促性腺激素400～750国际单位。方法三是将前列腺素FG2α，在发情结束数日后，向子宫内灌注或肌注10～20毫克，能在2～3天内引起母羊发情。以上处理适合大群饲养。

（二）促使母羊产怀双胎多胎的技术措施

1. 补饲法：在配种前1个月改进日粮，特别是提高蛋白质水平，催情补饲，提高母羊发情率，增加排卵数，诱使母羊怀双胎甚至多胎。

2. 双羔素：目前国内生产的双羔素主要有 TIT、XJC－A、南双、沪双 3 和沪双 17 等。其中 TIT 可提高产羔率 8%～65.71%，使用效果的差异，除品种、饲养管理外，主要是使用技术问题。正确的使用方法是：免疫双羔素在使用时需免疫 2 次，第一次配种前 42 天左右，第二次配种前 21 天左右，并一定按说明严格掌握使用剂量。注射部位应选择后海穴，注射时刺入角度应与直肠平行略向上方，深度 0.5～1 厘米。免疫后母羊会出现短期的食欲减退、采食下降等症状，3～5 天即可恢复正常。

三、母羊繁殖性能测定指标

母羊繁殖力的主要测定指标如下：

$$受胎率=\frac{配种母羊数}{适龄母羊数}\times 100$$

$$总受胎率=\frac{受胎母羊数}{配种数}\times 100$$

$$情期受胎率=\frac{受胎母羊数}{情期配种数}\times 100$$

$$产羔率=\frac{产出羔羊数}{分娩母羊数}\times 100$$

$$羔羊成活率=\frac{成活羔羊数}{产出羔羊数}\times 100$$

$$繁殖成活率=\frac{断奶成活羔羊数}{适龄繁殖母羊数}\times 100$$

$$空怀率=\frac{能繁母羊^{①}数-受胎母羊数}{能繁母羊数}\times 100$$

$$能繁母羊比率=\frac{本年度终能繁母羊数}{本年度终羊群总数}\times 100$$

注：①能繁母羊（适龄母羊）主要指 1.5 岁以上的母羊。

第六章　粪污及病死羊无害化处理

第一节　粪污无害化处理

一、粪污无害化处理措施

1. 肉羊场应有固定的羊粪贮存、堆放设施和场所，防止粪污渗漏、溢流。农区粪污采用发酵或其他方式处理，作为有机肥料利用或销往有机肥厂；牧区采用农牧结合良性循环措施。

2. 对羊粪、尿、尸体及相关组织、垫料、过期兽药、残余疫苗、一次性使用的畜牧兽医器械及包装物和污水处理，必须实行减量化、无害化和资源化的处理原则，羊粪经堆积发酵或沼气池处理后应符合《粪便无害化卫生标准》GB—7959 的规定；污水经生物处理后应符合 GB—18596《畜禽养殖业污染物排放标准》的规定。

3. 新建肉羊场必须与相应的粪便和污水处理设施同步建设，并进行环境评估，确保肉羊场建成后不污染周围环境，周围环境也不污染肉羊场环境。

4. 对肉羊场的空气、水质、土壤等环境参数要定期进行监测，及时采取改善措施，并对空旷地带进行绿化，绿化覆盖率不低于30%。

二、羊粪的处理

1. 发酵处理：即利用各种微生物的活动来分解粪中有机成分，有效地提高有机物质的利用率。根据发酵微生物的种类可分为有氧发酵和厌氧发酵两类。

（1）充氧动态发酵：在适宜的温度、湿度以及供氧充足的条件下，好气菌迅速繁殖，将粪中的有机物质分解成易被消化吸收的物质，同时释放出碳化氢、氨等气体。在 45～55℃下处理 12 小时左右，可生产出优质有机肥料和再生饲料。

（2）堆肥发酵处理：堆肥是指富含氮有机物的畜粪与富含碳有机物的秸秆等，在好氧、嗜热性微生物的作用下转化为腐殖质、微生物及有机残渣的过程。堆肥过程产生的高温（50～70℃），可使病原微生物和寄生虫卵死亡。炭疽杆菌致死温度为 50～55℃，所需时间 1 小时；布鲁氏菌分别为 65℃，所需时间 2 小时。口蹄疫病毒在 50～60℃迅速死亡，寄生蠕虫卵和幼虫在 50～60℃，1～3 分钟即可杀灭。经过高温处理的粪便呈棕黑色，松软、无特殊臭味、卫生无害。

2. 干燥处理

（1）脱水干燥处理：通过脱水干燥，可使其中的含水量降至 15%以下，便于包装运输，又可抑制畜粪中微生物活动，减少养分（如蛋白质）损失。

（2）高温快速干燥：采用以回转圆筒烘干炉为代表的高温快速干燥设备，可在短时间（10 分钟左右）内将含水量为 70%湿粪，迅速干燥至含水量仅为 10%～15%干粪。

三、羊粪的利用

1. 用作肥料

（1）直接用作肥料：羊粪作为肥料首先根据饲料的营养成分和吸收率，估测粪便中的营养成分。施肥前要了解土壤类型、成分及作物种类，确定合理的作物养分需要量，并在此基础上计算出畜粪肥施用量。

（2）生产有机无机复合肥：羊粪最好先经发酵后再烘干，然后与无机肥配制成复合肥。复合肥不但松软、易拌、无臭味，而且施肥后也不再发酵，特别适合于盆栽花卉和无土栽培及庭院种植业。

2. 用作饲料：羊粪经过沼气池发酵后，沼渣和沼液可以用作鱼类的饲料，既降低养鱼成本，又提高肉羊的养殖效益。

四、粪便无害化卫生标准

目前，国家尚未制定出对家畜粪便的无害化卫生标准，在此借鉴卫生部制定的国家标准（GB7959—87）来阐述对家畜粪便无害化处理的卫生要求。

第二节　病死羊无害化处理

一、病死羊处理原则

病死羊的处理原则，一是病羊要有专门的隔离羊舍，防止疾病蔓延；二是配备焚尸炉或化尸池等病死羊无害化处理设施。

二、病死羊无害化处理

现阶段病死畜禽无害化处理的主要方法，一是深埋处理，二是焚烧处理。

1. 深埋处理：首先要选择合适的深埋场。场地一定要选在远离居民生活区、禽畜养殖区、水体和水源，地质稳定，且在居民生活区的下风处，在生活取水点的下游，避开雨水汇集地，方便病死禽畜运输和消毒杀菌。其次，一定要挖深坑。对大批量处理的病死禽畜，覆土后病死禽畜离地面至少要有3米深；个别处理的病死禽畜，覆土后病死禽畜也要离地面至少1米深，且要保证病死禽畜不被野狗等动物扒出来。再次，一定要做好消毒杀菌处理。深坑一定要铺放大量的生石灰、烧碱等消毒剂，放一层病死禽畜洒一层生石灰，最后再覆土。覆土后，对掩埋地周边喷洒消毒剂。

2. 焚烧处理：一般为畜牧类养殖采用。如果养殖场周围有采用焚烧炉的垃圾处理场，则可以把病死禽畜集中运输到垃圾处理场，让专业的焚烧炉进行焚烧。这种方法比较适合大规模养殖场对病死禽畜的无害化处理。

第三节　羊场污染物排放及其监测

一、水污染物排放标准

集约化养羊场（区）的废水不得排入敏感水域和有特殊功能的水域。排放去向应符合国家和地方的有关法律法规规定。

1. 水污染物的排放标准：采用水冲工艺的肉羊场，最高允许排水量：每天每100只羊排放水污染物冬季为1.1~1.3立方米，夏季为1.4~2.0立方米。采用干清粪工艺的肉羊场，最高允许排水量每天每100只羊冬季为1.1立方米，夏季为1.3立方米。

2. 集约化养羊场废渣的固定贮存设施和场所：贮存场所要有防止粪液渗漏、溢流的措施。用于直接还田的畜粪须进行无害化处理，禁止直接将废渣倾倒入地表水或其他环境中。粪便还田时，不得超过当地的最大农田负荷量，避免因农田面源污染而造成地下水的污染。

二、废渣及臭气的排放

集约化养羊场经无害化处理后的废渣，蛔虫死亡率要大于95%，粪大肠杆菌数小于每千克10万个，恶臭污染物排放的臭气浓度应为70毫克/立方米，并通过粪便还田或其他措施对所排放臭气进行综合利用。

三、污染物的监测

污染物项目监测的采样点和采样频率应符合国家监测技术规范要求。

第四节 羊场环境的监控和净化

一、消毒概念及分类

（一）消毒概念

消毒是指运用各种方法消除或杀灭饲养环境中的各类病原体，减少病原体对环境的污染，切断疫病的传染途径，达到防止疾病发生、蔓延，进而达到控制和消灭传染病的目的。

（二）消毒分类

1. 疫源地消毒：是指对存在或曾经存在过传染病的场所进行的消毒。场所主要指被病原微生物感染的羊群及其余的环境如羊群、肉羊舍、用具等。一般可分为随时消毒和终末消毒两种。

2. 预防性消毒：对健康或隐性感染的羊群，在没有被发现有传染病或其他疾病时，对可能受到某种病原微生物感染羊群的场所环境、用具等进行的消毒，谓之预防性消毒。对养羊场附属部门如门卫室、兽医室等的消毒也属于此类型。

二、消毒方法

（一）物理消毒

包括过滤消毒、热力消毒、辐射消毒（包括紫外线照射消毒、电离辐射灭菌等）。常用的是热力消毒，其中煮沸消毒最常用，优点是简便、可靠、安全、经济。

（二）化学消毒

指用于杀灭或消除外界环境中病原微生物或其他有害微生物的化学药品。所使用的消毒剂按消毒程度可分为高效、中效、低效消毒剂三种。常用的消毒剂有氢氧化钠、福尔马林、克辽林（臭药水）、来苏儿（煤酚皂溶液）、漂白粉、新洁尔灭等。

（三）生物消毒

生物消毒是利用某种生物杀灭或消除病原微生物的方法。发酵是消毒粪便和垃圾最常用的消毒方法。发酵消毒可分为地面泥封堆肥发酵法和坑式堆肥发酵法两种。

常用的消毒方法，主要有喷雾消毒，即用规定浓度的次氯酸盐、有机碘化合物、过氧乙酸、新洁尔灭、煤酚皂等，进行羊舍消毒、带羊环境消毒、羊场道路和周围环境以及进入场区的车辆进行的消毒。其次还有浸液消毒，即用规定浓度的新洁尔灭、有机碘混合物或煤酚皂水溶液洗手、洗工作服或对胶靴进行消毒；喷洒消毒是指在羊舍周围、入口、产房和羊床下面洒生石灰或氢氧化钠进行的消毒；紫外线消毒系指在人员入口处设立消毒室，在天花板上，离地面 2.5 米左右安装紫外线灯，通常 6～15 平方米用 1 支 15 瓦紫外线灯。用紫外光对污染物表面进行的消毒时，灯管距污染物表面不宜超过 1.0 米，时间 30 分钟左右，消毒有效区为灯管周围半径 1.5～2.0 米。

三、肉羊场的消毒

（一）常规消毒

1. 清扫与洗刷：为了避免尘土及微生物飞扬，先用水或消毒液喷洒，然后再清扫。主要消除粪便、垫料、剩余饲料、灰尘及墙壁和顶棚上的蜘蛛网、尘土等。

2. 肉羊舍消毒：常用的消毒液有10%～20%石灰乳、10%漂白粉、0.5%过氧乙酸溶液等，消毒液的用量为1升/平方米，泥土地面、运动场为1.5升/平方米。消毒顺序一般从离门远处开始，以墙壁、顶棚、地面的顺序喷洒1遍，再从内向外将地面重复喷洒1次，关闭门窗2～3小时，然后打开门窗通风换气，再用清水清洗饲槽、水槽及饲养用具等。

3. 饮水消毒：肉羊的饮水应符合畜禽饮用水水质标准，对饮水槽的水每隔3～4小时更换1次，饮水槽和饮水器要定期消毒，为了杜绝疾病发生，有条件者可用含氯消毒剂进行饮水消毒。

4. 空气消毒：一般肉羊舍被污染的空气中的微生物数量每立方米可达10个以上，当清扫、更换垫草、出栏时则更多。空气消毒最简单的方法是通风，其次是利用紫外线杀菌或甲醛气体熏蒸。

5. 对进入羊场人员及车辆的消毒：在肉羊场大门口设置消毒池，长度不小于汽车轮胎的周长（2米以上），宽度应与门的宽度相同，水深10～15厘米，内放2%～3%氢氧化钠溶液或5%来苏儿溶液和草酸。消毒液每周更换1次。北方的冬季可用生石灰代替氢氧化钠。

6. 粪便消毒：通常有掩埋法、焚烧法及化学消毒法三种。其中掩埋法是将粪便与漂白粉或新鲜生石灰混合，然后深埋于地下2米左右处。对患有烈性传染病家畜的粪便进行焚烧，方法是挖1个深75厘米，长、宽各75～100厘米的坑，在距坑底40～50厘米处加一层铁炉箅子，对湿粪可加一些干草，用汽油或酒精点燃。常用的粪便消毒方法是发酵消毒法。

7. 污水消毒：一般污水量小，可拌洒在粪中堆集发酵，必要时用漂白粉按每立方米8～10克搅拌均匀消毒。

（二）人员及其他消毒

1. 人员消毒

（1）饲养管理人员应经常保持个人卫生，定期进行人兽共患病检疫，并进行免疫接种如卡介苗、狂吠病疫苗等。如发现患有危害肉羊及人的传染病者，应及时调离，以防传染。

（2）饲养人员进入肉羊舍时，应穿专用的工作服和胶靴等，并定期消毒。工作服采取煮沸消毒，胶靴用3%～5%来苏儿浸泡。工作人员在工作结束后，尤其在场内发生疫病时，工作完毕，必须经过消毒后方可离开现场。

（3）饲养人员除工作需要外，一律不准在不同区域或栋舍之间相互走动，工具不得互相借用。

（4）生产区不准养猫、养狗，职工不得将宠物带入场内，不准在兽医诊疗室以外的地方解剖尸体。建立严格的兽医卫生防疫制度，肉羊场生产区和生活区分开，羊场入口处设消毒池，设置专门的隔离室和兽医室，做好发病时的隔离、检疫和治疗，控制疫病范围，做好病后的消毒净群等工作。当某种疫病在本地区或本场流行时，要及时采取相应的防制措施，并要按规定上报主管部门，采取隔离、封锁等。

（5）长年定期灭鼠，及时消灭蚊、蝇，以防疫病传播。对于死亡羊的检查，包括剖检等工作，必须在兽医诊疗室内进行，或在距离水源较远的地方检查。剖检后的尸体以及死亡的畜禽尸体应深埋或焚烧。本场外出的人员和车辆，必须经过全面消毒后方可回场。运送饲料的包装袋，回收后必须经过消毒，方可再利用，以防止污染饲料。

2. 饲料消毒。对粗饲料要通风干燥，经常翻晒和日光照射消毒；对青饲料防止霉烂，最好当日割当日用；精饲料要防止发霉，应经常晾晒，必要时进行紫外线消毒。

3. 土壤消毒。消灭土壤中的病原微生物，主要利用生物学和物理学方法，即疏松土壤增强微生物间的拮抗作用，或用紫外线充分照射，必要时可用5%～10%漂白粉澄清液、4%甲醛溶液、1%硫酸苯酚合剂溶液、2%～4%氢氧化钠热溶液等进行土壤消毒。

4. 羊体表消毒。主要方法有药浴、涂擦、洗眼、点眼、阴道和子宫冲洗等。

5. 医疗器械消毒。各种诊疗器械及用器在使用完毕后要及时消毒，尽量选用一次性医疗卫生器械，避免各种病原菌交叉感染。

（三）发生疫病羊场的防疫措施

1. 及时发现，快速诊断，立即上报疫情。确诊病羊，迅速隔离。如发现一类和二类传染病暴发或流行（如口蹄疫、痒病、蓝舌病、羊痘、炭疽等）应立即采取封锁等综合防疫措施。

2. 对易感羊群进行紧急免疫接种，及时注射相关疫苗和抗血清，提高易感羊群抗病能力，并加强药物治疗、饲养管理及消毒管理。对已发病的羊只，在严格隔离的条件下，及时采取合理的治疗，争取早日康复，减少经济损失。

3. 对污染的圈、舍、运动场及病羊接触的物品和用具都要进行彻底消毒和焚烧处理。对传染病的病死羊和淘汰羊要严格按照传染病羊尸体的卫生消毒方法（表6－1）进行焚烧后深埋。

（四）肉羊场常用消毒药物

表6－1　肉羊场常用消毒药物

名称		常用浓度	用途
酒精		75%	用于皮肤、手臂等消毒，主要用于工作人员
碘酊（或碘伏）		5%	注射时体表、皮肤的直接涂擦消毒
碘酊（或碘伏）		1%～1.3%	料槽、用具消毒
煤酚皂（来苏儿）		3%～5%	料槽、用具、洗手消毒
新洁尔灭		0.1%	器械用具的消毒
新洁尔灭		0.5%～1%	手术的局部消毒
碱类消毒药	氢氧化钠（火碱）	1%～2%	发生疫病时场地、用具（金属用具除外）的消毒
碱类消毒药	碳酸钠（纯碱）	4%	用于衣物、用具、场所消毒
碱类消毒药	石灰乳（1∶1）生石灰加水	10%～20%	用于羊舍墙壁、地面消毒
碱类消毒药	草木灰（农家烧柴草的白灰）	20%～30%	用于羊舍、食槽、用具消毒
强氧化剂	过氧乙酸	0.2%～0.5%	对羊舍羊栏、饲料槽、用具、车辆、食品车间地面及墙壁进行喷雾消毒
强氧化剂	高锰酸钾	0.1%	肠道疾病
强氧化剂	高锰酸钾	0.5%	皮肤、黏膜和创伤消毒
强氧化剂	高锰酸钾	1%	饲料槽及用具消毒

续表

名　　称	用　　途
有机氯消毒剂如消特灵、菌素净及漂白粉等	栏舍、栏槽及车辆等消毒
复合酚，又名消毒灵、农乐等	主要用于栏舍、设备器械、场地等消毒，药效可维持5～7天
双链季胺酸盐类消毒药如百毒杀	药效持续时间约为10天，适合于饲养场地、栏舍、用具、饮水器、车辆等消毒

第七章　羊场的建设

按照《青海省畜禽规模养殖场（小区）认定管理办法》180号文的规定，肉羊规模养殖场分适度规模、较大规模、大规模三种生产规模。年出栏1 000～1 999只为适度规模；2 000～4 999只为较大规模；5 000只以上为大规模。

羊场的建设要从场址、场内规划布局、羊舍建筑结构、卫生防疫设施等方面进行综合考虑。

第一节　场址选择

一、地势比较高燥

干燥通风，冬暖夏凉的环境是羊最适宜的生活环境。因此，尽量选择地势较高、地形平坦、开阔、方正、背风向阳、土层透水性好、排水良好、通风干燥、树木不多的地方建场。山区防止建在山顶或山谷，地势倾斜度在1%～3%为宜，大山区最大不超过25%。

建场地的地下水位一般在2米以下，最高地下水位需在青贮坑底部0.5米以下。

二、土地开发利用价值低

尽可能占用非耕地资源，充分利用荒坡。场址的土壤未被有机物污染，以沙壤土和壤土最好。

三、水源供应充足、水质良好

场址在水源的下头。根据羊群需水量规律，应保证供给，并以泉水、井水和自来水较理想，不能让羊饮用池塘或洼地的死水。

四、饲草资源充足

饲草供应坚持就地取材的原则，要求周围及附近要有丰富的饲草资源。

五、交通便利

场址应选在既不紧邻交通要道，又要兼顾饲草运输、羊产品销售等，同时还要考虑能源供应充足，电信条件快捷等条件。

六、保证防疫安全

1. 不能在传染病和寄生虫病的疫区建场。

2. 建场要在居民点的下风头，距离住宅区至少 300 米。

3. 建在污染源的上坡上风方向。

4. 所建肉羊场要远离活畜市场及其他羊场、食品加工厂、屠宰场等，尽量避开附近羊群转场通道。

5. 主要圈舍区距公路、铁路交通干线、河流 300 ~ 500 米以上。

6. 场内隔离区应位于下风方向，距主设施 500 米以上。

第二节　羊场布局

一、场地规划

羊场场址应依地势和风向配置（图 7－1）。

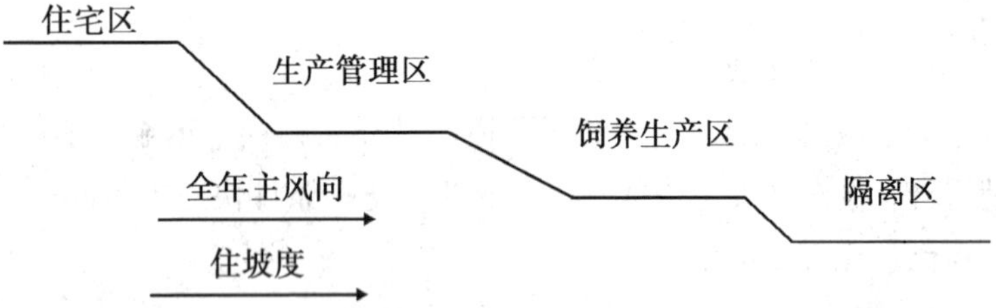

图 7－1　羊场各区依地势、风向配置示意图

二、布局

1. 运粪通道避免与羊只和饲草料的运输同道。

2. 饲料贮存间、羊产品的贮藏及初加工建筑宜设在靠近生产羊群的一侧，紧贴生产区围墙，将运出的门直接开在围墙上，以避免运输工具进入生产区内。

3. 羊舍应布置在生产区域的中心位置，平行排列整齐，如不超过 4 栋，呈一行排列，需要饲料多的羊舍集中在中央；超过 4 栋的呈两行排列。两行羊舍端墙之间应有 15 米间隔，既可保证最短的运输、供水、输电距离，又可保证一致的采光，并有利通风。前后两栋羊舍之间的距离不得小于 20 米。

4. 种公羊舍应离人工授精室较近；种母羊用草料多，羊舍应靠近饲草料调制间；产羔舍应侧重于保暖，且离饲养人员居住室较近；种羊舍要比商品羊舍远离粪便羊尸处理区。

三、建筑朝向

羊舍朝向在青海省范围内均以南北朝向为好，也可因地制宜向东或向西15°的偏转。

第三节　羊舍建造

一、建造基本原则

1. 应考虑不同生产类型羊的特殊生理需求，以保证羊群有良好的生活环境，包括温度、湿度、空气质量、光照、地面硬度及导热性等。

2. 因地制宜，经济实用。

3. 结实牢固，造价低廉。

4. 应符合生产流程要求，有利于减轻管理强度和提高劳动效率。

5. 应符合卫生防疫需要，力求隔绝疫病传播途经。

6. 要注意防火、防冷风、保护环境等，保证生产安全。

7. 急需先进，逐步完善。

二、羊舍建造条件

1. 建造面积：依羊的生产方向、性别、年龄、生理状态，以及气候条件不同而有差异（表7－1、表7－2）。

设置的运动场面积应为羊舍的2～2.5倍，产羔室面积按产羔母羊数的25%计算。

表7－1　各类羊只需要的面积　（单位：平方米/只）

类别	细毛羊	半细毛羊	肉用羊	毛皮羊
面积	1.5～2.5	1.5～2.5	1.0～2.0	1.2～2.0

表 7－2　不同生理阶段羊只需要的面积　（单位：平方米/只）

类别	冬季产羔母羊	春季产羔母羊	成年母羊	公羊单饲	公羊群饲	育成公羊	周岁母羊	去势羔羊	3～4月龄羔羊
面积	1.4～2.0	1.1～1.2	0.8～1.0	4.0～6.0	2.0～2.5	0.7～1.0	0.7～0.8	0.6～0.8	0.3～0.4

2. 建筑材料：坚持“就地取材，经济耐用”的原则，条件好的地方可建造坚固的永久性羊舍。用土坯建造的羊舍，应先用砖石砌垒1米高左右的墙基，以防雨水冲刷。

3. 长度、跨度和高度：根据所选择的建筑类型和面积确定，如表7－3。

表 7－3　不同类型羊舍的跨度和高度　（单位：米）

羊舍类型	跨　度	檐高度	地面到棚顶高度	备　注
单坡式	5～6	2.4～3.0	2.5	潮湿地区及羊只多时可适当高些
双坡单列式	6～8	2.4～3.0	2.5	
双列式	10～12	2.4～3.0	2.5	

4. 温度、湿度和通风：一般要求羊舍地面保温性好，用导热小的材料建造（表7－4）。

表 7－4　羊舍的温度、湿度和通风

季节	温　度	相对湿度（%）	通　风（立方米/只×分钟）
夏季	低于30℃	60	1.2～1.6
冬季	羊舍0℃以上，产羔室10℃	50～70	0.5～0.7

羊舍内地面要高出舍外地面20～30厘米，由里向外保持一定的坡度（2～3厘米），在靠墙一端开设排粪尿口，便于排污，保持干燥。地面处理要求致密、坚实、平整、无裂缝、不硬滑、不渗水，达到卧息舒服，防止四肢受伤或蹄病发生。

5. 墙体：墙体主要对羊舍的保温与隔热起重要作用，墙越厚，保温性能越强。一般多采用土墙、砖墙和石墙等。砖墙最常用，其厚度分为半砖墙、一砖墙和一砖半墙。近年来采用金属铝板、胶合板、钢构件、玻璃纤维料等建成保温隔热墙，效果良好。

6. 屋顶和天棚：屋顶具有防雨和保温隔热功能，通常采用多层建筑材料，增加屋顶的保温性。一般羊舍地面距天棚高 2.5 米左右，距屋顶檐高 1.8～2.0 米。单坡式羊舍，一般前高 2.2～2.5 米，后高 1.7～2.0 米，屋顶斜面呈 45°。天棚顶部有百叶窗通气孔，其面积为进气孔（距墙基 5～10 厘米）面积的 1.5～2.0 倍。

7. 门和窗：羊舍的门窗应尽量宽敞，有利于舍内通风干燥，保证舍内有足够的光照，同时也兼顾积粪出圈的方便（表 7－5、表 7－6）。

表 7－5　羊舍门的建造

类型	宽度(米)	高度(米)	数目(个)	位置	建造材料
大型羊舍门	2.5～3.0	2.0～2.5		羊舍两墙	
小型羊舍门	1.2～1.5	2.0	1～2	正面通道，向	木材、钢材等
栏　门	不低于 1.5			阳，向外开	

表 7－6　羊舍窗户的建造

宽度(米)	宽度(米)	距地面高度(米)	面　积	建造材料
1.0～1.3	0.7～0.9	不低于 1.5	占地面积的 1/15	木材、玻璃等

8. 采光：羊舍采光参数见表 7－7。

表 7－7　羊舍采光参数

采光系数		入射角	透光角	自然照度系数		光照时间（小时）	
成年羊舍	产羔羊舍			肉羊舍	公母羊、断奶羊及产羔舍	公母羊舍	怀孕母羊舍
1∶15～25	1∶15～20	≥25°	≥5°	0.35%	0.5%	8～10	16～18

9. 运动场：单列式羊舍坐北朝南排列，运动场应设在羊舍的南面；双列式羊舍应南北向排列，运动场应设在羊舍的东西两侧，以利于采光。运动场地面应低于羊舍地面，可用砖、水泥、石板和沙质土壤。地面平坦干燥，围墙完整坚固，围墙高 1.2 ~ 1.5 米，周边应有排水沟。

10. 羊舍建筑式样：建筑羊舍是改善和控制生产环境的主要手段。羊舍建筑类型依据自然环境条件、生产方式、饲养要求、建筑场地、建材选用、传统习惯和经济实力的不同而不同。一般多采用双列式，包括双列对头式和双列对尾式。

第四节　羊场辅助设施

一、饲槽

主要用来饲喂精料、颗粒料、青贮料、青草或干草。

1. 固定式长形饲槽：放置在羊舍、运动场或专门补饲栏内。饲槽上宽下窄，外沿比内沿高 5 厘米，内角外沿均抹成圆形，防止饲草料残留和擦伤羊的颈部。羊的饲槽参数见表 7－8。

表 7－8　羊的饲槽参数

类　　型	高（厘米）	宽（厘米）	深（厘米）	占槽位宽（厘米）
羔羊	30	25	20	20
成年羊	35 ~ 40	30 ~ 35	25 ~ 30	40 ~ 50

2. 移动式长形饲槽：多用木板或铁皮制成，长 1.5 ~ 2 米，上宽 35 厘米，下宽 30 厘米，深 20 厘米。为防止羊攀登踩翻，饲槽两端有装拆方便的固定架。

二、草架

利用草架喂羊，可避免践踏饲草，减少饲草的浪费和疾病的发生。

三、多用途栅栏

1. 活动围栏：放牧为主的羊场，必须根据季节、草场生产力的动态变化、不同生产阶段等生产环节的需要，作好放牧安排。

2. 贮草堆草圈：用砖或土坯砌成，或用栅栏、围栏围成，上面盖以遮雨雪的材料。堆草圈应设在地势较高处，或在地面垫一定高度的砖或土，设排水沟，防潮。平时每只羊贮备饲草数量是改良羊 180 ~ 200 千克，本地羊90 ~ 100千克。

3. 青贮设备：有青贮窖、青贮壕、青贮塔和塑料袋等。

4. 药浴设备：药浴方式有池浴、淋浴等。

5. 水槽：可用成品陶瓷水池或其他材料，底部设放水孔。

6. 水井：如果羊场无自来水，应挖掘水井。水井应离羊舍100 米以上。根据规模养殖场建设要求，按照饲养工艺流程设计种羊场平面布局图（图 7 – 2），仅供参考。

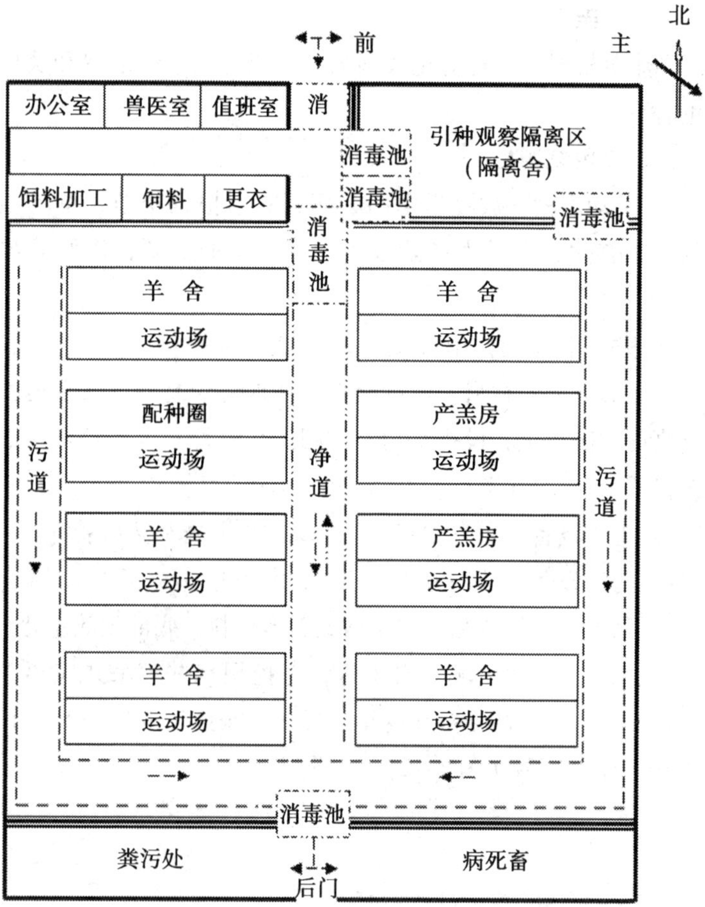

图7-2　种羊场平面布局图

注：①种公羊每只占2.0~2.5平方米，母羊占1~2平方米，育成羊占0.6~1平方米；运动场面积为羊舍面积的1.5~3倍。②生活区处于上风向且与生产区间隔100米以上；生产区与粪污处理、病死畜隔离处理区（下风向）间隔200米以上。③净道宽5米，污道宽3米。④前排羊舍运动场与后排羊舍间通道为2米。⑤消，即指消毒池。

第八章　肉羊场生产与经营管理

第一节　肉羊场的生产管理

一、羊群分组

羊群一般分为种公羊、成年母羊、后备羊和育成羊、羔羊和去势羊等组别。

二、羊群结构

羊群结构是指各个组别的羊只在羊群中所占的比例。在以产肉为主的羊场，因幼羊或去势羊往往育肥到周岁就出售或当年生羔羊当年屠宰利用，故成年母羊在羊群中的比例应较大，一般可达到70% ~80% 。种公羊在羊群中的比例与羊场采用的配种方式有密切关系。例如，在采用本交配种时每只种公羊承担40 ~50只母羊，而采用人工授精时则每只公羊的精液可配200 ~1 000 只母羊。成年母羊中适繁母羊的比例越高，羊群的繁殖率越高，对提高生产效益越有利。本交时的公母羊比例提高到1 ∶30，人工授精时的公、母羊比例提高到1 ∶100 ~200,另配置一定数量的试情公羊；在质量上要选择生产性能好、配种能力强的种用公羊。

三、羊群的规模

羊群规模可根据品种、牧场条件、技术状况等方面酌情确定。地方品种种群可稍大些，改良羊群则应小些；种公羊群宜小，母羊群宜大。在牧区，羊群可大些，农区则应小些；在山区与农区，因地形崎岖、草场狭小、羊群则应划小，以便管理、而集约化程度高、放牧技术水平高时，羊群可大些。

第二节　肉羊场的计划管理

一、羔羊生产计划

羔羊的生产计划主要是指配种分娩计划和羊群周转计划，分娩时间的安排既要考虑气候条件，又要考虑牧草生长状况，最常见的是产冬羔（即在11～12月份分娩）和产春羔（即在3～4月份分娩）。当年羔羊如屠宰利用需要则需进行强度育肥，方可达到育肥标准。母羊的分娩一般应在40～50天结束，故配种也应集中在40～50天完成。

二、羊肉生产计划

肉羊场以生产羊肉为主，但羊皮也是重要的收入来源，其羊肉、羊皮生产计划的制订是根据羊群周转计划和育肥羊只的单产水平来进行编制的。要编制好这个计划，关键在于订好育肥羔羊的单产指标，也就是在分析羊群质量、群体结构、技术提高状况、管理办法、改进配种分娩计划、饲料保证程度、人力与设备情况等条件的基础上，结合本年度确定的计划任务与要求来决定。

三、饲料生产供应计划

饲料生产计划是饲料计划中最主要的计划，羊场对饲料的生产、采集、加工、贮存和供应必须有一套有效的计划做保证。饲料的供应计划主要包括制定饲料定额、各种羊只的日粮标准、饲料粮的留用和管理、青饲料生产和供应的组织饲料的采购与贮存以及饲料加工配合等。为保证此计划的完成，各项工作和各个环节都应制度化，做到有章可循、按章办事。

四、羊群发展计划

当制订羊群发展规划或育种计划时，需要本年度和本单位历年的繁殖淘汰情况和实际生产水平，对羊场今后的发展进行科学的估算。

五、羊场疫病防治计划

羊场疫病防治计划是指一个日历年度内对羊群疫病防治所作的预先安排。疾病防治工作的方针是“预防为主，防治结合”，为此要建立一套综合性的防疫措施和制度，包括羊群的定期检查、羊舍消毒、各种疫苗的定期注射、病羊的治疗与隔离等。

第三节　肉羊场经营管理的原则

一、以规模化良种场为基础

由于我国养羊良种化程度不高，生产水平相对落后，在今后一段时期内我国养羊业发展，仍在很大程度上取决于良种羊生产发展的规模和速度。为了加快提高良种化水平，羊场既担负着培育新品种和繁殖高质量的原种或杂交亲本的重要任务，又担负着示范推广新品种的任务。

二、加快科技成果转化，促进羊产业技术进步

任何一项新技术、新成果都要经过试验、示范、推广等中间环节，这些工作都要在羊场进行。因此，羊场科技人员的多少、技术水平高低、条件的好坏，就将成为当地农牧民传授科普知识、推广技术成果、提供科技服务、带动周围农牧区提高科技水平的基本条件。同时逐步形成以羊场为中心，向周边农牧区推广、普及养羊知识和先进技术成果的体系，并以场带户、场户联合的道路，为养羊专业户提供系统化服务。所有这些都将对加速品种改良、提高饲养管理水平和促进养羊业发展起到重要作用。

三、保护品种，充当地域性羊资源的基因库

多年来，一部分羊场保护、拯救、繁殖了许多国内名贵、珍稀品种和国外引进的优良品种，形成了一个丰富的品种资源基因库，基本保证了科研工作和开发需要，为发展我国名、特、优产品生产，适应国内市场和扩大出口创汇需要做出了贡献。

四、实行集约化经营，建立商品生产的示范园

近20年来，由于育种、畜牧机械、配合饲料工业等方面的技术进步，使养羊业生产由过去靠天养畜的粗放式经营逐渐向信息化经营转变，这是世界养羊业发展的趋势。在澳大利亚、新西兰、英国、美国等国家，现在基本上实现了品种良种化，草地改良化、围栏化、划区轮牧，主要生产环节实现了机械化，从而大大提高了劳动生产率，提高了经济效益，使养羊生产向集约化、现代化方向迈进。

第九章　肉羊常见疾病防治技术

第一节　常见普通病防治

一、羊乳腺炎

羊乳腺炎是泌乳期母羊的一种常见病，主要由外伤引起，或微生物和化学因素造成。

1. 症状：母羊的乳房发热、红肿、疼痛，影响泌乳机能和泌乳量减少。

2. 治疗：患病初期冷敷，病后期热敷，可涂鱼石脂软膏，严重时将青霉素40万~80万单位，用0.5%普鲁卡因5毫升溶解后，用乳房导管注入乳孔内，然后轻揉乳房腺体部，使药液分布于乳房腺体。化脓性乳腺炎除采用注射抗生素和磺胺类药物外，应增加挤奶次数。

二、羊子宫内膜炎

主要病因是由于母羊难产时，手术助产、子宫内翻或脱出、胎膜滞留、子宫复原不全等导致的子宫内膜损伤及感染而发生。一般可分为急性子宫内膜炎和慢性子宫内膜炎两种。

1. 症状：病羊食欲减少，精神欠佳，体温升高；阴门不定期流出污秽红色液体；母羊多次发情，但屡配不孕。

2. 治疗：用0.1%高锰酸钾溶液对子宫进行冲洗，然后投放土霉素胶囊0.5克。另外，为了增强母羊子宫的收缩功能，可以适当注射脑垂体注射液或乙烯雌酚。

三、羊瘤胃积食

由于羊吃了超过正常喂量的精料，致使胃体积增大、扩张，食糜滞留瘤胃引起严重消化不良的疾病。

1. 症状：严重消化不良，瘤胃蠕动减弱，瘤胃中的食糜坚实。羊病初不断嗳气，随后嗳气停止，反刍消失。腹痛摇尾，或拱背、咩叫，病后期精神沉郁。左侧腹下轻度膨大，肷窝略平或稍凸出。

2. 治疗：用石蜡油100～200毫升，人工盐50克，加水500毫升，1次灌服。心脏衰弱可用10%樟脑磺酸钠4毫升，静脉或肌肉注射。如有腹疼症状时，可注射安痛定。

四、羊瘤胃臌气

主要发生于初春以及夏季放牧时，由于过量采食易于发酵的饲料和食物，在瘤胃细菌的参与下过度发酵，产生大量气体，致使羊只瘤胃的容积急剧增大，胃壁发生急性扩张，呈现反刍和嗳气障碍。其病因主要是误食大量的豆饼、豌豆、雨后的青草和经霜、露、冰冻过的牧草，腐败的或含有霉菌的干草等引起的。

1. 症状：左腹部急剧膨胀，发病羊只表现极度不安，不断回头顾腹，拱背伸腰，叩诊左腹部呈现鼓音，按压时感觉腹壁紧张。病羊精神不佳，反刍、瘤胃蠕动停止，无食欲，黏膜发绀，心律加快，呼吸困难，站立不稳，如不及时治疗，迅速发生窒息或心脏麻痹而死亡。

2. 治疗：用食醋100克加上适量温水灌服，严重时应立即采用瘤胃穿刺放气。对泡沫性膨气，当放气后，可向瘤胃内注入青霉素200万单位，豆油或棉籽油30毫升。

五、羊腐蹄病

1. 症状：病羊主要表现跛行，行走困难，蹄间常有溃疡，喜卧怕立，严重时食欲减退，蹄壳腐烂变形。

2. 治疗：蹄叉腐烂时，可用5%碘酊涂洗。当蹄底软组织腐烂时，要清洗患处，再在蹄底孔或创洞内用5%硫酸铜粉填洞包扎。

六、羊口炎

1. 症状：病羊采食减少或停止，口臭，口腔黏膜潮红、肿胀、疼痛、流涎，甚至糜烂、出血和溃疡。全身变化不大。

2. 治疗：用1%高锰酸钾或2%硼酸溶液冲洗口腔。然后涂碘甘油（碘酊与甘油的比例为1∶9）或龙胆紫溶液。

七、羊胃肠炎

该病是胃肠黏膜及其深层组织的炎症过程，病羊多以肠炎为主。

1. 症状：病羊主要表现食欲减退或废绝，口腔干燥发臭、腹痛，不断排稀粪，气味腥臭或恶臭，粪中混有血液及坏死的组织片。由于下泻，可引起腹水。当虚脱时，病羊不能站立，或卧地不起，呈衰竭状态。严重时抽搐而死。

2. 治疗：人工盐15克，石蜡油30毫升，成羊1次内服；磺胺脒0.25克×8片，1次内服；青霉素、链霉素各80万单位肌肉注射，每天1次；当病羊脱水时，用葡萄糖盐水200毫升，10%安钠咖2毫升，静脉注射。

八、羊感冒

由于气候骤变，机体受寒冷的袭击而引起的鼻流清涕、流泪、呼吸加快、体表温度不均为特征的急性发热性疾病。幼羊多发，且多发生在春、秋末气温骤变的季节。

1. 症状：多见精神不振，羞明流泪，初期体温不均，耳尖鼻端发凉，继而体温升高，呼吸加快，鼻流清涕，以后变为黏液性或脓性鼻液。背毛不整，反刍减少，鼻镜干燥。若及时治疗可很快痊愈，否则容易继发支气管炎。

2. 治疗：复方氨基比林 5～10 毫升肌肉注射，或用 30% 安乃近、安痛定均可。为防止继发感染，用青霉素、链霉素各 50 万～100 万单位，加蒸馏水 10 毫升，肌肉注射，每天 2 次。内服感冒通片，每次 2 片，每天 3 次。

九、羊胎衣不下

母羊在产出胎儿后，超过 5 小时胎衣仍排不下来，即为胎衣不下。

1. 症状：母羊常拱腰努责，食欲减少或废绝，精神沉郁，喜卧地，呼吸及脉搏增快，胎衣久久滞留不下，可发生腐败，特别是高温天气，从阴户中流出红色腐败恶臭的恶露。

2. 治疗：发生该病时，分娩后 24 小时之内，可应用垂体后叶素、催产素或麦角碱注射液 1 毫升，肌肉注射。为预防子宫感染，待胎衣自行排出后，可向子宫内投放土霉素或氯霉素胶囊 0.5 克，隔日 1 次，效果较好。

十、产后瘫痪

产后瘫痪是生产母羊产后突然发生的一种严重的代谢疾病。主要症状是低血钙，全身肌肉无力，知觉丧失及四肢瘫痪。多发生在产后的1～3天内。

1. 症状：病羊表现食欲减退或废绝，反刍停止，瘤胃蠕动减慢，精神萎顿，站立不稳，排粪、排尿停止，肌肉发抖；后期昏睡，瞳孔散大，体温降至 36～37℃，心跳加快，呼吸深而慢。

2. 治疗：用 10% 葡萄糖酸钙 100～200 毫升，缓慢静脉注射，也可静脉注射 5% 氯化钙 60～80 毫升，注射速度不要过快，以防心脏病的发生。连续用药 3～5 天。

第二节　常见传染病防治

一、羊口蹄疫

羊口蹄疫是一种急性、热性、接触性传染病。

1. 症状：在口腔、舌头、鼻部、乳头、蹄子周边等部位的黏膜或皮肤表面出现明显灰白色水疱和水疱破溃后烂斑。而跛腿是最重要的症状——由于蹄部病痛，体温上升，发病羊出现跛行，严重者蹄壳溃裂或脱壳。

2. 预防：贯彻“预防为主”的方针，定期注射疫苗。病羊及受其污染的饲料、饲草等是主要传染源，因此羊发生口蹄疫时，要严格实施封锁、隔离、消毒等综合性措施，对病羊要扑杀深埋，污染的场地等要彻底消毒。

二、羊传染性脓疱疮（又称口疮）

由病毒引起，主要危害羔羊。

1. 症状。先在口唇部发生丘疹，继而形成水泡和脓疱，破后溃疡，结成棕色疣状硬痂。一般无全身症状，病程 2 周左右，痂皮干燥脱落而痊愈。但严重病例，痂垢不断增厚、肉芽组织增生，整个口唇和鼻端肿大外翻呈桑椹状隆起，阻碍羔羊吮乳，从而导致瘦弱而死。

2. 治疗：先用 0.1% 高锰酸钾溶液冲洗患部，去净痂垢，然后涂上混有病毒灵和维生素 B_2 的红霉素软膏或碘甘油，每日 2 次。对于不能吮乳的病羔，应加强护理，进行人工哺乳（将母羊乳挤出倒入干净的杯内，应用消毒过的兽用注射器去针头，吸乳滴入病羔嘴内）。

三、羊传染性胸膜肺炎

病羊体温升高，呼吸困难，被毛松乱无光泽，眼结膜发炎，眼睑肿胀，流浆液性、脓性鼻液。严重时有湿性咳嗽，孕羊流产或死胎；慢性病羊咳嗽、消瘦。

1．预防：每年注射牛羊传染性胸膜肺炎氢氧化铝疫苗 1 次。对患病牛羊原则上以扑杀为主，对隔离的病牛羊必须经治疗至完全康复后才可合群。

2．治疗

（1）“九一四”疗法：羊用 914、0.5 克加 5% 葡萄糖 30 毫升，1 次静脉注射（现配现用）。

（2）抗生素治疗：牛用四环素或土霉素 2 ~ 3 克，加入葡萄糖溶液内静注，每日 1 次，连用 5 ~ 7 天。羊可用红霉素 2 克口服，一般 1 次后病情即开始缓和，隔 5 天再服 1 次，病情就可基本控制。除此之外辅以强心、健胃、利尿等对症治疗。

四、羔羊痢疾（腹泻）

羔羊痢疾（腹泻）是一种由痢疾杆菌引起的急性传染病。主要危害出生后 1 周龄左右的羔羊，死亡率很高。

1．症状：潜伏期为 1 ~ 2 天，患病羔羊精神沉郁，低头拱腰，不久就发生腹泻，粪便恶臭，呈黄绿、黄白或灰白色。病羔逐渐虚弱，卧地不起，若不及时治疗，常在 1 ~ 3 天内死亡。

2．治疗：①诺氟沙星（氟哌酸）4 ~ 6 毫升肌肉注射。②磺胺脒 1 克，鞣酸蛋白 0.3 克、碳酸氢钠 0.2 克灌服，每日 2 次。③复方黄连素注射液肌肉注射。④用捣碎的大蒜头 0.5 克，烧酒 0.5 千克浸泡 10 天，加 3 倍水，每只羔羊每次灌服一调羹，每天灌 2 ~ 3 次。⑤痢菌净 1 ~ 2 毫升肌内注射，2 次即可。

第三节　常见寄生虫病防治

寄生虫病在羊疾病中危害极大。青海省夏季气候温暖潮湿，很适合寄生虫的繁殖。最常见的寄生虫有肝片吸虫、绦虫、捻转胃虫、肺线虫及蝇、螨等。

一、羊肝片吸虫病

1. 症状：病羊渐见消瘦，严重贫血，羊毛干燥易断，下颌水肿，食欲减退。到后期则出现下痢，最后导致死亡。急性时体温升高，并有神经症状。

2. 治疗：六氯对二甲苯（血防－846），牛每千克体重 300 毫克，羊每千克体重 400～600 毫克，口服，隔天 1 次，3 次为 1 个疗程。现在常用的还有广谱抗虫药，如肠虫清、丙硫咪唑等。

二、羊绦虫病

1. 症状：感染绦虫病的牛羊很快消瘦，毛粗乱无光，食欲减退而饮水增多，出现拉稀、贫血和水肿，有时神经错乱。

2. 治疗。可选用丙硫咪唑，每千克体重 5～6 毫克，驱虫前应禁食 12 小时以上，驱虫后于圈内 24 小时以上，以免污染牧场。

三、羊捻转胃虫病

1. 症状：精神不振，瘦弱和贫血，生长发育停止，病久下痢，常和前胃疾病并发而死亡。

2. 治疗：可用左旋咪唑 8 毫克/千克口服，或 5～6 毫克/千克注射；也可用甲苯咪唑 10～15 毫克，或塞苯咪唑 50～100 毫克口服；用 5%～10% 精制敌百虫溶液，100～120 毫克/千克内服或灌服，疗效好，且能同时驱除多种内寄生虫。

四、羊钩虫病

1. 症状：造成肠黏膜溃疡，病羊极度贫血和消瘦，颌下水肿，长期下痢，可引起羊只大群死亡。

2. 治疗：四氯乙烯口服，每次 0.1～0.2 毫升。其他治疗方法与捻转胃虫相同。

五、羊螨病

羊螨病是由螨寄生在羊皮肤上而引起的疾病。

1. 症状：由于螨的刺咬和穿孔，病羊奇痒无比，因而到处摩擦和用嘴啃咬，引起皮肤发炎和脓肿，最后使皮肤变厚，失去弹性，发皱并盖满大量痂片，以头部最为严重，很像结痂的"癞痢头"。螨病在冬季蔓延最快，羊极易感染，常因长期不安，消瘦致死。

2. 治疗：先剪去羊毛，用肥皂水洗去痂皮和污物，用水洗净后再涂药。大群养羊时，较简便的方法是药浴。药液可用0.5%～1%敌百虫水溶液，或50%辛硫磷乳油加水配制成0.05%药液。药浴要在天气晴朗无风的时间进行，药液温度应保持36～38℃。

对病情较轻的羊，用0.1%"敌杀死"溶液直接涂刷结痂患处，在病、健皮肤交界处逆毛彻底涂擦。大面积感染的羊则将其放入盛有浓度为0.5%"敌杀死"溶液（药液温度为20～25℃）的大铁锅内，将头部外露进行药浴，同时涂刷（操作时避免药液进入眼、口、耳内），洗浴5 分钟。病羊隔离饲养，隔日治疗1次。轻者用药2 次，重者3～4 次后痂皮自行脱落，若病变部位未再扩大，10 天后病变部位长出新毛。

对未被感染的健康羊群，用稀释2 000～5 000 倍"敌杀死"进行药浴预防；同时，用浓度为0.1%"敌杀死"药液喷雾羊舍及用具。

3. 预防：每年定期药浴（淋）。要经常检查畜群有无发痒、掉毛现象，及时发现、隔离饲养并治疗。引入羊畜应严格检查，事先了解有无螨病的发生和存在，并加以隔离，确实无螨后再并入羊群中。

附：肉羊常用疫（菌）苗

肉羊常用疫（菌）苗

名　称	用法及用量	产生免疫时间	免疫期限	保　　存
羊大肠杆菌病菌苗	3个月以上的羊皮下注射2毫升，3个月以下的羔羊皮下注射0.5~1毫升	14天	5个月	保存在2~15℃干燥暗处，有效期1年半
羊快疫、猝疽、肠毒血症三联苗	大、小羊一律皮下注射5毫升	12~14天	半年	在2~15℃冷暗处保存，有效期2年
羊链球菌氢氧化铝菌苗	羊一律皮下注射3毫升，3个月以下的羔羊，注射后12~14天再注射3毫升	21天	半年	在2~15℃冷暗处保存，有效期1年半
山羊传染性胸膜肺炎氢氧化铝菌苗	6个月以上的羊皮下或肌肉注射5毫升，6个月以下3毫升	14天	1年	在2~10℃冷暗处保存，有效期1年半
口蹄疫弱毒疫苗	肌肉或皮下注射，成年羊1毫升，羔羊0.5毫升（同时要注意毒型）	14天	4~6个月	在2~6℃保存时不超过3个月；在20~22℃保存不超过1周
螨　净	剪毛后对羊体进行深度侵泡药浴		1年	低温可长期保存

参考文献

[1] 付殿国，等．肉羊养殖主推技术［M］．北京：中国农业科学技术出版社，2013.

[2] 魏彩虹，等．肉羊标准化养殖技术图册［M］．北京：中国农业科学技术出版社，2012.

[3] 权凯，等．农区肉羊场设计与建设［M］．北京：金盾出版社，2010.

[4] 郭秀山，等．肉羊生产技术［M］．北京：中国农业大学出版社，2006.

[5] 朱奇，等．高效健康养羊关键技术［M］．北京：化学工业出版社，2013.

[6] 庞连海，等．肉羊规模化高效生产技术［M］．北京：化学工业出版社，2012.

[7] 张玉，等．肉羊高效配套生产技术［M］．北京：中国农业大学出版社，2005.

[8] 张乃锋，等．新编羊饲料配方［M］．北京：化学工业出版社，2009.

[9] 赵有璋主编．羊生产学［M］．北京：中国农业出版社，1995.

[10] 杨文平，等．轻轻松松学养羊［M］北京：中国农业出版社，2010.

ལེའུ་དང་པོ། ཤ་སྐྱོད་ལུག་གི་ལུག་རྒྱུད་དང་དེ་ཁྱབ་སྤེལ་དུ་གཏོང་བའི་འཚོ་སྐྱོང་ལག་རྩལ།

ལེ་ཚན་དང་པོ། ས་གནས་ཀྱི་ལུག་རྒྱུད་དང་དེའི་ཐོན་སྐྱེད་ནུས་པ།

གཅིག ས་གནས་ཀྱི་ལུག་རྒྱུད།

བོད་ལུག་ནི་རང་རྒྱལ་གྱི་གདོད་མའི་ལུག་རྒྱུད་གསུམ་གྱི་ཡ་གྱལ་ཡིན་ལ། གཙོ་བོ་མདོ་དབུས་མཐོ་སྒང་ན་ཁྱབ་འདུག མཚོ་སྔོན་ཞིང་ཆེན་ནི་བོད་ལུག་གི་ཐོན་ཁུངས་གཙོ་བོ་ཡིན། བོད་ལུག་གི་སྐྱེ་ཁམས་ཁོར་ཡུག་གཞིར་བཟུང་སྟེ་ཐོན་སྐྱེད་དང་དཔལ་འབྱོར་ཁྱད་ཆོས་ལ་གཞིགས་ན་བོད་ལུག་ལ་འབྲོག་ལུག་དང་དངུལ་རའི་ལུག རོང་ལུག་སོགས་ལུག་རྒྱུད་ཆེན་པོ་གསུམ་དུ་བགར་ཆོག འབྲོག་ལུག་གིས་ཞིང་ཆེན་ཡོངས་ཀྱི་ལུག་གྲངས་ཀྱི་90%ཟིན་ལ། དེའི་ནང་ན་ལུག་ནག 2%མཆིས། ལུག་ནག་དེ་དག་ཀོས་ནན་རྫོང་དང་མཚོ་ཁའི་རྫོང་ཁ་ཤས་ཏེ་གྲང་ངར་ཆེ་བའི་འབྲོག་ཁུལ་ན་ཁྱབ་ཡོད། དངུལ་རའི་ལུག་གིས་བོད་ལུག་སྤྱིའི5%ཟིན་ཞིང་། གཙོ་བོ་རྨ་ལྷོ་རྫོང་དང་གཅིག་སྒྲིལ་རྫོང་བཅས་སུ་ཁྱབ་ཡོད། རོང་ལུག་གི་གྲངས་ཀ་ནི་དེ་འདྲའི་མང་པོ་ཞིག་མེད་དེ། བོད་ལུག་སྤྱིའི4%ཡས་མས་ཟིན་འདུག གཙོ་བོ་པད་མ་རྫོང་དང་ནང་ཆེན་རྫོང་གི་ས་ཆ་ལ་ལ་དང་རྨ་ཆུའམ་ཙོང་ཆུའི་འགྲམ་རྒྱུད་ཀྱི་ལུང་ཁོག་ལ་ལ་ན་ཁྱབ་འདུག

(གཅིག)འབྲོག་ལུག

1.ལུག་རྒྱུད་ཁྱད་ཆོས། གཟུགས་གཞི་ཆེ་ཞིང་ལེགས་པ་དང་སུག་བཞི་ཐུང་རིང་། ཕོ་ལུག་དང་མོ་ལུག་གཉིས་ཀར་རྭ་ཡོད་པ་དང་། ཕོ་ལུག་གི་རྭ་ཆེ་ཞིང་སྦྲོམ་ལ། དུང་འཁྱིལ་འཁྱིལ་བྱས་ནས་གཡས་གཡོན་དུ་ཐད་ཀར་བསྲིངས་འདུག མོ་ལུག་གི་རྭ་ཆུང་ཞིང་ལེབ་པ་དང་གཅུས་རིས་ཀྱི་ཚུལ་དུ་གཡས་གཡོན་ལ་ཐད་ཀར་བསྲིངས་འདུག བོད་ལུག་གི་གདོང་པ་མཐོ་ཞིང་རྣ་ཆེ་བ་དང་། བྲང་ཞིང་ཆེ་ལ་སྐལ་གཞུང་ཁོད་སྙོམས་པ་ཞིག་ཡིན། མཆང་ར་ཐུང་མཐོ་བ་དང་ཇ་མ་ནི་འཕིག་ལེབ་ཆུང་ཆུང་ཞིག་དང་མཚུངས། རྒྱབ་གཞུང་གི་བལ་ནི་དཀར་པོ་ཡིན་པ་དང་། སུག་བཞིའི་སྟེང་དུ་ཁྲ་ཐིག་ཐུང་འདྲེས་པ་ཡིན། བལ་ཐམས་ཅད་དཀར་པོ་དཀར་རྐྱང་ཡིན་པའམ་ཁྲ་ཐིག་ཅན་ཤིན་ཏུ་ཉུང་། བལ་ཉག་གི་ཕྲ་སྦྲོམ་གཅིག་མཚུངས་ཤིག་མིན་ལ། བལ་གྱི་ཁ་ཕྲུམ་ཐུང་རིང་བ་ཡིན། ལུག་རྒྱུད་འདིའི་བལ་ནི་བྲེ་ལིང་གི་བལ་ཞེས་འཛམ་གླིང་ན་སྐད་གྲགས་ཡོད་པ་དེ་ཡིན།

ཕོ་ལུག

མོ་ལུག

རི་མོ 1–1 འབྲོག་ལུག

2.ཐོན་སྐྱེད་ནུས་པ། ཤ་གཟན་ཁ་གང་ཞིག་གི་ལྗིད་ཚད་ལ་སྟོང་ཁེ 51.0 དང་། མ་མོ་ཁ་གང་ཞིག་གི་ལྗིད་ཚད་ལ་སྟོང་ཁེ 43.6མཆིས། ཤ་གཟན་ཞིག་གི་ལུས་སྟེང་དུ་བལ་སྟོང་ཁེ 1.4~1.72དང་། མ་མོ་ཞིག་གི་ལུས་སྟེང་དུ་བལ་སྟོང་ཁེ 0.84~1.20འབྲེག་རྒྱུ་ཡོད་ཅིང་། བལ་གྱི་ཁ་ཕྲུམ་གྱི་རིང་ཚད་ལ་ལེས་སྨིས 20~

30མང་འ། མ་སྨོས་ལོ་རེར་ལུ་གུ་ཐེངས་རེ་བཙའ་བ་དང་། ལུ་གུ་གཅིག་མ་གཏོགས་ལུ་གུ་གཉིས་བཙའ་བ་ཤིན་ཏུ་ཉུང་། ཤ་ཁོག་གིས་ལུག་གསོན་པོའི་ལྗིད་ཚད་ཀྱི་43%~47.5%ཟིན་པ་ཡིན།

(གཉིས)དངུལ་རའི་ལུག

དངུལ་རའི་ལུག་ནི་གཙོ་བོ་རང་ཞེང་གི་རྨ་སྔོ་ཁུལ་རྨ་སྔོ་རྫོང་དང་རྩེ་ཁོག་རྫོང་། མགོ་ལོག་ཁུལ་གྱི་གཅིག་སྒྲིལ་རྫོང་བཅས་ན་ཁྱབ་འདུག

1.ལུག་རྒྱུད་ཁྱད་ཆོས། གཟུགས་གཞི་ཆེ་བ་དང་། ལག་ཆགས་པ་མགྱོགས་ཞིང་ཤ་རྟོ་ཏ་ཅང་བཟང་། དངུལ་རའི་ལུག་གི་མགོ་སྣ་རིང་ཞིང་ཁ་སྤུ་དང་མཚུངས་པའི་ཤ་ལུ་སྐྱེས་ཡོད། ཤ་གཟན་གྱི་བྲང་ངོས་སུ་བལ་སྤུ་སོག་སོག་སྐྱེས་ཡོད་ལ། མ་མོའི་བྲང་ངོས་སུ་བལ་སོག་སོག་སྐྱེས་ཡོད་ཀྱང་དེ་འདྲའི་མངོན་གསལ་ཞིག་མིན། རྒྱབ་གཞུང་ལེབ་ལེབ་ཡིན་པ་དང་ཁོག་སྨད་དུ་ཤ་ཁ་གཏོས་འདུག བལ་ཉག་ཐུང་བ་དང་འཁྱར་རྩུབ་ཏ་ཅང་མང་། ལུག་རྒྱུད་དེའི་མགོ་དང་སྐེ། སུག་བཞི་བཅས་སུ་བལ་ཁ་ནག་སེར་འདྲེས་འདུག བལ་ཕལ་ཆེར་ཁྲ་ཁྲ་ཡིན་པ་དང་བལ་ཁ་དཀར་པོ་དཀར་རྐྱང་ཡིན་པའི་དངུལ་རའི་ལུག་ཏ་ཅང་ཉུང་།

ཕོ་ལུག

མོ་ལུག

རི་མོ 1–2 དངུལ་རའི་བོད་ལུག

2.ཐོན་སྐྱེད་བྱེད་ནུས། གཟུགས་གཞི་ཆུང་ཆེ་སྟེ། ཕོ་ལུག་ཁ་གང་ཞིག་གི་ལྗིད་ཚད་ལ་སྟོང་ཁེ 61.05~90.65དང་། མ་མོ་ཁ་གང་ཞིག་གི་ལྗིད་ཚད་ལ་

སྟོང་ཁ 52.89 ~64.13 ཕོ་ལུག་གཅིག་གི་བལ་གྱི་ཐོན་ཚད་ནི་སྟོང་ཁ 1.10 དང་། མ་མོ་ཞིག་གི་བལ་གྱི་ཐོན་ཚད་ནི་སྟོང་ཁ 0.93 ཤ་གཟན་ཁ་གང་ཞིག་གི་ཤའི་ཐོན་ཚད་ནི 50.18བཅས་ཡིན། (རི་མོ 1–2)

(གསུམ)རོང་ལུག

རོང་ལུག་ནི་མཚོ་སྔོན་ཞིང་ཆེན་གྱི་ཤར་རྒྱུད་དེ་ཙོང་ཁ་ས་ཆ་དང་ཁྲུལ་རྫོང་འགའ། མཚོ་སྔོན་ལྷོ་སྒྲིགས་བོད་ཁུལ་གྱི་པད་མ་རྫོང་དང་ནང་ཆེན་རྫོང་བཅས་སུ་ཁྱབ་ཡོད།

1.ལུག་རྒྱུད་ཁྱད་ཆོས། གཟུགས་གཞི་ཆུང་ཞིང་དོམ་པོ་ཡིན་ལ། གཟུགས་ཁོག་ཟླ་དབྱིབས་ལྟར་སྣང་། སྐེ་ཐུང་རིང་ཞིང་སྐལ་བ་དྲང་མོ་ཡིན། ཕོ་ལུག་ཕལ་ཆེ་བ་ལ་ལེབ་ཅིང་གུག་འཁྱོག་ཡིན་པའི་རྭ་ཅོ་ལྡན་ལ། མོ་ལུག་ཕལ་ཆེ་བར་རྭ་ཅོ་སྐྱེས་མེད། སུག་བཞི་ཐུང་ཐུང་ཞིང་བལ་ཁེབས་དཀར་པོ་ཡིན། (རི་མོ 1–3)

ཕོ་ལུག

མོ་ལུག

རི་མོ 1–3 རོང་ལུག

2.ཐོན་སྐྱེད་བྱེད་ནུས། གཟུགས་གཞི་ཐུང་ཆུང་ཞིང་ཕོ་ལུག་ཁ་གང་གི་ཆ་སྙོམས་གཟུགས་གཞིའི་ལྗིད་ཚད་ཕལ་ཆེར་སྟོང་ཁ 40.65དང་། མོ་ལུག་ཁ་གང་གི་ཆ་སྙོམས་ལྗིད་ཚད་སྟོང་ཁ 31.66བཅས་ཡིན། བལ་ཁ་གཙོ་བོ་དཀར་པོ་ཡིན་ལ། ནག་པོ་དང་ཁྲ་ཁྲ་ཅན་ཡང་ཡོད། བལ་ཚང་མ་འཛིལ་ལེ་བརྒྱབ་ཡོད་ཅིང་།

འབྱུར་རྒྱབ་མང་ཞིང་བལ་སྤུས་ཅུང་ཞན། ལོ་རེའི་བལ་འབྲེག་ཚད་སྟོང་ཁེ 0.80~1.5 ཤ་འབུད་ཚད 48%ཡས་མས་བཅས་ཡིན།

གཉིས། གསོ་སྐྱོང་ལུག་རྒྱུད།

(གཅིག)མཚོ་སྔོན་མཐོ་སྒང་ཤ་བལ་ཉིས་སྤྱོད་བལ་རྒྱུ་ཕྱིད་འཇམ་ལུག

མཚོ་སྔོན་མཐོ་སྒང་ཤ་བལ་ཉིས་སྤྱོད་བལ་རྒྱུ་ཕྱིད་འཇམ་ལུག་གི་བསྡུས……མིང་ལ་མཚོ་སྔོན་མཐོ་སྒང་གི་བལ་རྒྱུ་ཕྱིད་འཇམ་ལུག་ཟེར་ཞིང་། 1987ལོར་གསོས་གྲུབ་བྱུང་བ་ཡིན། མཚོ་སྔོན་ཞིང་ཆེན་མི་དམངས་སྲིད་གཞུང་གིས་ལུག…རྒྱུད་གསར་བ་དེ་ངོས་འཛིན་དང་མིང་ཐག་གཅོད་བྱས་པ་རེད། 2012ལོར་རྒྱལ་ཁབ་ཕྱུགས་རྒྱུད་ཨུ་ཡོན་ལྷན་ཁང་གིས་ལུག་རྒྱུད་དེ་ཕྱུགས་རྒྱུད་གསར་བ་ཞིག་ཏུ…ངོས་འཛིན་གཏན་ཁེལ་བྱས་པ་རེད། ལུག་རྒྱུད་དེའི་སྐྱེ་བའི་ཐོན་ཡུལ་ནི་མཚོ…སྔོན་པོའི་མཐའ་སྐོར་གྱི་མཚོ་བྱང་ཁུལ་དང་མཚོ་ལྷོ་ཁུལ། མཚོ་ནུབ་ཁུལ་གྱི་ཚྭ……འདམ་གཞོང་སོགས་ཡིན། 2005ལོར་ཞིང་ཆེན་ཡོངས་སུ་མཚོ་སྔོན་མཐོ་སྒང་ཤ་བལ་ཉིས་སྤྱོད་བལ་རྒྱུ་ཕྱིད་འཇམ་ལུག་ཁྲི 120.66ཡོད།

1.ལུག་རྒྱུད་ཁྱད་ཆོས། མཚོ་སྔོན་མཐོ་སྒང་ཤ་བལ་ཉིས་སྤྱོད་བལ་རྒྱུ་ཕྱིད་འཇམ་ལུག་གི་ཕོ་ལུག་ལ་ཕལ་ཆེར་དུང་འཁྱིལ་ལྟ་བུའི་རྭ་ཅོ་ཡོད་པ་དང་། མོ་ལུག་ལ་རྭ་ཅོ་མེད་པ་དང་ཡང་ན་རྭ་ཅོ་ཆུང་ངུ་ཡོད། གཟུགས་པོ་གྲུ་བཞི་ནར་མོ་སྦོམ་ཞིང་ཐུང་བ་ཞིག་ཡིན་ལ། སྒལ་གཞུང་དྲང་ཞིང་རུས་ཚིགས་སྦོམ་ཞིང་བཀན། དཔྲལ་ཞིང་ཆེ་ཞིང་རན་པ་དང་རྣ་གཤོག་ཆུང་ཞིང་མཐུག་པ་ཞིག་ཡིན། མགོ་སྤུ་མིག་མཐའ་བར་དུ་སྐྱེས་ཤིང་ལག་སུག་གི་བལ་ལག་ཚིགས་བར་དུ་ཁེབས་འདུག རྐང་སུག་གི་བལ་རྐང་ཚིགས་ཀྱི་བར་དུ་ཁེབས་ཤིང་། རྨིག་པ་ནག་པོ་ཡིན། (རི་མོ 1–4)

ཕོ་ལུག

མོ་ལུག

རི་མོ 1–4 མཚོ་སྔོན་མཐོ་སྒང་ཤ་བལ་ཉིས་སྤྱོད་བལ་རྒྱ་ཕྲེད་འཇམ་ལུག

2.ཐོན་སྐྱེད་ཕྱེད་ནུས། མཚོ་སྔོན་མཐོ་སྒང་ཤ་བལ་ཉིས་སྤྱོད་བལ་རྒྱ་ཕྲེད་འཇམ་ལུག་གི་ཕོ་ལུག་དང་མོ་ལུག་གི་ཆ་སྙོམས་ལུས་ལྗིད་ནི་སོ་སོར་སྟོང་ཁེ 65.5 དང་སྟོང་ཁེ 37.53མཆིས། བལ་གྱི་ཐོན་ཚད་ནི་ཕོ་ལུག་དང་མོ་ལུག་སོ་སོར་སྟོང་ཁེ 5.26དང 2.9ཡིན་ལ། ལུ་གུའི་ཤ་ཁོག་གི་ལྗིད་ཚད་སྟོང་ཁེ 16.83ཡིན། སྤྱིར་མཚོ་སྔོན་མཐོ་སྒང་ཤ་བལ་ཉིས་སྤྱོད་བལ་རྒྱ་ཕྲེད་འཇམ་ལུག་ནི་ལོ 1.5ཡིན་དུས་སྨིན་ཆོག་པ་དང་། མོ་ལུག་གིས་ལུ་གུ་གཅིག་རེ་ལས་མི་བཙའ་ཞིང་། ལུ་གུ་བཙའ་ཚད 102%ཡིན་པས། ལུ་གུ་སྐྱེ་འཕེལ་གསོན་ཚད 65%~75%ལ་བསླེབ་སྲིད།

(གཉིས)མཚོ་སྔོན་ཤ་བལ་ཉིས་སྤྱོད་བལ་འཇམ་ལུག

མཚོ་སྔོན་ཤ་བལ་ཉིས་སྤྱོད་བལ་འཇམ་ལུག་ནི 1976ལོར་མཚོ་སྔོན་ཞིང་ཆེན་སན་ཙོ་ཁྲིན་ལུག་ར་རུ་གསོས་གྲུབ་བྱུང་བ་ཞིག་ཡིན། 2012ལོར་རྒྱལ་ཁབ་ཕྱུགས་རྒྱུད་ཨུ་ཡོན་ལྷན་ཁང་གིས་ལུག་རྒྱུད་དེ་ལུག་རྒྱུད་གསར་པ་ཞིག་ཏུ་ངོས་འཛིན་གཏན་ཁེལ་བྱས་པ་ཡིན། མཚོ་སྔོན་ཤ་བལ་ཉིས་སྤྱོད་བལ་འཇམ་ལུག་གི་ཐོན་ཡུལ་གཙོ་བོ་ནི་སན་ཙོ་ཁྲིན་ལུག་ར་ཡིན་ལ། མཚོ་བྱང་ཁུལ་མོན་ཡོན་རྫོང་དང་ཀང་ཚ་རྫོང་། མཚོ་ཤར་གྲོང་ཁྱེར། ཟི་ལིང་གི་ཏ་ཐུང་རྫོང་དང་ཧོང་ཀྲུང་རྫོང་། ཧྲང་ཡོན་རྫོང་བཅས་སུ་ཁྱབ་ཡོད། ད་སྟ་ལུག་རྒྱུད་དེར་ལུག་གྲངས་ཁྲི 3.1མངའ།

1.ལུག་རྒྱུད་ཁྱད་ཆོས། མཚོ་སྔོན་ཤ་བལ་ཉིས་སྤྱོད་བལ་འཇམ་ལུག་གི་བལ་

ཁ་དཀར་པོ་ཡིན་ལ། གཟུགས་གཞི་བཀན་ཞིང་དོམ་པོ་ཞིག་ལགས། བྲང་ཁོག་ཟབ་ཅིང་སྒལ་གཞུང་དྲང་མོ་ཡིན། ཕོ་ལུག་ལ་དུང་འཁྱིལ་ལྟ་བུའི་རྭ་ཅོ་ཡོད་ཅིང་སྐེ་མཇིང་ན་ཆ་ཚང་དང་ཆ་མི་ཚང་བའི་འཕྲེད་གཉེར་ཡོད། མོ་ལུག་སྤལ་ཆེ་བ་ལ་རྭ་ཅོ་མེད་པ་དང་ཁུང་ཤས་ཤིག་ལ་རྭ་ཅོ་ཆུང་ཆུང་ཞིག་ཡོད། སྐེ་མཇིང་ན་འཕྲེད་གཉེར་ཆེན་པོ་ཡོད། བལ་ཁ་ནི་འཛོལ་ལི་ཆགས་ཡོད་པ་དང་བལ་ཁ་དོམ་ཞིང་བལ་རྫོང་གི་མཐུག་ཚད་འབྲིང་ཡན་ཡིན། མགོ་ཡི་བལ་ཁ་མིག་ཟུར་གི་གོང་དུ་ཁེབས་ཡོད། ལག་སུག་སྟེང་གི་བལ་ལག་ཚིགས་ཀྱི་བར་དུ་སྐྱེས་ཡོད་ཅིང་རྐང་སུག་གི་བལ་རྐང་ཚིགས་ཀྱི་བར་དུ་ཁེབས་ཡོད། བལ་རྐང་གི་ཕྲ་སྦོམ་སྙོམས་པོ་ཡིན་པ་དང་འཁྱིལ་ཚད་རྒྱུན་ལྡན་ཡིན། བལ་ཚིལ་ནི་དཀར་པོའམ་སེར་སྐྱར་སྣང་ཞིང་། བལ་ཚིལ་ཆགས་ཚད་རན་པ་ཡིན། བལ་རྒྱུད་གི་ཐོན་ཚད 40%ལ་བསླེབ་སྲིད། （རི་མོ 1–5）

ཕོ་ལུག

མོ་ལུག

རི་མོ 1–5 མཚོ་སྔོན་ཤ་བལ་ཉིས་སྤྱོད་བལ་འཇམ་ལུག

2.ཐོན་སྐྱེད་བྱེད་ནུས། མཚོ་སྔོན་ཤ་བལ་ཉིས་སྤྱོད་བལ་འཇམ་ལུག་གི་ཕོ་ལུག་དང་མོ་ལུག་ཁ་གང་གི་ཆ་སྙོམས་ལྗིད་ཚད་སོ་སོར་སྟོང་ཁི 81.0དང 37.31བཅས་ཡོད། ཕོ་ལུག་ཁ་གང་ཞིག་གི་བལ་གྱི་ཐོན་ཚད་སྟོང་ཁི 7.07ནས་སྟོང་ཁི 9.91དང་། མོ་ལུག་ཁ་གང་ཞིག་གི་བལ་གྱི་ཐོན་ཚད་སྟོང་ཁི 5.05ནས་སྟོང་ཁི 5.41 ཐོང་བ་ཞིག་གི་བལ་གྱི་ཐོན་ཚད་སྟོང་ཁི 4.46ནས་སྟོང་ཁི 6.06 འཚེར་མོ་ཞིག་གི་བལ་གྱི་ཐོན་ཚད་སྟོང་ཁི 4.45ནས་སྟོང་ཁི

4.75སོགས་ཡིན་ཞིང་། ཕོ་ལུག་ཁ་གང་ཞིག་གི་བལ་གྱི་རིང་ཚད་ལ་ལི་སྨིས 8.85ནས་ལི་སྨིས 10.69དང་། མོ་ལུག་ཁ་གང་ཞིག་གི་བལ་གྱི་རིང་ཚད་ལ་ལི་སྨིས 9.14ནས་ལི་སྨིས 9.32 གསོས་གྲུབ་ཕོ་ལུག་ཞིག་གི་བལ་གྱི་རིང་ཚད་ལ་ལི་སྨིས 8.87ནས་ལི་སྨིས 11.75 ཕོ་ལུག་ཁ་གང་ཞིག་གི་བལ་རྒྱུང་གི་ཐོན་ཚད་ལ 47.3% མོ་ལུག་ཅིག་གི་བལ་རྒྱུང་གི་ཐོན་ཚད་ལ 42.6%བཅས་མཆིས།

ཐོང་བ་ཞིག་གི་གསོན་པོའི་ལྗིད་ཚད་ལ་སྟོང་ཁེ 15.40 ནས་སྟོང་ཁེ 18.42དང་། ཤ་ཁོག་གི་ལྗིད་ཚད་ལ་སྟོང་ཁེ 18.28ནས་སྟོང་ཁེ 21.38 བཤས་ཚད་ལ 41.12% ཤ་རྒྱུང་གི་ལྗིད་ཚད་ལ་སྟོང་ཁེ 15.40ནས་སྟོང་ཁེ 18.42 ཤ་རྒྱུང་གི་ཐོན་ཚད་ནི 35.06% བཅས་ཡིན། ཕོ་ལུག་མོ་ལུག་གང་ཡིན་ཡང་ཟླ་ངོ 10འཁོར་རྗེས་སྨིན་པ་ཡིན་ལ། དང་ཐོག་སྨིན་ཚད་ནི་ལོ 1.5ཡིན། མོ་ལུག་ཟླ 10ནས་ཟླ 11པའི་ནང་དུ་སྨིན་པ་དང་། ལུ་གུ་བཙའ་ཚད 102% ནས 107%དང་། སྐྱེ་འཕེལ་གསོན་ཚད 96% བཅས་ཡིན།

ལེ་ཚན་གཉིས་པ། ནང་འདྲེན་བྱས་པའི་ཤ་སྒྲོད་ལུག་རྒྱུད་དང་ཐོན་སྐྱེད་བྱེད་ཐུས།

གཅིག ཕྱི་རྒྱལ་ནས་དྲངས་པའི་ཤ་སྒྲོད་ལུག་རྒྱུད། (ར་མེད་ཐའོ་སེ་ཐི་ལུག)

ར་མེད་ཐའོ་སེ་ཐི་ལུག་ནི་ཤ་སྒྲོད་ལུག་རྒྱུད་ལ་གཏོགས་པ་ཡིན། དང་ཐོག་གི་ཐོན་ཡུལ་ནི་ཨོ་སི་ཁྲུ་ལི་ཡ་རྒྱལ་ཁབ་དང་ནེའུ་ཛི་ལན་རྒྱལ་ཁབ་ཡིན་ལ། ལི་ལན་ལུག་དང་ར་ཡོད་ཐའོ་སེ་ཐི་ལུག་མ་རྒྱུད་བྱས་ཤིང་། ཁའོ་ལི་ཏེ་ལུག་ཕ་རྒྱུད་བྱས་ཏེ་སྦེབ་སྦྱོར་བྱས་པ་དང་། རྒྱུད་བསྒྱུར་བྱས་པའི་ལུག་རྒྱུད་སླར་ཡང་ར་ཡོད་ཐའོ་སེ་ཐི་ཁྲིམ་ལུག་དང་སྦེབ་སྦྱོར་བྱས་པ་དང་། དེ་ནས་ར་མེད་ལུག་རྒྱུད་

བདམས་ཏེ་གསོས་གྲུབ་བྱུང་བ་ཞིག་ཡིན། དུས་རབས 20པའི་ལོ་རབས 80ཡི་རྗེས་ནས། རང་རྒྱལ་གྱིས་སྔ་ཕྱིར་ཨོ་སི་ཁྲུ་ལི་ཡ་དང་ནེའུ་ཛི་ལན་རྒྱལ་ཁབ་ནས་རྭ་མེད་ཐའོ་སེ་ཐི་ལུག་རྒྱུད་ནང་འདྲེན་བྱས་ཤིང་། ཞིན་ཅང་དང་ནང་སོག ཀན་སུའུ། པེ་ཅིང་། ཧེ་པེ། ཧྲན་ཏུང་། ཧྲན་ཞི། མཚོ་སྔོན་བཅས་སུ་སྤེལ་བ་རེད།

1.ལུག་རྒྱུད་ཁྱད་ཆོས། རྭ་མེད་ཐའོ་སེ་ཐི་ལུག་གི་ལུས་གཞི་ཪོམ་པོ་ཡིན་ལ། མགོ་སྣ་ཐུང་ཞིང་ཞེང་ཆེ་བ་དང་། རྣ་གཞོག་ཆེ་ཆུང་རན་འདུག ཕོ་ལུག་མོ་ལུག་གང་ཡིན་ཡང་རྭ་ཅོ་སྐྱེས་མེད། བྲང་ཁོག་ཆེ་ཞིང་ཟབ་པ་དང་སྐལ་གཞུང་དྲང་མོ་ཡིན་ལ་ལུས་སྣ་ཙུང་རེད། ཤ་ཁ་གཏོས་ཤིང་དྲུག་གཞུང་དུ་ཤ་ཁ་གང་འདུག ངོ་དང་སུག་བཞི་བཅས་ཀྱི་བལ་ཁ་དཀར་པོ་ཡིན། (རི་མོ 1–6)

ཕོ་ལུག

མོ་ལུག

རི་མོ 1–6 རྭ་མེད་ཐའོ་སེ་ཐི་ལུག

2.ཐོན་སྐྱེད་བྱེད་ནུས། རྭ་མེད་ཐའོ་སེ་ཐི་ལུག་གི་ཕོ་ལུག་ཁ་གང་ཞིག་གི་ལུས་ཀྱི་ལྗིད་ཚད་སྟོང་ཁེ 90ནས་སྟོང་ཁེ 110 མོ་ལུག་ཁ་གང་ཞིག་གི་ལུས་ཀྱི་ལྗིད་ཚད་སྟོང་ཁེ 65ནས་སྟོང་ཁེ 75བཅས་ཡིན། ཕོ་ལུག་ཁ་གང་ཞིག་གི་བལ་གྱི་ཐོན་ཚད་ནི་སྟོང་ཁེ 3.0ནས་སྟོང་ཁེ 3.7དང་། མོ་ལུག་ཁ་གང་ཞིག་གི་བལ་གྱི་ཐོན་ཚད་ནི་སྟོང་ཁེ 2.3ནས་སྟོང་ཁེ 3.0སོགས་ཡིན། ལུག་བལ་གྱི་རིང་ཚད་ལ་ལི་སྨིས 7ནས་ལི་སྨིས 9 བལ་ཉག་གི་ཕྲ་ཚད་ནི་ཀྲང 56ནས་ཀྲང 58བཅས

ཡིན་ཞིང་། བལ་རྒྱང་གི་ཐོན་ཚད་60%ནས་65%བཅས་ཡིན། ལག་ཆགས་ཚད་མགྱོགས་ཤིང་ཤ་ཁོག་གི་ཕྱུས་ཀ་བཟང་ལ། ཤའི་ཐོན་ཚད་མཐོ། ཟླ་ངོ་4ཡི་ལུ་གུ་ཕོའི་ལུས་ཀྱི་ལྗིད་ཚད་སྟོང་ཁེ་22དང་། ལུ་གུ་མོའི་ལུས་ཀྱི་ལྗིད་ཚད་སྟོང་ཁེ་19.7སོགས་ཡིན་ཞིང་། བཤས་ཚད་50%ཡི་ཡན་ཡིན། མོ་ལུག་ལོ་རྟིལ་པོར་སྨིག་པ་དང་སྐྱེ་འཕེལ་བྱེད་ཚད་མཐོ། ལུ་གུའི་བཙའ་ཚད་144%ཡིན་པ་དང་། ལུ་གུའི་སྐྱེ་འཕེལ་གསོན་ཚད་131%ཡིན།

གཉིས། རྒྱལ་ནང་གི་ཤ་སྐྱོད་ལུག་རྒྱུད། (ལུག་ཧ་ཞེབ)

ལུག་ཧ་ཞེབ་ནི་ཤ་དང་ཚར་ལྷག་སུ་སྐྱོད་པའི་ས་གནས་རང་བཞིན་གྱི་ལུག་རྒྱུད་ཅིག་ཡིན། (རི་མོ 1–7)

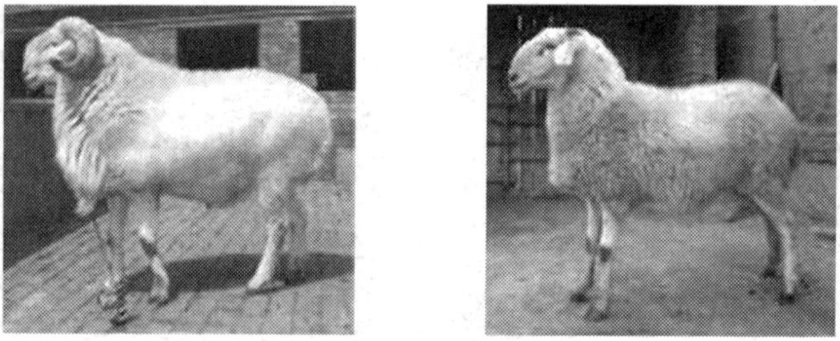

ཕོ་ལུག　　　　མོ་ལུག

རི་མོ 1–7 ལུག་ཧ་ཞེབ།

1.ལུག་རྒྱུད་ཁྱད་ཆོས། བལ་ཁ་དཀར་པོ་དཀར་རྒྱང་ཡིན་པ་དང་། མིག་མཐའ་དང་རྣ་རྩེ། འགྲམ་ངོས། ཁ་ཟུར། སུག་བཞི་བཅས་སུ་ནག་ཐིག་ཡོད་པ་ཧ་ཅང་ཉུང་། ལུས་ཚུགས་དོམ་པོ་ཡིན་ཞིང་གཟུགས་གཞི་ཆེ། སྐྱེ་གཟུགས་དོ་མཉམ་པ་དང་རུས་ཚིགས་བཀན་ཞིང་ཤ་ཁ་གཏོས་ཡོད། མགོ་པོ་གཞུན་ཞིང་གདོང་ཚུང་འབུར་ལ། མིག་ཟུང་ཆེ་ཞིང་འོད་སྣང་ལྡན་འདུག ཁ་ཞེང་ཆེ་ཞིང་ཁ་ཤ་དོམ། རྣ་གཤོག་ཆེ་ཞིང་མར་དཔྱངས་འདུག ཕོ་ལུག་ལ་ཟུར་གསུམ་དུང་འཁྱིལ་ལྟ་བུའི……

རྣ་ཅོ་ཡོད་ཅིང་མོ་ལུག་ལ་རྣ་ཅོ་ཆུང་ཆུང་ཞིག་གམ་རྣ་རྟིང་ཙམ་མཆིས། ཕོ་ལུག་གི་སྣེ་སྦྲམ་ཞིང་མོ་ལུག་གི་སྣེ་ཙུང་རིང་། ཕོ་ལུག་གི་བྲང་ཞེང་ཆེ་ཞིང་སོག་མགོ་མཐོ་བ་དང་། སྙལ་གཞུང་དྲང་ཞིང་ཕོག་སྟོད་ཕོག་སྨད་སྙོམས་པོ་ཡིན། ལོགས་ཟུར་ནས་བལྟས་ན་གྲུ་བཞི་སྒྲིང་བཞི་ཞིག་ཡིན། མོ་ལུག་གི་བྲང་ཕོག་ཟབ་ཅིང་གསུས་པ་ཆེ་ཡང་མར་དཔྱངས་མེད། ནུ་མ་ཆེ་ཞིང་ནུ་རྟིང་གི་ཁེབས་རྒྱ་ཆེ། ནུ་མ་མཉེན་ཞིང་ནུ་མགོའི་ཆེ་ཆུང་རན། སུག་བཞི་རིང་ཞིང་སྦྲམ་ལ་སྟོབས་དང་ལྡན་འདུག ཐིག་པ་སྲ་ཞིང་བཀན། ལུག་རྒྱུད་དེ་ཚོལ་ལྡན་ཇ་ཁྲུང་གི་ལུག་རྒྱུད་དུ་གཏོགས་པས། ཇ་མ་སྔོར་དབྱིབས་ཆུང་གཡབ་དང་མཚུངས་ཤིང་། དཀྱིལ་སྣེ་ན་ཤུར་ཡོད་པ་དང་ཇ་རྩེ་ཡར་འཁྱིལ་འདུག

2.སྐྱེ་འཕེལ་བྱེད་ནུས། ཆགས་པ་ལང་ཐུ་བ་དང་། ཕོ་ལུག་ཡིན་ན་ཟླ 6 ལོན་ཚེ་སྤྲིག་སྲིད། མོ་ལུག་ཡིན་ན་ཟླ 5 ལོན་ཚེ་སྤྲིག་པ་དང་ལོ་དེར་ལུ་གུ་བཙའ་སྲིད། ཕོ་ལུག་ཡིན་ན་ཟླ 12 ལོན་ཚེ་སྤྲིག་ཏུ་བཏུག་ཆོག མོ་ལུག་ཡིན་ན་ཟླ 6 ནས་ཟླ 8 ལོན་ཚེ་སྤྲིག་ཏུ་འཛུག་དགོས། སྤྲིག་ཡུན་ནི་ཉི་མ 16.8 ཡིན་པ་དང་། སྤྲིག་ཡུན་གྱི་ཟླ་ནི་ཕལ་ཆེར་དུས་སྟོད 29.4 ཡིན། མངལ་ཡུན་ཉི་མ 148.5 ཡིན་ལ། ལོ་རྫིན་པོར་ཚ་སྙོམས་ཀྱི་ལུ་གུ་བཙའ་ཚད 267.1%དང་། ལུ་གུར་ནུ་མཚམས་གཅོད་སྐབས་གསོན་ཚད 95.5%ཡིན། མོ་ལུག་ཕལ་ཆེར་གྱིས་ལོ་རེར་ལུ་གུ་གཉིས་རེ་བཙའ་བ་དང་། བཙའ་ཐེངས་རེར་ལུ་གུ 2 རེ་བཙའ་བ་ནི་རྒྱུན་དུ་མཐོང་བ་དང་། ལུ་གུ་གསུམ་རེ་བཞི་རེའང་བཙའ་སྲིད། ཆེས་མང་ན་ལུ་གུ 7 བཙའ་སྲིད་པར་མ་ཟད། བཙའ་ཐེངས་ཇི་མང་དུ་སོང་བ་ན་བཙའ་གྲངས་ཀྱང་ཇི་མང་དུ་འགྱུར་བ་ཡིན།

ལེ་ཚན་གསུམ་པ། གསོ་སྤྱོལ་ལག་རྩལ།

གཅིག ཤ་སྐྱིད་ལུག་རྒྱུད་སྤེལ་སྐྱུར་བྱེད་པའི་ལག་རྩལ།

མིག་སྔར། མཚོ་སྔོན་ཞིང་ཆེན་གྱིས་རྣ་མེད་ཐའོ་སེ་ཐེ་ལུག་གི་ཤའི་ཐོན་ཚད་ལེགས་པ་དང་ལུག་ཇ་ལེབ་ཀྱི་ལུ་གུ་མང་པོ་བཙའ་བའི་ལེགས་ཆ་སྤྱད་དེ། རང་ས་གནས་ཀྱི་བོད་ལུག་དང་ཤ་ཐོན་བྱེད་ནུས་གོང་འཕེལ་དུ་གཏོང་བ་དམིགས་ཡུལ་གཙོ་བོར་བཟུང་ནས་སྤེལ་སྐྱུར་བྱེད་སྟངས་མང་པོ་སྤྱོལ་བཞིན་ཡོད། གལ་གནད་དུ་བཟུང་སྟེ་མིས་ཁམས་དཀར་འཛུག་ཚུལ་དང་ཁང་བར་བཀག་གསོ་བྱེད་ཚུལ། ལུ་གུ་ཤེད་འབུད་གསོ་སྐྱོང་བྱེད་ཚུལ་སོགས་ཀྱི་ལག་རྩལ་དར་སྤེལ་དུ་བཏང་ཞིང་། རྒྱུད་བཟང་ཤ་སྐྱིད་ལུག་གི་ཁེབས་ཁྱབ་རྒྱ་ཇེ་ཆེར་གཏོང་བ་དང་མུ་མཐུད་དེ་སྐྱེ་འཕེལ་བྱེད་རན་པའི་མོ་ལུག་གི་བསྡུར་ཚད་ཇེ་མཐོར་བཏང་ནས་བཤའ་ཚད་དང་བཙོང་ཚད་ཇེ་མཐོར་གཏོང་དགོས།

སྤེལ་སྐྱུར་ལེགས་ཆ་ལ་བརྟེན་ནས་ལུ་གུའི་ཤ་ཐོན་སྐྱེད་བྱེད་པ་ནི་ལུག་གསོ་ལས་རིགས་ཤིན་ཏུ་དར་བའི་རྒྱལ་ཁབ་ཀྱིས་ལུག་ཤ་ཐོན་སྐྱེད་བྱེད་པའི་ལེགས་གྲུབ་མཉམ་སྤྱོད་ཞིག་རེད། མཚོ་སྔོན་འབྲོག་ཁུལ་དུ་ལུག་རྒྱུད་མོད་པོ་ཞིག་མང་འ། འོན་ཀྱང་ལུག་རྒྱུད་དེ་དག་ལ་ཞན་ཆ་ཆེན་པོ་ཞིག་ཡོད་པ་ནི་ཤ་སྐྱིད་རང་བཞིན་མི་ལྡན་པ་དེ་ཡིན། དེར་བརྟེན། ཤ་སྐྱིད་ལུག་རྒྱུད་ཐོན་སྐྱེད་ཚུ་ཚད་ཇེ་མཐོར་གཏོང་བ་དང་ལུག་ཤའི་སྤུས་ཀ་ཇེ་ལེགས་སུ་བསྒྱུར་ཆེད། ཕྱི་རྒྱལ་གྱི་ཤ་སྐྱིད་ལུག་རྒྱུད་སྤུས་ལེགས་ཕ་རྒྱུད་བྱས་ཤིང་། རང་ས་གནས་ཀྱི་ལུག་རྒྱུད་མ་རྒྱུད་བྱས་ནས་སྤེལ་སྐྱུར་ལེགས་བསྒྱུར་བྱས་ཏེ་ལུ་གུའི་ཤ་ཐོན་སྐྱེད་བྱེད་དགོས།

གཉིས། ཤ་སྐྱིད་ལུག་རྒྱུད་སྡེབ་སྦྱོར་བྱེད་པའི་ཐབས་ལམ་གཙོ་བོ།

1.སྣ་གཉིས་སྡེབ་སྦྱོར་བྱེད་ཐབས། གཙོ་བོ་ཐོན་སྐྱེད་བྱེད་ནུས་ཕུལ་དུ་ཕྱུང་བའི་ཤ་སྐྱིད་ལུག་རྒྱུད་ཕ་རྒྱུད་བྱས་ཤིང་། རང་ས་གནས་ཀྱི་ལུག་རྒྱུད་མ་རྒྱུད་བྱས་ཏེ། བསྡེབས་རབས་དང་པོའི་ལུ་གུ་ཤེད་འབུད་གསོ་སྐྱོང་བྱས་ནས་ཤ་སྐྱིད་ལུག་ཐོན་སྐྱེད་བྱེད་པ་དེ་ཡིན། འདི་ནི་མིག་སྔར་རྒྱལ་ནང་གི་བཀོལ་ཁྱབ་ཆེ་བའི་སྡེབ་སྦྱོར་བྱེད་ཐབས་ཤིག་ཡིན། དཔེར་ན་ལུག་ཐོན་སྐྱེད་བྱེད་སྐབས་རྣ་མེད་ཐའོ་སེ་ཐེ་ལུག་རྒྱུད་ཕ་རྒྱུད་བྱས་ཤིང་། ལུག་ཧ་ལེབ་མ་རྒྱུད་བྱས་ཏེ་སྣ་གཉིས་ཤ་སྐྱིད་ལུག་རྒྱུད་ཐོན་སྐྱེད་བྱེད་པ་ལྟ་བུ། ཐབས་ལམ་དེ་ནི་གཤམ་གསལ་ལྟར། ཡང་ན་རང་ས་གནས་ཀྱི་ལུག་རྒྱུད་♀ རྣ་མེད་ཐའོ་སེ་ཐེ་ལུག་♂ ལུག་ཧ་ལེབ་♀ (ཡང་ན་རང་ས་གནས་ཀྱི་ལུག་རྒྱུད་♀)

↓

ཤ་སྐྱིད་ལུག

2.སྣ་གསུམ་སྡེབ་སྦྱོར་བྱེད་ཐབས།

རང་ས་གནས་ཀྱི་ལུག་♀ ×ལུག་ཧ་ལེབ་♂

↓

F_1♀ ×རྣ་མེད་ཐའོ་སེ་ཐེ་ལུག་♂

↓

སྣ་གསུམ་སྡེབ་སྦྱོར་ཚོང་རྫས་ཤ་སྐྱིད་ལུག

གསུམ། ཤ་སྐྱིད་ལུག་རྒྱུད་སྡེབ་སྦྱོར་བེད་སྤྱོད་ཕན་ནུས།

1.ཐའོ་སེ་ཐེ་ལུག་རྒྱུད་སྤྱད་དེ་མཚོ་སྔོན་ལེགས་བསྒྱུར་ལུག་དང་སྡེབ་སྦྱོར་བྱས་ནས། རོང་ཁྱིམ་གྱི་གཟན་སྟེར་གསོ་སྐྱོང་བདག་གཉེར་གྱི་ཆ་རྐྱེན་འོག་ཏུ་ལུག་རྒྱུད་F_1སྐྱེ་འཕེལ་འཚར་ལོངས་བྱུང་བ་མགྱོགས་ཤིང་ས་ཆུར་འཁྲིད་ཤུགས

ཆེ་བས་ན། སྡེབ་སྦྱོར་ལེགས་ཆ་མངོན་གསལ་སྣོས་ཐོན་སྲིད། དེར་མ་ཟད་ F_1 ལུག་རྒྱུད་ལ་དངོས་རྒྱུད་དང་མཚུངས་པའི་ཤ་སྤྱོད་བྱེད་ནུས་ཀྱི་ཁྱད་ཆོས་ལྡན་ལ། མ་རྒྱུད་ཀྱི་ས་ཡོབས་ཆུ་ཡོབས་ཡིན་པ་སྲུང་སྐྱོང་བྱེད་ཐུབ། (རི་མོ 1–8)

2. ཐའོ་སེ་ཐི་ལུག་རྒྱུད་སྤྱད་དེ་བོད་ལུག་དང་སྡེབ་སྦྱོར་བྱས་ན་སྡེབ་སྦྱོར་ལེགས་ཆ་མངོན་གསལ་ཡིན་པ་དང་། སྡེབ་སྦྱོར་ལུག་རྒྱུད་ཀྱིས་རྩྭ་ཆུ་རོ་ལ་བ་ལེགས་ཤིང་། ཡར་སྐྱེད་འཚར་ལོངས་འབྱུང་བ་མགྱོགས་པ། ལོབ་ཤུགས་རང་བཞིན་ཆེ་བ་བཅས་ཀྱི་དབང་གིས་འབྲོག་ཁུལ་དུ་རི་རྒྱུག་བྱས་ཏེ་ཤ་ཤེད་འབུད་དུ་བཅུག་ན་འཚམ་པ་ཡིན། གཅིག་མཚུངས་ཀྱི་གཟན་སྟེར་དོ་དམ་བྱེད་པའི་ཆ་རྐྱེན་འོག་ཏུ་སྡེབ་སྦྱོར་ལུ་གུ་ལག་ཆགས་པ་མགྱོགས་ཏེ། མངོན་གསལ་གྱི་ཤ་སྤྱོད་གཟུགས་གཞི་ལྡན་པ་རེད། ཟླ་ངོ 4 ལོན་པའི་ལུ་གུར་འོ་མ་ནུ་མཚམས་གཅོད་སྐབས་ལུས་ལྗིད་སྟོང་ཁེ 12.5 དང་བཤས་ཚད 46.14% བཅས་ལ་བསླེབ་ཐུབ།

3. ཐའོ་སེ་ཐི་ལུག་རྒྱུད་སྤྱད་དེ་ལུག་ཛ་ལེབ་དང་སྡེབ་སྦྱོར་བྱས་རྗེས། ཟླ་ངོ 12 ཀྱི་ནང་ལ་ཐའོ་སེ་ཐི་དང་ལུག་ཛ་ལེབ་ཀྱི F_1 ཡི་ལུ་གུ་དང་ལུག་ཛ་ལེབ་ཀྱི་ལུ་གུ་ལ་ཕྱོགས་ཡོངས་ནས་དཔྱད་བསྡུར་བྱས་ན F_1 ཡི་ལུ་གུ་ལུག་ཛ་ལེབ་ཀྱི་ལུ་གུ་ལས་ལུས་ལྗིད་སྟོང་ཁེ 15.65–19.35 ཇེ་མཐོར་གཏོང་སྲིད་པས། སྡེབ་སྦྱོར་ལུག་རྒྱུད་ཀྱི་ལུས་ལྗིད་ཇེ་ལྕིར་སོང་བའི་ཕན་ནུས་མངོན་གསལ་ཡིན།

4. རྣ་མེད་ཐའོ་སེ་ཐི་སྤྱད་དེ་མཚོ་སྔོན་བལ་རྒྱུ་ཕྱེད་འཛམ་ལུག་དང་སྡེབ་སྦྱོར་བྱས་པའི་ཕན་ནུས། ཐའོ་ཕྱེད F_1 གི་ལུག་རྒྱུད་ཀྱི་ལུ་གུའི་བཙའ་ཚད 99.46% ཡིན་ལ། ཐའོ་ཕྱེད F_1 གི་ལུ་གུར་སྐྱེ་སྟོབས་ལེགས་ཆ་མངོན་གསལ་ལྡན་པ་རེད། འོ་མ་ནུ་མཚམས་མ་བཅད་པའི་སྔོན་ལ་ཐའོ་ཕྱེད F_1 གི་ལུ་གུ་ཉི་མ་རེར་ཁེ 118.67 དང་། མཚོ་སྔོན་བལ་རྒྱུ་ཕྱེད་འཛམ་ལུག་གི་ལུ་གུར་ཉི་མ་རེར་ཁེ 96 ཇེ་ལྕིར་འགྲོ་བས། ཐའོ་ཕྱེད F_1 གི་ལུག་རྒྱུད་ཀྱི་ཕུན་སུམ་ཚོགས་པའི་སྤྲ་སྙིན་རང་བཞིན་དང་

ཤ་སྐྱིད་རང་བཞིན་མངོན་གསལ་ལགས། ཟླ་ངོ 6ལོན་པའི་ཐའོ་ཁྱེད F_1 གི་ལུ་གུའི་གཟུགས་གཞིའི་རིང་ཚད་དང་བྲང་ཁོག་གི་སྦོམ་ཚད་སོ་སོར 109.25%དང 148.11%ལ་བསྙེབ་པ་ཡིན་པས། ན་ཟླ་ཡིན་པའི་མཚོ་སྔོན་བལ་རྒྱུ་ཁྱེད་འཇམ་ལུག་གི་ལུ་གུ་ལས་བརྒྱ་ཆའི་ཚགས་གྲངས 11.67ནས་བརྒྱ་ཆའི་ཚགས་གྲངས་ལ 30.51ལ་བསྙེབ་པས། ཐའོ་ཁྱེད F_1 གི་ལུག་རྒྱུད་ཀྱི་ རྫ་སྨིན་རང་བཞིན་དང་ལྡན་སུམ་ཚོགས་པའི་ཤ་ཐོན་ཁྱེད་ནུས་འབུར་དུ་ཐོན་འདུག

5.ལུག་ཇ་ལེབ་དང་མཚོ་སྔོན་བོད་ལུག་སྟེབ་སྦྱོར་ལེགས་བསྒྱུར་བྱས་པའི་ཕན་འབྲས། ལུག་ཇ་ལེབ་བེད་སྤྱད་དེ་རང་ས་གནས་ཀྱི་བོད་ལུག་དང་སྟེབ་སྦྱོར་ལེགས་བསྒྱུར་བྱས་ན། བསྟེབས་རབས་དང་པོའི་ལུ་གུའི་བཙས་མ་ཐག་པའི་ལྗིད་ཚད་དང་ཟླ་ངོ 1–5ལོན་པའི་ལུ་གུའི་ལྗིད་ཚད་མངོན་གསལ་སྒོས་བོད་ལུག་གི་ལུ་གུའི་ལྗིད་ཚད་ལས་མཐོ་བ(P<0.05)ཡིན། ཉི་མ 131ལོན་པའི་ལུག་ཇ་ལེབ་དང་བོད་ལུག་གི་བསྟེབས་རབས་དང་པོའི་ལུ་གུ་དང་། བོད་ལུག་གི་ལུ་གུ་ཉི་མ 80ལ་ཁང་བའི་ནང་ནས་ཤ་ཤེད་འབུད་པར་ཚོད་ལྟ་བྱས་པ་ན། ལུག་ཇ་ལེབ་དང་བོད་ལུག་གི་ལུག་རབས་དང་པོའི་ལུ་གུའི་སྤྱིའི་ལྗིད་ཚད་ཇེ་མང་ལ་སོང་ཚད་དང་། ཉིན་རེར་ཇེ་ལྗིར་སོང་ཚད། ཤ་ཁོག་ཇེ་ལྗིར་སོང་ཚད་བཅས་སོ་སོར་སྟོང་ཁེ 13.39དང་སྟོང་ཁེ 167.38 སྟོང་ཁེ 15.62བཅས་ཡིན་པས། མངོན་གསལ་སྒོས་བོད་ལུག་གི་ལུ་གུ་ལས་མཐོ་བ་ཡིན། (P<0.01) ལུག་ཇ་ལེབ་དང་བོད་ལུག་གི་རྒྱུད་འདྲེས་ལུག་རབས་དང་པོས་བོད་ལུག་གི་ལུ་གུ་ལས་ཡོང་སྒོ་སྒོར་མོ 86.25 ཡིས་མང་བ་བསྐྱུན་ཐུབ།

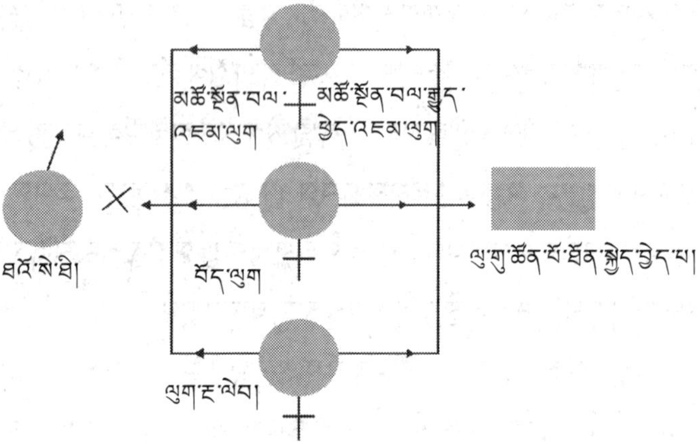

རི་མོ 1–8 སྦེལ་སྦྱོར་དཔེ་སྟོན་རི་མོ།

བཞི། ཐུས་ཚོད་མཐོན་པོས་བོད་ལུག་གསོ་སྐྱོང་བདག་གཉེར་སྣ་འཛོམས་ཆ་ཚང་ལག་རྩལ།

(གཅིག) བོད་ལུག་རང་རྒྱུད་འདེམས་སྐྱོང་ལག་རྩལ།

1.དཔྱད་འདེམས་ཁྲུ་བགོ། ཚོད་ལྟ་བྱེད་ཡུལ་ནང་གི་བོད་ལུག་ལ་ཕྱོགས་ཡོངས་ནས་དཔྱད་འདེམས་བྱེད་པ་དང་། ཚད་ལྡན་མིན་པའི་ཁྲམ་ལུག་ཕྱོགས་ཡོངས་ནས་འདོར་བ་དང་། ཚད་ལྡན་མིན་པའི་མོ་ལུག་ཐམས་ཅད་ཀྱང་རིམ་པ་བཞིན་དུ་འདོར་དགོས། ཚད་ལྡན་ཡིན་པའི་ཐོན་སྐྱེད་ལུག་སོ་སོར་རྣ་རྟགས་རྒྱག་པ་དང་། གསོ་སྤྱིལ་ཡིག་ཚགས་བསྐྲུན་ཏེ་ལྟེ་བའི་ལུག་ཁྲུ་དང་ཁྲམ་ལུག་གི་ལུག་རྒྱུད་ཡིག་ཚགས། སོན་ལུག་གི་མཚན་བྱང་སོགས་བཀོད་སྒྲིག་བྱས་ཏེ། ལོ་ཚོད་དང་ཕོ་མོ། ཐོན་སྐྱེད་རིགས་དབྱིབས་བཅས་བཀར་ནས་སོ་སོར་ཁྲུ་བཀར་ཏེ་གསོ་སྐྱོང་བྱེད་པ་དང་། ལུག་གི་ཐོན་སྐྱེད་བྱེད་ནུས་དང་ལུག་ཁྲུ་ཆེ་ལུག་ཡིན་ཚད་ཇེ་མཐོར་བཏང་སྟེ་ལུག་ཁྲུའི་སྒྲིག་གཞི་ཇེ་ལེགས་སུ་གཏོང་དགོས།

2.སོན་འདེམས་སོན་སྤེལ། ལུག་ཁྲུའི་སྤུས་ཀ་ཇེ་ལེགས་སུ་གཏོང་བ་དང་ཉེ་

དུའི་བར་དུ་སྒྲིག་ཏུ་མི་འཇུག་པ་བཅས་ཀྱི་ཆེད་དུ་ཚོད་ལྟའི་ས་གནས་ཀྱིས་ལུག་ཁྱུའི་སྤུས་ཀ་གཞིར་བཟུང་སྟེ་སོན་འདེམས་དང་སོན་སྡེབ་ཀྱི་ཐབས་ལམ་གཏན་ཁེལ་བྱེད་དགོས། ཁྲིམ་ལུག་འདེམས་སྐབས་གཤམ་གསལ་གྱི་གནད་དོན་གསུམ་ལ་དོ་སྣང་བྱེད་དགོས། ①ལུག་རྒྱུད་ཡིག་ཚགས་གཞིར་བཟུང་སྟེ་རྒྱུད་རབས་ཀྱི་སྤུས་ཀ་དང་ཐོན་སྐྱེད་བྱེད་ནུས་ལ་བརྟག་པ། ②དཔྱད་ཐག་གཅོད་པའི་རྒྱུ་ཆ་གཞིར་བཟུང་སྟེ་ལུག་རང་སྟེང་གི་སྤུས་ཀ་དང་ཐོན་སྐྱེད་བྱེད་ནུས་བརྟག་དགོས། ③རྗེས་རབས་ཀྱི་སྤུས་ཀ་གཞིར་བཟུང་སྟེ་དེའི་རྒྱུད་འཛིན་བྱེད་ནུས་ལ་བརྟག་པ།

སོན་སྡེབ་བྱེད་སྐབས་གཤམ་གསལ་གྱི་རྩ་དོན་གཞིར་འཛིན་དགོས། ①ཁྲིམ་ལུག་གི་སྤུས་ཀ་མོ་ལུག་ལས་ལེགས་དགོས། ②ཐུལ་དུ་བྱུང་བའི་ཕོ་ལུག་དང་མོ་ལུག་གིས་དམིགས་ཡུལ་ཡོད་པའི་སྒོ་ནས་སྡེབ་སྦྱོར་བྱེད་དགོས་པར་མ་ཟད། སྤུས་མཚུངས་སོན་སྡེབ་བྱེད་དགོས། ③ཞན་ཆ་གཅིག་མཚུངས་ཡོད་པའི་ཕོ་ལུག་མོ་ལུག་འཕྲིག་སྡེབ་བྱེད་དུ་འཇུག་མི་རུང་། ④ ཉེ་དུ་འཕྲིག་སྡེབ་བྱེད་པ་འགོག་དགོས། ⑤ཁ་ཆུང་དྲགས་པ་དང་ཁ་མཐོ་དྲགས་པའི་ཁྲིམ་ལུག་སྤྱོད་མི་རུང་།

3.སོན་བསྐྱུར་ཁྲིམ་ལུག་དང་མོ་ལུག་གསོ་སྐྱོང་། བཙའ་ཉེ་སྐབས་ཀྱི་མངལ་སྦྲུམ་མོ་ལུག་གསོ་སྐྱོང་བདག་གཉེར་བྱེད་པར་གཙིགས་སུ་འཛིན་དགོས། དགུན་ས་བཀོད་སྒྲིག་དང་རྩི་རིལ་བཀོད་སྒྲིག་བྱེད་སྐབས་ཐོག་མར་མ་མོའི་ཁྱུ་ལ་བསམ་བློ་གཏོང་དགོས། ཁྲིམ་ལུག་ནི་ཆུང་དུས་ནས་ལེགས་འདེམས་བྱེད་པ་གཙིགས་སུ་འཛིན་དགོས་པར་མ་ཟད། གསོ་སྐྱོང་བྱེད་པ་ཧ་ཅང་གལ་ཆེན་ཡིན་ཏེ། འོ་མ་འཕྲང་ཚད་ལྡུད་དེ་ནར་སོན་དུ་འཇུག་དགོས་པ་དང་། འོ་མ་ནུ་མཚམས་བཅད་རྗེས་ཏེ་ཁྱད་པར་དུ་དགུན་ཐོག་དང་པོ་བརྒལ་སྐབས་གཟན་ཆས་བྱིན་ཏེ་གསོ་དགོས། གཞན་དུས་ཐོག་ཏུ་འོ་མ་ནུ་མཚམས་གཅོད་པ་ནི་མ་མོའི་དབུགས་སོས་པ་དང་ལུ་གུའི་འཇུ་བྱེད་མ་ལག་སྦྱོང་བརྡར་བྱེད་པར་ཕན་པ་དང་། ལུ་གུ་གསོ་

སྐྱོང་བྱེད་པའི་ཐབས་ལམ་གལ་ཆེན་ཞིག་ཡིན། སྤྱིར་ལུ་གུ་བཙས་ནས་ཟླ་ངོ 4 ཡས་མས་འགོར་བ་ན་འོ་མ་ནུ་མཚམས་གཅོད་དགོས། ནར་སོན་པ་ལེགས་པའི་ལུ་གུ་ཡིན་ན་འོ་མ་ནུ་མཚམས་གཅོད་པ་ད་དུང་སྔ་ཆོག

ལུ་གུ་ལོ་གཅིག་ལོན་པ་དང་དཔྱད་འདེམས་བྱས་ཏེ་སོན་ལུག་ཏུ་བསྒྱུར་ན་འཆར་གཞི་ལྟར་གསོ་སྐྱོང་བྱེད་དགོས། ཁྲིམ་ལུག་ཁྱུ་བཀར་ཏེ་གསོ་སྐྱོང་བྱེད་པ་དང་། ཁག་ཅིག་ཕྱུགས་རར་བསྒྱུར་ཏེ་ཁྲིམ་བྱེད་དགོས་ལ། ཁག་ཅིག་སྐོར་སྐྱོང་བྱས་ཏེ་སྤྱི་ཚོགས་སྟེང་དར་སྤེལ་དུ་གཏོང་ཞིང་། དཔྱད་འདེམས་བྱས་པ་ཚད་ལྡན་ཡིན་ཆེ་ད་གཟེད་ཁྲིམ་དུ་སྤྱད་ཆོག ལོ་གཅིག་གི་མོ་ལུག་ཐོན་སྐྱེད་ལུག་ཁྱུ་རུ་བསྡེབས་པ་དང་། ལུག་ཁ་མཐོ་དང་ལུག་ལད་པ། ཐོན་སྐྱེད་བྱེད་ནུས་ཞན་པའི་མ་མོ་སོགས་འདོར་དགོས།

(གཉིས)རྟ་ས་བགོས་ཏེ་ལུག་གསོ་བའི་ལག་རྩལ།

རྟ་ས་བགོས་ཏེ་ལུག་འཚོ་བའི་ལག་རྩལ་ནི་འཆར་གཞི་ཡོད་ཅིང་ཁྱུལ་ཆུང་བགོས་ནས་རེས་སྐོར་བྱས་ཏེ་རྟ་ས་བེད་སྤྱོད་བྱེད་པ་སྟེ། ཚན་རིག་གི་སྒོ་ནས་ཕྱུགས་འཚོ་ཐབས་ཤིག་ཡིན། རྟ་སས་ཕྱུགས་ཟོག་ཐེག་ཚད་གཞིར་བཟུང་སྟེ་དུས་ཚིགས་ལྟར་ཕྱུགས་འཚོ་ས་བགོ་བ་དང་། དུས་ཚིགས་རེའི་རྟ་ས་ཁྱུལ་ཆུང་འགའ་རུ་བགོས་ཏེ། ཕྱུགས་འཚོ་བའི་གོ་རིམ་དང་ཕྱུགས་འཚོ་བའི་དུས་འཁོར་བཅས་ཐག་གཅོད་བྱེད་པ་དང་། དེ་ནས་ཁྱུལ་བགོས་ཏེ་ཕྱུགས་འཚོ་བའི་དུས་ཡུན་དང་ཁྱུལ་བགོས་ཏེ་ཕྱུགས་འཚོ་བ་བཅས་ཀྱི་ཐབས་ལམ་ལ་བརྟེན་ནས་རྟ་ས་འཁོར་སྐྱོད་བེད་སྤྱོད་བྱེད་དགོས།

ལུགས་མཐུན་སྒོས་རྟ་ས་བེད་སྤྱོད་བྱེད་པ་དང་། རྩྭ་ཆུད་ཟོས་སུ་གཏོང་བ་ཛེ་ཉུང་དང་གཞན་བརྟེན་སྲིན་འབུ་ལུག་ཁྱུར་འགོ་བའི་གོ་སྐབས་ཛེ་ཉུང་དུ་གཏོང་བའི་ཆེད་དུ་ཁྱུལ་བགོས་ཏེ་ཕྱུགས་འཚོ་བའི་ལམ་ལུགས་དར་སྤེལ་དུ་བཏང་

ན་འགྲིག་འདུག ཚོད་ལྟ་འདིས་ཕྱུགས་རའི་རྩྭ་སའི་རྒྱུ་ཁྱོན་དང་རྩྭ་སའི་རིགས་དབྱེབས། རྩྭ་སའི་ཐོན་སྐྱེད་ནུས་ཤུགས་ཀྱི་གནས་ཚུལ། རྩྭ་སའི་ཕྱུགས་ཐེག་ཚད། ད་ཡོད་བཟུང་ཐོག་སོགས་ཕྱོགས་ཡོངས་ནས་དཔྱད་བསྡུར་གཏན་ཁེལ་བྱས་པ་གཞིར་བཟུང་སྟེ། དགུན་ས་དང་སྟོན་ས། དབྱར་ས་སོགས་ལ་ཁྱུལ་བགོས་ཏེ་རེས་སྐོར་ཕྱུགས་འཚོ་ཁག་ཆུང་དང་རེས་སྐོར་ཁྱུལ་ཆུང་གཏན་ཁེལ་བྱས་ཏེ། ཚོད་ལྟ་བྱེད་ས་ནི་དང་ཐོག་དགུན་ས་ནས་མགོ་འཛིན་པ་དང་། རྗེས་སུ་དབྱར་ས་དང་སྟོན་ས་རུ་དར་སྤེལ་དུ་བཏང་ཆོག་ཅིང་། ཚོད་ལྟ་བྱས་པ་བརྒྱུད་དེ་རིགས་མི་འདྲ་བའི་རྩྭ་ས་རུ་རེས་སྐོར་ཕྱུགས་འཚོ་བྱེད་ཐབས་སྤྱོད་དགོས།

(གསུམ)དྲོད་ཁང་ལུག་གསོ་ལག་རྩལ།

ཚོད་ལྟའི་རྣམ་གྲངས་ཁྱུལ་གྱི་དགུན་ཐོག་གི་གནམ་གཤིས་ཆ་རྐྱེན་ཞན་པའི་གནས་ཚུལ་ལ་ཁ་གཏད་དེ། དགུན་ཐོག་དྲོད་ཁང་གསོ་སྤེལ་ལག་རྩལ་དར་སྤེལ་དུ་བཏང་སྟེ། དགུན་ཐོག་སྔོ་མེད་པའི་དུས་ཚིགས་སུ་ཕྱུགས་ཟོག་གི་ལུས་སྟེང་གི་ནུས་ཤུགས་ཟད་གྲོན་ཕྱུང་བ་ཇེ་ཉུང་དུ་བཏང་སྟེ། ཤ་རིད་པ་དང་མངལ་སྦྲུམ་པ། ལོ་ཆུང་བ་བཅས་ཀྱི་ལུག་ལ་གཟན་ཆས་བྱིན་ཏེ་ལུས་ཕྱུང་ཇེ་བཟང་དུ་བཏང་ནས་ལུ་གུའི་གསོན་ཚད་ཇེ་མཐོར་གཏོང་བ་དང་། ཁྱད་པར་དུ་བོད་ལུག་ལ་དགུན་ཐོག་གཟན་སྟེར་ཤ་ཤེད་འབུད་དུ་འཛུག་པ་དང་ལུ་གུ་བཙའ་བར་བསམ་ཐོག་ལ་ཡོང་བའི་ཁང་བ་ཞིག་མཁོ་སྤྲོད་བྱེད་དགོས།

(བཞི)བོད་ལུག་ལ་གཟན་ཆས་སྟེར་བའི་ལག་རྩལ།

དགུན་ཐོག་སྔོ་མེད་པ་དང་རྩྭ་སྐྱུར་ཟུངས་བཅུད་འདུས་ཚད་མར་བབས་པའམ་རྩྭ་འགྲང་ཚད་ཅིག་ཟ་རྒྱུ་མེད་ཕྱིན་ངེས་པར་དུ་གཟན་ཆས་སྟེར་དགོས། ཁྱད་པར་དུ་ནར་སོན་བཞིན་པའི་ལུ་གུ་དང་སྦྲུམ་ལུག ལུ་གུ་ཁྲིད་པའི་མ་མོ་བཅས་ལ་གཟན་ཆས་སྟེར་བ་ནི་ཧ་ཅང་གལ་ཆེན་ཞིག་ཡིན། དུས་རྒྱུན་དུ་རི་

ནས་འཚོས་ན་ཁྲིམ་ལུག་ལ་མཁོ་བའི་ཟུངས་བཅུད་བསྐང་མི་ཐུབ་པས། མ་མོར་ལུ་གུ་འཇོག་སྐབས་སྔར་ལས་ལྷག་པའི་སྙི་ནས་ཅུང་མཐོ་བའི་ཟུངས་བཅུད་རྒྱུན་སྐྱོང་བྱེད་དགོས།

གཟན་ཆས་སྦྱོར་ཚད་ལུག་ཁྱུའི་རིགས་དང་རྩྭ་སའི་ཆ་རྐྱེན། གཟན་ཆས་ཀྱི་རིགས་སོགས་ལ་གཞིག་དགོས། ལོ་དེར་འོ་མ་ཧུ་མཚམས་བཅད་དེ་དགུན་བཀལ་བྱེད་པའི་ལག་ག་གལ་གནད་དུ་བཟུང་སྟེ་གཟན་ཆས་སྦྱོར་དགོས། ཁྲིམ་ལུག་དང་ལྷེ་བའི་མ་ཁྱུར་གཟན་ཆས་སྦྱོར་ཚད་ལུག་གཞན་དག་ལས་མང་དགོས། སྤྱིར་ལུག་རེ་རེར་ཉིན་རེར་རྩི་རིལ་སྟོང་ཁ 0.5 ~1.0དང་། ཞིབ་གཟན་བསྲེ་མ་སྟོང་ཁ 0.1%~0.4%བཅས་སྦྱོར་དགོས། ཞིབ་གཟན་ནི་རང་ས་གནས་ཀྱི་འབྲུ་རིགས་གཙོ་བྱེད་པ་སྟེ། དེའི་གྲུབ་ཆ་ནི་ནས 20%དང་མ་རྨོས་ལོ་ཏོག 30% སྙེ་ཚིའི་འབའ་ཆ 20% བུད་ཙི 25% གཏེར་རྫས 3% ཚྭ་ཁུ 4%བཅས་ཡིན་དགོས།

(ལྔ)མཆོ་སྔོན་བོད་ལུག་གི་ནད་ཡམས་འགོག་བཅོས་ལག་རྩལ།

ལུག་གི་ནད་ཡམས་ནི་ལུག་གསོ་ལས་རིགས་ཀྱི་གེགས་རྐྱེན་ཆེན་པོ་ཞིག་ཡིན་པས། འགོ་ནད་སྔོན་འགོག་གི་འགོག་སྨན་རྒྱག་པའི་བྱ་བ་གཙོ་གནད་དུ་བཟུང་སྟེ་ལེགས་སྒྲུབ་བྱེད་པ་དང་། སྔོན་འགོག་གཙོ་ཡིན་པའི་རྩ་དོན་རྒྱུན་འཁྱོངས་བྱེད་ཅིང་། དུས་བཅད་ལྟར་ལུག་གི་ལུས་ཕྱི་ནང་གི་གཞན་རྟེན་སྲིན་འབུ་འབུད་དགོས། མཆོ་སྔོན་བོད་ལུག་རིམས་ནད་འགོག་བཅོས་བྱེད་ཐབས་ནི《ནོར་ལུག་རྒྱ་ཁྱོན་ཅན་གཟན་སྦྱོར་གསོ་སྐྱོང་རིམས་འགོག་ལག་རྩལ》DB63/T435 《རི་ནས་འཚོ་བའི་ལུག་གི་གཞན་རྟེན་སྲིན་འབུ་འགོག་བཅོས་ཚད་ལྡན་ལག་རྩལ》DB63/T463བཅས་ཀྱི་གཏན་ཁེལ་ལྟར་ལག་བསྟར་བྱེད་དགོས།

(དྲུག)བོད་ལུག་དུས་ཐོག་ཏུ་བཙོང་ཚད་རན་དུ་འཛུག་པའི་ལག་རྩལ།

1.ལུ་གུ་དུས་ཐོག་ཏུ་བཙོང་ཚད་རན་དུ་འཇུག་པ། འོ་མ་ཉུ་མཚམས་བཅད་རྗེས་ལོ་འཁོར་གཅིག་གི་ནང་དུ་ལུ་གུར་ཤ་ཤེད་འབུད་དུ་འཇུག་པར་གོ་རིམ་གསུམ་དུ་བགོས་ཆོག་སྟེ། དེར་སྔ་ཕྱི་བར་གསུམ་ལྟར་ཤ་ཤེད་འབུད་དུ་བཅུག་ཆོག ལུ་གུར་ཤ་ཤེད་འབུད་དུ་འཇུག་པའི་རྩ་བའི་རྩ་དོན་ནི་འདི་ལྟ་སྟེ། དང་ཐོག་གི་ཤེད་འབུད་བདག་གཉེར་བྱེད་པའི་གལ་གནད་ནི་ལུ་གུ་ཤེད་འབུད་བདག་གཉེར་བྱེད་པར་ལོབ་མི་ལོབ་དང་ནད་རྟགས་ཅན་གྱི་ལུ་གུ་ཡོད་མེད། ལུ་གུས་རྩྭ་ཟ་བ་རྒྱུན་ལྡན་ཡིན་མིན་བཅས་ལ་བརྟག་སྟེ། རྩྭ་ཟ་ཚུལ་ལ་བལྟས་ཏེ་གཟན་ཆས་སྟེར་བའི་ཚད་གཞི་དང་གཟན་ཆས་ཀྱི་སྡེབ་ཀ་སོགས་སྒྲིམས་སྒྲིག་བྱེད་དགོས། བར་དུ་ཤེད་འབུད་བདག་གཉེར་བྱེད་པར་གཟན་ཆས་སུ་སྤྲི་དཀར་བསྣུར་ཚད་ཇེ་མང་དུ་བཏང་ནས། གཟན་ཆས་ཁྲིད་ཀྱི་ཟུངས་བཅུད་ཀྱི་སྟུས་ཀ་དོ་མཉམ་ཡོང་བར་གལ་གནད་དུ་འཛིན་དགོས། མཇུག་ཏུ་ལུ་གུ་ཤེད་འབུད་བདག་གཉེར་བྱེད་པར་གཟན་ཆས་སྟོན་པ་ཤུགས་སྟོན་བྱེད་པ་དང་མཉམ་དུ་གཟན་ཆས་ཀྱི་བྱེད་ནུས་ཁ་སྟོན་བྱེད་པ་དང་། སྤྲི་དཀར་གྱི་བསྣུར་ཚད་ཇེ་ཉུང་དུ་བཏང་སྟེ་ལུ་གུའི་ཤེད་སོང་ཇེ་བཟང་དང་ཤ་སྟུས་ཇེ་ལེགས་སུ་བཏང་ཞིང་། ལུ་གུའི་ཡར་སྐྱེད་འགྱུར་བའི་གོ་རིམ་དང་ཚོང་ར། ལུས་ཀྱི་ལྗིད་ཚད་བཅས་ལ་གཞིགས་ཏེ་བཙོང་རན་སྐབས་བཙོང་དགོས།

2.བཙོང་ལུག་དུས་ཐོག་ཏུ་ཤེད་འབུད་དུ་འཇུག་པ། བཙོང་ལུག་ལ་ཤ་ཤེད་འབུད་དུ་འཇུག་པར་གོ་རིམ་གཉིས་ཡོད་དེ། གཟན་གསོ་གྲ་སྒྲིག་གོ་རིམ་དང་ཤ་ཤེད་འབུད་པར་གཟན་གསོ་ལོན་བྱེད་པའི་གོ་རིམ་གཉིས་ཡིན། གཟན་གསོ་གྲ་སྒྲིག་གོ་རིམ་ལ་ཉི་མ 15དགོས། དུས་ཡུན་དེར་གཅིག་གྱུར་སྨོས་གཞན་རྟེན་སྲིན་འབུ་མེད་པར་གཏོང་བ་དང་། སྨན་ཁྲུས་བྱེད་པ། རིམས་འགོག་བྱེད་པ། ཐོ་ཇོད་གསོ་བ། ལྗིད་ཚད་འཇལ་བ། ཨང་རྟགས་རྒྱག་པ་བཅས་བྱས་ཏེ། ཕུང་པོའི་

གནས་ཚུལ་གཞིར་བཟུང་སྣེ་ཁྲུ་དགར་གསོ་སྐྱོང་བྱེད་དགོས། ཤ་ཤེད་འབུད་པར་གཟན་གསོ་ཕོན་བྱེད་པའི་ག་རིམ་ལ་ཉི་མ 75~100དགོས། དུས་ཡུན་དེའི་ནང་དུ་ཚོད་ལྡན་ཉིན་གཟན་དང་ཚན་རིག་ལ་བརྟེན་ནས་གསོ་སྐྱོང་བདག་གཉེར་བྱེད་དགོས། གཟན་གསོ་བྱེད་ཐབས་ནི་ཁང་བའི་ནང་ནས་གཟན་གསོ་ཕོན་བྱེད་དགོས། ལུ་གུ་ཁང་བའི་ནང་ནས་གཟན་གསོ་བྱེད་པར་ལུ་གུའི་གཟན་སྟེར་ཚད་གཞི་ལྟར་ཉིན་གཟན་སྟེར་དགོས། ཉིན་གཟན་དུ་ཟྲི་དཀར་རགས་མོའི་འདུས་ཚད 11%ལས་དམའ་མི་རུང་བ་དང་། ཉིན་རེར་ཐེངས 2ནས་ཐེངས 3ལ་གཟན་ཆས་སྟེར་ཞིང་གཟན་ཆས་སྟེར་བའི་ག་རིམ་ནི་སྔོན་ལ་རགས་གཟན་དང་རྗེས་སུ་ཞིབ་གཟན་སྟེར་བ་དང་། སྔོན་ལ་གཟན་ཆས་སྟེར་བ་དང་རྗེས་སུ་ཆུ་ལྡུད་པ་བཅས་བྱེད་དགོས། ནར་སོན་པའི་ག་རིམ་དང་ཚོང་ར། ལུས་ཀྱི་ལྗིད་ཚད་བཅས་ལ་གཞིགས་ཏེ་དུས་ཐོག་ཏུ་ཤེད་འབུད་དུ་འཇུག་པ་དང་། ཤ་ཤེད་བུད་པའི་ལུ་གུ་བཤས་ཏེ་དཔྱད་ཞིབ་གཏན་ཁེལ་བྱེད་དགོས།

(བདུན)སྐྱེ་འཕེལ་ནུས་ཤུགས་རྗེ་ཆེར་གཏོང་བའི་ལག་རྩལ།

དུས་བཅད་ལྟར་སྟེབ་སྦྱོར་བྱེད་པ(མོ་ལུག་སྨྱིག་པའི་དུས་ཚིགས་སུ་མ་ཁྲུར་ཁྲིམ་ལུག་ཟླ་ངོ་གཅིག་ལ་བརྒྱབ་སྣེ་སྟེབ་སྦྱོར་བྱེད་དུ་འཇུག་དགོས)དང་། ཕྱི་མོ་ནས་འོ་མ་ནུ་མཚམས་གཅོད་པ། མ་མོར་གཟན་ཆས་ཁ་གསབ་བྱེད་པ་བཅས་ཕྱོགས་ཡོངས་ཀྱི་ཐབས་ལམ་སྤྱད་དེ་མོ་ལུག་གི་སྐྱེ་འཕེལ་བྱེད་ནུས་རྗེ་མཐོར་གཏོང་དགོས།

(བརྒྱད)གཟན་རྩྭ་དང་གཟན་ཆས་འདེབས་འཛུགས་བྱེད་པའི་ལག་རྩལ།

འབྲོག་ལུག་དག་དུས་ཚིགས་བཞི་པོར་རི་ནས་འཚོ་ནའང་ངེས་པར་དུ་གཟན་ཆས་སྟེར་དགོས། ཁྱད་པར་དུ་འཁྱིག་སྦྱོར་བྱེད་པའི་དུས་ཚིགས་སུ་ཁྲིམ་དང་མ་མོ། མངལ་སྦྲུམ་མོ་ལུག ལུ་གུ་ཁྲིད་པའི་མ་མོ། ལུ་གུ་བཅས་རེ་རྒྱག་བྱས་

ནས་འཚོ་སྐྱོང་ཁོ་ན་མི་བྱེད་པར་ངེས་པར་དུ་གཟན་ཆས་འོས་འཚམ་རེ་བྱིན་ཏེ། ཟུངས་བཅུད་ཁ་སྐོན་བྱེད་དགོས། འབྲོག་ཁུལ་ཚོད་ལྷུ་ལྷེ་གནས་འཛུགས་སྐྱུན…བྱས་པ་བརྒྱུད་དེ་ཚོད་ལྷུ་ལྷེ་གནས་སུ་ས་ལྷག་ཅིག་བཀོད་སྒྲིག་བྱེད་པ་དང་། ས…གནས་དེའི་བརླན་བཤེར་ལ་གཞིགས་ཏེ་གཟན་རྩྭ་དང་གཟན་ཆས་འདེབས་འཛུགས་བྱེད་པའི་བྱ་བ་སྤེལ་དགོས།

ལེའུ་གཉིས་པ། ཤ་སྐྱོད་ལུག་རྒྱུད་ཀྱི་འཇུ་བྱེད་མ་ལག་གི་གྲུབ་ཚུལ་དང་ཡར་སྐྱེ་འཚར་ལོངས་འབྱུང་བའི་ཆོས་ཉིད།

ལེ་ཚན་དང་པོ། ཤ་སྐྱོད་ལུག་རྒྱུད་ཀྱི་འཇུ་བྱེད་མ་ལག་གི་གྲུབ་ཚུལ་ཁྱད་ཆོས།

གཅིག འཇུ་བྱེད་མ་ལག་གི་གྲུབ་ཚུལ།

ལུག་ནི་ནོར(བ་ལང)དང་མཚུངས་པར་སྐྱུགས་ལྡད་སྲོག་ཆགས་ཡིན། ལུག་གི་འཇུ་བྱེད་མ་ལག་ཏུ་ཁ་དང་མཆིལ་མའི་རྨེན་བུ། མིད་པ། གྲོད་པ(གྲོད་པ། ཐོ་སུལ། སུལ་མང་། ལྟུག་སྟོད)རྒྱུ་ཕྲན། རྒྱུ་ཆེན་བཅས་འདུ། འོན་ཀྱང་རིགས་རྒྱུད་མི་གཅིག་པའི་ཤ་སྐྱོད་ལུག་གི་འཇུ་བྱེད་དབང་རྟེན་གྱི་ཆེ་ཆུང་མི་གཅིག་པ་རེད།

གཉིས། ཤ་སྐྱོད་ལུག་གི་འཇུ་བྱེད་བེད་སྤྱོད་ཁྱད་ཆོས།

(གཅིག)ལུག་དཀྱུས་མའི་སྔོ་ཞུ་བེད་སྤྱོད་ཁྱད་ཆོས།

ལུག་ནི་སྔོ་ཟོག་གི་ཁྲོད་ཀྱི་ཚི་རྩྭ་རིགས་མོའི་གཟན་ཆས་བེད་སྤྱོད་བྱེད་……པའི་མཐོ་རིམ་སྲོག་ཆགས་ཡིན། ལུག་གིས་ཚི་རྩྭ 65%དང་ནོར་དང་བ་ལང་གིས་ཚི་རྩྭ 55% པོ་བ་ལ་བརྟེན་ནས་ཟས་རྩྭ་འཇུ་བའི་ཕག་གིས་ཚི་རྩྭ 18% རྟ་ཡིས་ཚི་རྩྭ 30%བཅས་འཇུ་ཐུབ་པ་ཡིན།

(གཉིས)ལུ་གུའི་གཟན་འཇུ་བེད་སྤྱོད་བྱེད་པའི་ཁྱད་ཆོས།

བཙས་མ་ཐག་པའི་ལུ་གུར་མཆོན་ན་གྲོད་པུའི་བྱེད་ནུས་འདོན་མཁན་གཙོ་བོ་ནི་ལྷུག་སྣོད་ཡིན་ལ། གྲོད་པུ་གཞན་དག་གི་བྱེད་ནུས་ཅུང་ཆུང་། ལུ་གུས་ནུས་ལྡན་འོ་མ་ཐད་ཀར་དུ་ལྷུག་སྣོད་དུ་མིད་པ་དང་། ལྷུག་སྣོད་ཀྱིས་འོ་དཀག་སླེ་ཟགས་ཐོན་བྱས་ཏེ་འཇུ་བར་བྱེད་པ་ཡིན། འོན་ཀྱང་ལུ་གུ་ནར་སོན་པ་དང་རྩི་ཤིང་གི་རིགས་ཀྱི་གཟན་རྩྭ་ཟོས་པ་དང་མཉམ་དུ་མདུན་ཐད་ཀྱི་གྲོད་པུ་གསུམ་གྱི་ཤོང་ཚད་རིམ་བཞིན་དུ་ཇེ་ཆེར་འགྱུར་བ་དང་། སྐྱེར་ཉི་མ 20འགོར་རྗེས་སྐྱུགས་ལྡད་བྱེད་ཚུལ་མངོན་ཞིང་། ལྷུག་སྣོད་ཀྱིས་འོ་དཀག་སླེ་ཟགས་ཐོན་བྱེད་པ་ཇེ་ཉུང་དུ་འགྱུར་ལ། གཟན་འཇུ་སླེ་གཞན་དག་ཟགས་ཐོན་བྱས་པ་མང་བས་ན། གཟན་རྩྭ་འཇུ་བའི་བྱེད་ནུས་རིམ་བཞིན་དུ་ཇེ་ལེགས་སུ་གྱུར་ཅིང་། གྲོད་ཁོག་བསྐྱེད་དེ་འཇུ་སྟོབས་རིམ་བཞིན་འཕྲུས་ཚང་དུ་འགྱུར་བ་ཡིན།

གསུམ། ཤ་སྤྱོད་ལུག་གི་འཚོ་བའི་གོམས་གཤིས་དང་བྱ་སྤྱོད་ཁྱད་ཆོས།

(གཅིག)ལུག་གི་ཁྱུ་འདུས་རང་བཞིན།

ལུག་གི་ཁྱུ་འདུས་རང་བཞིན་ཅུང་ཆེ་སྟེ། གཞན་གྱིས་འཇིགས་ཙམ་བསྣང་ས་ན་ཕན་ཚུན་ཆབས་ཅིག་ཏུ་འཚང་བ་ཡིན། འོན་ཀྱང་ལུག་གི་ཁྱུ་འདུས་རང་བཞིན་ཆེ་བས་ན། ལུག་ཁྱུ་ཕན་ཚུན་ཐག་ཉེ་སྐབས་ལུག་ཁྱུ་ཕན་ཚུན་འདྲེ་སླ་བ་དང་། བདག་གཉེར་བྱེད་པར་ལུག་ཁྱུ་འདྲེ་རུ་བཙུག་མི་ཆོག ལུག་རྒྱུད་མི་གཅིག་པའི་ལུག་ཁྱུའི་བྱ་སྤྱོད་ལ་ཁྱད་པར་ཡོད་དེ། བལ་རྒྱུ་རྩུབ་མོའི་ལུག་རྒྱུད་ཁྱུ་སྡོད་བྱེད་པར་དགའ་བ་དང་། བལ་སྤྱོད་ལུག་ཤ་སྤྱོད་ལུག་ལས་ཁྱུ་སྡོད་བྱེད་པར་དགའ།

(གཉིས)རྩྭ་བསླེག་པར་མཁས་ཤིང་གཟན་རྩྭ་བེད་སྤྱོད་བྱེད་རྒྱ་ཆེ་བ།

ལུག་གི་ཁ་ཞེང་ཅུང་ཆུང་བ་དང་ཁ་ཤ་སྲབ་ཅིང་མྱུར་ལ། སོ་ཏ་ཅང་རྣོ

བས་ས་ངོས་སུ་འབྱར་བའི་རྩ་ཐུང་ཟ་ཐུབ་པར་མ་ཟད། སྔོ་ཟོག་གཞན་དག་གིས་བེད་སྤྱོད་བྱེད་མི་ཐུབ་པའི་གཟན་རྩྭ་དང་གཟན་ཆས་བེད་སྤྱོད་བྱེད་ཐུབ། ལུག་གི་སུག་བཞི་བཀན་ཞིང་རྨིག་པ་སྲ་མོ་ཡིན་པས། འགྲོ་ཤོར་དུ་རྩྭ་ཟ་ཤོར་བྱེད་ཐུབ། ལུག་གི་གཟན་རྩྭ་དང་གཟན་ཆས་བེད་སྤྱོད་བྱེད་རྒྱ་ཆེ་བ་དང་། དཔེར་ན་རྩྭ་སྣ་མི་འདྲ་བ་མང་པོ་དང་ཤིང་ཕྲན། ཞིང་ཤོར་ཐོན་རྫས་སམ་འབྲུ་སྣ་སོགས་བེད་སྤྱོད་བྱེད་ཐུབ།

(གསུམ)གཙང་སྦྲར་དགའ་བ།

ལུག་ལ་གཙང་སྦྲར་དགའ་བའི་གོམས་གཤིས་ཡོད། ལུག་གཟན་རྩྭ་གཙང་མ་ཟ་བ་དང་ཆུ་གཙང་མ་འཐུང་བར་དགའ་བས། གཟན་རྩྭ་དང་བཏུང་ཆུ་རྫོབ་རོར་གྱུར་པའམ་དྲི་ངན་ཕྲོ་བ་ན། ལུག་གིས་མི་ཟ་བ་དང་མི་འཐུང་བ་ཡིན། དེར་བརྟེན་ལུག་ཁང་དུ་གཟན་སྟེར་བྱེད་སྐབས་སྟེར་ཚད་ཉུང་ཞིང་སྟེར་ཐེངས་མང་བ་དང་། གཟན་རྩྭའམ་གཟན་ཆས་ཆུད་འཛའ་བ་བྱེད་མི་རུང་། དུས་རྒྱུན་དུ་གཟན་སྟེར་བདག་གཉེར་བྱེད་པར་ཤུགས་སྟོན་བྱེད་པ་དང་། ལུག་གི་གཟན་རྩྭའམ་གཟན་ཆས་གཙང་མ་ཡིན་པར་དོ་སྣང་བྱས་ཤིང་། ཁ་ར་རྒྱུན་དུ་གཙང་སྤྲུགས་བྱེད་པ་དང་བཏུང་ཆུ་དུས་ཐོག་ཏུ་བརྗེ་བ་བཅས་བྱེད་དགོས།

(བཞི)བསིལ་སྐམ་ལ་དགའ་ཞིང་ཚ་བརླན་ལ་འཇིགས་པ།

ལུག་ནི་བསིལ་སྐམ་གྱི་ཁོར་ཡུག་ཏུ་འཚོ་བར་དགའ། ལུག་ཁང་བརླན་བཤེར་ཆེ་ཞིང་ཚ་ལུམས་ཆེ་བ་དང་། རྩྭ་ས་ན་ཁུགས་བརླན་གཤེར་ཆེ་བ་སོགས་ཡིན་ན་ལུག་ལ་གཞན་བརྟེན་སྲིན་འབུ་དང་འགོ་ནད་སོགས་འགོ་སླ་བར་གྱུར་ཅིང་། བལ་གྱི་སྤུས་ཀ་ཇེ་ཞན་དང་རྨིག་པ་རུལ་བའི་ནད་བྱུང་བ་ཇེ་མང་དུ་སོང་སྟེ་ལུག་གི་ཡར་སྐྱེ་འཚར་ལོངས་འབྱུང་བར་བར་ཆད་བཟོ་བ་ཡིན། ལུག་ཁང་ཐབས་གང་ཡོད་ཀྱིས་ས་བབ་མཐོ་ཞིང་བསེར་བུ་རྒྱུ་ས། བཙོག་ཆུ་འབུད་བདེ

བའི་ངོས་སྒྲིགས་ནས་བསྟན་དགོས་པར་མ་ཟད། ལུག་རའི་ནང་དུ་ལུག་ལ་མལ་ས་བསྟན་པའམ་མཐིལ་སྤྲུབས་ཡོད་པའི་ཐོག་ཁང་ཅན་གྱི་ལུག་ཁང་བསྟན་དགོས།

(ལྔ)གཉིས་ཀ་འཛམ་ཞིང་སྙིང་ཆུང་འདྲོག་སླ་བ་ཡིན།

ལུག་གི་གཉིས་ཀ་འཛམ་པོ་ཡིན་པས། སྒོ་ཟོག་ཁྱིད་ཀྱི་ཟོག་རིགས་ཆེས་གཉོམ་ཆུང་ཞིག་ཡིན་པར་མ་ཟད། རང་སྲུང་བྱེད་ནུས་ཧ་ཅང་ཆུང་། སྐྲག་འཛིགས་ཙམ་བྱུང་བ་ན་ཧ་ཅང་འདྲོག་སླ། ལུག་ལ་འདྲོག་ཐེངས་གཅིག་བསླངས་པ་ན་ཤེད་སོང་འབུད་དཀའ་བས། དུས་རྒྱུན་དུ་བྱམས་ཀྱིས་སྐྱོང་བ་ལས་ཀི་ལྡིར་དང་གཅར་རྡུང་མི་བྱེད་པ་བཅས་བྱས་ཏེ། ལུག་ལ་འདྲོག་བསླང་མི་རུང་།

(དྲུག)རྣ་དབང་དང་ཚོར་དབང་ཧ་ཅང་རྣོ།

མོ་ལུག་གིས་སྣ་དབང་གཙོ་དང་མིག་དབང་དང་རྣ་དབང་བཅས་ལ་བརྟེན་ནས་རང་གི་ལུ་གུ་བཙལ་བ་ཡིན། ལུ་གུ་བཙས་མ་ཐག་ཏུ་མོ་ལུག་གིས་ལུ་གུའི་སྙིང་གི་མངལ་ཆུ་ལྡག་པ་དང་། ལུ་གུའི་དྲི་མ་གོམས་ལོབ་བྱེད་པ་ཡིན། ལུ་གུས་འོ་མ་ནུ་སྐབས་མོ་ལུག་གིས་ཐོག་མར་ལུ་གུའི་འཕོངས་མགོར་སྣོམ་ཞིང་རང་གི་ལུ་གུ་ཡིན་མིན་ལ་བརྟག་པ་ཡིན། ཁྱད་ཆོས་དེ་བེད་སྤྱོད་དེ་དྭ་ཕྲུག་ཏུ་གྱུར་པའི་ལུ་གུའམ་མང་བཙས་ལུ་གུ་ལ་མ་ཡར་བཙལ་སྐབས། ལུ་གུའི་སྙིང་དུ་མ་ཡར་གྱི་མངལ་ཆུ་བསྐུས་ན། མ་ཡར་གྱིས་ལུ་གུ་དེ་དང་ལེན་བྱེད་པར་ཕན་ཐོགས་པ་ཡིན།

(བདུན)བཙང་ཁྲིའུ་རྒྱག་པའི་ཁྱད་ཆོས།

ལུག་བལ་མཐུག་པ་དང་ལུས་ངོས་ཀྱི་རྡོད་ཡལ་བ་དལ་བས། ཚ་གདུག་ལ་སྐྲག་པ་ལས་གྲང་ངར་ལ་དེ་འདྲས་མི་འཛིགས་པ་ཡིན། དབྱར་ཐོག་ཚ་གདུག་ཆེ་སྐབས་དུས་རྒྱུན་དུ་ལུག་མང་གིས་བཙང་ཁྲིའུ་རྒྱག་པའི་གནས་ཚུལ་མཐོང་ཐུབ། ལུག་གཅིག་གིས་རང་གི་མགོ་བོ་ལུག་གཞན་ཞིག་གི་གསུས་འོག་ལ་བཏང་ནས་ཚ་གཞའ་བྱེད་པ་ཡིན་པས། པན་ཚུན་བཙང་ཁྲིའུ་རྒྱག་པ་དང་ཚ་གདུག་ཅི་ཙམ་ཆེ་

ན་དེ་ཙམ་གྱིས་བཙང་ཁྲིའུ་བརྒྱབ་སྟེ་ཕན་ཚུན་ལ་གནོད་པ་བཟོ་བ་ཡིན། དེར་བརྟེན། དབྱར་ཐོག་ཚ་གདུག་འགོག་ཐབས་སྒྲུད་དེ་བཙང་ཁྲིའུ་རྒྱག་ཏུ་འཇུག་མི་རུང་། ལུག་རྣམས་ལ་བསིལ་འགྲུགས་ངལ་གསོ་བྱེད་དུ་འཇུག་པ་དང་། ལུག་རར་བསིལ་གྲིབ་སྒྲིག་ཆས་བཀོད་སྒྲིག་བྱེད་དགོས། དཔེར་ན་སྡོང་པོ་འཛུགས་པ་དང་བསིལ་ཁང་སོགས་བསྐྲུན་དགོས།

(བརྒྱད)ནད་འགོག་ནུས་ཤུགས་ཆེ་བ།

ལུག་གི་ནད་འགོག་ནུས་ཤུགས་ཅུང་ཆེ་བ་དང་། ནད་འགོག་ནུས་ཤུགས་ཀྱི་ཆེ་ཆུང་དེ་ལུག་རྒྱུད་ལ་རག་ལས་པ་ཡིན། སྤྱིར་བཏང་རྩུབ་ལུག་གི་ནད་འགོག་ནུས་ཤུགས་བལ་འཇམ་ལུག་དང་ཤ་སྐྱིད་ལུག་ལས་ཆེ་བ་དང་། ར་མའི་ནད་འགོག་ནུས་ཤུགས་ལུག་ལས་ཆེ་བ་ཡིན། ཤ་ཤེད་ལེགས་པའི་ལུག་ལ་ཅུང་ཆེ་བའི་ནད་འགོག་ནུས་ཤུགས་ཡོད། ནད་ཅུང་ཡང་བའི་ལུག་ལ་མངོན་གསལ་གྱི་ནད་རྟགས་མེད། ནད་ལུག་ལ་ལ་འཆི་ཁ་ཡིན་ཡང་ད་དུང་རྩྭ་ཟ་བ་ཡིན་པས། རི་ནས་འཚོ་བ་དང་ཁང་བ་ཉ་གསོ་བ་བཅས་སུ་ངེས་པར་དུ་ཞིབ་བརྟག་བྱས་ན་ད་གཟོད་ནད་ལུག་དུས་ཐོག་ཏུ་རྙེད་ཐུབ་པ་ཡིན།

(དགུ)ལུག་གི་སྦྲིག་རྟགས་ཁྱད་ཆོས།

ཁྲིམ་ལ་མཚོན་ན་མོ་ལུག་སྦྲིག་སྐབས་ཟགས་ཐོན་བྱས་པའི་མོ་ལུག་བསྐུལ་རྩེ་ལ་ཚོར་བ་ཧ་ཅང་རྣོ། ཁྲིམ་ལུག་གིས་མོ་ལུག་གི་རྫིང་ཁར་སྣོམ་པ་ན། ཡ་མཆུ་ཡར་བརྫེས་པའི་བྱ་སྤྱོད་མངོན་པ་ཡིན། སྐབས་འགར་ཁྲིམ་ལུག་གིས་ལག་སུག་གིས་མོ་ལུག་ལ་ལག་རྡེབ་བྱེད་ཅིང་འབའ་སྒྲ་བསྒྲགས་ཏེ་སྦྲིག་རྩིས་བྱེད་པ་དང་མོ་ལུག་གི་སྟེང་ལ་ལྡིང་བ་ཡིན། མོ་ལུག་སྦྲིག་ཐོག་ན་ཡོད་སྐབས་ལ་ལ་ཞིག་ཁྲིམ་གྱི་གམ་དུ་བཏུད་པ་དང་ལ་ལ་ཞིག་ཁྲིམ་གྱིས་འདེད་སྐབས་མ་འགྲུལ་བར་གཟར་སྲིད། མོ་ལུག་ཆུང་ཆུང་ཡིན་ན་སྙིང་ཆུང་བས་ཁྲིམ་ལུག་གིས་འདེད་སྐབས

འཚབ་འཚུབ་ངང་འགྲོ་བ་དང་། ཁྲིམ་ལུགས་གིས་བཙན་གྱིས་བདས་པ་ན་ད······གཟོད་སྒྲིག་པ་དང་ལེན་བྱེད་པ་ཡིན། དེར་བརྟེན། མོ་ལུག་ཆུང་ཆུང་སྒྲིག་པ་མངོན་གསལ་མིན་པས། མིས་རོགས་སྐྱོར་བྱས་ཏེ་སྒྲིག་ཏུ་འཇུག་པའམ་མིས···ཐབས་ཀྱིས་ཁམས་དཀར་འཇུག་སྐབས། སྒྲིག་མིན་བརྟག་པའི་ཁྲིམ་ལུགས་སྦྱད་དེ···སྒྲིག་བཞིན་པའི་མོ་ལུག་བསལ་འདེམས་བྱེད་དགོས།

ལེ་ཚན་གཉིས་པ། ཟ་སྒྱོད་ལུག་ཡར་སྐྱེ་འཚར་ཡོངས་འབྱུང་བའི་ཆོས་ཉིད།

ཐོན་སྐྱེད་སྟེང་དུ་བཙས་མ་ཐག་པའི་ལུས་ལྗིད་དང་འོ་མ་ཝུ་མཚམས········བཅད་པའི་ལུས་ལྗིད། བཤའ་ཁ་མའི་ལུས་ལྗིད། ཆ་སྙོམས་སྙོམས་ཉིན་རེར་ལུས···ལྗིད་འཕར་ཚད་བཅས་ལ་བརྟེན་ནས་ལུག་གི་ལུས་ལྗིད་འཕར་ཚད་དང་འཚར་·····ཡོངས་འབྱུང་ཚད་ཚུར་སྣང་བྱེད་དགོས་པ་ཡིན།

གཅིག ཟ་སྒྱོད་ལུག་ཐོན་སྐྱེད་བྱེད་ཡུན་གཏན་ཁེལ་བྱེད་པ།

སྤྱིར་ཡིན་ན་ལུག་གི་ཡར་སྐྱེ་འཚར་ཡོངས་ཁྱད་ཆོས་གཞིར་བཟུང་སྟེ་མངལ་སྦྲུག་ཡིན་དུས་དང་འོ་མ་ཝུ་དུས། ལོ་ན་ཆུང་དུས། ལག་ག་ལག་མོ་ཡིན་དུས། ལུག་ཁ་གང་ཡིན་དུས་བཅས་ཀྱི་དུས་རིམ་ལྔ་བརྒྱུད་དགོས།

(གཅིག)མངལ་སྦྲུག་ཡིན་དུས། (མངལ་སྦྲུམ་སྐབས)

ཐོག་མར་མངལ་སྦྲུམ་སྐབས་ཏེ་མོ་ལུག་གིས་མངལ་སྦྲུམ་སྟེ་ཟླ་ངོ 2ཀྱི་ཡར་སྔོན་དུ་མངལ་སྦྲུག་ནར་སོན་པ་ཙུང་དལ་བ་དང་། དེ་ནས་རིམ་བཞིན་དུ་ནར···སོན་པ་ཇེ་མགྱོགས་སུ་འགྲོ་བ་ཡིན། ཚེ་སྲོག་གི་བྱ་འགུལ་རྒྱུན་སྐྱོང་བྱེད་པའི·····དབང་རྟེན་གཙོ་བོ་སྟེ་དཔེར་ན་མགོ་བོ་དང་རྐང་ལག་སོགས་འཚར་ཡོངས་འབྱུང·····

པ་ཙུང་མགྱོགས་ཤིང་། ཤ་གནད་དང་ཆིལ་སོགས་འཚར་ལོངས་བྱུང་བ་ཙུང་འགྱི། ལུ་གུའི་བཙས་མ་ཐག་པའི་ལུས་ལྗིད་དང་འོ་མ་ནུ་མཚམས་གཅོད་སྐབས་ཀྱི་ལུས་ལྗིད་སོགས་དང་འབྲེལ་བ་དམ་པོ་ཡོད། དེར་བརྟེན། མང་ལ་ཡུན་མཇུག་བསྲིལ་སྐབས་མོ་ལུག་ལ་ཟུངས་བཅུད་འདང་ཚད་ཅིག་མཁོ་སྤྲོད་བྱེད་དགོས།

(གཉིས)འོ་མ་ནུ་དུས། (ལུ་གུ་བཙས་པ་ནས་འོ་མ་ནུ་མཚམས་གཅོད་པའི་བར)

ལུ་གུའི་འོ་མ་ནུ་མཚམས་བཅད་རྗེས་ཀྱི་ལུས་ལྗིད་ཀྱིས་ལུག་ཁ་གང་གི་ལུས་ལྗིད་ཀྱི 28%ཡས་མས་ཟིན་པ་ཡིན། འོ་མ་ནུ་དུས་ནི་ལུག་གི་ཚེ་གང་གི་ཡར་སྐྱེ་འཚར་ལོངས་འབྱུང་བའི་གོ་རིམ་གལ་ཆེན་ཞིག་དང་། ཁ་སྐྱོགས་གཏན་ཁེལ་བྱས་ཏེ་གསོ་སྐྱོང་བྱེད་པའི་གནད་འགག་གི་དུས་ཆེན་ཞིག་ཡིན། སྐབས་ཐོག་དེའི་ལུས་ལྗིད་ཇེ་ལྗིར་འགྲོ་བའི་གོ་རིམ་ནི་ནང་ཁྲོལ→རུས་པ→ཤ་གནད→ཆིལ་བཅས་ཡིན། ལུས་ལྗིད་ནི་ལོ་ཚོད་ལྟར་མགྱོགས་མྱུར་ངང་ཡར་འཕར་བ་ཡིན། ལུག་ནི་བཙས་མ་ཐག་གི་ལུས་ལྗིད་སྟོང་ཁེ 3.1ཡས་མས་ནས་སྟོང་ཁེ 9.6ཡས་མས་སུ་འཕར་བ་ཡིན་ལ། སྤོམ་བཅས་ཀྱི་འཕར་ཚད 209%ཡིན།

(གསུམ)ལོན་ཆུང་དུས། (འོ་མ་ནུ་མཚམས་བཅད་དེ་མ་སྨྲིག་པའི་སྔོན)

ལུག་མ་སྨྲིག་པའི་སྔོན་གྱི་ལུས་ལྗིད་ཀྱིས་ལུག་ཁ་གང་གི 70%ཡས་མས་ཟིན་པ་དང་། སྐབས་ཐོག་དེར་ཕལ་ཆེར་ལུག་སྨྲིག་ཚད་ལ་བསླེབས་འདུག ཁྱད་པར་དུ་ལུག་ལ་ཤ་ཤེད་རྒྱས་པ་ཆེས་མགྱོགས་པའི་གོ་རིམ་ཡིན་ཏེ། ཉི་མ་རེར་ཁེ 180ཡས་མས་ཇེ་ལྗིར་འགྲོ་བ་ཡིན། ལུས་ལྗིད་ཇེ་ཆེར་འགྲོ་བའི་གོ་རིམ་ནི་སྐྱེ་འཕེལ་དབང་རྟེན→ནང་ཁྲོལ→ཤ་གནད→རུས་པ→ཆིལ་བཅས་ཡིན།

(བཞི)གཞོན་དུས། (ཟླ་ངོ 12–24)

གཞོན་ལུག་གི་ལུས་ལྗིད་ཀྱིས་ལུག་ཁ་གང་གི་ལུས་ལྗིད་ཀྱི 85%ཡས་མས

ཟིན་པ་ཡིན། སྐབས་ཐོག་དེར་ལུག་གི་ཡར་སྐྱེ་འཚར་ལོངས་སླེབ་ལ་ཉེ་བས། གཟུགས་གཞི་ཕལ་ཆེར་གྲུབ་ཅིང་སྐྱེ་འཕེལ་དབང་པོ་སླེབ་ལ་ཉེ་བར་མ་ཟད། ལུས་ཚད་ལོངས་ཤ་སྟག་ཡིན་པས། དེ་ནས་ལུས་ལྤིད་ཇེ་ལྷིར་འགྲོ་ཚད་ཅུང་དལ་བ་ཡིན། ལུས་ལྤིད་ཇེ་ལྷིར་འགྲོ་བའི་གོ་རིམ་ནི་ཤ་གནད→ཚིལ→རུས་པ→སྐྱེ་འཕེལ་དབང་རྟེན→ནང་ཁྲོལ་བཅས་ཡིན།

(ལྔ)ཁ་གང་གི་དུས། (ཟླ་ངོ 24–ལོ 6)

ལུག་དར་མར་འགྱུར་བའི་ཡར་སྟོན་དུ་ལུས་ལྤིད་ད་དུང་དལ་གྱིས་ཇེ་ལྷིར་འགྲོ་བ་ཡིན། ཟླ་ངོ 48འགོར་རྗེས་ལུག་ཇེ་ཆེར་འགྲོ་ཚད་མཚམས་འཇོག་པ་ཡིན། ལུས་ཇེ་ལྤིད་དུ་འགྲོ་བ་གཙོ་བོ་ཚིལ་ཇེ་མང་དུ་གསོག་པ་དེ་ཡིན།

གཉིས། ཤ་སྤྱོད་ལུག་གི་ཕྱུགས་བོའི་དབང་རྟེན་ཡར་སྐྱེ་འཚར་ལོངས་འགྱུར་ལྡོག་འབྱུང་བའི་ཆོས་ཉིད།

(གཅིག)ལུས་ཕུང་ཡར་སྐྱེ་འཚར་ལོངས་འབྱུང་བའི་ཆོས་ཉིད།

1.རུས་པ་ཡར་སྐྱེ་འཚར་ལོངས་འབྱུང་བའི་ཆོས་ཉིད། ལུག་སྐྱེས་པ་ནས་བཟུང་གཟུགས་གཞི་དང་ལུས་ཀྱི་ཁག་སོ་སོའི་བསྐུར་ཚད་ལ་འགྱུར་ལྡོག་ཆེན་པོ་འབྱུང་སྲིད། འགྱུར་ལྡོག་འདི་ནི་གཙོ་བོ་གཟུགས་གཞིའི་ཁག་སོ་སོའི་ཡར་སྐྱེ་འགྱུར་ལྡོག་བྱུང་བ་ལ་བརྟེན་ནས་བྱུང་བ་ཡིན། ལུ་གུ་མ་ཕོག་ན་ཡོད་དུས་ཡར་སྐྱེ་འཚར་ལོངས་བྱུང་བ་ཆེས་མགྱོགས་པ་ནི་རུས་པའི་ནང་གི་རྐང་ལག་གི་རུས་པ་ཡིན་ལ། གཞུང་གཟུགས་ཀྱི་རུས་པ་ཡར་སྐྱེ་འབྱུང་ཚད་དལ། ལུ་གུ་སྐྱེས་པ་ན་དེ་ལས་ལྡོག་སྟེ་གཟུགས་གཞིའི་རུས་པ་ཡར་སྐྱེ་འབྱུང་བ་མགྱོགས་ཤིང་། རྐང་ལག་གི་རུས་པ་ཡར་སྐྱེ་འབྱུང་བ་ཅུང་དལ། ལུས་གཟུགས་ཀྱི་ཁག་ལྟར་ན། དང་ཐོག་མགོ་དང་རྐང་ལག་ཡར་སྐྱེ་འབྱུང་བ་མགྱོགས་ཏེ། ལུས་ཕོག་ཐུང་ཞིང་མི་ཟབ་པ་ཡིན། བཏྲ་ཤ་རྒྱས་པ་ཅུང་ཞན། འོ་མ་ཁུས་རྗེས་ཐོག་མར་གཟུགས་ཚད་

ཇེ་མཐོ་དང་གཟུགས་སྣ་ཇེ་རིང་དུ་འགྱུར་བ་ཡིན། དེ་ནས་གཟུགས་ཕོག་དང་གཟུགས་ཞེང་ཇེ་ཆེར་འགྱུར་བ་དང་། དེ་གཉིས་ཀ་ཕན་ཚུན་སྙོལ་སྡེབ་བྱས་ནས་ཡར་སྐྱེ་འཕྲུང་བ་ཡིན།

2.ཤ་གནད་ཡར་སྐྱེ་འཚར་ལོངས་འཕྲུང་བའི་ཆོས་ཉིད། ཤ་གནད་ཡར་སྐྱེ་འཕྲུང་ཚུལ་ནི་ཤའི་ཚོ་སྣ་ཇེ་ཆེ་དང་ཇེ་སྦོམ་དུ་འགྱུར་བ་ཡིན་ལ། ལུ་གུ་ནར་སོན་པ་དང་བསྟུན་ནས་ཤ་ཚུགས་ཇེ་སྦོམ་དུ་འགྱུར་བ་ཡིན། བཙས་མ་ཐག་པའི་ལུ་གུའི་ཤ་གནད་ཡར་སྐྱེ་འཕྲུང་ཚད་རུས་པ་ལས་མགྱོགས་ཤིང་། ལུས་ལྗིད་ཀྱང་རིམ་བཞིན་དུ་ཇེ་ཆེར་འགྱུར་བ་ཡིན།

3.ཚིལ་གསོག་པའི་ཆོས་ཉིད། ལུག་ཡར་སྐྱེ་འཚར་ལོངས་འཕྲུང་སྐབས་ཚིལ་གྱི་བྱེད་ནུས་གཙོ་བོ་ནི་རྐང་ཚིགས་ལག་ཚིགས་འཇམ་འདྲེད་བྱེད་པ་དང་། དབང་རྩ་དང་ཁྲག་རྩ་སྲུང་སྐྱོབ་བྱེད་པ། བྱེད་ནུས་གསོག་པ་བཅས་ཡིན། ལུ་གུ་སྐྱེས་མ་ཐག་ནས་ཟླ་ངོ་12ལོན་རག་བར་དུ་ཚིལ་གསོག་པ་ཅུང་དལ་མོད། འོན་ཀྱང་རུས་པ་ཡར་སྐྱེ་འཕྲུང་བ་ཅུང་མགྱོགས། རྗེས་ནས་རིམ་བཞིན་དུ་ཇེ་མགྱོགས་ལ་འགྲོ་བ་ཡིན། དེ་ནས་སྐྱི་ལྤགས་ཀྱི་འོག་ཏུ་ཚིལ་གསོག་པ་དང་། མཇུག་མཐར་ཤ་གནད་ཀྱི་བར་དང་ཤ་གནད་ཀྱི་ནང་དུ་ཚིལ་གསོག་པ་ཡིན་ལ། ཤ་ཉབ་ཉོབ་དང་དྲི་ཞིམ་ལྡན་པ་ཞིག་ཏུ་འགྱུར་བ་ཡིན།

(གཉིས)ཕུང་པོའི་དབང་རྟེན་ཡར་སྐྱེ་འཚར་ལོངས་འཕྲུང་བའི་ཆོས་ཉིད།

ཤ་སྤྱོད་ལུག་གི་ཕུང་པོའི་དབང་རྟེན་ཡར་སྐྱེ་འཚར་ལོངས་འཕྲུང་བར་དོ་མཉམ་མིན་པའི་རང་བཞིན་མངའ་སྟེ། གཅིག་མཚུངས་མིན་པའི་ཕུང་པོའི་དབང་རྟེན་གྱི་ཡར་སྐྱེ་འཕྲུང་ཚད་གཅིག་མཚུངས་ཤིག་མིན། མང་ལ་ཕྲུག་ཡིན་དུས་སམ་བཙའ་ལ་ཉེ་སྐབས་སྐྱི་ལྤགས་དང་ཤ་གནད་ཡར་སྐྱེ་འཕྲུང་ཚད་མགྱོགས་པ་དང་། ཚིལ་གྱི་ཕུང་པོ་ནི་མཇུག་མཐར་དུ་གཟོད་ཡར་སྐྱེ་འཕྲུང་བ་ཅུང་

མགྱོགས། ཚོལ་གསོག་སའང་ལོ་ན་མི་གཅིག་པའི་དབང་གིས་ཁྲིད་པར་ཡོད་དེ། སྤྲིར་ཡིན་ན་དང་ཐོག་ལུས་ཤོག་གི་དབང་རྟེན་གྱི་ཉེ་ས་ཧུ་གསོག་པ་དང་། དེ་ནས་ཤ་གསེང་། དེ་ནས་སྐྱེ་ལྡགས་ཀྱི་འོག མཇུག་མཐར་ཤ་གནད་ཀྱི་ཚོ་སྣའི་ནང་དུ……བསགས་ཏེ་རྫོ་ཀ་མ་ཧུ་དང་མཚུངས་པའི་ཤ་གནད་གྲུབ་སྲིད།

ལེའུ་གསུམ་པ། ཤ་སྒྲིད་ལུག་གི་གཟན་ཆས་དང་གཟན་ཆས་ལས་སྒྲོན།

གཟན་ཆས་ནི་ཟུངས་བཅུད་སོ་སོའི་མ་རྒྱུ་ཡིན་པས། ཕལ་ཆེར་ཤ་སྒྲིད་ལུག་ལ་མཁོ་བའི་ཟུངས་བཅུད་ཐམས་ཅད་འདུས་པ་ཡིན། ཤ་སྒྲིད་ལུག་གི་ཡར་སྐྱེ་དང་ཤ་ཤེད་རྒྱས་པ། སྐྱེ་འཕེལ་སོགས་ལུས་ཁམས་དང་ཐོན་སྐྱེད་བྱ་འགུལ་བཅས་ལ་མཁོ་བའི་ཟུངས་བཅུད་ཡོད་ཚད་གཟན་ཆས་ལས་ཐོབ་པ་ཡིན་པས། གཟན་ཆས་ནི་ཤ་སྒྲིད་ལུག་ཐོན་སྐྱེད་བྱེད་པའི་དངོས་རྫས་ཀྱི་རྨང་གཞི་ཡིན། གཟན་ཆས་ཀྱི་ཐོན་ཁུངས་རྒྱ་བསྐྱེད་པ་དང་གཟན་ཆས་འདང་ཚད་ཅིག་བསྒྲིག་དགོས་པར་མ་ཟད། ལུགས་མཐུན་སྒྲོམ་ལས་སྒྲོན་བེད་སྤྱོད་བྱས་ན་ད་གཟོད་ལུག་ཡག་པོ་ཞིག་གསོ་ཐུབ་པ་ཡིན། ཤ་སྒྲིད་ལུག་གི་གཟན་ཆས་ལ་རིགས་སྣ་ཧ་ཅང་མང་སྟེ། རྒྱལ་སྤྱིའི་གཟན་ཆས་ཀྱི་མིང་འདོགས་ཚུལ་དང་རིགས་དགར་བའི་རྩ་དོན་ལྟར་ན། གཟན་ཆས་ཀྱི་ཁྱད་ཆོས་གཞིར་བཟུང་སྟེ་རིགས་བཀར་ན་རགས་གཟན་དང་སྔོ་གཟན། སྔོ་ཉར་གཟན་རྩྭ། ནུས་ལྡན་གཟན་ཆས། སྤྲི་དཀར་གཟན་ཆས། གཏེར་རྫས་གཟན་ཆས། ཝེ་ཧྲིན་སུའུ་གཟན་ཆས། སྦྲོར་རྫས་གཟན་ཆས་སོགས་རིགས་ཆེན་པོ 8དུ་དབྱེ་ཆོག དེ་ལས་རགས་གཟན་དུ་རང་བྱུང་ཆུ<45དང་སྐམ་རྫས་སུ་ཚི་སྣ་རགས་མོ≥18% སྔོ་ལྗང་གཟན་ཆས་སུ་རང་བྱུང་ཆུ≥45 སྔོ་ཉར་གཟན་ཆས་སུ་རང་བྱུང་ཆུ≥45 ནུས་ལྡན་གཟན་ཆས་སུ་རང་བྱུང་ཆུ<45 སྐམ་རྫས་སུ་ཚི་སྣ་རགས་མོ<18% སྐམ་རྫས་སུ་སྤྲི་

དཀར<20%   ཕྱི་དཀར་གཟན་ཆས་སུ་རང་བྱུང་ཚུ<45   སྐམ་རྫས་སུ་ཚི་སྣ་རགས་མོ<18%   སྐམ་རྫས་སུ་ཕྱི་དཀར་རགས་མོ≥20%བཅས་འདུ་བ་རེད།

ལེ་ཚན་དང་པོ། རྟ་སྐྱའི་གཟན་ཆས་ལས་སྒྲོན་སྡེབ་བཟོ་བྱེད་པ།

གཅིག དངོས་ལུགས་ཀྱིས་ལས་སྒྲོན་བྱེད་ཐབས།

དངོས་ལུགས་ཀྱིས་ལས་སྒྲོན་བྱེད་ཐབས་ནི་སྟབས་བདེ་སྤྱོད་བདེ་ཞིག་ཡིན། རྟ་སྐྱའི་རིང་ཚད་དང་སྲ་ཚད་སོགས་ཀྱི་འགྱུར་ལྡོག་ལ་བརྟེན་ནས་ཕྱི་ངོས་ཀྱི་ཆེ་ཆུང་བསྒྱུར་ཏེ། ལུག་གི་གྲོད་པུའི་ནང་གི་སྐྱེ་དངོས་འདུ་ཤུགས་དང་འཕྲད་སླ་བར་བྱས་ནས་རྟ་སྐྱ་འཛུ་ཚད་བདེ་སྤྱོད་བྱེད་ཚད་ཇེ་མཐོར་གཏོང་དགོས། རྟ་སྐྱ་ཐུང་གཏུབ་དང་ཕྱེ་མར་བཏགས་རྗེས་སྒོ་ཟོག་གི་སྐྱུགས་ལྡུད་བྱེད་ཚད་དང་རྟ་ཟ་ཚད་ཇེ་མང་དུ་གཏོང་བར་སྟབས་བདེ་བཟོས་པར་མ་ཟད། གཟན་ཆས་ཟ་སྐབས་ཉུས་གྲོན་ཟད་པ་ཇེ་ཉུང་དང་གཟན་ཆས་སྟེར་སྐབས་གཟན་ཆས་འཕྲོ་ཤྭག་ཏུ་གཏོང་བ་ཇེ་ཉུང་དུ་གཏོང་ཐུབ།   དངོས་ལུགས་ཀྱི་ལས་སྒྲོན་བྱེད་ཐབས་ལ་གཤམ་གསལ་གྱི་རིགས་སྣ་འགའ་མཆིས། (རི་མོ 3–1)

(གཅིག)ཐུང་གཏུབ།

རྟ་གཏུབ་འཕྲུལ་ཆས་ལ་བརྟེན་ནས་རྟ་སྐྱ་གཏུབ་སྟེ་ལི་སྨི 1~2 ཅན་དུ་གཏོང་དགོས། དཔེར་ན་གཟན་རྩ་ཙུང་ཞབ་ཉོབ་ཡིན་ན་ཙུང་རིང་ན་ཆོག མ་རྫོས་ལོ་ཏོག་ལྷ་བུའི་གཞུང་རྟ་སྲ་ཞིང་ཚིགས་མང་ཅན་ཡིན་ན། རིང་ཚད་ལི་སྨི 1ཡས་མས་ཡིན་ན་འཚམས།

(གཉིས)འཐག་པ།

རགས་གཟན་བཏགས་ན་གཟན་ཆས་བེད་སྤྱོད་བྱེད་ཚད་ཇེ་མཐོར་གཏོང་

བ་དང་ཞིབ་གཟན་དང་བསྲེ་བདེ་བར་འགྱུར་སྲིད། རགས་གཟན་བཏགས་པ་ཞིབ་མི་ཧུང་སྟེ། ལུག་གིས་སྐྱུགས་ལྡད་བྱེད་བདེ་བའི་ཆེད་དུ་རགས་གཟན་བཏགས་པའི་རིང་ཚད་ལི་སྨིས 0.5ཡས་མས་ཡིན་ན་འཚམས།

(གསུམ)ཕུར་མཉེ།

ཕུར་མཉེ་འཁྲུལ་ཆས་ནི་ཉེ་བའི་ལོ་འགའི་ནང་དུ་སྤེལ་བའི་གསར་གྲོན་དངོས་པོ་ཞིག་ཡིན། སྐྱུགས་ལྡད་སྒོ་ཟོག་གིས་རགས་གཟན་ཟེད་སྤྱོད་བྱེད་ཐུབ་པའི་ཁྱད་ཆོས་དང་བསྟུན་ཆེད། རྩྭ་སྐྱ་ཕུར་མཉེ་བྱས་ཏེ་སྨུད་པའི་དབྱིབས་ལྟར་བྱེད་པ་དང་། ཕུར་མཉེ་བྱས་ཟིན་པའི་མ་རྫས་ལོ་ཏོག་ཟོག་ལུག་སོགས་སྐྱུགས་ལྡད་སྒོ་ཟོག་ལ་བྱིན་ཆོག དུས་མཚུངས་སུ་ཕུར་མཉེ་བྱས་པའི་རྩྭ་སྐྱའི་ཁ་ལ་བྱམས་ཚད་དང་ཟེད་སྤྱོད་བྱེད་ཚད་ཇེ་མཐོར་བཏང་བ་ཡིན་པས། མིག་སྔར་ལོ་ཏོག་གི་གཟན་རྩྭ་ཟེད་སྤྱོད་བྱེད་པར་བསམ་ཐོག་ལ་ཡོང་བའི་ལས་སྣོན་བྱེད་ཐབས་བཟང་པོ་ཞིག་ཡིན། མགོ་ནུས་ཟ་ཚད་ནི་ཕུར་མཉེ > འཐག་པ > ཐུང་གཏུབ་བཅས་ཡིན་ལ། ལོ་ཏོག་གི་གཟན་རྩྭ་ཟེད་སྤྱོད་ལེགས་པོ་བྱེད་པར་ཕུར་མཉེ་དང་འཐག་ཐབས་སྤྱད་ན་བཟང་ངོ་།།

(བཞི)ཚྭ་འགྱུར་བྱེད་པ།

ལོ་ཏོག་གི་གཟན་རྩྭར་ཚྭ་འདེབས་པ་ནི་ཚྭ་ཆུ་འོས་འཚམ་ཞིག་ལོ་ཏོག་གི་གཟན་རྩྭའི་སྟེང་དུ་གཏོར་ཏེ། དུས་ངེས་ཅན་ཞིག་ཏུ་ཉོབ་འགྱུར་བྱས་ནས་སྒོ་ཟོག་གི་ཁ་ལ་བྱམས་ཚད་དང་ཟ་ཚད་ཇེ་མཐོར་གཏོང་བ་དང་། ལོ་ཏོག་གི་གཟན་རྩྭ་ཟེད་སྤྱོད་བྱེད་པ་ཇེ་ལེགས་སུ་གཏོང་བའི་ཐབས་ལམ་སྟབས་བདེ་ཞིག་ཡིན།

ཐོག་མར་ཚྭ་འགྱུར་བྱེད་པའི་ལོ་ཏོག་གི་གཟན་རྩྭ་གཏུབ་སྟེ་ལི་སྨིས 1~2 ཅན་དུ་བཏང་སྟེ། ལོ་ཏོག་གི་གཟན་རྩྭ་སྟོང་ཁེ་བརྒྱ་ཡི་སྟེང་དུ་ཚྭ་ཁུ་སྟོང་ཁེ 0.5ཆུ་སྟོང་ཁེ 30ཡི་ནང་དུ་བསྲུངས་པ་དེ་གཏོར་བ་དང་། ཚྭ་ཆུ་གཏོར་ཞོར་དུ་གཟན་

སྣ་དཀྲུགས་ཤིང་ཚ་ཆུ་དང་གཟན་སྣ་བསྲེ་ཡག་བྱས་རྗེས་སོ་དོང་ངམ་ཨར་འདམ···
གྱི་ས་ངོས་སུ་འགྲིག་ཤོག་གིས་བཏུམ་ཡག་བྱེད་དགོས། དབྱར་ཐོག་དུས་ཚོད་
12~24འགོར་བ་དང་དགུན་ཐོག་དུས་ཚོད་24~36འགོར་རྗེས་ཚ་བཏབ་གཟན་
ཆས་སྤྱད་ཆོག ལུག་གི་ཉིན་གཟན་དུ་ཚ་ཁུ་བསྲེ་མི་རུང་།

ཞིབ་གཏུབ་བྱས་པའི་མ་རྫོགས་ལོ་ཏོག་གི་སྣ་སྐྱ།

མ་རྫོགས་ལོ་ཏོག་དང་འབུ་སི་ཏང་འཐག་བསྲེབས་བྱས་པའི་གཟན་ལེབ།

མ་རྫོགས་ལོ་ཏོག་ཞིབ་བཏགས་ལས་སྒྲོན་རིལ་བུ།

མ་རྫོགས་ལོ་ཏོག་ཞིབ་བཏགས་གཟན་ལེབ།

རི་མོ 3–1 དངོས་ལུགས་ལས་སྒྲོན།

གཉིས། རྫས་འགྱུར་ལས་སྒྲོན་བྱེད་ཚུལ།

(གཅིག)བུལ་འགྱུར་དང་དེའི་རྒྱུན་ཚ།

བུལ་འགྱུར་ལས་སྒྲོན་བྱེད་ཐབས་སུ་ཆེན་དབྱང་ཧྭ་ནྭ་དང་ཆེན་དབྱང་ཧྭ་ཀའེ། ཆེན་དབྱང་ཧྭ་ཙ་སོགས་ཀྱི་བསྒྲུངས་ཆུས་ལོ་ཏོག་གི་གཟན་སྣ་སྦངས་པའམ་ལོ་ཏོག་གི་གཟན་སྣའི་ཕྱི་ངོས་སུ་གཏོར་བ་སྟེ། སྤྲ་མར་བརླན་བཤེར་ལས་སྒྲོན······དང་ཕྱི་མར་སྐམ་ཐབས་ལས་སྒྲོན་ཟེར།

(གཉིས)གཅིན་རྒྱས་ཨན་འགྱུར་ལས་སྟོན་བྱེད་ཐབས།

གཅིན་རྒྱ་སྟོང་ཁེ 3~5ཚུ་སྟོང་ཁེ 60~80ཡི་ནང་དུ་བསྐྱུངས་པ་དང་། བསྐྱུངས་ཆུ་དེ་ཐུང་གཏུབ་བྱས་པའི་ལོ་ཏོག་གི་གཟན་རྩ་སྟོང་ཁེ 100ཡི་སྟེང་དུ་སྲུབ་མཐུག་མེད་པར་གཏོར་རྗེས། བསྲེ་ཡག་བྱས་ཏེ་ཨར་འདམ་རྫིང་བུའམ་འཁྱིག་ཁུག་གི་ནང་དུ་བསེར་བུ་འཚོར་དུ་མ་བཅུག་པར་འཇུག་དགོས། ཐབས་དེ་སྤྱད་ན་ལོ་ཏོག་གི་གཟན་རྩའི་ནང་གི་སྤྲི་དཀར་རགས་མོ་འདུས་ཚད(8%) ཟ་ཚད (20%~40%) འཇུ་ཚད(20%~30%)བཅས་ཇེ་མཐོར་གཏོང་ཐུབ།

གསུམ། སྐྱེ་དངོས་རིག་པས་ལས་སྟོན་བྱེད་ཐབས།

སྐྱེ་དངོས་རིག་པས་ལས་སྟོན་བྱེད་ཐབས་ནི་གཙོ་བོ་སྐྱེ་དངོས་འབུ་ཕྲས་ལས་སྟོན་བྱེད་པ་དེར་སྟོན་པ་ཡིན། དེར་སྦོ་ཉར་དང་སེར་ཉར། ཤུང་ཉར་བཅས་འདུས།

(གཅིག)སྦོ་ཉར།

སྦོ་ཉར་ནི་གཟན་རྩ་དོ་དམ་བྱེད་པའི་བྱེད་ཐབས་ལེགས་པོ་ཞིག་ཡིན་ལ། དེའི་ཡོན་ཏན་ནི①གཟན་རྩའི་ཟུངས་བཅུད་གྱོར་ཚད་ཆེས་ཉུང་བ་ཡིན། སྦོ་ལྡང་གཟན་རྩས་བཟོས་པའི་རྩི་རིལ་གྱི་ཟུངས་བཅུད་གྱོར་ཚད་ནི 20% ~40%ཡིན་པ་དང་། སྦོ་ཉར་གཟན་རྩའི་ཟུངས་བཅུད་གྱོར་ཚད 10%ཙམ་ཡིན། ②སྦོ་ཉར་གཟན་རྩས་ལོ་རྒྱིལ་བོར་ལུག་ལ་དོ་མཉམ་པའི་སྣོ་ནས་སྦོ་ལྡང་ཁུ་མང་གཟན་ཆས་མཁོ་འདོན་བྱེད་ཐུབ། ③སྦོ་ཉར་གཟན་རྩ་འཇུ་ཚད་ཆེ་བ་དང་ཁ་ལ་བྱམས་པ་ཞིག་ཡིན། ④གཟན་རྩ་ཉར་ན་རིན་རྒྱ་ཇེ་ཆུང་དུ་འགྲོ་སྲིད། རྒྱ་དཔངས་གྲུ་བཞི་མ་གཅིག་གི་སྦོ་ཉར་གཟན་རྩའི་ནང་དུ་གཟན་རྩ་སྐམ་རྫས་སྟོང་ཁེ 150 (གཟན་རྩ་གསར་བ་སྟོང་ཁེ 450 ~750)ཉར་ཐུབ། རོ་རྒྱ་གཅིག་མཚུངས་ཡིན་པའི་རྩ་སྐྱོ་ཡིན་ཕྱིན་སྐམ་རྫས་སྟོང་ཁེ 60(རྩ་སྐྱོ་སྟོང་ཁེ 70)ལས་ཤོང་མི་ཐུབ་པ་ཡིན།

1.སྟོ་ཉར་རྒྱུ་ཆ་དང་གསོག་ཉར་སྒྲིག་ཆས། སྟོ་ཉར་རྒྱུ་ཆ་དུ་མ་རྫོས་ལོ་ཏོག་དང་སོ་བ། ཀའོ་ལེང་། ཕྱུགས་རྩྭ། སྟོ་རྩྭ། སྟོ་ཚོད་ཀྱི་རིགས་བཅས་འདུས། (རི་མོ 3 –2) སྟོ་ཉར་གཟན་ཆས་ཀྱི་སྟོ་ཉར་སྒྲིག་ཆས་ལ་སྟོ་ཉར་ས་དོང་དང་སྟོ་ཉར་རྫིང་རིང་། སྟོ་ཉར་ལྟོག་ཁང་། སྟོ་ཉར་འཁྱིག་ཁུག་སོགས་ཡོད། (རི་མོ 3–3)

རི་མོ 3–2 སྟོ་ཉར་རྒྱུ་ཆ།

(1)སྟོ་ཉར་ས་དོང་། དེ་ནི་གཟན་ཆས་སྟོ་ཉར་བྱེད་པར་སྤྱོད་སྒོ་ཆེས་ཆེ་བའི་སྟོ་ཉར་སྒྲིག་ཆས་ཤིག་ཡིན། ས་དོང་ཀྱི་གནས་བབ་ལ་བལྟས་ནས་ས་འོག་ཅན་དང་ཕྱེད་ས་འོག་ཅན། ས་ཁ་ཅན་ཞེས་རིགས་གསུམ་ཡོད་ཅིང་། དོང་དབྱིབས་ལ་བལྟས་ནས་སྒོར་དབྱིབས་ཅན་དང་གྲུ་བཞི་ནར་མོ་ཅན་ཞེས་རིགས་གཉིས་མཆིས། སྟོ་ཉར་རྒྱུ་ཆ་མང་ན། གྲུ་བཞི་ནར་མོ་ཅན་སྤྱོད་ཆོག སྤྱིར་དོང་གི་ཟབ་ཚད་ལ་སྨིས 1.5ནས་སྨིས 3.5དགོས་པ་དང་། རིང་ཚད་ནི་དགོས་མཁོ་དང་བསྟུན་དགོས།

(2)སྟོ་ཉར་རྫིང་རིང་། རིང་ཚད་ལ་སྨིས 20~40དང་། ཁ་ཞེང་ལ་སྨིས 5.5 ~6 ཞབས་ཞེང་ལ་སྨིས 4.5 ~5.5 གཏིང་ཚད་ལ་སྨིས 2.5 ~3.5བཅས་ཡོད་དགོས། ཞབས་ངོས་ཕྱི་ངོས་སུ་ཅུང་བསེགས་ཏེ་སྟོ་ཉར་ཆུ་ཕྱིར་འདྲེན་བདེ་བ་བྱེད་དགོས། ཡང་ན་གཡས་གཡོན་གྱི་ཞབས་ངོས་དང་ཞབས་ངོས་གཉིས་ཀྱི་འབྲེལ་མཚམས་སུ་ཆུ་ཤུར་ཞིག་བརྐོས་ཏེ་སྟོ་ཉར་བཙགས་ཁུ་ཕྱིར་འདྲེན་པར

སྐབས་བདེ་བཟོ་དགོས། ཆ་རྐྱེན་ཡོད་ཕྱིན་ཞབས་ངོས་དང་ལོགས་ངོས་རྫོའམ་གྱོ་མོ་སོགས་ཨར་འདམ་གྱིས་བཟོས་ན་ལེགས། ཡང་ན་ས་རྡོང་གི་ནང་དུ་འཁྱིག་ཤོག་བཏིངས་ནས་ས་རྫུལ་མི་གོས་པར་བྱས་ཆོག

(3)སྔོ་ཉར་ལྗོག་ཁང་། སྔོ་ཉར་ལྗོག་ཁང་ནི་གྱོ་མོ་དང་ཨར་འདམ། རྡོ་མདའ་སོགས་ཀྱིས་བསྐྲུན་པའི་ཡུན་རིང་བཟོ་བཀོད་ཅིག་ཡིན། ལྗོག་ཁང་གི་མཐོ་ཚད་སྒྲིག་ཆས་ཆ་རྐྱེན་ལ་བསྟུན་དགོས། རང་འགུལ་སྒྲོས་རྒྱུ་ཆ་འཛུག་པའི་སྔོ་ཉར་གཟན་གཏུབ་ཀྱི་ཆ་རྐྱེན་ལྡན་ན། མཐོ་ཚད་ལ་སྨིས 8 ~10ཅན་གྱི་སྔོ་ཉར་ལྗོག་ཁང་ངམ་ཡང་ན་དེ་ལས་མཐོ་བའི་སྔོ་ཉར་ལྗོག་ཁང་བསྐྲུན་ཆོག སྔོ་ཉར་རྒྱུ་ཆ་སྔོ་ཉར་ལྗོག་ཁང་གི་ཀླད་ནས་ནང་ལ་ལྡུག་དགོས། སྔོ་ཉར་གཟན་རྩྭ་ནི་ལྗོག་ཁང་གི་ཀླད་དམ་ལྗོག་ཁང་གི་ཞབས་ནས་བླངས་ཆོག

(4)སྔོ་ཉར་འཁྱིག་ཁུག མཐུག་ཚད་ལ་ཧྥེ་སྨིས 0.8 ~1.0ཡོད་པའི(ཅོས་ཡིས་ཞི)ངོས་གཉིས་ཅན་གྱི་འཁྱིག་ཁུག་སྤྱོད་པ་དང་། འཁྱིག་ཁུག་རེའི་ནང་དུ་སྔོ་ཉར་རྒྱུ་ཆ་སྟོང་ཁེ 100~150བཅུག་ཆོག འཁྱིག་ཁུག་སྤྱོད་སྐབས་སྔོ་ཉར་རྒྱུ་ཆ་ཐུང་གཏུབ་བྱས་ཤིང་འཁྱིག་ཁུག་ཏུ་ནན་ནན་བཙག་བཙག་བྱས་རྗེས་འཁྱིག་ཁུག་གི་ཁ་དམ་པོ་དབུགས་མི་འཚོར་བ་ཞིག་བསྡམས་ནས་ཉི་འོད་མི་ཕོག་པ་དང་། བསིལ་གྲིབ་བཀག་ཡོད་ས་ཞིག་ཏུ་བཞག་དགོས། འཁྱིག་ཁུག་སྔོ་ཉར་བྱེད་པའི་བཟང་ཆ་ནི་འགྲོ་སྒྲོ་ཆུང་ཞིང་སྐབས་བདེ་ཡིན་པ། སྔོ་ཉར་བྱས་པའི་རྒྱུ་ཆའི་སྤུས་ཀ་ལེགས་པ་དང 85%ཡན་གྱི་ཟུངས་བཅུད་ངོ་དམ་བྱེད་ཐུབ། སྔོ་ཉར་རྒྱུ་ཆ་ཟད་གྲོན་བྱུང་བ་ཉུང་ཞིང་ཡར་སྐྱེལ་མར་ལེན་བྱེད་བདེ་བ་ཡིན། འོན་ཀྱང་སྔོ་ཉར་བྱེད་སྐབས་ཙིག་གནོད་དང་འཁྱིག་ཁུག་ཐེད་པར་དོ་སྣང་བྱས་ཏེ། ཐེངས་གཉིས་པར་སྤྱུར་ལང་བར་གཟབ་དགོས། འཁྱིག་ཁུག་ཏུ་སྔོ་ཉར་བྱེད་པའི་སྐྱོན་ཆ་ནི་འཁྱིག་ཁུག་གི་རིན་གོང་མཐོ་བ་དང་། འཁྱིག་ཁུག་ཏུ་སྔོ་ཉར་མང་པོ་བྱེད

སྐབས་བཅག་ནོན་འཕྲུལ་ཆས་བསྒྲིག་དགོས།

སྦོ་ཞར་རྫིང་རིང་།

འཁྱིལ་ཁུག་སྦོ་ཞར།

སྦོ་ཞར་ལྡོག་ཁང་།

རི་མོ 3–3 སྦོ་ཞར་གཟན་ཆས་གསོག་ཞར་སྒྲིག་ཆས།

2.སྦོ་ཞར་གོ་སྐབས།

(1)མ་སྨོས་ལོ་ཏོག་ཁ་ཚང་། མ་སྨོས་ལོ་ཏོག་སེར་པོར་འགྱུར་སྐབས་ཏེ། སྐམ་རྫས་ཀྱི་ཐོན་ཚད 25%~35%ཡིན་དུས་སྦོ་ཞར་བྱས་ན་ལེགས། མཚོན་རྟགས་ནི་མ་སྨོས་ལོ་ཏོག་གི་འབྲུ་གུའི་རྩེ་མོའི་ཕྲ་ཕུང་རིམ་པ་འགའ་ནག་པོར་གྱུར་ཏེ་ནག··· རིམ་བྱུང་སྐབས་དེ་ཡིན།

(2)སྐེ་མ་བརྟོགས་རྗེས་ཀྱི་མ་རྫོས་ལོ་ཏོག་གི་གཞུང་རྟ། མ་རྫོས་ལོ་ཏོག་གི་སྐེ་མ་སྨིན་པ་དང་མ་རྫོས་ལོ་ཏོག་གི་གཞུང་རྟའི་འདབས་རོལ་ན་ལོ་མ 1 ~2སེར་པོར་འགྱུར་སྐབས་སྒུར་དུ་འབྲེག་དགོས།

(3)སྲན་རིགས་ཀྱི་གཟན་རྩ། གང་བུ་མངོན་པ་ནས་མེ་ཏོག་དང་ཐོག་བཞད་སྐབས་འབྲེག་དགོས།

(4)སྐེ་མ་ཅན་གྱི་གཟན་རྩ། སྐེ་མ་སྒྲུམ་པ་དང་སྐེ་མ་གཏོང་སྐབས་འབྲེག་དགོས།

3.སྦོ་ཉར་གཟན་རྩ་ལས་སྣོན་བྱེད་ཚུལ།

(1)སྦོ་ཉར་གཟན་རྩ་འདེམས་པའི་ཆ་རྐྱེན། ①ཆེས་ལེགས་པའི་སྨིན་སྐབས་འབྲེག་པ། གཟན་རྩ་འབྲེག་སྐབས་གཟན་རྩའི་ཆུ་འདུས་ཚད 60% ~67%ཡིན་དགོས། ②གཟན་རྩ་གཏུབ་པ་རིང་ཐུང་རན་པ། མ་རྫོས་ལོ་ཏོག་སྦོ་ཉར་བྱེད་ན་རིང་ཐུང་ལ་ལི་སྨིས 1 ~1.5ཙན་དུ་གཏུབ་ཅིང་། གཞུང་རྟ་ཡིན་ན་དེ་ལས་ཐུང་བར་གཏུབ་དགོས། དེ་ལྟར་བྱས་ན་བཙག་བཙག་བྱེད་བདེ་བ་དང་དབུགས་ཐམས་ཅད་ཕྱིར་འབུད་བདེ་བར་མ་ཟད། སྦོ་ཁུ་ཕྱིར་འབུད་བདེ་བ་དང་། གཟན་རྩའི་ངོས་སུ་བརླན་གྱིས་བཟུང་སྙེ་འོ་སྦྱུར་འབུ་ཕྲས་སྐྱུར་ལང་དུ་འཇུག་པར་ཕན་པ་ཡིན། ③གཟན་རྩར་ཆུ་འོས་འཚམ་ཞིག་འདུས་ཚད་ནི 60% ~67%ཡིན་དགོས། གལ་ཏེ་ཆུ་འདུས་ཚད 67%ལས་བརྒལ་ན་རྩ་ཕྱེ་སྐམ་པོ་བསྲེས་ཏེ་སྦོ་ཉར་བྱེད་དགོས། ལོ་ཏོག་གི་རྩ་སྐྱ་སྦོ་ཉར་བྱེད་སྐབས་ཆུ་བླུགས་ཏེ་ཆུ་འདུས་ཚད 60%~65%ལ་བསླེབ་ཏུ་འཇུག་དགོས། སྦོ་ཉར་རྒྱུ་ཆའི་ཆུ་འདུས་ཚད་ཚོད་འཛིན་བྱེད་པ་ནི་སྦོ་ཉར་གཟན་རྩ་འགྲོངས་མི་འགྲོངས་ཀྱི་རྒྱུ་རྐྱེན་གལ་ཆེན་ཞིག་ཡིན།

(2)ཡང་དག་པའི་སྒོ་ནས་སྦོ་ཉར་རྒྱུ་ཆའི་ཆུ་འདུས་ཚད་ཚོད་དཔག་བྱེད

པ། ①ལག་པས་བ་ཙོར་ཐབས། ཐུང་གཏུབ་བྱས་པའི་སྔོ་ཉར་རྒྱུ་ཆ་སྤར་མོ་གང་བཟུང་སྟེ་སྐར་ཆ 30ཙམ་ལ་བ་ཙོར་བ་དང་། དེ་ནས་ལག་པ་དལ་གྱིས་མཐར་བཅད་པ་ན་ལག་མཐིལ་ན་བཞུར་ཆུ་ཡོད་པའམ་མཛུབ་སྤུབས་ན་ཆུ་ཡོད་སྐབས། ཐལ་ཆེར་ཆུ་འདུས་ཚད 75%~85%ཡིན་པས། སྐབས་ཐོག་དེར་བརླན་དྲག་པས་སྔོ་ཉར་བྱེད་མི་རུང་། ཅུང་ཙམ་བསྲད་དུ་བཙུག་རྗེས་རྩྭ་སྐྱ་དང་མཉམ་དུ་སྔོ་ཉར་བྱེད་པའམ་སྔོ་ཉར་རྒྱུ་ཆ་ཏུན་གཅིག་གི་ནང་དུ་མ་རྨོས་ལོ་ཏོག་གི་སྐྱ་ཕྱེ་སྟོང་ཁེ 90བསྲེས་ཏེ་ལག་འཆང་བྱས་རྗེས་ལག་པ་མཐར་བཅད་པ་དང་། ལག་པ་རློན་པ་ཡིན་པ་དང་གཟན་ཆས་ཀྱི་གོང་བུ་མ་འཐོར་བར་ལུས་པ་ན། གཟན་ཆས་ཀྱི་ཆུ་འདུས་ཚད 68%~75%ཡིན་པས། ད་དུང་བསྲད་དུ་འཇུག་པའམ་ཡང་ན་གཟན་ཆས་ཏུན་གཅིག་གི་ནང་དུ་མ་རྨོས་ལོ་ཏོག་གི་སྐྱ་ཕྱེ་སྟོང་ཁེ 69བསྲེ་བའམ་ཡང་ན་སྔོ་ཉར་གཟན་རྩྭ་རིམ་པ་ཞིག་གི་སྟེང་དུ་ལོ་ཏོག་གི་རྩྭ་སྐྱ་རིམ་པ་ཞིག་བཏིང་སྟེ་སྔོ་ཉར་བྱེད་དགོས། སྤར་འཆང་བྱས་ཏེ་ལག་པ་མཐར་བཅད་པ་དང་གཟན་ཆས་ཐོར་བ་ན། ཆུ་འདུས་ཚད 60%ཡི་མན་ཡིན་པས། ཆུ་ཁ་གསབ་བྱས་རྗེས་ད་གཟོད་སྔོ་ཉར་བྱེད་དགོས། ②གཙུ་མཉེ་བྱེད་ཐབས། གཟན་རྩྭ་མ་གཏུབ་པའི་སྔོན་དུ་གྲུག་ཅིང་གཙུས་ན་མི་ཆག་པ་དང་། ལོ་མ་ཉོབ་ཅིང་སྐམ་པོ་མིན་ཕྱིན་ཆུའི་འདུས་ཚད་ཆེས་རན་པ་ཡིན།

(3)སྔོ་ཉར་གཟན་རྩྭ་ལས་སྔོན་བྱེད་ཐབས། སྔོ་ཉར་གཟན་རྩྭ་ལས་སྔོན་ལ་ཐུང་གཏུབ་དང་བཅག་བཅག ཁ་གཙོད་པ་སོགས་ཀྱི་གོ་རིམ་ཡོད། དང་ཐོག་ཆུ་འདུས་ཚད 65%ཡས་མས་ཡིན་པའི་སྔོ་ཉར་རྒྱུ་ཆ་ཐུང་གཏུབ་བཅག་བཅག་བྱེད་སླ་ཞིང་དབུགས་འབུད་བདེ་བ་ཞིག་སྟེ། དབུགས་མེད་པའི་ཁོར་ཡུག་ཅིག་བསྐྲུན་ཐུབ། སྤྱིར་ཡིན་ན་གཟན་རྩྭ་ཐུང་གཏུབ་བྱས་ནས་ལི་སྨིས 2~3དུ་བཏང་ཞིང་། ཐུང་གཏུབ་བྱེད་ཞོར་དུ་ཉར་བཅག་བྱེད་པ་དང་། སྔོ་ཉར་བྱས་པའི་

མཐུག་ཚད་ལི་སྨིས 15~20ལ་བསླེབས་སྐབས། རྗེང་རིང་ཡིན་ན་འདྲུད་འཐེན་འཁོར་ལོས་རིམ་པ་བཞིན་དུ་བཅག་བཅག་བྱེད་དགོས། ཁྱད་པར་དུ་གྲུ་བཞི་མཐའ་བཞི་ལ་དོ་སྣང་བྱེད་དགོས། འདྲུད་འཐེན་འཁོར་ལོས་བཅག་བཅག་བྱེད་མི་ཐུབ་ཕྱིན་ངེས་པར་དུ་མིས་རྐང་བཅག་བྱེད་དགོས། སྡོ་ཉར་གཟན་རྩྭ་དོང་རྗེང་ངམ་ལྷོག་ཁང་དུ་བཅག་བཅག་བྱས་རྗེས་སྡོ་ཉར་གཟན་རྩྭ་དོང་རྗེང་དང་ལྷོག་ཁང་གི་ཁ་ལས་སྨིས 1ཡས་མས་མཐོ་བར་བྱེད་པ་དང་། དེ་ནས་འཁྲིག་རས་ཀྱིས་བཏུམ་ཡག་བྱེད་དགོས། དེའི་སྟེང་དུ་ས་ལི་སྨིས 30~50བཀབ་སྟེ་ཆར་ཆུས་མི་གནོད་པ་ཞིག་བྱེད་དགོས། སྡོ་ཉར་ས་དོང་དང་སྡོ་ཉར་རྗེང་རིང་དུ་གཟན་རྩྭ་སྡོ་ཉར་བྱས་རྗེས་དེའི་མཐའ་སྐོར་གྱི་སྨིས 1གི་ས་ནས་ཆུ་ཤུར་བརྐོས་ཏེ་ཆར་ཆུ་མི་ཟག་པ་བྱེད་དགོས། གལ་ཏེ་སྡོ་ཉར་དོང་རྗེང་གི་ཁ་བརྡིབས་པའམ་སེར་ཁ་གས་པ་མཐོང་ན་དུས་ཐོག་ཏུ་ས་བཀབ་སྟེ་དབུགས་མི་འཚོར་བ་ཞིག་བྱེད་དགོས།

སྐམ་མ་རློན་གྱི་སྡོ་ཉར་གཟན་རྩྭ་ལས་སྒྲོན་བྱེད་ཐབས་དང་སྡོ་ཉར་གཟན་རྩྭ་རློན་པ་ལས་སྒྲོན་བྱེད་པ་གཉིས་ཀྱི་ཁྱད་པར་གཙོ་བོ་ནི་སྡོ་ཉར་རྒྱུ་ཆ་སྐམ་དགོས་པ་དང་། ཆུའི་འདུས་ཚད་ངེས་པར་དུ 45%~55%ལ་བསླེབ་དགོས། སྐམ་མ་རློན་གྱི་གཟན་རྩྭ་སྡོ་ཉར་བྱེད་ནའང་ཐུང་གཏུབ་དང་བཅག་བཅག དབུགས་མི་འཚོར་བ་ཞིག་བྱེད་གོས།

འཁྲིག་ཤུག་ཏུ་སྡོ་ཉར་གཟན་རྩྭ་འཇུག་སྐབས་ཐོག་མར་འཁྲིག་ཤུག་གི་ནུ་མ་གཉིས་སུ་ཐུང་གཏུབ་གཟན་རྩྭ་བཙུག་སྟེ་བཅག་བཅག་བྱས་རྗེས། ད་གཟོད་ཐུང་གཏུབ་གཟན་རྩྭ་སྐོར་མ་རེ་འཁྲིག་ཤུག་ཏུ་བཙུག་ཅིང་རིམ་པ་བཞིན་དུ་བཅག་བཅག་བྱེད་དགོས། འཁྲིག་ཤུག་ཏུ་སྡོ་ཉར་གཟན་རྩྭ་གང་བཙུག་པ་དང་གཟན་རྩྭའི་ཁ་འཁྲོ་ནས་བར་སྟོང་མི་བསྐྱུར་བར་ཁ་མདུད་དགོས། འཁྲིག་ཤུག་ལ་དོ་དམ་གང་ལེགས་བྱེད་པ་དང་ཐེད་པ་ཙམ་བྱུང་ན་དེ་མ་ཐག་ཏུ་ལྷན་པ་རྒྱག་དགོས།

4.སྒོ་ཉར་གཟན་ཆས་ལས་སློན་བཟོ་རྩལ་གོ་རིམ། （རི་མོ 3–4）

(1)ཐམས་ཅད་འཕྲུལ་ཆས་ཅན་གྱིས་ལས་སློན་བྱེད་པའི་བཟོ་རྩལ་གོ་རིམ།

རང་འགུལ་ལམ་འཐེན་འགུགས་སྒོ་ཉར་གཟན་འབྲེག་འཕྲུལ་ཆས་ཀྱིས་
སྒོ་ཉར་རྒྱུ་ཆ་འབྲེག་པ།

↓

ཞིང་བར་ནས་འབྲེག་པ། འཐག་པ།

↓

རམ་འདེགས་འཁོར་ལོ་དང་གཟན་འབྲེག་འཕྲུལ་ཆས་མཉམ་སྦྱོད་བྱེད་པ།

↓

རམ་འདེགས་འཁོར་ལོས་བཏགས་ཟིན་པའི་གཟན་རྩ་སྡོན་པོ་འདྲུད་པ།

↓

བཏགས་ཟིན་པའི་གཟན་རྩ་སྡོན་པོ་སྒོ་ཉར་དོང་རྫིང་དུ་བསྐྱལ་བ།

↓

རང་འགུལ་ལམ་མིའི་ཤུགས་ལ་བརྟེན་ནས་གཟན་རྩ་སྡོན་པོ་
དོང་རྫིང་དུ་འཇུག་པ།

↓

ཆུ་འདུས་ཚད་ལ་དཔྱད་པ།

↓

སྐམས་གདལ་བྱེད་པ། རིམ་པ་རེ་རེར་གཙིན་རྒྱུ་དང་ཚྭ་ཁུ། སྐྱུར་ལང་
འབུ་ཕྲའི་སྐྱུར་རྫི་སོགས་བསྲེ་རྫས་བསྲེ་བ།

↓

འདྲུད་འཐེན་འཁོར་ལོས་ཡང་དང་ཡང་དུ་བཙག་བཙག་བྱས་ཏེ་

དབུགས་བསྐྱིལ་ས་ཞིག་མེད་པར་གཏོང་དགོས།

↓

ངོང་རྫིང་གི་ཁ་གཅོད་པ།

(2)འཕྲུལ་ཆས་བྱེད་ཙན་གྱི་ལས་སྟོན་བཟོ་རྩལ་གོ་རིམ།

རྡྲ་འབྲེག་འཕྲུལ་ཆས་སམ་མིས་སྡོ་ཉར་གཟན་རྡྲ་འབྲེག་པ།

↓

རྡྲ་ཡུག་རིང་འཁོར་ལོས་ཏྲུད་དེ་སྡོ་ཉར་སྒྲིག་ཆས་ཀྱི་གམ་དུ་སྤུངས་པ།

↓

སྡོ་ཉར་ཞིབ་བཏགས་འཕྲུལ་ཆས་ཀྱིས་གཟན་རྡྲ་ཞིབ་བཏགས་བྱས་རྗེས་ཐད་ཀར་དུ་ངོང་རྫིང་དུ་འཇུག་པ།

↓

སྐམས་གདལ་བྱེད་པ་དང་ཆུ་འདུས་ཚད་ལ་དཔྱད་པ། རིམ་པ་བཞིན་དུ་གཅིན་རྒྱུ་དང་ཚྭ་ཁུ། སྐྱུར་ལང་འབུ་ཕྲའི་སྐྱུར་རྫི་སྐམས་གདལ་བྱེད་པ།

↓

འདྲུད་འཐེན་འཁོར་ལོས་ཡང་ནས་ཡང་དུ་བཙག་བཙག་དབུགས་མི་འདུག་པ་ཞིག་བྱེད་པ།

↓

ངོང་རྫིང་གི་ཁ་གཅོད་པ།

རྩྭ་འབྲེག་ཐུང་གཏུབ། རིང་ཚད་ལི་སྨིས 1~2ཡིན་པ།

དོང་རྫིང་གི་ཁ་གཙོད་པ། འགྱིག་རས་ཀྱིས་ཁ་གཙོད་ཡག་བྱེད་པ།

སྔོ་ཉར་གཟན་རྩྭ་བཙག་བཙག་བྱེད་པ
(རིམ་པ་རེའི་མཐུག་ཚད་ལ་ལི་སྨིས 15~20)

ཉི་མ 30~40འགོར་རྗེས་ཁ་ཕྱེ་སྟེ་སྤྱད་ཆོག

རི་མོ 3–4 སྔོ་ཉར་གཟན་རྩྭ་ལས་སྟོན་བྱེད་པའི་གོ་རིམ་དང་ཐབས་ལམ།

5.དོང་ཁ་ཕྱེ་སྟེ་བེད་སྤྱོད་བྱེད་པ།

(1)དོང་རྫིང་གི་ཁ་ཕྱེ་བ། སྔོ་ཉར་གཟན་རྩྭ་དོང་རྫིང་དུ་བཙག་བཙག་དང་ཁ་བཅད་དེ་ཉི་མ 40~60འགོར་རྗེས་ཁ་ཕྱེ་ནས་བེད་སྤྱོད་བྱས་ཆོག སྤྱིར་ཡིན་ན་ཡང་ངར་ཆེ་བ་དང་སྔོ་གཟན་དཀོན་པའི་དུས་སུ་དོང་རྫིང་གི་ཁ་ཕྱེ་ན·········· འཚམས་འདུག དོང་རྫིང་གི་ཁ་འབྱེད་སྐབས་དོང་རྫིང་ཁ་ཡི་ས་དང་རྩྭ་རིང···· སོགས་འདོར་ལེན་བྱེད་དགོས། སྔོ་ཉར་གཟན་རྩྭ་བླངས་རྗེས་དོང་རྫིང་གི་ཁ··

སླར་ཡང་འགྱིག་རས་ཀྱིས་བཅད་དེ་ལེན་བདེ་བ་ཞིག་བྱེད་དགོས། འགྱིག་ལུག་སྦོ་ཉར་གཟན་སྔ་ཡིན་ན་འགྱིག་ལུག་གཅིག་གི་གཟན་སྔ་ཚར་ན་ད་གཟོད་འགྱིག་ལུག་གཞན་ཞིག་གི་ཁ་ཕྱེ་སྟེ་སྤྱོད་དགོས་པ་དང་། འགྱིག་ལུག་གཅིག་གི་གཟན་སྔ་སྤྱད་མ་ཚར་ན་འགྱིག་ལུག་གི་ཁ་སྲ་མོ་ཞིག་བསྡམས་ཏེ་ཡང་བསྐྱར་སྐྱུར་ལང་དུ་འཇུག་མི་རུང་།

(2)སྦོ་ཉར་གཟན་སྔའི་སྤུས་ཀ་དཔྱད་པ། རང་རྒྱལ་གྱིས་ཕལ་ཆེར་ཚོར་དབང་ལ་བརྟེན་ནས་དཔྱད་ཐག་གཅོད་པ་ཡིན། ①དྲི་མ། སྤུས་ཀ་ལེགས་པའི་སྦོ་ཉར་གཟན་སྔ་ཡིན་ན་སྐྱུར་དྲི་ཞིམ་པོ་ཞིག་ཐྲོ་བ་ཡིན། དྲི་བསུང་འཕྲུལ་ཞིང་སྐྱུར་དྲི་ཐྲོ་བ་སྟེ་སྤང་མའི་ཐྲོ་བ་དང་ལྡན་པ་ཞིག་ལགས། སྤུས་ཀ་འབྲིང་ཙམ་ཡིན་པའི་སྦོ་ཉར་གཟན་སྔ་ནི་སྐྱུར་དྲི་ཉུང་བ་དང་དྲི་བསུང་ཡོད་ཀྱང་དེ་འདྲའི་འཕྲུལ་བ······ཞིག་མིན། སྤུས་ངན་སྦོ་ཉར་གཟན་སྔ་ཡིན་ན་སྐྱུར་དྲི་ཙམ་ཐྲོ་བའམ་འཚིག་དྲི། རུལ་དྲི་སོགས་ཐྲོ་བ་ཡིན།②ཁ་དོག སྤུས་ལེགས་སྦོ་ཉར་གཟན་སྔ་ནི་ལྗང་ཁུའམ་སྔོ་སེར་ཏེ། སྦོ་ཉར་རྩྭ་ཆ་དངོས་ཀྱི་ཁ་དོག་དང་ཐག་ཉེ། སྤུས་འབྲིང་སྦོ་ཉར་གཟན་སྔ་ནི་སེར་སྨུག་གམ་ལྗང་ནག་ཡིན། ③རྒྱུ་སྤུས། སྤུས་ལེགས་སྦོ་ཉར་གཟན་སྔའི་ལོ་འདབ་ཀྱི་གྲུབ་ཚུལ་དོ་དམ་བྱས་པ་ལེགས་པས། ལག་ལ་བླངས་ན་འཐོར་འགྲོ་བ་དང་། ཉབ་ཉོབ་བརླན་བཤེར་ལྡན་པ་ཞིག་ཡིན། སྤུས་འབྲིང་སྦོ་ཉར་གཟན་སྔ་ནི་ཅུང་བསྲད་འདུག་པའམ་ཆུ་འདུས་ཚད་ཅུང་མང་། སྤུས་ངན་སྦོ་ཉར་གཟན་སྔ་ཆབས་ཅིག་ཏུ་འབྱར་ཞིང་ལོ་འདབ་རུལ་བའམ་འཐོར་སླ་ཞིང་སྲ་རྨུབ་ཅན་དུ་གྱུར་ཡོད་པས། ཞིང་ལུད་ཇི་བཞིན་འདོར་དགོས་པ་ལས་ལུག་ལ་སྟེར་མི་རུང་།

(3)སྦོ་ཉར་གཟན་ཆས་སྟེར་ཚད། ལུག་ལ་སྦོ་ཉར་གཟན་སྔ་སྟེར་སྐབས་དང་ཐོག་ཉུང་སྟེར་དང་རྗེས་སུ་མང་སྟེར་བྱེད་པ་དང་། དང་ཐོག་གཟན་ཆས་

གཞན་པ་དང་བསྲེས་ཏེ་སྙེར་བ་དང་། རིམ་བཞིན་ཏུ་སྔོ་ཉར་སྙེར་བ་ཡོབ་ཏུ་འཇུག་དགོས། ཤ་སྒྱིད་ལུག་རེར་ཉིན་རེར་སྔོ་ཉར་གཟན་རྩྭ་སྟོང་ཁེ 1.5−2.0 བྱིན་ཆོག

(གཉིས)སེར་ཉར།

སེར་ཉར་ནི་མ་སྨིན་ལོ་ཏོག་སོགས་སྐྱེ་མ་ཅན་གྱི་འབྲུ་གུ་བསྡུས་རྗེས་ལོ་རྩྭ་སེར་པོ་ལས་སྣོན་བྱེད་ཐབས་ཤིག་ཡིན། སེར་ཉར་རྒྱུ་ཆར་ཡོང་ཁྱབ་ཆེ་བ་དང་ལས་སྣོན་སྟབས་བདེ་ཡིན་པ། ལག་རྩལ་ཁོང་དུ་ཆུད་སླ་བ་བཅས་ཀྱི་ཁྱད་ཆོས་ཡོད། སེར་ཉར་བྱས་པའི་ལོ་རྩྭའི་རྒྱུ་ཕྲུས་སོབ་སོབ་ཡིན་པ་དང་། ཁ་ལ་བྱམས་པ་བཅས་ཀྱི་ཁྱད་ཆོས་ལྡན་པ་ཡིན། ལས་སྣོན་སྒྲིག་ཆས་དང་ལས་སྣོན་གོ་རིམ་སོགས་སྔོ་ཉར་བྱེད་སྟངས་དང་འདྲ།

(གསུམ)ཐྲན་ཉར།

ཐྲན་ཉར་ནི་ལོ་རྩྭའི་ནང་དུ་འབུ་ཐྲན་ཙ་རྩི་གསོན་པོ་བསྲེ་བ་དང་། སྣོད་(ཨར་འདམ་རྫིང་བུ། སྡོང་། རྫ་མ། འཁྱིག་ཁུག)དང་སྡོས་ནས་སྐྱུར་ལང་དུ་འཇུག་པ་དང་། དུས་ཚོད་ངེས་ཅན་ཞིག་ལ་བསྐྱལ་བ་ན། ལོ་རྩྭར་སྐྱུར་དྲིའམ་བསུང་ཞིམ། ཆང་དྲི་བཅས་ཐོ་ཞིང་སྒོ་ཟོག་གིས་ཟོས་ན་འདོད་པའི་རགས་གཟན་དུ་འགྱུར་བ་ཡིན། ཐྲན་ཉར་ལས་སྣོན་བྱེད་ཚུལ་རི་མོ 3–5ལ་གཟིགས།

ལོ་རྩྭ་འཐག་པ།

སྐྱུར་རྩི་བསྲེ་བ།

ཚ་གླུགས་ཏེ་དཀྲུག་པ།

འཁྱིག་ཤུག་ཏུ་བཙག་བཙག་བྱས་ཏེ་འཛུག་པ།

དབུགས་མི་འཚོར་བར་བྱས་ནས་བསྐལ་བ།

དོ་དམ་བྱེད་སྐྱོད་ལ་སྒྲུག་པ།

རི་མོ 3–5 ཐུན་ཞར་བྱེད་སྟངས།

ལེ་ཚན་གཉིས་པ། སྔོ་ལྡུང་གཟན་རྩ།

གཅིག སྐྱེ་མ་ཅན་གྱི་སྔོ་ལྡུང་གཟན་རྩ།

སྐྱེ་མ་ཅན་གྱི་རྩྭ་སྣ་ཤིན་ཏུ་མང་སྟེ། འབྲུ་གུ་མ་སྨིན་པའི་སྔོན་གྱི་རྩྭ་སྣ་མང་ཆེ་ཤས་ནི་ཁ་ལ་ཧ་ཅང་བྱམས་པ་ཞིག་ཡིན།

(གཅིག)སྔོ་གཟན་མ་སྨོས་ལོ་ཏོག

སྐྱེ་མ་ཅན་གྱི་སྔོ་གཟན་ལས་ཆེས་ལེགས་པ་ནི་སྔོ་གཟན་མ་སྨོས་ལོ་ཏོག་ཡིན་ཏེ། སྔོ་གཟན་མ་སྨོས་ལོ་ཏོག་སེར་སྐམ་དུ་འགྱུར་འཕྲི་བ་དང་སྨེར་ཡུན་རིང་བ། སྐྱེ་མ་བཏང་བ་ནས་སྨིན་རག་བར་དུ་ཁོག་ནས་འཇུ་ཚད་ལ་འགྱུར་ལྡོག་ཆེན་པོ་མེད་པ་དང་། འཕྲི་བཅ་བྱས་ན་སྐམ་རྫས་ཀྱི་ཁྱབ་རྒྱ་ཇེ་ཆེར་འགྱུར་བ་ཡིན། སྔོ་གཟན་མ་སྨོས་ལོ་ཏོག་ཉབ་ཉོབ་ཤུ་མང་དང་ཁ་ལ་བྱམས་པ་ཞིག་ཡིན་པས། ཤ་སྐྱོད་ལུག་གི་སྔོ་གཟན་ལ་ཧ་ཅང་འཚམ།

(གཉིས)སྔོ་གཟན་ཀའོ་ལེང་།

ཀའོ་ལེང་གི་སྔོ་ལྡུང་ལོ་མ་དང་གཞུང་རྩ་སྟེ། ཁྱད་པར་དུ་གཞུང་རྩར་ཀ་

ར་བྲོ་བའི་རིགས་ཡིན་ཕྱིར་ཤ་སྐྱོད་ལུག་གི་གཟན་རྩྭ་ལེགས་པོ་ཡིན་པས། མེ་ཏོག་གཏོང་བ་དང་སྨིན་ལ་ཉེ་སྐབས་འབྲེག་དགོས། འབྲེག་ཐུ་ན་ལི་སྨིས 3~5ཡི་སོག་མ་བསྐྱར་ཕྱིན་ཡང་བསྐྱར་སྐྱེ་བ་ཡིན་པས། ཡང་ཡང་བྲེགས་ཏེ་གཟན་རྩྭ་བྱས་ཆོག

(གསུམ)སྔོ་གཟན་སོ་བ།

སྔོ་གཟན་སོ་བ་ནི་ཡུལ་དུ་བྱུང་བའི་སྔོ་ལྗང་ཁྱུ་མང་གཟན་རྩྭ་ཡིན། སྐྱེ་ཡུན་ཐུང་ཞིང་སྐྱེ་སྟོབས་ཆེ་བ་དང་། དུས་ཐོག་ཏུ་བྲེགས་ན་ད་དུང་བསྐྱར་དུ་སྐྱེས་པའི་སྔོ་རྩྭ་བྲེགས་ཆོག སོ་བ་ནི་སྙེ་མ་སྨུམ་པ་དང་མེ་ཏོག་བཞད་སྐབས་འབྲེག་པ་དང་། ཉི་མ 30~40འགོར་རྗེས་ཡང་བསྐྱར་ཐེངས 1ལ་བྲེགས་ཆོག་ཅིང་། ཐོན་ཚད་ནི་ཐང་དང་མཚུངས་པའམ་ཡང་ན་ཐང་ལས་མཐོ་སྲིད། འོན་ཀྱང་རྩྭ་སྤུས་ཏ་ཙང་ལེགས། སོ་བས་སྙེ་མ་བཏང་རྗེས་རྩྭ་རེངས་པར་གྱུར་ཅིང་སྤུས་ཀ་རྗེ་ཞན་དུ་འགྱུར་བ་ཡིན།

(བཞི)སྔོ་གཟན་ཡུག་པོ།

ཡུག་པོ་ནི་ལོ་མ་མང་ཞིང་གཞུང་རྐ་ཕྲ་ཐུང་བ་ཞིག་ཡིན་ཏེ། ལོ་མ་ཞེང་ཆེ་ཞིང་རིང་བ་དང་ཉབ་ཉོབ་ཁྱུ་མང་ཁ་ལ་བྱམས་པ་ཞིག་ཡིན་པས། སྔོ་གཟན་ལེགས་པོ་ཞིག་ཡིན། ཡུག་པོ་ཐང་བསྡུ་དང་འཕྱི་བསྡུ་གང་བྱས་ཀྱང་ཟུངས་བཅུད་ལ་ཤན་ཤུགས་ཆེན་པོ་མེད་དེ། ཐང་འབྲེག་དང་འཕྱི་འབྲེག་གང་བྱས་ཀྱང་ཆོག

གཉིས། སྨན་རིགས་སྔོ་གཟན།

སྨན་རིགས་སྔོ་གཟན་ནི་སྙེ་མ་ཅན་གྱི་སྔོ་གཟན་ལས་རིགས་སྣ་ཤིན་ཏུ་ཉུང་སྲིད། འོན་ཀྱང་སྨན་རིགས་སྔོ་གཟན་གྱི་སྤྲི་དཀར་འདུས་ཚད་ནི་སྙེ་མ་ཅན་གྱི་སྔོ་གཟན་ལས་མཐོ་བ་ཡིན། གཞུང་རྐའི་ཚི་སྣ་འདུས་ཚད་མཐོ་ཡང་འཇུ་ཐུང་བའི་ཕྲན་ཆེན་འགྱུར་རྫས་འདུས་ཚད་ཉུང་དམའ། ལོ་མའི་ནང་དུ་ཟུངས་བཅུད་འདུས་ཚད་མཐོ། སྨན་རིགས་སྔོ་གཟན་གྱི་ཀའི་དང་སྙེ། ལིག་སོགས་ཀྱི་རྫས

བཅུད་འདུས་ཚད་སྐྱེ་མ་ཅན་གྱི་སྔོ་གཟན་ལས་མཐོ་བ་དང་། སྔོན་དང་ཞིན་གྱི་རྫས་བཅུད་འདུས་ཚད་སྐྱེ་མ་ཅན་གྱི་སྔོ་གཟན་ལས་དམའ་བ་ཡིན། འབྲུ་སུ་ཏང་གི་ཟུངས་བཅུད་རིན་ཐང་མཐོ་བ་དང་ཁ་ལ་བྱམས་པས་ན། ཤ་སྐྱོད་ལུག་རྩྭ་སྣ་དེ་ཟ་བར་དགའ་ཞིང་། ལོ་གཅིག་གི་ནང་དུ་ཐེངས་འགའ་ལ་བྲེགས་ཆོག འབྲུ་སུ་ཏང་ནི་བྲེགས་མ་ཐག་ཏུ་ལུག་ལ་བྱིན་ཆོག་ཅིང་། རྩི་རིལ་ལམ་རྩྭ་ཕྱེ། སྔོ་ཉར་གཟན་རྩྭ་བྱས་ཏེ་བྱིན་ནའང་ཆོག་གོ།

གསུམ། སྡོང་ལོའི་གཟན་ཆས།

གཟན་ཆས་བྱས་ཆོག་པའི་སྡོང་ལོ་ཏ་ཅང་མང་། སྡོང་ལོ་ཅུང་ལེགས་པ་ནི་དར་ཤིང་གི་ལོ་མ་དང་ཡོ་འཐོག་གི་ལོ་མ། ལྕང་སྡོང་གི་ལོ་མ་སོགས་ཡིན། དུས་ཐོག་ཏུ་བསྡུ་ཉར་བྱས་ན་ཟུངས་བཅུད་ཀྱི་རིན་ཐང་ཅུང་ལེགས་པ་དང་། སྤྲི་དཀར་གྱི་འདུས་ཚད་ཀྱང་ཅུང་མཐོ།

བཞི། སྔོ་གཟན་བེད་སྤྱོད་བྱེད་པར་དོ་སྣང་བྱེད་དགོས་པའི་གནད་དོན།

(གཅིག) ཚེན་ཚེན་སོན་གྱི་དུག་ཐོག་པ།

ཀའོ་ལེང་དང་མ་སྨོས་ལོ་ཏོག་གི་སྦུ་གུའི་ནང་དུ་ཚེན་ཚེན་སོན་སྐྱེ་ལྡན་བྱུང་དངོས་ཏེ་ཚེན་ཀན་ཀ་ར་འདྲེས་མ་འདུས་པ་དང་། ཁྱད་པར་དུ་ཀའོ་ལེང་དང་མ་སྨོས་ལོ་ཏོག་བྲེགས་རྗེས་ཡང་བསྐྱར་སྐྱེ་བའི་སྦུ་གུའམ་ཆར་བབས་པ་དང་བད་ཀྱིས་བསད་པའི་སྦུ་གུ་རུ་ཚེན་ཀན་འདུས་ཚད་ཏ་ཅང་མཐོ་བས། ཤ་སྐྱོད་ལུག་གིས་ཟོས་ན་དུག་ཐོག་སྲིད། ཚེན་ཚེན་སོན་གྱིས་དུག་ཐོག་པ་ན་ལུག་གི་སྐྱི་ལྤགས་དམར་པོར་འགྱུར་ཞིང་། ཕུང་པོར་དབྱང་དབུགས་མེད་ན་ཐོག་མར་ལྟེ་བའི་དབང་རྩའི་མ་ལག་ལ་བར་ཆད་ཚབས་ཆེན་བཟོ་བ་དང་། ནད་ལུག་ཁྲིག་ཁྲིག་གམ་དབུགས་འབྱིན་རྔུབ་བྱེད་དཀའ་བར་གྱུར་ཏེ། ཡང་ནས་ཡང་དུ་ལང་ཉལ་སྟེག་པ་དང་། མཐོང་ཐུབ་པའི་འབྱར་སྐྱི་དམར་པོར་འགྱུར་ཞིང་། དབུགས་

འཕྲིན་རྟབ་དང་སྙིང་ཁྲག་དབང་རྩའི་ལྟེ་གནས་སྲིད་དེ་འཆི་འགྲོ་བ་ཡིན།

(གཉིས)འབུ་སུ་ཧྲང་གི་དུག་ཕོག་པ།

བྲེགས་མ་ཐག་པའི་འབུ་སུ་ཧྲང་གི་ནང་དུ་ཡོ་མ་དམར་རྒྱུ་ཞེས་པའི་རྫས་སྣ་ཞིག་ཡོད་ཅིང་། ཉི་འོད་ཕོག་པ་ན་ཡིང་ཀོང་འོད་སྣང་ཞིག་འབྱུང་བ་ཡིན་ལ། ལུག་གིས་དེ་ཟོས་པ་དང་ཁྲག་རྒྱུན་ལ་བརྟེན་ནས་མདངས་མེད་སྐྱི་ལྤགས་སུ་འགྱུར་བ་ཡིན། དེར་ཉི་འོད་ཀྱིས་བྱེད་ནུས་བཏོན་པ་ན་ཁྲག་རྩ་འགག་པའམ་དབང་རྩའི་མ་ལག་དང་འཇུ་བྱེད་མ་ལག་འཁྲུག་སྲིད། དེས་ན་དུག་མི་ཕོག་པའི་ཆེད་དུ་འབུ་སུ་ཧྲང་གཟན་ཆས་གཞན་དག་གི་ནང་དུ་བསྲེས་ཏེ་སྟེར་དགོས།

ལེ་ཚན་གསུམ་པ། ཁ་གསབ་གཟན་རྫས།

ཁ་གསབ་གཟན་རྫས་ནི་རྨང་གཞིའི་ཉིན་གཟན་གྱི་ཟུངས་བཅུད་རིན་ཐང་ཇེ་མཐོར་གཏོང་བའི་རྫས་སྣ་ཡིན་ཏེ། དེར་སྤྲི་དཀར་དང་ཨན་ཅི་སོན། སྐྱེ་མེད་རྫའམ་ལྷེ་རྫིན་སུའུ་འདུས་པ་ཡིན། ཁ་གསབ་གཟན་རྫས་ཐད་ཀར་དུ་ལུག་ལ་བྱིན་ཆོག་པ་དང་ཡང་ན་རྨང་གཞིའི་ཉིན་གཟན་དུ་བསྲེས་ཏེ་ལུག་ལ་བྱིན་ཆོག དེའི་བྱེད་ནུས་གཙོ་བོ་ནི་ཟུངས་བཅུད་ཞན་པའི་ནད་སྟོན་འགོག་ཐུབ་ཏེ་ཤ་སྐྱོད་ལུག་གི་ཤ་ཐོགས་ཚད་མགྱོགས་མྱུར་དང་རྒྱུན་འཁྱོངས་བྱེད་ཐུབ།

གཅིག སྤྲི་དཀར་ཁ་གསབ་གཟན་རྫས།

སྤྲི་དཀར་འདུས་ཚད 20%ཡན་གྱི་གཟན་ཆས་ལ་སྤྲི་དཀར་ཁ་གསབ་གཟན་རྫས་ཟེར་ཆོག ཐོན་ཁུངས་ལྟར་དབྱེ་ན་སྤྲི་དཀར་ཁ་གསབ་གཟན་རྫས་ལ་རྩེ་ཤིང་སྤྲི་དཀར་དང་སྤྲོག་ཆགས་སྤྲི་དཀར། སྤྲི་དཀར་མ་ཡིན་པའི་ཏན། ཐ་ཐུང་རྒྱུང་བའི་སྤྲི་དཀར་བཅས་འདུ།

(གཅིག)རྩི་ཤིང་སྤྲི་དཀར།

རིགས་འདིའི་སྤྲི་དཀར་དུ་སྲན་རིགས་འབའ་ཆ་དང་སྐྱེ་ཚོའི་འབའ་ཆ་བཅས་འདུ། ཡིན་ནའང་འབའ་ཆ་དེ་དག་གི་སྤྲི་དཀར་འདུས་ཚད་དང་གཟན་གསོ་རིན་ཐང་ལ་འགྱུར་བ་ཆེ་བས། འབའ་ཆའི་རིགས་དང་རགས་ཞུན་འདུས་ཚད། ལས་སྟོན་བཟོ་རྩལ་བཅས་ལ་རག་ལས་པ་ཡིན།

(གཉིས)སྲོག་ཆགས་སྤྲི་དཀར།

སྲོག་ཆགས་སྤྲི་དཀར་ནི་ཤ་རིགས་ལས་སྟོན་བཟོ་གྲྭ་དང་སྐྱུམ་བསྐྱུན་བཟོ་གྲྭ། ཉ་རིགས་བཟོ་གྲྭ། ཆུ་ཐོན་དངོས་རྫས་བཟོ་གྲྭ་བཅས་ལས་ཐོན་པའི་ཟ་ཞུང་ཕུང་པོ་སྟེ། དཔེར་ན་ཤ་ཕྱེ་དང་ཤ་དང་རུས་པ་བཏགས་མ། ཁྲག་ཕྱེ། ཉ་ཕྱེ་སོགས་ལྟ་བུ།

(གསུམ)སྤྲི་དཀར་མ་ཡིན་པའི་ཏན།

རྒྱུན་དུ་སྤྱོད་པའི་སྤྲི་དཀར་མ་ཡིན་པ་ནི་གཅིན་རྒྱུ་ཡིན་ལ། དེར་ཏན་རྫས 46%དང་སྤྲི་དཀར་རགས་མོའི་རྩིས་གཞི 280%བཅས་འདུ་བ་ཡིན། ཉིན་གཟན་དུ་འཇུ་རུང་བྱེད་ནུས་མཐོ་བ་དང་སྤྲི་དཀར་རགས་མོ 13%ཡི་མན་ཡིན་དུས་གཅིན་རྫས་བསྣན་ཆོག གཅིན་རྫས་སྟོན་སྐབས་ལིག་ཁ་སྟོན་བྱས་ཏེ་ཏན་དང་ལིག་གི་བསྡུར་ཚད 15:1ཡིན་པ་ཁག་ཐེག་བྱེད་དགོས། གཅིན་རྒྱུ་འདྲེས་ཡག་བྱས་རྗེས་ཞིབ་གཟན་དུ་བསྲེ་དགོས། གཅིན་རྒྱུ་སྟེར་ཚད་ཉིན་གཟན་སྤྱིའི་སྟེར་ཚད་ཀྱི 25%~30%ཟིན་ཆོག ཤ་སྤྱོད་ལུག་ལ་གཅིན་རྒྱུ་ཉི་མ 5~7ཀྱི་ལོབ་ཡུན་སྟེར་དགོས། གཅིན་རྒྱུ་ལོབ་ཡུན་དུ་ཞུང་སྟེར་དང་ཐེངས་མང་ལ་སྟེར་དགོས། མཉམ་འཇོག་དགོས་པ་ཞིག་ལ་ཉིན་གཟན་དུ་ཕེ་ཧྲིན་སུའུ A དང 0.5%ཅན་གྱི་ཚྭ་ཁུ་ཁ་སྟོན་བྱེད་དགོས།

(བཞི)ཕྲ་ཕུང་རྒྱང་བའི་སྤྲི་དཀར།

ཕྲ་ཕུང་རྒྱང་བའི་སྦྲི་དཀར་ནི་དཔེར་ན་ཙ་རྩེ་དང་མཚོ་སྔོ། འབྲུ་ཕྲ་སོགས་ལྟ་བུ། དེ་དག་ནི་སྦྲི་དཀར་དང་ལེ་ཧྲིན་སུའུ་ཡི་འབྱུང་ཁུངས་བྱས་ཚོག་གཟན་ཆས་འདི་དག་གི་བདེ་འཛགས་རང་བཞིན་ནི་འབྲུ་ཕྲའི་རིགས་དང་བསྲེ་རྫས། ཡར་སྐྱེ་ཆ་རྐྱེན་བཅས་ཀྱིས་ཐག་གིས་གཅོད་པ་ཡིན།

གཉིས། ཨན་ཅི་སོན་ཁ་གསབ་གཟན་རྫས།

སྦྲི་དཀར་ནི་ཨན་ཅི་སོན་སྣ་ཁ་20ཡིས་གྲུབ་པ་ཞིག་ཡིན། སྤྱིར་བཏང་གི་གཟན་ཆས་སུ་ཨན་ཅི་སོན་འདུས་ཚད་ཕལ་ཆེར་ཧ་ཅང་ཉུང་འདུག དེར་བརྟེན་ཁ་གསབ་གཟན་རྫས་སུ་མིས་བཟོས་ཚོད་འཛིན་རང་བཞིན་གྱི་ཨན་ཅི་སོན་ཁ་གསབ་བྱེད་པ་དང་། ཁ་གསབ་བྱེད་ཚད་ཟུངས་བཅུད་ཀྱི་དགོས་མཁོ་ལ་ཟུར་ལྟ་བྱེད་དགོས།

གསུམ། སྐྱེ་མེད་རྫས་ཁུའི་ཁ་གསབ་གཟན་རྫས།

སྐྱེ་མེད་རྫས་ཁུའི་ཁ་གསབ་གཟན་རྫས་ནི་རྫས་སྣ་གཅིག་གམ་རྫས་སྣ་འགས་གྲུབ་པའི་ཁ་གསབ་གཟན་རྫས་ཡིན། རྒྱུན་སྤྱོད་རྫས་སྣ་ཙ་ཀའི་དང་ལིན། སཱེ། ལིག་སོགས་འདུ་བ་དང་། ཕྲན་མཁོ་རྫས་རྒྱུ་ཙ་ཟངས་དང་ལྕགས། ཏིན། སཱིན། ཞིན། ཀོའུ། ཞི་སོགས་འདུས། གཟན་ཆས་སུ་སྐྱེ་མེད་རྫས་ཁུ་ངེས་ཅན་ཞིག་མངའ་ནའང་། ཉིན་གཟན་དུ་ངེས་པར་དུ་རྫས་རྒྱུ་གཅིག་གམ་རྫས་རྒྱུ་འགའ་ཁ་གསབ་བྱེད་དགོས།

(གཅིག)རྒྱུན་ལྡན་རྫས་རྒྱུ།

ཤ་སྤྱོད་ལུག་གི་ཉིན་གཟན་དུ་ཁ་གསབ་བྱེད་དགོས་པའི་རྒྱུན་ལྡན་རྫས་རྒྱུ་ལ་སྣ་ཁ་4སྟེ། ནཱ་དང་ལུའུ། ཀའི། ལིན་སོགས་ཡིན། རགས་གཟན་དུ་ཙ་དང་ནཱ་ཡི་བསྡུར་ཚད་ནི་17:1ཡིན། དེར་བརྟེན་ཤ་སྤྱོད་ལུག་ལ་རགས་གཟན་གཏོར་བྱས་ཏེ་སྟེར་སྐབས་རྫས་ཁུ་གཟན་རྫའི་ནང་དུ་བཏབ་སྟེ་ཙ་རྫས་དང་ནཱ་རྫས་མཁོ་

སྤྲོད་བྱེད་པ་དོ་མཉམ་ཡོང་བར་བྱེད་དགོས། རྡོ་ཐལ་དང་འགྲོན་བུའི་ཐལ་བ་ནི་ཀའི་རྫས་རྫས་རྒྱུའི་སྐབས་བདེའི་འབྱུང་ཁུངས་ཡིན། ལིན་རྫས་ཀྱི་འབྱུང་ཁུངས་ནི་ལིན་སོན་ཨན་དང་རུས་ཕྱེ། ལིན་སོན་ཀའི། ལིན་སོན་ཆེན་ཀའི། ཐའོ་རྫ་ལིན་སོན་ཡན་བཅས་ཡིན། ཀའི་དང་ལིན་ཁ་གསབ་གཟན་རྫས་ཀྱི་རྫ་འདུས་ཚད་0.5%ཡི་མན་ཡིན་པ་རྒྱུན་འཁྱོངས་བྱེད་དགོས།

(གཉིས)ཕྲན་བུའི་རྫས་རྒྱུ།

དུས་རྒྱུན་དུ་ཁ་གསབ་བྱེད་པའི་ཕྲན་བུའི་རྫས་རྒྱུ་ལ་སྣ་ཁ 7མཆིས་ཏེ། ཀྲའུ་དང་ཟངས། ཏེན། སྣི། སྣིན། ཞི། ཞིན་བཅས་ཡིན། ཕྲན་བུའི་རྫས་རྒྱུ་མཁོ་བའི་རྒྱུ་རྐྱེན་ལ་ཤན་ཤུགས་བཟོ་བ་ནི་སྲོག་ཆགས་ཉིད་དང་གཟན་ཆས་ཀྱི་རིགས། ས་གཤིས་ཁྱད་ཆོས་སོགས་འདུས།

བཞི། ཝེ་ཧྲིན་སུའུ་ཡི་ཁ་གསབ་གཟན་རྫས།

(གཅིག)ཝེ་ཧྲིན་སུའུ Aདང་ལ་སེར་བཅུད་རྫས།

སོ་ལྷང་གཟན་རྩྭ་དང་མ་སྨྲོས་ལོ་ཏོག་སེར་པོའི་ནང་དུ་ཕུན་སུམ་ཚོགས་པའི་ལ་སེར་གྱི་བཅུད་རྫས་འདུས་པ་དང་། ལ་སེར་གྱི་བཅུད་རྫས་ལ་ཝེ་ཧྲིན་སུའུ Aརྒྱུ་ཟེར་ཞིང་། ཤ་སྐྱོད་ལུག་གི་ཕོག་ནས་ཝེ་ཧྲིན་སུའུ Aརུ་འགྱུར་བ་ཡིན་པས། རྫས་གྲུབ་ཝེ་ཧྲིན་སུའུ Aམཁོ་སྤྲོད་བྱེད་དགོས། ཝེ་ཧྲིན་སུའུ Aགཟན་ཆས་ཀྱི་ནང་དུ་བསྲེས་ཏེ་བྱིན་ཆོག་ལ། ཤ་གསེང་དུ་སྨན་ཁབ་བརྒྱབ་ནའང་ཆོག

(གཉིས)ཝེ་ཧྲིན་སུའུ D

ཁང་བའི་ནང་དུ་གསོ་བའི་ཤ་སྐྱོད་ལུག་ལ་ཝེ་ཧྲིན་སུའུ Dཁ་གསབ་བྱེད་དགོས། གལ་ཏེ་ཉིན་རེར་ཤ་སྐྱོད་ལུག་ཉི་མར་དུས་ཚོད 6ལ་ལྷག་ཐུབ་ཕྱིན་ཉིན་གཟན་དུ་ཝེ་ཧྲིན་སུའུ Dཁ་གསབ་མ་བྱས་ཀྱང་ཆོག ཝེ་ཧྲིན་སུའུ Dམ་འདང་ན་ཤ་སྐྱོད་ལུག་ལ་མཚང་སྐྲུར་རམ་རུས་པ་སྐྱི་མོར་འགྱུར་བའི་ནད་འབྱུང་སླ།

(གསུམ)ལྷེ་ཧྲིན་སུའུ་E

ལྷེ་ཧྲིན་སུའུ་Eཡིས་ལུག་གི་སྐྱེ་འཕེལ་དང་ཤ་གནད་ཀྱི་ལྦུས་ཀ་ལ་ཤན་ཤུགས་བཟོ་སྲིད། རྒྱུ་མཚན་ནི་རྩེ་ཤིང་གི་ལོ་མ་དང་འབྲུ་རིགས་བཅས་སུ་ལྷེ་ཧྲིན་སུའུ་མང་པོ་འདུས་པས། གཟན་ཆས་སུ་ཆེད་བསྲེ་བྱེད་མི་དགོས་མོད། འོན་ཀྱང་རྐྱེན་གློ་བུར་བ་བྱུང་བ་དང་སྐྱེལ་འདྲེན་བྱེད་པ། ནད་འགོག་ནུས་པ་ཞན་པ་བཅས་ཀྱི་ཤ་སྐྱོད་ལུག་ལ་ལྷེ་ཧྲིན་སུའུ་Eཁ་གསབ་བྱེད་དགོས།

(བཞི)ལྷེ་ཧྲིན་སུའུ་K

གྲོད་ཕུའི་ནང་གི་འབུ་ཕྲན་ལྷེ་ཧྲིན་སུའུ་Kབསྐྲུན་ཐུབ་པས། ཤ་སྐྱོད་ལུག་གི་ཉིན་གཟན་དུ་ལྷེ་ཧྲིན་སུའུ་Kཁ་གསབ་བྱེད་མི་དགོས།

(ལྔ)ལྷེ་ཧྲིན་སུའུ་Bརིགས།

ཟླ་ངོ་2ཡན་གྱི་ལུ་གུར་ལྷེ་ཧྲིན་སུའུ་Bཁ་གསབ་བྱེད་དགོས། ཟླ་ངོ་2ལོན་པའི་ལུ་གུའི་གྲོད་ཕུའི་ནང་གི་འབུ་ཕྲན་ལྷེ་ཧྲིན་སུའུ་Bབསྐྲུན་ཐུབ་པས། ལྷེ་ཧྲིན་སུའུ་Bཆེད་དུ་ཁ་གསབ་བྱེད་མི་དགོས།

ལྔ། གཟན་རྫས།

(གཅིག)དུག་སྲིན་འགོག་སྨན།

དུག་སྲིན་འགོག་སྨན་གྱི་བྱེད་ནུས་ནི་འཛུ་བྱེད་རྒྱུ་ལམ་ལ་ནད་འབུ་འགོས་པའི་ནད་རྟགས་ཇེ་ཡང་དུ་གཏོང་བ་དང་། ཡི་ག་ཡོད་པ་དང་ཟུངས་བཅུད་འདྲེན་པ། སྣེ་ཡི་གསོན་ཤུགས་རྒྱས་སུ་འཇུག་པ་བཅས་བྱས་ཏེ། ཟུངས་བཅུད་དངོས་རྫས་ལུས་ལ་འདྲེན་པར་བསྐུལ་ཐུབ།

(གཉིས)ཞི་སྙོད་རྫས་སྣ།

ཤ་སྐྱོད་ལུག་ལ་ཞིབ་གཟན་དང་སྦོ་ལྷང་གཟན་རྩྭ་འབོར་ཆེན་བྱིན་ན། གྲོད་ཕུའི་ནང་གི་སྐྱུར་ཚད་ཇེ་མཐོར་སོང་སྟེ་སྐྱུར་དུག་ཕོག་སླ། སྐབས་དེར་ཞི

སྐྱོད་རྫས་སྣ་སྤྱད་ན་ཤ་སྐྱོད་ལུག་ལག་ཆགས་ཚད་ཇེ་མགྱོགས་སུ་འགྲོ་བ་དང་། སྐྱུར་དུག་ཐོག་པ་སྔོན་འགོག་བྱེད་ཐུབ།

ལེ་ཚན་བཞི་བ། ཤ་སྐྱོད་ལུག་ལ་ཉིན་གཟན་སྟེབ་པ།

གཅིག ཉིན་གཟན་སྟེབ་པའི་རྩ་དོན།

1. ངེས་པར་དུ་ཟུངས་བཅུད་ཀྱི་དགོས་མཁོ་དང་གཟན་སྟེར་ཚད་གཞི་གཞིར་འཛིན་པ་དང་། གསོ་སྐྱོང་ལག་ལེན་དང་ཟུང་འབྲེལ་བྱས་ཏེ་ཚན་རིག་རང་བཞིན་དང་དངོས་སྤྱོད་རང་བཞིན་ཡོད་པ་ཞིག་བྱེད་དགོས།

2. ཉིན་གཟན་གྱི་མ་རྩ་དང་ཐོན་སྐྱེད་བྱེད་ནུས་བར་གྱི་འབྲེལ་བ་དོ་མཉམ་ཡོང་བར་བྱེད་པ་དང་། ངེས་པར་དུ་ཤ་སྐྱོད་ལུག་གི་སྐྱེ་ཁམས་ཁྱད་ཆོས་ལ་མནོ་བསམ་བཏང་ནས་ཡུལ་བབ་དང་བསྟུན་ཅིང་ཁ་ལ་བྱམས་པ་དང་ཟུངས་བཅུད་ཕུན་སུམ་ཚོགས་པ་འཛོམ་པ། རིན་གོང་དམའ་ཞིང་དཔལ་འབྱོར་གྱི་ཁེ་ཕན་ལེགས་པའི་གཟན་ཆས་བདམས་ཏེ། ཕར་བསྐྱོ་རྒྱུང་ཞིང་ཁེ་ཕན་ཆེས་ལེགས་པ་འཐོབ་པར་འབད་དགོས།

3. བསྟེབས་ཟིན་པའི་ཉིན་གཟན་ལུག་གིས་ཟ་ཡག་བྱེད་ཐུབ་དགོས།

གཉིས། བསྲེས་བསྟེབས་གཟན་ཆས་ཀྱི་ལེགས་ཆ།

1. གཟན་ཆས་གྲོན་ཆུང་བྱེད་པ་དང་། གཟན་ཆས་ཀྱི་འགྱུར་ཚད་ཇེ་མཐོར་གཏོང་དགོས། བསྲེས་བསྟེབས་གཟན་ཆས་ཞེས་པ་ནི་གཟན་ཆས་སྣ་ཚོགས་ཚན་རིག་གི་སྟེབ་ཀ་ལྟར་བཟོས་པ་ཞིག་ཡིན། ཟུངས་བཅུད་དངོས་རྫས་སྣ་ཚོགས་ཀྱིས་ཕན་ཚུན་ཁ་གསབ་དང་ཁ་གསབ་གཟན་རྫས་ཀྱི་སྙོམས་སྒྲིག་བྱེད་ནུས་ལ་བརྟེན་ནས་བཟོས་པ་ཞིག་ཡིན་པས། དེར་ཟུངས་བཅུད་ཆ་ཚང་བ་དང་དོ་མཉམ་ཡིན

པ། སྤྱོད་སྒོ་ཆེ་བ་སོགས་ཀྱི་ཁྱད་ཆོས་ལྡན་པར་མ་ཟད། བདེ་ཐང་ལ་སྐྱུལ་འདེད་དང་ཐོན་སྐྱེད་ཆོད་ཚད་ཇེ་མཐོར་གཏོང་དགོས།

2.གསོ་ཡུན་ཇེ་ཐུང་དུ་གཏོང་བ་དང་བཤའ་ཚད་ལོངས་པའི་ལུག་འབུད་ཚད་ཇེ་མཐོར་གཏོང་བ། བརྗེབས་གཟན་ཟོས་པའི་ལུག་ཡིན་ཕྱིན། ཤ་སྤྱོད་ལུག་ངེས་ཅན་ཞིག་ཇེ་ལྷིར་སོང་ན་དེ་མཚུངས་ཀྱི་གཟན་ཆས་གྲོན་ཆུང་བྱེད་ཐུབ་པ་དང་། ལག་ཆགས་ཚད་མགྱོགས་པ། བཤའ་ལུག་ཏུ་འབུད་ཚད་མགྱོགས་པ། འགྲོ་སོང་ཇེ་དམའ་དང་དཔལ་འབྱོར་གྱི་ཁེ་ཕན་ཇེ་ཆེར་གཏོང་བ་སོགས་བྱེད་ཐུབ།

3.ལུགས་མཐུན་སྒོས་བེད་སྤྱོད་དང་གཟན་ཆས་ཀྱི་ཐོན་ཁུངས་རྒྱ་བསྐྱེད་དགོས།

གསུམ། ཤ་སྤྱོད་ལུག་གི་གཟན་ཆས་ཀྱི་སྡེབ་ཀ་དངོས་དཔེ།

(གཅིག)ཁྲིམ་ལུག་གི་ཞིབ་གཟན་སྡེབ་ཀ

སྡེབ་ཀ 1 ཁྲིམ་ལུག་གི་ཞིབ་གཟན་སྡེབ་ཀ

རྒྱུ་ཆའི་མིང་།	བསྡུར་ཚད་སྟོང་ཁེ།	ཟུངས་བཅུད་གྲུབ་ཆ།	འདུས་ཚད།
མ་རྨོས་ལོ་ཏོག	50	སྐམ་རྫས་/%	86.84
སྲན་མའི་འབབ་ཆ།	30	སྤྲི་དཀར་རགས་མོ་/%	19.76
བུད་ཙེ།	16	སྤྲི་དཀར་རགས་མོ་/%	2.99
ལིན་སོན་ཆེན་ཀའི།	1	ཚི་སྣ་རགས་མོ་/%	3.75
མ་རྨོས་ལོ་ཏོག	50	སྐམ་རྫས་/%	86.84
རྡོ་ཐལ།	1	ཀའི་/%	0.71
ཚྭ་ཁུ།	1	ལིན་/%	0.64
སྤྱི་བསྲེས་གཟན་ཆས།	1	ཚྭ་ཁུ/%	0.98
སྡོམ་རྩིས།	100	འཇུ་ཚད་བྱེད་ནུས་/(ཀྲོ་ཙེ/སྟོང་ཁེ)	13.13

རེའུ་མིག 2 སྦེབ་སྦྱོར་བྱེད་དུས་མ་ཡིན་པའི་ཁྲིམ་ལུག་གི་གཟན་ཆས་སྦེབ་ཀ

རྒྱུ་ཆའི་མིང་།	བསྡུར་ཚད་སྟོང་ཁེ།	ཟུངས་བཅུད་གྲུབ་ཆ།	འདུས་ཚད།
རི་རྫ་སྐམ་པོ།	2	སྐམ་རྫས/(སྟོང་ཁེ/ཉིན་གཅིག)	2.17
ཞིབ་གཟན།	0.5	སྤྱི་དཀར་རགས་མོ/(ཁེ/ཉིན་གཅིག)	238.92
ལ་སེར།	0.3	ཚིལ་སྣ་རགས་མོ/(ཁེ/ཉིན་གཅིག)	37.3
སྔོམ་རྩིས།	2.8	ཚི་སྣ་རགས་མོ/(ཁེ/ཉིན་གཅིག)	571.93
		ཀའི/(ཁེ/ཉིན་གཅིག)	12.35
		ལིན/(ཁེ/ཉིན་གཅིག)	9.64
		ཚྭ་ཁུ/ཉིན་གཅིག	4.90
		འཇུ་ཚད་བྱེད་ནུས/(ཀྲོ་ཅོ/ཉིན་གཅིག)	25.54

རེའུ་མིག 3 ཁྲིམ་ལུག་གི་སྦེབ་སྦྱོར་བྱེད་སྐབས་ཀྱི་ཡོངས་བསྡོམས་ཉིན་གཟན་སྦེབ་ཀ

རྒྱུ་ཆའི་མིང་།	བསྡུར་ཚད་སྟོང་ཁེ།	ཟུངས་བཅུད་གྲུབ་ཆ།	འདུས་ཚད།
ལ་སེར།	2	སྐམ་རྫས/(སྟོང་ཁེ/ཉིན་གཅིག)	2.27
རི་སྐྱེས་རྫ་སྐམ།	1.2	སྤྱི་དཀར་རགས་མོ/(ཁེ/ཉིན་གཅིག)	341.04
ཞིབ་གཟན།	1.2	རགས་ཚིལ/(ཁེ/ཉིན་གཅིག)	53.3
སྔོམ་རྩིས།	4.4	རགས་ཚི/(ཁེ/ཉིན་གཅིག)	396.20
		ཀའི/(ཁེ/ཉིན་གཅིག)	16.58
		ལིན/(ཁེ/ཉིན་གཅིག)	13.00
		ཚྭ་ཁུ/%	11.76
		འཇུ་ཚད་བྱེད་ནུས/(ཀྲོ་ཅོ/ཉིན་གཅིག)	29.55

(གཉིས)མོ་ལུག་སྤྲུམ་མའི་ཞིབ་གཟན་སྦེབ་ཀའི་དཔེར་དཔེ།

1.མ་མོ་སྐམ་པ་དང་ལུ་གུ་མ་སྤྲུམ་པའི་མོ་ལུག་གི་ཞིབ་གཟན་སྦེབ་ཀ

སྡེབ་ཀ 1 མ་མོ་སྐམ་པ་དང་ལུ་གུ་མ་སྦྲུམ་པའི་མོ་ལུག་གི་ཞིབ་གཟན་སྡེབ་ཀ

རྒྱུ་ཆའི་མིང་།	སྡེབ་ཀའི་བསྡུར་ཚད%	ཟུངས་བཅུད་གྲུབ་ཆ།	འདུས་ཚད།
མ་རྨོས་ལོ་ཏོག	57.5	སྐམ་རྫས/%	86.82
སྲན་མའི་འབའ་ཆ།	20	སྤྱི་དཀར་རགས་མོ/%	16.43
གྲོའི་ཕུད་ཚེ།	18	རགས་ཚིལ/%	3.15
རྡོ་ཐལ།	1.5	རགས་ཚི/%	3.54
ལིན་སོན་ཆིན་ཀའེ།	1	ཀའེ/%	0.86
ཚྭ་ཁུ།	1	ལིན/%	0.61
ཐུ་བསྲེས་གཟན་ཆས།	1	ཚྭ་ཁུ/%	0.98
སྡོམ་རྩིས།	100	འཇུ་ཚད་བྱེད་ནུས(ཀྲི་ཅོ/སྟོང་ཁེ)	13.09

2.བཅའ་རན་མོ་ལུག་གི་གཟན་ཆས་སྡེབ་ཀ

སྡེབ་ཀ 1 བཅའ་རན་མོ་ལུག་གི་གཟན་ཆས་སྡེབ་ཀ

རྒྱུ་ཆའི་མིང་།	སྡེབ་ཀའི་བསྡུར་ཚད་སྟོང་ཁེ	ཟུངས་བཅུད་གྲུབ་ཆ།	འདུས་ཚད།
མ་རྨོས་ལོ་ཏོག	55	སྐམ་རྫས/%	86.79
གྲོའི་ཕུད་ཚེ།	21	སྤྱི་དཀར་རགས་མོ/%	16.68
སྲན་མའི་འབའ་ཆ།	20	རགས་ཚིལ/%	3.18
རྡོ་ཐལ།	1.5	རགས་ཚི/%	3.77
ལིན་སོན་ཆིན་ཀའེ།	1	ཀའེ/%	0.86
ཐུ་བསྲེས་གཟན་ཆས།	1	ལིན/%	0.63
ཚྭ་ཁུ།	0.5	ཚྭ་ཁུ/%	0.49
སྡོམ་རྩིས།	100	འཇུ་ཚད་བྱེད་ནུས/(ཀྲི་ཅོ/སྟོང་ཁེ)	13.10

3.མོ་ལུག་སྦྲུམ་མའི་གཟན་ཆས་སྡེབ་ཀ

སྡེབ་ཀ 1 སྦྲུམ་མ་ཐག་པའི་མོ་ལུག་གི་གཟན་ཆས་སྡེབ་ཀ

རྒྱ་ཆའི་མིང་།	སྡེབ་ཀའི་བསྡུར་ཚད་སྟོང་ཁེ།	ཟུངས་བཅུད་གྲུབ་ཆ།	འདུས་ཚད།
མ་རྨོས་ལོ་ཏོག་གི་སོ་རྩྭ།	1.2	སྐམ་རྫས/(སྟོང་ཁེ/ཉིན་གཅིག)	1.69
འབྲུ་སྦུ་ཧྲང་གི་རྩྭ་སྤྱི།	0.5	སྤྱི་དཀར་རགས་མོ/(ཁེ/ཉིན་གཅིག)	188.80
ཞིབ་གཟན།	0.2	རགས་ཚིལ/(ཁེ/ཉིན་གཅིག)	30.44
སྦོམ་རྫས།	1.9	ཚི་སྣ་རགས་མོ/(ཁེ/ཉིན་གཅིག)	434.32
		ཀའི/(ཁེ/ཉིན་གཅིག)	9.20
		ལིན/(ཁེ/ཉིན་གཅིག)	2.30
		ཚྭ་ཁུ%	1.00
		འཇུ་ཚད་བྱེད་ནུས(ཀྲི་ཅོ/ཉིན་གཅིག)	17.75

སྡེབ་ཀ 2 བཅའ་རན་མོ་ལུག་གི་ཟུངས་བཅུད་ཆ་ཚང་གཟན་ཆས་སྡེབ་ཀ

རྒྱ་ཆའི་མིང་།	སྡེབ་ཀ་བསྡུར་ཚད་སྟོང་ཁེ།	ཟུངས་བཅུད་གྲུབ་ཆ།	འདུས་ཚད།
མ་རྨོས་ལོ་ཏོག་གི་སོ་རྩྭ།	1.5	སྐམ་རྫས/(སྟོང་ཁེ/ཉིན་གཅིག)	2.35
རི་སྐྱེས་སྔོ་རྩྭ།	1	སྤྱི་དཀར་རགས་མོ/(ཁེ/ཉིན་གཅིག)	238.36
ཞིབ་གཟན།	0.8	རགས་ཚིལ/(ཁེ/ཉིན་གཅིག)	48.39
ལ་སེར།	0.5	ཚི་སྣ་རགས་མོ/(ཁེ/ཉིན་གཅིག)	479.88
སྦོམ་རྫས།	3.8	ཀའི/(ཁེ/ཉིན་གཅིག)	7.07
		ལིན/(ཁེ/ཉིན་གཅིག)	6.40
		ཚྭ་ཁུ/%	4.00
		འཇུ་ཚད་བྱེད་ནུས(ཀྲི་ཅོ/ཉིན་གཅིག)	25.8

4.ལུ་གུ་ཁྲིད་པའི་སོ་ལུག་གི་གཟན་ཆས་སྦྱེབ་ཀ

སྦྱེབ་ཀ 1　ལུ་གུ་ཁྲིད་པའི་སོ་ལུག་གི་གཟན་ཆས་སྦྱེབ་ཀ

རྒྱུ་ཆའི་མིང་།	སྦྱེབ་ཀའི་བསྡུར་ཚད/%	ཟུངས་བཅུད་གྲུབ་ཆ།	འདུས་ཚད།
མ་རྫོགས་ལོ་ཏོག	58	སྐམ་རྫས/%	86.76
སྲན་མའི་འབའ་ཆ།	29	སྤྱི་དཀར་རིགས་མོ/%	18.32
སྒྲའི་ཕུད་ཙོ།	9	རིགས་ཚིལ/%	4.09
རྫོ་ཐལ།	1.5	ཚིལ་སྣ་རིགས་མོ/%	3.09
ལིན་སོན་ཆེན་ཀའི།	1	ཀའི/%	0.87
སྤུ་བསྲེས་གཟན་ཆས།	1	ལིན/%	0.55
ཚྭ་ཁུ།	0.5	འཇུ་ཚད་བྱེད་ནུས/(གྲོ་ཙོ/སྟོང་ཁེ)	11.49
སྡོམ་རྩིས།	100		

སྦྱེབ་ཀ 2　འོ་མ་བསྲུད་ལ་ཉེ་བའི་སོ་ལུག་གི་ཞིབ་གཟན་སྦྱེབ་ཀ

རྒྱུ་ཆའི་མིང་།	སྦྱེབ་ཀའི་བསྡུར་ཚད/%	ཟུངས་བཅུད་གྲུབ་ཆ།	འདུས་ཚད།
མ་རྫོགས་ལོ་ཏོག	60	སྐམ་རྫས/%	86.86
སྒྲའི་ཕུད་ཙོ།	16	སྤྱི་དཀར་རིགས་མོ/%	15.57
སྐྱེ་ཚེའི་འབའ་ཆ།	12	རིགས་ཚིལ/%	3.10
སྲན་མའི་འབའ་ཆ།	8	ཚི་སྣ་རིགས་མོ/%	4.21
རྫོ་ཕྱེ།	1.5	ཀའི/%	0.90
ལིན་སོན་ཆེན་ཀའི།	1	ལིན/%	0.65
སྤུ་བསྲེས་གཟན་ཆས།	1	ཚྭ་ཁུ/%	0.49
ཚྭ་ཁུ།	0.5	འཇུ་ཚད་བྱེད་ནུས/(གྲོ་ཙོ/ཉིན་གཅིག)	13.03
སྡོམ་རྩིས།	100		

མཆན: ཞིབ་གཟན་མགོ་སྒྲོད་བྱེད་ཚད་རིམ་བཞིན་རྗེ་ཉུང་དུ་བཏང་སྟེ། ལུ་གུ་མ་ཁྲིད་པའི་སྔོན་གྱི 70%ལ་བསླེབ་ཏུ་འཇུག་པ་དང་། ཉིན་རེར་སྟོང་ཁེ 0.2~0.6སྦྱེར་ཅིང་། སོ་རྩྭ་དང་རྩི་རིལ་སྐམ་པོ་སྦྱེར་ཚད་རྗེ་མང་དུ་གཏོང་དགོས།

སྦྱོར་ཀ 3 ཁང་བའི་ནང་དུ་གསོ་ཞིང་ལུ་གུ་འཁྲིད་སྐབས་ཀྱི་མོ་ལུག་གི་ཞིབ་གཟན་སྦྱོར་ཀ

རྒྱུ་ཆའི་མིང་།	སྦྱོར་ཀའི་བསྡུར་ཚད་/%	ཟུངས་བཅུད་ཀྱི་གྲུབ་ཆ།	འདུས་ཚད།
གྲོའི་བུད་ཅོ།	50	སྐམ་རྫས་/%	86.90
མ་རྨོས་ལོ་ཏོག	46	སྤྱི་དཀར་རགས་མོ་/%	11.85
རྡོ་ཕྱེ།	1.5	ཚི་སྣུམ་རགས་མོ་/%	5.19
ཕྲ་བསྲེས་གཟན་ཆས།	1	ཀའི་/%	0.71
ཚྭ་ཁུ།	1	ལིན་/%	0.67
ལིན་སོན་ཆེན་ཀའི།	0.5	འཇུ་ཚད་བྱེད་ནུས་/(ཀྲོ་ཅོ་/སྟོང་ཁེ)	12.64
སྡོམ་རྩིས།	100		

5.ལུ་གུའི་གཟན་ཆས་སྦྱོར་ཀའི་དངོས་དཔེ།

སྦྱོར་ཀ 1 ལུ་གུའི་འོ་མ་ནུ་མཚམས་གཅོད་སྐབས་ཀྱི་འོ་ཚབ་སྦྱོར་ཀ

རྒྱུ་ཆའི་མིང་།	སྦྱོར་ཀའི་བསྡུར་ཚད་/%	ཟུངས་བཅུད་གྲུབ་ཆ།	འདུས་ཚད།
མར་བཏོན་འོ་སྐམ།	65	སྐམ་རྫས་/%	94.61
མ་རྨོས་ལོ་ཏོག་གི་འབྲུ་སྙུམ།	29	སྤྱི་དཀར་རགས་མོ་/%	21.65
ལིན་ཞག་སྐམ་ཁུ།	3	རགས་ཚིལ་/%	30.96
ཕྲ་བསྲེས་གཟན་ཆས།	3	ཚི་སྣུམ་རགས་མོ་/%	0.13
སྡོམ་རྩིས།	100	ཀའི་/%	0.83
		ལིན་/%	0.66
		ཚྭ་ཁུ་/%	0.00
		འཇུ་ཚད་བྱེད་ནུས་/(ཀྲོ་ཅོ་/སྟོང་ཁེ)	20.89

སྡེབ་ཀ 2 འོ་མ་ནུ་མཚམས་བཅད་རྗེས་ཀྱི་ལུ་གུའི་གཟན་ཆས་སྡེབ་ཀ

རྒྱུ་ཆའི་མིང་།	སྡེབ་ཀའི་བསྡུར་ཚད/%	ཟུངས་བཅུད་གྲུབ་ཆ།	འདུས་ཚད།
ཡུག་པོ།	66	སྐམ་རྫས/%	91.63
གྲོའི་ཕུད་ཙེ།	20	སྤྲི་དཀར་རགས་མོ/%	15.25
སྲན་མའི་འབབ་ཆ།	10	རགས་ཚིལ/%	5.54
ལིན་སོན་ཆེན་ཀའི།	1	ཚི་སྦུ་རགས་མོ/%	8.95
སྤུ་བསྲེས་གཟན་ཆས།	1	ཀའི/%	0.74
ཚྭ་ཁུ།	1	ལིན/%	0.70
རྗོ་བྱེ།	1	ཚྭ་ཁུ/%	0.98
སྡོམ་རྩིས།	100	འཇུ་ཚད་བྱེད་ནུས/(ཀྲོ་ཙོ/སྐྱོང་ཁེ)	11.01

སྡེབ་ཀ 3 ལུ་གུར་ཤེད་སོང་འབྲུད་དུ་འཇུག་པའི་གཟན་ཆས་སྡེབ་ཀ

རྒྱུ་ཆའི་མིང་།	སྡེབ་ཀའི་བསྡུར་ཚད/%	ཟུངས་བཅུད་གྲུབ་ཆ།	འདུས་ཚད།
མ་རྨོས་ལོ་ཏོག	65.5	སྐམ་རྫས/%	86.74
གྲོའི་ཕུད་ཙེ།	15	སྤྲི་དཀར་རགས་མོ/%	14.19
སྲན་མའི་འབབ་ཆ།	15	རགས་ཚིལ/%	3.80
རྗོ་བྱེ།	1.5	ཚི་སྦུ་རགས་མོ/%	3.09
ལིན་སོན་ཆེན་ཀའི།	1	ཀའི/%	0.84
ཚྭ་ཁུ།	1	ལིན/%	0.56
སྤུ་བསྲེས་གཟན་ཆས།	1	ཚྭ་ཁུ/%	0.98
སྡོམ་རྩིས།	100	འཇུ་ཚད་བྱེད་ནུས/(ཀྲོ་ཙོ/སྐྱོང་ཁེ)	13.28

སྡེབ་ཀ 4 ཟླ་ཚོ 6ནང་གི་ལུ་གུར་ཤེད་སྣོང་འབྲུད་དུ་འཇུག་པའི་གཟན་ཆས་སྡེབ་ཀ

རྒྱུ་ཆའི་མིང་།	སྡེབ་ཀའི་བསྡུར་ཚད/%	ཟུངས་བཅུད་གྲུབ་ཆ།	འདུས་ཚད།
མ་རྨོས་ལོ་ཏོག	81.5	སྐམ་རྫས/%	86.87
སྲན་མའི་འབབ་ཆ།	15	སྤྱི་དཀར་རགས་མོ/%	13.36
རྡོ་ཕྱེ།	1	ཀའི/%	0.62
ལིན་སོན་ཆེན་ཀའི།	1	སྤྱིའི་ལིན/%	0.46
ཐུ་བསྲེས་གཟན་ཆས།	1	ཚྭ་ཁྲ/%	0.51
ཚྭ་ཁྲ།	0.5	ཚི་སྣུ་རགས་མོ/%	2.02
སྡོམ་རྩིས།	100	རགས་ཚིལ/%	3.8
		འཇུ་ཚད་བྱེད་ནུས/(ཀྲོ་ཙོ/སྟོང་ཁེ)	13.77

མཆན: རགས་གཟན་ནི་རྩྭ་རིལ་ཡིན་པ་དང་། རང་དཀར་ཟ་རྡུ་འཇུག་དགོས།

6.གསོས་སྐྱབ་ལུག་གི་གཟན་ཆས་སྡེབ་ཀའི་དཔེ།

སྡེབ་ཀ 1 གསོས་སྐྱབ་ལུག་གི་གཟན་ཆས་སྡེབ་ཀ

རྒྱུ་ཆའི་མིང་།	སྡེབ་ཀའི་བསྡུར་ཚད/%	ཟུངས་བཅུད་གྲུབ་ཆ།	འདུས་ཚད།
མ་རྨོས་ལོ་ཏོག	60	སྐམ་རྫས/%	86.94
སྣེ་ཚེའི་འབབ་ཆ།	20	སྤྱི་དཀར་རགས་མོ/%	15.45
གྲོའི་སྦུད་ཙེ།	16	རགས་ཚིལ/%	3.06
ལིན་སོན་ཆེན་ཀའི།	1	ཚི་སྣུ་རགས་མོ/%	4.74
རྡོ་ཕྱེ།	1	ཀའི/%	0.75
ཚྭ་ཁྲ།	1	ལིན/%	0.68
ཐུ་བསྲེས་གཟན་ཆས།	1	ཚྭ་ཁྲ/%	0.98
སྡོམ་རྩིས།	100	འཇུ་ཚད་བྱེད་ནུས/(ཀྲོ་ཙོ/སྟོང་ཁེ)	12.91

7.ལུག་ཡར་སྐྱེ་ཤེད་སྔོང་འབུད་དུ་འཇུག་པའི་གཟན་ཆས་སྡེབ་ཀའི་དཔེར་དཔེ།

སྡེབ་ཀ 1 ལུག་ཡར་སྐྱེ་ཤེད་སྔོང་འབུད་དུ་འཇུག་པའི་ལྷ་རིམ་གཟན་ཆས་སྡེབ་ཀ

རྒྱུ་ཆའི་མིང་།	སྡེབ་ཀ་བསྡུར་ཚད/%	ཟུངས་བཅུད་གྲུབ་ཆ།	འདུས་ཚད།
མ་རྨོས་ལོ་ཏོག	51	སྐམ་རྫས/%	86.85
སྲན་མའི་འབབ་ཆ།	25	སྤྱི་དཀར་རགས་མོ/%	18.33
གྲོའི་ཕུད་ཙེ།	20	རགས་ཚིལ/%	3.09
རྫ་ཕྱེ།	1.5	ཚི་སྣ་རགས་མོ/%	3.87
ཚྭ་ཁྲུ།	1	ཀའི/%	0.76
སྤུ་བསྲེས་གཟན་ཆས།	1	ལིན/%	0.56
ལིན་སོན་ཆེན་ཀའི།	0.5	ཚྭ་ཁྲུ/%	0.98
སྡོམ་རྩིས།	100	འཇུ་ཚད་ཐེད་ནུས/(ཀྲི་ཅོ/སྟོང་ཁེ)	13.08

སྡེབ་ཀ 2 ཡར་སྐྱེ་གསོ་ལུག་གི་བར་དཀྱིལ་གཟན་ཆས་སྡེབ་ཀ

རྒྱུ་ཆའི་མིང་།	སྡེབ་ཀའི་བསྡུར་ཚད/%	ཟུངས་བཅུད་གྲུབ་ཆ།	འདུས་ཚད།
མ་རྨོས་ལོ་ཏོག	55	སྐམ་རྫས/%	86.93
སྐྱེ་ཚེའི་འབབ་ཆ།	18	སྤྱི་དཀར་རགས་མོ/%	16.39
སྲན་མའི་འབབ་ཆ།	12	རགས་ཚིལ/%	4.20
རྫ་ཕྱེ།	11	ཚི་སྣ་རགས་མོ/%	4.37
ཚྭ་ཁྲུ།	1.5	ཀའི/%	0.78
སྤུ་བསྲེས་གཟན་ཆས།	1	ལིན/%	0.57
ལིན་སོན་ཆེན་ཀའི།	0.5	ཚྭ་ཁྲུ/%	0.98
སྡོམ་རྩིས།	100	འཇུ་ཚད་ཐེད་ནུས/(ཀྲི་ཅོ/སྟོང་ཁེ)	13.16

ཐིག་ཁྲ 3 ཡར་སྐྱེ་གསོ་ཕྱུག་གི་རྫས་སྦྱོགས་གཟན་ཆས་ཐིག་ཁྲ

རྒྱུ་ཆའི་མིང་།	སྦྱོར་ཚད་ཀྱི་བསྡུར་ཚད/%	བྱུང་བཅུད་གྲུབ་ཆ།	འདུས་ཚད།
མ་རྫོས་ལོ་ཏོག	72	སྐམ་རྫས/%	86.64
གྲོའི་ཕུད་ཙོ།	14	སྤྲི་དཀར་རིགས་མ/%	12.55
སྲན་མའི་འབའ་ཆ།	10	རིགས་ཚིལ/%	3.71
རྡོ་ཕྱེ།	1.5	ཚི་སྣ་རིགས་མ/%	2.87
ཚྭ་ཁུ།	1	ཀའི/%	0.70
སྤྱི་བསྲེས་གཟན་ཆས།	1	ལིན/%	0.46
ལིན་སོན་ཆེན་ཀའི།	0.5	ཚྭ་ཁུ/%	0.98
སྡོམ་རྩིས།	100	འཇུ་ཚད་བྱེད་ནུས/(ཀྲོ་ཅོ/སྟོང་ཁེ)	13.38

ལེའུ་བཞི་པ། ཤ་སྐྱོད་ལུག་གསོ་སྐྱོང་བདག་གཉེར་ལག་རྩལ།

ལེ་ཚན་དང་པོ། སྤྱིར་བཏང་གི་ཤ་སྐྱོད་ལུག་བདག་གཉེར་བྱེད་ཐབས།

གཅིག ལུག་ཁྱུ་བཅའ་བ།

(གཅིག)ལུག་ཁྱུ་གྲུབ་ཚུལ།

ལུག་ཁྱུའི་སྒྲིག་གཞི་ནི་སྐྱེ་འཕེལ་མོ་ལུག་རྨང་གཞི་བྱས་ཤིང་། དེའི་ཁར་ཁ་མདོག་དམའ་མི་གཅིག་པ་དང་སྤྱོད་སྣ་མི་གཅིག་པའི་ལུག་བསྒྲིག་པ་དེ་ཡིན། སྤྱིར་ལུག་ཁྱུ་ནི་སྐྱེ་འཕེལ་མོ་ལུག་དང་ཁྲིམ་ལུག གསོས་གྲུབ་ཁྲིམ་ལུག ལུ་གུ། བྱ་བྱས་པའི་ལུག འདོར་ལུག་སོགས་སུ་བཀར་ཚོག རིགས་སོ་སོའི་ལུག་དང་ལུག་བར་གྱི་འབྲེལ་བ་ནི་རི་མོ 4–1ལྟར་ཏེ།

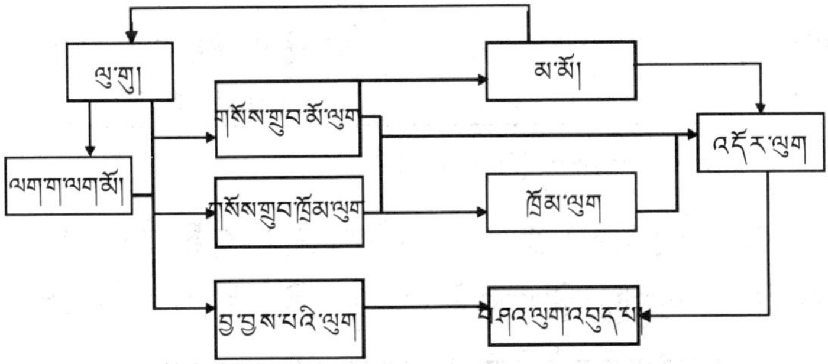

རི་མོ 4–1 ལུག་ཁྱུ་འཁོར་སྐྱོད་བྱེད་པའི་རི་མོ།

ཐོན་སྐྱེད་བྱེད་པ་དམིགས་ཡུལ་དུ་བཟུང་བའི་ལུག་ཕྲུ་ཡིན་ན། དཔལ་འབྱོར་ཁེ་ཕན་དང་ལུག་ཕྲུ་མགྱོགས་མྱུར་ངང་འཚོར་སྐྱོད་ཇེ་ལེགས་ཇེ་མགྱོགས་སུ་གཏོང་བའི་ཆེད་དུ། མུ་མཐུད་དུ་ལུག་ཕྲུའི་ཆ་སྙོམས་ཀྱི་ཁ་ཇེ་དམའ་རུ་བཏང་ནས་ལུག་དར་མའི་བསྡུར་གྲངས་ཇེ་མང་དུ་གཏོང་དགོས། མ་མོ་རྒྱང་རྒྱང་གི་ལུག་ཕྲུ (རེའུ་མིག 4–1) འམ་ཐོན་སྐྱེད་ལུག་ཕྲུ་གང་ཡིན་རུང་། ཁྲམ་ལུག་གསོ་བའི་བསྡུར་གྲངས་ཤུགས་གང་ཡོད་ཀྱིས་ཇེ་ཉུང་དུ་གཏོང་དགོས། (རེའུ་མིག 4–2)

རེའུ་མིག 4–1 མ་མོ་རྒྱང་རྒྱང་གི་ལུག་ཕྲུ་གྲུབ་སྟངས།

དམིགས་ཡུལ།	མ་མོ་རྒྱང་རྒྱང་གི་ལུག་ཕྲུ་གྲུབ་སྟངས།				ཟུར་མཆན།
སོན་སྤེལ།	ལོ 2~5	ལོ 1	ལོ 6	ལོ 6གི་ཡན།	སོན་སྤེལ་གོ་རིམ་ཇེ་མགྱོགས་སུ་གཏོང་ཆེད། ལུག་ཆུང་གི་བསྡུར་ཚད་ཇེ་མང་དུ་གཏོང་དགོས།
	ཕལ་ཆེར 75%	15%~20%	5%~10%	འདོར་བ།	

རེའུ་མིག 4–2 རྣམ་པ་མི་གཅིག་པའི་འཁྲིག་སྦྱོར་ལུག་ཕྲུའི་གྲུབ་ཚུལ།

ལུག་ཕྲུ་གྲུབ་ཚུལ།			ཟུར་མཆན།
རྣམ་པ།	ཁྲམ་ལུག	སྦྲིག་མིན་ཆོད་ལེན་ཁྲམ་ལུག	ཁྲམ་ལུག་ལོ 5~6ལ་འབུད་སྐབས་འདོར་དགོས། མོ་ལུག་མ་ཡིན་པ་དང་། སོན་བསྒྱུར་མ་ཡིན་པའི་ལུ་གུ་ཡོད་ཚད་གསོ་ལུག་བྱས་ཏེ་ལོ་དེར་བཤའ་བ་དང་། སྐྱེ་འཕེལ་མ་ཕྲུ། གསར་འདེམས་བྱེད་ཚད 25%~30%ལ་བསླེབ་དགོས།
རང་བྱུང་འཁྲིག་སྦེབ།	3~4	1~2	
མིས་ཁམས་དཀར་འཇུག་པ།	0.3~0.5	2~3	

(གཉིས) ལུག་ཕྲུའི་རྒྱུ་ཁྲོན།

ལུག་ཕྲུའི་རྒྱུ་ཁྲོན་ནི་ཕྱོགས་སོ་སོའི་ཐོན་ཁུངས་བེད་སྤྱོད་བྱེད་པ་རྩ་དོན་བྱེད་དགོས། ལུག་ཕྲུའི་སྒྲིག་གཞི་ཞེས་པས་ཕོ་མོ་མི་གཅིག་པ་དང་ལོ་ཚོད་མི་གཅིག་པ། བེད་སྤྱོད་བྱེད་སྒོ་མི་གཅིག་པ་བཅས་ཀྱི་ལུག་གི་གྲངས་ཀས་ལུག་ཕྲུ་རུ་ཅི་ཙམ་ཟིན་པའི་བསྡུར་ཚད་ལ་སྟོན་པ་ཡིན། བསྡུར་ཚད་འོས་ཤིང་སྒྲིག་གཞི

ལེགས་པའི་ལུག་ཁྱུར་ཙུང་མཐོ་བའི་ཐོན་སྐྱེད་ཚོད་ཚད་དང་སྐྱེ་འཕེལ་བྱེད་ཚད། བཙོང་ལུག་ཏུ་འགྱུར་ཚད་བཅས་ཡོད། ཐོན་སྐྱེད་ཁ་ཕྱོགས་མི་གཅིག་པའི་ལུག་ཁྱུའི་སྒྲིག་གཞི་ལ་ཁྱད་པར་ངེས་ཅན་ཞིག་ཡོད།

1.སོན་ལུག་སྐྱེ་འཕེལ་ཆེད་གཉེར་ཁྱིམ་ཚང་གི་དམིགས་ཡུལ་ནི་སོན་ལུག་བཙོང་བ་དེ་ཡིན་པས། རྒྱུན་བཙའ་མོ་ལུག་གིས་ལུག་ཁྱུ་སྤྱིའི་ལུག་གྲངས་ཀྱི་60%~65%ཟིན་ཞིང་། ཁ་མཐོ་མ་མོས5%བརྒལ་མི་རུང་། རྗེས་ཟིན་མོ་ལུག་གིས15%དང་། ཕོ1%~1.5%ཡས་མས་ཟིན་དགོས། རང་བྱུང་འཁྲིག་སྦྱོར་སྤྱོད་སྐབས། ཁྲིམ་ལུག3%དང་རྗེས་ཟིན་ཁྲིམ་ལུག1%~2% ཤ་བཟན10%ལས་མི་བརྒལ་བ་བཅས་བྱེད་དགོས། གལ་ཏེ་མིའི་ཐབས་ཀྱིས་ཁམས་དཀར་འཇུག་ཐབས་སྤྱོད་ན་ཁྲིམ་ལུག་གི་གྲངས་ཀ་ད་དུང་ཇེ་ཉུང་དུ་བཏང་ཆོག་པ་དང་སྐྱེ་འཕེལ་མོ་ལུག་གི་བསྡུར་ཚད་ད་དུང་ཇེ་མང་དུ་བཏང་ཆོག

2.ལུག་ཤ་ཐོན་སྐྱེད་ཆེད་གཉེར་ཁྱིམ་ཚང་གིས་བཙོང་ལུག་འབུད་ཚད་ཇེ་མཐོར་བཏང་ཞིང་། ལུག་ཁྱུ་འཁོར་སྐྱོད་བྱེད་པ་ཇེ་མགྱོགས་སུ་གཏོང་ཆེད། སྐྱེ་འཕེལ་མོ་ལུག་གི་བསྡུར་ཚད70%ཡན་ཟིན་དུ་འཇུག་དགོས་པ་དང་། དེ་ལས་མ་མོའི་བསྡུར་ཚད་མང་དགོས། ལུ་གུ་བཙས་རྗེས་གསོས་ཏེ་ཤེད་མོང་འབུད་དུ་འཇུག་པ་དང་། ལུ་གུ་གསོ་ཡུན་ལོ1བརྒལ་དུ་འཇུག་མི་རུང་། ཟླ་ངོ6~8ཀྱི་ལུ་གུ་ཐོན་སྐྱེད་བྱས་ན་ལེགས། ལུ་གུ་སྟ་མོ་ནས་བཙོངས(བཤས)ན་མོ་ལུག་སྟ་མོ་ནས་སྦྲིག་པར་ཕན་ཞིང་། ལོ་གཉིས་ཀྱི་ནང་དུ་ལུ་གུ3བཙའ་བ་དང་། ཡང་ན་ལོ་གཅིག་གི་ནང་དུ་ལུ་གུ2བཙའ་བར་འབད་དེ་ཤ་སྤྱོད་ལུག་གི་བཙོང(བཤའ)ཚད་ཇེ་མཐོར་གཏོང་དགོས།

གཉིས། ཤ་སྤྱོད་ལུག་རི་ནས་འཚོ་སྐྱོང་བྱེད་པ།

ལུག་ནི་རི་ནས་འཚོ་བ་གཙོ་བོ་ཡིན་པའི་རྩ་བཟན་སྒོ་ཟོག་གི་རིགས་ཤིག

ཡིན་པས། རི་ནས་འཚོ་སྐྱོང་བྱེད་པ་ནི་ཆེས་དཔལ་འབྱོར་དང་འཚམ་པའི་གསོ་སྐྱོང་བྱེད་ཐབས་ཤིག་ཡིན། འཚོ་སྐྱོང་བྱེད་སྐབས་ལུག་གིས་ཟྲོས་ཆོག་པའི་རྩྭ་ལྡིང་གཟན་སྣ་མང་བས། ཟུངས་བཅུད་ཆ་ཚང་ལོན་སླ་བ་དང་། ཤ་སྦྱོད་ལུག་ནར་སོན་འཚར་ལོངས་འབྱུང་བར་མཁོ་བའི་དགོས་མཁོ་ཁ་སྐོང་བྱེད་ཐུབ་པར་མ་ཟད། ལུག་འཚོས་ནས་ཤ་ཤེད་འཛིན་པའི་དམིགས་ཡུལ་ཡང་འགྲུབ་ཐུབ།

(གཅིག)དཔྱིད་ཐོག་འཚོ་ཐབས།

སྐབས་ཐོག་དེར་ནམ་ཟླ་ཧེ་དྲོ་དང་སྔོ་རྩྭ་འབུ་བཞིན་ཡོད་པས། ལུག་རྣམས་ཁང་བ་ལས་རི་ཁར་འཚོ་རུ་འགྲོ་བའི་བར་བརྒལ་གྱི་དུས་སྐབས་ཡིན། ལུག་རྣམས་དགུན་ཟླ་རིང་མོ་བརྒལ་བས་ཤ་ཤེད་ཞན་པར་མ་ཟད། ལུ་གུ་བཙའ་ཞིང་སྐྱོར་བའི་དུས་ཚིགས་ཀྱང་ཡིན་པས། ལུག་འཚོ་བའི་ལས་འགན་གཙོ་བོ་ནི་ཤ་ཤེད་རྒྱས་སུ་འཇུག་པ་དེ་ཡིན། དཔྱིད་མགོར་འཚོ་སྐྱོང་བྱེད་པ་ནི་ལོ་དེར་ལུག་ཤེད་འཛིན་པར་ཤན་ཤུགས་ཅུང་ཆེ་བས། ལུག་འཚོ་སྐབས་གཤམ་གསལ་གྱི་གནད་དོན་ལ་དོ་སྣང་ཆེན་པོ་བྱེད་དགོས།

1.ལུག་སྔོ་རྗེས་ལ་བསླེག་དྲགས་ན་ཟུངས་ཤུགས་ཟད་དྲགས་འགྲོ། ལུག་འཚོ་སྐབས་འཕྲེད་ཐིག་གཅིག་ཅི་བཞིན་བཀྲམ་སྟེ་འཚོ་དགོས། སྔོན་ལ་འབུད་དྲགས་པ་དང་རྗེས་ལ་ལུས་དྲགས་པའི་ལུག་མེད་པར་བྱེད་དགོས། ལུག་འཚོ་སྟངས་ནི་སྔོན་ལ་ས་འབྲུགས་སའི་རྩྭ་སེར་པོ་ཟ་རུ་འཇུག་པ་དང་རྗེས་ནས་ས་དྲོ་སའི་སྔོ་མ་ཟ་རུ་འཇུག་དགོས།

2.ལུག་འཚོ་ཡུན་ཚོད་འཛིན་བྱེད་དགོས། དཔྱིད་ཀར་གནམ་གཤིས་བདེ་ཐོག་ཏུ་མི་འདུག་པ་དང་། མཚམས་ལན་རེར་དྲོ་བ་དང་མཚམས་ལན་རེར་གྲང་བ་ཡིན་པས། སྔ་དྲོ་ལུག་ལྷས་ནས་འཕྱི་ཕུད་བྱེད་པ་དང་ཕྱི་དྲོ་ལུག་ལྷས་སུ་ཕྱི་བསྐྱིལ་བྱེད་དགོས།

3.དུག་རྫ་ཁ་ནང་དུ་ཟ་བར་སྔོན་འགོག་བྱེད་དགོས། དུག་རྫ་ཕལ་ཆེར་ཞིག་སྦྱུ་གུ་འབུ་སྐབས་དབྱིབས་ཚུགས་དང་དྲི་མའི་ཐད་ནས་དབྱེ་འབྱེད་བྱེད་དཀའ་བ་དང་དུག་འདུས་ཚད་མཐོ་བས། ལུག་འཚོ་སྐབས་དུག་རྫ་ཚུང་མང་བའི་རྫ་ས་དང་རྒྱང་ཐག་རིང་ས་ནས་འཚོ་དགོས། དཔེར་ན་བརླན་བཤེར་ཆེ་བའི་བྱང་ངོས་སུ་མི་འཚོ་བ་ལྟ་བུ།

(གཉིས)དབྱར་ཐོག་འཚོ་ཚུལ།

དབྱར་ཐོག་ནི་ཚ་གདུག་ཆེ་བ་དང་ཆར་ཆུ་མོད་པ། རྫ་རྒྱུ་ཁ་ལ་བྱམས་པ། ཁོག་ནས་འཇུ་སླ་བ་བཅས་ཡིན་པས། སྐབས་ཐོག་དེར་ལུག་འཚོ་བའི་ལས་འགན་གཙོ་བོ་ནི་དབྱར་ཤེད་འཛིན་པ་དེ་ཡིན། ལུག་འཚོ་སྐབས་གཤམ་གྱི་དོན་དག་འགའ་ལ་དོ་སྣང་བྱེད་དགོས།

1.ས་སྐམ་ས་དང་ས་མཐོ་ས་རུ་ལུག་འཚོ་དགོས། སྤྱིར་རི་མཐོན་པོ་དང་གདོང་ཁ་བཅས་སུ་ལུག་འཚོ་བ་དང་། གནས་དེ་དག་ཏུ་རླུང་ཆེ་ཞིང་བསིར་ཁ་ཡིན་པ་དང་། རྫ་དམའ་ཞིང་ཐར་ཐོར་ཡིན་པ། འབུ་སྦྲང་ཉུང་བ་བཅས་ཡིན་པས། ལུག་གིས་སོས་དལ་ངང་རྫ་ཟོས་ཚོག་པ་དང་། གཞན་རྟེན་སྲིན་འབུའི་ནད་ཀྱང་ཉུང་བ་ཡིན།

2.ཟེལ་བ་ཡོད་ས་རུ་ལུག་འཚོ་མི་རུང་། དབྱར་ཐོག་ཟེལ་བ་མང་བས། ལུག་གིས་རྫ་ཟེལ་བ་ཅན་ཟོས་ན་གཞན་རྟེན་སྲིན་འབུའམ་འགོ་ནད་འབྱུང་སླ་བ་དང་། རྣང་སླ་བར་མ་ཟད། རྫའི་ནང་གི་སྐམ་རྫས་འདུས་ཚད་ཀྱང་ཚུང་དམའ།

3.ལུག་འཚོ་ཡུན་རིང་དགོས། ལུག་ལུག་ལྷས་ནས་ཐུ་ཕུད་དང་ལུག་ལྷས་སུ་འཕྱི་བསྐྱིལ་བྱེད་པ་དང་མཉམ་དུ་ཚྭ་ཁུ་འདང་ཚད་ཅིག་མཁོ་སྤྲོད་བྱེད་པ་དང་ཆུ་འགྲང་ཚད་ཅིག་བླུད་དེ། ཉིན་རེར་ལུག་འཚོ་ཡུན་དུས་ཚོད་10ཡན་ལ་བསྲིང་དགོས། དགོས་མཁོ་བྱུང་ན་མཚན་མོ་རི་རྒྱུག་བྱས་ནས་འཚོས་ཆོག

4. "བཞི་འགོག"བྱེད་དགོས། འབུ་སྲང་གིས་སོ་འདེབས་པ་འགོག་པ་དང་ཚ་གདུག་གིས་མགོ་ཡོམ་འཁོར་བ་འགོག་པ། ཆར་ཆུས་བརླན་པ་འགོག་པ། རྐང་ལག་གཅོག་པ་འགོག་པ་བཅས་བྱས་ཏེ། ལུག་ཕྲུའི་རྩྭ་འགྲང་ཚད་ཅིག་ཟ་བ་ཁག་ཐེག་བྱེད་དགོས།

(གསུམ)སྟོན་ཐོག་ལུག་འཚོ་ཚུལ།

སྟོན་ཐོག་བསིལ་ཞིང་རྡོད་གྲང་རན་པ་དང་ཆར་ཆུ་ཉུང་ཞིང་རྩྭ་འབྲུ་ཐོགས་ཡོད་པས། ཟུངས་བཅུད་ཀྱི་རིན་ཐང་མཐོ་ཞིང་ལུག་གི་ཡི་ག་ཆེ་བར་གྱུར་ཡོད། སྐབས་ཐོག་དེར་ལུག་འཚོ་བའི་ལས་འགན་གཙོ་བོ་ནི་སྟོན་ཤེད་འཛིན་རྒྱུ་དེ་རེད། སྐབས་ཐོག་དེར་ལུག་འཚོ་བའི་ཆོད་ནུས་ཇེ་མཐོར་གཏོང་བ་དང་མཉམ་དུ་གཤམ་གསལ་གྱི་དོན་དག་འགའ་ལ་དོ་སྣང་བྱེད་དགོས།

1.སོག་མ་སྦྱུད་དེ་ལུག་འཚོ་བ། སོག་མའི་ནང་དུ་སྐྱེ་མའམ་ལོ་རྩྭའི་སྙེ་ལྷང་ལོ་འདབ་ལུས་ཡོད་པས། དེ་དག་གི་ཟུངས་བཅུད་རིན་ཐང་མཐོ་བ་དང་ལུག་འཚོས་ཏེ་བེད་སྤྱོད་གང་ལེགས་བྱེད་དགོས།

2.ཐག་ཉེ་ས་རུ་འཚོ་ཡུན་རིང་དགོས། སྟོན་ཀར་ལུག་དལ་འདེད་བྱས་ཏེ་རྩྭ་ཟ་རུ་འཇུག་པ་དང་། ཁ་དཔེར"སྟོན་ཀ་རྒྱུག་གྲངས་མང་ན་ཤེད་མི་འབུད"ཟེར་བ་ཇི་བཞིན་ལུག་ཕྲུ་བཀྲམ་སྟེ་འཚོས་ན་འཚམ་པ་ཡིན། ལུག་འཚོ་སྐབས་ནངས་སྔ་ལང་དང་དགོང་འཕྱི་ཉལ་བྱས་ཏེ་འཚོ་དགོས་པ་དང་། མང་ཚོགས་ཀྱིས"ཉིན་རེར་ཐེངས་བཞིར་མ་འགྲངས་ན། སྟོན་ཤེད་འཛིན་པ་ཧ་ཅང་དཀའ"ཞེས་སྤྱི་སྙོམ་བྱས་ཡོད་པས། འཚོ་ཡུན་རིང་པོ་ཁག་ཐེག་བྱེད་རྒྱུ་ནི་ཧ་ཅང་གལ་ཆེན་ཞིག་ཡིན།

3. "བཞི་འགོག"ལག་བསྟར་བྱེད་པ། ཟིལ་བ་ཡོད་པ་དང་བད་ཀྱིས་བརྒྱབ་པའི་རྩྭ་ཟ་བ་འགོག་པ་དང་། དུག་རྩྭ་ཟ་བ་འགོག་པ། གནོད་ལྡན་རྩྭ་ཟ་

བ་འགོག་པ། རྟ་ཡུ་རིང་ཟ་བ་འགོག་པ་བཅས་བྱེད་དགོས།

(བཞི)དགུན་ཐོག་ལུག་འཚོ་ཚུལ།

དགུན་ཐོག་གྲང་ངར་ཆེ་བ་དང་ཁ་བ་ཆླུང་འཚུབ་མང་ཞིང་། རྩྭ་སེར་པོ་དང་རྩྭ་སྤུས་ཞན་པར་འགྱུར་བ་དང་། ཟུངས་བཅུད་འདུས་ཚད་ཧ་ཅང་དམའ། སྐབས་ཐོག་དེའི་ལུག་འཚོ་བའི་ལས་འགན་གཙོ་བོ་ནི་ལུག་གི་ཤ་ཤེད་ལྷུང་དུ་མི་འཇུག་པ་དེ་ཡིན་ལ། མངལ་ལྡན་མོ་ལུག་གི་མངལ་སྲུང་བ་དང་ལུ་གུ་བཙས་པའི་མོ་ལུག་གི་ལུ་གུ་སྐྱོར་བ། མངལ་འཚོར་དུ་མི་འཇུག་པ་བཅས་བྱེད་དགོས། ལུག་འཚོ་སྐབས་གཤམ་གྱི་གནད་འགག་ལ་དོ་སྣང་བྱེད་དགོས།

1.ལུག་འཚོ་ཡུན། སྤྱིར་བཏང་མོ་ལུག་ལུག་ལྷས་ནས་ཕུད་ཚད་འཕྱི་བ་དང་ཕྱི་དྲོར་ལུག་ལུག་ལྷས་ལ་བསྐྱིལ་ཕྲ་དགོས། བསེར་ཁར་གདོང་གཏད་དེ་ལུག་འཚོ་བ་ནི་བསེར་ཁར་མཇུག་བསྟན་ཏེ་འཚོ་བ་ལས་ལེགས་ཏེ། རྒྱུ་མཚན་ནི་བསེར་ཁར་གདོང་གཏད་དེ་ལུག་འཚོས་ན་བལ་ལུས་སྟེང་དུ་འབྱར་ནས་ལུས་དྲོད་ཡལ་ཚད་ཇེ་ཉུང་དུ་གཏོང་ཐུབ། རི་རྩྭ་ལུག་གི་ཁའི་དྲུང་ཐད་དུ་ཡོ་བ་ཡིན་པས་རྩྭ་ཟ་བར་ཕན་པར་མ་ཟད། ནམ་ཟླར་འགྱུར་ལྡོག་བྱུང་ཡང་ཁ་བསེར་བྱུ་རྒྱུ་ཕྱོགས་ལ་འཁོར་ནས་ལུག་ལྷས་སུ་ཡོང་ན་སྟབས་བདེ་ཡིན།

2.ལུག་འཚོ་ས་འདེམས་པ། ལུག་འཚོ་སྐབས་སྔོན་ལ་སྲིབ་ནས་འཚོ་བ་དང་། དེ་ནས་ཉིན་ནས་འཚོ་བ་ཡིན། དང་ཐོག་ལུང་མཐིལ་ནས་འཚོ་བ་དང་དེ་ནས་རི་ངོས་སུ་འཚོ་དགོས། དང་ཐོག་རྩྭ་དམའ་ས་ནས་འཚོ་བ་དང་དེ་ནས་རྩྭ་མཐོ་ས་ནས་འཚོ་དགོས། དང་ཐོག་ཐག་རིང་ནས་འཚོ་བ་དང་དེ་ནས་ཉེ་སར་བསྐྱིལ་ཏེ་འཚོ་དགོས།

3.མོ་ལུག་གི་མངལ་ཤོར་བ་སྔོན་འགོག་བྱེད་པ། སྦྲུམ་ལུག་འཁྲུགས་དར་ཐོག་ཏུ་བསྐྱོད་དུ་མི་འཇུག་པ་དང་། དར་སོབ་འདྲེས་པའི་ཆུ་འཐུང་དུ་མི་འཇུག

པ། གངས་ཞུ་བའི་ཆུ་མི་ལྡུད་པ། སྨུར་དུ་བདའ་འདེད་མི་བྱེད་པ། ལུག་ལྷས་སུ་སྐྱིལ་སྐབས་བཙང་ཁ་རྒྱག་ཏུ་མི་འཇུག་པ་བཅས་བྱེད་དགོས།

གསུམ། ཁང་བའི་ནང་དུ་གསོ་བ།

ལུག་ཁང་བའི་ནང་དུ་གསོ་བ་ནི་རོང་ཁུལ་ནས་རྒྱུན་དུ་མཐོང་བ་ཞིག་ཡིན། ལུག་ཁང་དུ་ཁ་ར་དང་ཆུ་ལྡུད་སྒྱུད་སོགས་བསྒྲིགས་ཏེ། ཉི་མ་རེར་གཟན་རྩྭ་ཐེངས་2~3ལ་སྟེར་བ་དང་། ཆུ་ཐེངས་2~3ལ་ལྡུད་དགོས། སྦོ་མ་སྐྱེས་ཡོད་སྐབས་ཁང་བའི་ནང་དུ་གསོས་པའི་ལུག་ལ་སྔོ་རྩྭའམ་སྔོང་ལོ་སོགས་སྟོང་ཁ་3~5སྟེར་དགོས། དགུན་དཔྱིད་གཉིས་ཀ་སྟེ་རྩྭ་སེར་པོར་འགྱུར་སྐབས་ཁང་བའི་ནང་དུ་གསོས་པའི་ལུག་ལ་རྩི་རིལ་སྟོང་ཁ་1~2དང་ཞིབ་གཟན་སྟོང་ཁ་0.3~0.5བཅས་སྟེར་དགོས། གཞན་ཁྲིམ་ལུག་དང་མངལ་ཡོད་མོ་ལུག་ལ་ཞིབ་གཟན་འོས་འཚམ་རེ་དང་ཁུ་མང་གཟན་ཆས་སྟོང་ཁ་0.5~1བཅས་སྟེར་དགོས། གཟན་ཆས་སྟེར་ཐབས་ཀྱི་ཐད་ནས་སྔོན་ལ་རགས་གཟན་དང་དེ་ནས་ཞིབ་གཟན། སྔོན་ལ་ཁ་ལ་མི་བྲོམས་པ་དང་དེ་ནས་ཁ་ལ་བྲོམས་པའི་གཟན་ཆས་བྱིན་ན་གཟན་ཆས་མང་པོ་ཟ་བར་ཕན་པ་ཡིན།

བཞི། ཕྱེད་བསྐྱིལ་ཕྱེད་འཚོ་བྱེད་ཐབས།

ལུག་གསོ་ཐབས་འདི་ནི་རྩྭ་སེར་པོར་འགྱུར་སྐབས་སྤྱོད་པའི་ཐབས་ལམ་ཞིག་ཡིན། རྩྭ་སེར་པོར་འགྱུར་སྐབས་ལུག་རི་ནས་འཚོས་པ་ཙམ་གྱིས་ལུས་ཕུང་གི་སྙིང་ཚབ་གསར་བརྗེ་བྱེད་པའི་དགོས་མཁོ་བསྐང་མི་ཐུབ་པས། རྩི་རིལ་དང་ཞིབ་གཟན་འོས་འཚམ་རེ་བྱིན་ཏེ་ལུག་གི་བདེ་ཐང་ཁག་ཐེག་བྱེད་དགོས། གཟན་ཆས་ཁ་སྣོན་བྱེད་སྐབས་ཡུལ་བབ་དང་བསྟུན་ནས་ནངས་དགོང་གཉིས་ལ་རྩི་རིལ་དང་རྩྭ་སྐམ་སྟེར་དགོས། ཞིབ་གཟན་དགོང་མོ་སྟེར་ཐེངས་གཅིག་ལ་སྟེར་དགོས། གལ་ཏེ་ལུག་གྲངས་ཉུང་ན་གཟན་རྩྭ་སླེ་བོའི་ནང་དུ་བཞག་སྟེ་རང་དབང་སྒོས་ཟ

ཏུ་འཇུག་དགོས། ལུག་གྲངས་མང་ན་ལུག་ལྷས་སུ་ཁ་ར་བསྐར་ཏེ་གཟན་རྩ་སྟེར་བ་དང་། ཡང་ན་གཟན་རྩ་རྩ་ཤོག་བརྒྱབ་སྟེ་ལུག་གི་མགོ་ཐོག་ལ་དཔྱངས་ཏེ་ལུག་ལ་རང་དབང་སྒོས་ཟ་ཏུ་འཇུག་དགོས། ཁྱིམ་ལུག་རི་ནས་འཚོ་སྐབས་མ་གཏོགས་དུས་ཚིགས་བཞི་པོར་རགས་གཟན་དང་ཞིབ་གཟན་ངེས་ཅན་ཞིག་ཁ་གསབ་བྱས་ཏེ། ལུས་ཕུང་བདེ་ཐང་ཡིན་པ་དང་ཆགས་པ་ཆེ་བ་བཅས་ཁག་ཐེག་བྱེད་དགོས། དགུན་རྩ་སེར་པོར་འགྱུར་སྐབས་ལུག་གཞན་དག་ལ་གཟན་ཆས་འོས་འཚམ་རེ་ཁ་གསབ་བྱེད་པ་དང་། ཁྱད་པར་དུ་མངལ་ཆགས་པ་དང་ལུ་གུ་ཁྲིད་སྐབས་གཟན་ཆས་ཁ་སྣོན་བྱེད་པར་སྔར་ལས་ལྷག་པའི་སྒོ་ནས་ཤུགས་སྣོན་བྱེད་དགོས། ཁ་སྣོན་བྱེད་པའི་གཟན་ཆས་ཀྱི་སྟེར་ཚད་དང་གཟན་ཆས་ཀྱི་རིགས་ནི་འཚོ་སྐྱོང་ཆ་རྐྱེན་དང་ཤ་ཤེད་ཀྱི་གནས་ཚུལ། ལུ་གུའི་བཙས་གྲངས་བཅས་ལ་གཞིགས་ཏེ་གཏན་ཁེལ་བྱེད་དགོས།

ལེ་ཚན་གཉིས་པ། ཤ་སྐྱོད་ལུག་གི་གསོ་སྐྱོང་བདག་གཉེར།

གཅིག　མོ་ལུག་གསོ་སྐྱོང་བདག་གཉེར་བྱེད་ཚུལ།

མོ་ལུག་ལ་མཚོན་ན་ལོ་གཅིག་གི་ནང་དུ་སྐམ་པ་ཡིན་དུས་དང་མངལ་སྦྲུམ་དུས། ལུ་གུར་འོ་མ་སྣུན་དུས་བཅས་སྐྱེ་ཁམས་ཀྱི་གོ་རིམ་གསུམ་མཆིས།

(གཅིག) སྐམ་པ་ཡིན་དུས།

སྐམ་པ་ཡིན་དུས་ནི་ལུ་གུར་འོ་མ་བསྣུན་མཚམས་བཅད་དེ་མངལ་འཛིན་པའི་བར་ཏེ། ཕལ་ཆེར་ཟླ་ངོ་3གྱི་དུས་ཡུན་མངའ། སྐབས་ཐོག་དེར་མོ་ལུག་ལ་དབུགས་སོས་ཤིང་ཤ་ཤེད་འཛིན་པ་དང་། སྟེབ་སྦྱོར་མངལ་འཛིན་བྱེད་པར་མགོ་བའི་ཟུངས་བཅུད་བསགས་ཏེ་མོ་ལུག་གི་མངལ་ཆགས་ཚད་དང་ལུ་གུ་བཙའ་ཚད

ཅུང་ཇེ་མཐོར་གཏོང་དགོས། མོ་ལུག་ལ་བསེར་སྐམ་གཟན་ཆས་སྟེར་ཚད་ནི་མོ་ལུག་གི་ལུས་ལྗིད་ཀྱི 2.5%ཟིན་དགོས།

(གཉིས)མངལ་ཆགས་སྐབས།

1.དང་ཐོག་མངལ་ཆགས་སྐབས། ཕྲུ་གུ་ཡར་སྐྱེ་འཕྲུང་བ་ཅུང་དལ་བ་དང་མོ་ལུག་ལ་མཁོ་བའི་ཟུངས་བཅུད་ནི་སྐམ་པ་ཡིན་དུས་དང་གཅིག་མཚུངས་ཡིན་པས། ཤ་ཤེད་ལེགས་པོ་ཞིག་འཛིན་པ་རྒྱུན་འཁྱོངས་བྱེད་དགོས། ཕྱིར་སྟོན་དུས་འཁྲིག་སྦྱོར་བྱས་རྗེས་རྩྭ་སྔོ་བའམ་རྩྭར་འབྲུ་གུ་ཐོགས་ཡོད་པས། བཅུད་རྫས་ཕུན་སུམ་ཚོགས་པ་ལྡན་པ་དང་རང་བྱུང་འཚོ་བཅུད་ཁོ་ནར་བརྟེན་ཀྱང་མོ་ལུག་ལ་ཟུངས་བཅུད་འདང་བ་ཡིན། འོན་ཀྱང་འཁྲིག་སྦྱོར་བྱས་འཕྱིས་ན་སྔོ་རྩྭ་སེར་སྐམ་དུ་འགྱུར་བ་ཡིན་པས་མོ་ལུག་ལ་གཟན་ཆས་ཁ་སྣོན་བྱེད་དགོས། ཉིན་གཟན་དུ་འབུ་སུ་ཏང 50% ཙི་རིལ 30% སྔོ་ཉར་མ་སྔོས་ལོ་ཏོག 15% ཞིབ་གཟན 5%བཅས་བསྲེ་དགོས། བདག་གཉེར་བྱེད་པའི་ཐད་ནས་མོ་ལུག་ལ་བད་རྩྭ་དང་ཅུལ་རྩྭ་ཟ་རུ་མི་འཇུག་པ་དང་། འཇོག་བསླངས་ཏེ་བདའ་འདེད་མི་བྱེད་པ་དང་དར་སོབ་ཅན་གྱི་ཆུ་ལྷུད་མི་རུང་། མངལ་ཆགས་མ་ཐག་གི་མི་མངོན་པའི་སྦྲུམ་ཤོར་འཕྲུང་བ་སྔོན་འགོག་བྱེད་དགོས།

2.མངལ་ཆགས་པའི་མཇུག་ཏུ། མངལ་ཆགས་ནས་ཟླ་ངོ 5 ~6འགོར་རྗེས་ལུ་གུ་ཁེར་སྐྱེ་ཡིན་ན་གཟན་ཆས་ཀྱི་རྨང་གཞིའི་སྟེང་དུ་གཟན་ཆས 12%དང་ལུ་གུ་གཉིས་ཆགས་པའི་མོ་ལུག་ལ་གཟན་ཆས 25%བཅས་ཁ་སྣོན་བྱེད་དགོས། ཉིན་གཟན་གྱི་གྲུབ་ཚུལ་ནི་རྩྭ་སྐྱ་སྟོང་ཁ 1~1.5དང་སྔོ་ཉར་གཟན་ཆས་སྟོང་ཁ 1.5 ཞིབ་གཟན་སྟོང་ཁ 0.45བཅས་ཡིན་ལ། ལུ་གུ་མ་བཙས་པའི་སྔོན་གྱི་ཟླ་ངོ 3~6 གི་སྔོན་དུ་ཞིབ་གཟན་གྱི་བསྣར་ཚད 18%~30%སྟེར་དགོས། འཚོ་སྐྱོང་གཙོ་བྱེད་པའི་ལུག་ཁྱུ་ཡིན་ན་ལུ་གུ་བཙའ་རན་སྐབས་ཉི་མ་རེར་དུས་ཚོད 6ལ་འཚོ

དགོས་པ་དང་། ལུག་འཚོ་ཐག་སྟོང་སྨིས 8ཀྱིས་ཉུང་ཡིན་མི་རུང་། ཉི་མ 7 ~8འགོར་རྗེས་མོ་ལུག་གིས་ལུ་གུ་བཙའ་སྐབས་དུས་ཐོག་ཏུ་ལུག་ཁང་དུ་བསླེབ་ཐུབ་པའི་ཆེད་དུ་ས་ཐག་རིང་དུ་འཚོ་རུ་འགྲོ་མི་རུང་། ལུག་འདེད་སྐབས་དལ་འདེད་དལ་སྐྱོད་བྱེད་དགོས། ར་སྣོན་ནས་ཡར་འདེད་ཚུར་འགོག་བྱེད་པ་དང་གཟན་རྩྭ་སྟེར་སྐབས་བཙང་ཁ་བརྒྱབ་སྟེ་མངལ་ཤོར་བ་སྔོན་འགོག་བྱེད་དགོས།

(གསུམ)ལུ་གུར་འོ་མ་སྣུན་སྐབས།

ལུ་གུར་འོ་མ་སྣུན་ཡུན་ནི་ཉི་མ 90 ~120ཡིན། ལུ་གུ་བཙས་ནས་ཟླ་ངོ 2 ཀྱི་ནང་དུ་ལུ་གུའི་ཟུངས་བཅུད་གཙོ་བོ་ཨ་མའི་འོ་མ་ཡིན་པས། མོ་ལུག་གི་ཟུངས་བཅུད་ཆུ་ཚད་ཁག་ཐེག་བྱེད་པ་སྔོན་འགྲོ་ཡིན། ལུ་གུ་གཉིས་རེ་བཙས་པའི་མོ་ལུག་ལ་ཉི་མ་རེར་ཞིབ་གཟན་སྟོང་ཁེ 0.4 ~0.6དང་འབུ་སུ་ཧྲང་སྟོང་ཁེ 1བཅས་སྟེར་དགོས། ལུ་གུ་ཁེར་སྐྱེའི་མོ་ལུག་ལ་ཞིབ་གཟན་དང་འབུ་སུ་ཧྲང་གི་རྩྭ་ཕྱེ་སྟེར་ཚད་ནི་སོ་སོར་སྟོང་ཁེ 0.3 ~0.5དང་སྟོང་ཁེ 0.5བཅས་ཡིན། གནས་ཚུལ་འདི་གཉིས་ཀར་ཕྲད་ན་ཁྲུ་མང་གཟན་ཆས་སྟོང་ཁེ 1.5ཁ་གསབ་བྱེད་དགོས། བདག་གཉེར་གྱི་ཐད་ནས་ལུ་གུ་བཙས་ནས་ཉི་མ 1~3ཀྱི་ནང་དུ་ཤ་ཤེད་བཟང་བའི་མོ་ལུག་ལ་ཟས་མི་འཇུ་བ་དང་། ནུ་རྨེན་ཚ་ནད་སོགས་འབྱུང་དུ་མི་འཇུག་པའི་ཆེད་དུ་ཞིབ་གཟན་སྟེར་མི་རུང་། ཆུ་འཁྲང་ཚོད་བཏུང་དུ་འཇུག་པ་དང་ལུག་ཁང་སྐམ་སངས་གཙང་སྦྲ་ཡིན་པ་ཁག་ཐེག་བྱེད་དགོས། ལུ་གུ་ནར་སོན་ཏེ་ཟླ་ངོ 2 ལོན་སྐབས་མོ་ལུག་གི་འོ་མ་སྟེར་ཚད་རིམ་བཞིན་དུ་ཉམས་པ་དང་། ལུ་གུས་སྔོ་རྩྭ་དང་ཞིབ་བཏགས་གཟན་ཆས་འཐོར་ཆེན་ཟ་ཐུབ་པས་ན། མོ་ལུག་ལ་གཟན་ཆས་ཁ་གསབ་སྟེར་མཚམས་བཞག་ཅིང་རི་ནས་འཚོ་ཤ་སྐྱག་བྱས་ཆོག

གཉིས། ཁྲིམ་ལུག་གསོ་སྐྱོང་བདག་གཉེར་བྱེད་ཚུལ།

ཁྲིམ་ལུག་གིས་འཁྲུག་སྦྱོར་བྱེད་པའི་དུས་ཚིགས་སུ་ནང་སྟེབ་བྱེད་པ་དང་

མིའི་ཐབས་ཀྱིས་ཁམས་དཀར་འཛུགས་པ་སོགས་རྒྱུད་དག་སྐྱེ་འཕེལ་བྱེད་པར་མ་ཟད། འཁྲིག་སྦྱོར་དུས་ཚིགས་མ་ཡིན་པའི་སྐབས་སུ་ཁམས་དཀར་འཛུགས་བཟོ་བྱས་ཏེ་ཤ་སྤྱོད་ལུག་རྒྱུད་བེད་སྤྱོད་གང་ལེགས་བྱེད་དགོས། དེར་བརྟེན། གསོ་སྐྱོང་བདག་གཉེར་གྱི་ཐད་ནས་ངེས་པར་དུ་ཞིབ་ཚགས་ཡིན་པ་དང་། ཁྲིམ་ཕྲུ་བསྒྲིགས་ཏེ་ཁེར་འཚོ་དང་གཟན་ཆས་ཁ་སྣོན་བྱས་ཏེ་འཚོ་བ་ལས་ཁྲིམ་དང་མོ་ལུག་བསྲེ་འཚོ་བྱེད་མི་རུང་། ཁྲིམ་ལུག་གི་འགྲུལ་སྐྱོད་བདག་གཉེར་ལ་ཤུགས་སྣོན་བྱས་ཏེ་ལུས་ཕུང་བདེ་ཞིང་ཐང་པོ་དང་ཤ་ཤེད་རན་པར་བྱས་ནས་ལོ་ཁོར་མོ་ཡུག་ཏུ་ཤ་ཤེད་འབྲིང་མཐོ་ཙམ་དུ་གནས་པར་བྱེད་དགོས།

(གཅིག)འཁྲིག་སྦྱོར་བྱེད་སྐབས་མིན་པའི་གསོ་སྐྱོང་བདག་གཉེར།

འཁྲིག་སྦྱོར་བྱེད་སྐབས་མིན་པའི་ཁྲིམ་ལུག་ནི་རི་ནས་འཚོ་བར་མ་ཟད། དགུན་དཔྱིད་དུས་ཚིགས་སུ་ཉི་མ་རེར་བསྲེ་སྦྱེབ་ཞིབ་གཟན་ཁེ 400 ~600དང་། ལ་སེར་རམ་ཡུང་ཀུན་སྟོང་ཁེ 0.5 རྡ་སྐྱ་སྟོང་ཁེ 3 ཚྭ་ཁྱེ་ཁེ 5 ~10 ལིན་སོན་ཆེན་ཀའི་ཁེ 5བཅས་སྟེར་དགོས། དབྱར་སྟོན་དུས་ཚིགས་སུ་རི་ནས་འཚོ་སྐྱོང་བྱེད་པ་གཙོ་བོ་བྱས་ཏེ། རགས་གཟན་དང་སྔོ་གཟན་ཁ་གསབ་མི་བྱེད་པར་ཉི་མ་རེར་ཞིབ་གཟན་ཁེ 500 ~800སྟེར་དགོས་པར་མ་ཟད། ཆུ་རང་དབང་སྣོམས་བཏུང་དུ་འཇུག་དགོས།

(གཉིས)འཁྲིག་སྦྱོར་བྱེད་སྐབས་ཀྱི་གསོ་སྐྱོང་བདག་གཉེར།

ལུག་གི་འཁྲིག་སྦྱོར་བྱེད་སྐབས་ཀྱི་གསོ་སྐྱོང་བྱེད་ཐབས་ལ་འཁྲིག་སྦྱོར་གྲ་སྒྲིག་བྱེད་སྐབས(འཁྲིག་སྦྱོར་མ་བྱས་པའི་སྔོན་གྱི་ཟླ་ངོ 1~1.5ཡི་ནང)དང་། འཁྲིག་སྦྱོར་བྱེད་སྐབས། འཁྲིག་སྦྱོར་བྱས་རྗེས་ལུས་ཕུང་སོས་སྐབས(འཁྲིག་སྦྱོར་བྱས་རྗེས་ཀྱི་ཟླ་ངོ 1 ~1.5ཡི་ནང)བཅས་གཅིག་མཚུངས་མིན་པའི་གོ་སྐབས་གསུམ་ཡོད། འཁྲིག་སྦྱོར་གྲ་སྒྲིག་བྱེད་སྐབས་རིམ་བཞིན་དུ་ཁྲིམ་ལུག་ལ་ཞིབ

གཟན་སྟེར་ཚད་ཇེ་མང་ལ་གཏོང་དགོས། འཁྲིག་སྦྱོར་བྱེད་སྐབས་ཞིབ་གཟན་60% ~70%ནས་སྟེར་མགོ་རྩོམ་པ་དང་། རིམ་བཞིན་དུ་འཁྲིག་སྦྱོར་བྱེད་སྐབས་ཀྱི་ཞིབ་གཟན་སྟེར་ཚད་ལ་བསྣོན་ཏུ་འཇུག་དགོས། འཁྲིག་སྦྱོར་བྱེད་སྐབས་ཁྲིམ་ལུག་གི་འགྲུལ་སྐྱོད་བྱེད་པར་ཤུགས་སྣོན་དང་། ཉིན་གཟན་ཁྲོད་ཀྱི་སྲོག་ཆགས་རང་བཞིན་གྱི་སྤྲི་དཀར་འདུས་ཚད་ཇེ་མང་དུ་གཏོང་དགོས། ཉིན་རེའི་གཟན་ཆས་ཁ་གསབ་བྱེད་ཚད་ཕལ་ཆེར་བསྲེ་འདྲེས་ཞིབ་གཟན་སྟོང་ཁེ 0.8 ~1.2དང་ལ་སེར་སྟོང་ཁེ 0.5% ~1.0% སྙེ་མ་ཅན་དང་སྤྲན་མའི་རིགས་བསྲེ་འདེབས་བྱས་པའི་གཟན་རྩྭ་སྟོང་ཁེ 3~4དང་། ཡང་ན་རྩི་རིལ་སྟོང་ཁེ 2 ཚྭ་ཁྱུ་ཁེ 15~20 ལིན་སོན་ཆེན་ཀའི་ཁེ 5~10བཅས་ཐེངས 2~3བྱས་ནས་སྟེར་དགོས། ཆུ་རང་དབང་སྨོས་བཏུང་དུ་འཇུག་དགོས། འཁྲིག་སྦྱོར་བྱས་ཏེ་དབུགས་སོས་སུ་འཇུག་སྐབས་ཟླ་ངོ 1 ~1.5ཡི་ནང་དུ་ཁྲིམ་ལུག་གི་གསོ་སྐྱོང་ཆུ་ཚད་འཁྲིག་སྦྱོར་བྱེད་སྐབས་ཀྱི་ཆུ་ཚད་དང་གཅིག་མཚུངས་ཡིན་པ་རྒྱུན་འཁྱོངས་བྱས་ཏེ། ཁྲིམ་ལུག་གི་ལུས་ཕུང་མགྱོགས་མྱུར་སློས་སོས་པར་བྱེད་པ་དང་། ཁྲིམ་ལུག་གི་ལུས་ཕུང་སོས་པའི་གནས་ཚུལ་ལ་གཞིགས་ཏེ་རིམ་པ་བཞིན་དུ་ཞིབ་གཟན་ཇེ་ཉུང་དུ་བཏང་ཞིང་། འཁྲིག་སྦྱོར་མིན་པའི་དུས་སྐབས་ཀྱི་གསོ་སྐྱོང་ཚད་གཞིར་བསྣོན་ཏུ་འཇུག་དགོས། འཚོ་སྐྱོང་འགྲུལ་སྐྱོད་ལ་ཤུགས་སྣོན་དང་ཁྲིམ་ལུག་གི་ལུས་ཕུང་སྦྱོང་བརྡར་བྱས་ཏེ་རིམ་པ་བཞིན་དུ་འཁྲིག་སྦྱོར་བྱེད་སྐབས་མ་ཡིན་པའི་གསོ་སྐྱོང་དང་བདག་གཉེར་ལ་ཐོབ་ཏུ་འཇུག་དགོས།

གསུམ། གསོས་གྲུབ་ལུག་གི་གསོ་སྐྱོང་བདག་གཉེར།

འོ་མ་ནུ་མཚམས་བཅད་དེ་ཐོག་དང་པོར་སྦྲིག་པའི་ལུག་ལ་གསོས་གྲུབ་ལུག་ཟེར། ཕོ་ལུག་མོ་ལུག་གང་ཡིན་ཡང་སྦྲིག་རན་དུས་ཕྲུ་བཀར་ཏེ་གསོ་སྐྱོང་བྱེད་དགོས། དགུན་བཀལ་བྱེད་སྐབས་ཁང་པའི་ནང་ནས་གསོ་སྐྱོང་བྱེད་པ་གཙོ

ཕོ་དང་རི་ནས་འཚོ་སྐྱོང་བྱེད་པ་ཞར་ཞོར་ཡིན་དགོས། དགུན་ལུག་བཙའ་སྟེ་བ་དང་འོ་མ་ནུ་མཚམས་བཅད་རྗེས་ཧན་ཧན་ཟོ་རྩྭ་སྐྱེ་སྐབས་ཡིན་པས། འཚོ་སྐྱོང་བྱས་ཏེ་ཟོ་རྩྭ་ཟ་རུ་བཅུག་ན་སྟོན་ཤེད་འཛོན་པར་ཕན། དབྱིད་ལུག་སྐྱེ་འཕྱེ་བ་དང་འོ་མ་ནུ་མཚམས་བཅད་རྗེས་དུས་ཡུན་མི་རིང་བར་ཟོ་རྩྭ་སེར་སྐམ་དུ་འགྱུར་བ་ཡིན་པས། སྐབས་ཐོག་དེར་སྟེ་མོ་ནས་རྩེ་རིལ་སྤུས་ལེགས་དང་བསྲེ་སྦྱེལ་ཞིབ་གཟན་འདང་ཚད་ཅིག་གྲ་སྒྲིག་བྱེད་དགོས།

བཞི། ལུ་གུ་གསོ་སྐྱོང་བདག་གཉེར་བྱེད་ཚུལ།

ལུ་གུ་བདག་གཉེར་བྱེད་པ་ནི་ལུ་གུར་འོ་མ་ནུ་མཚམས་མ་བཅད་པའི་སྔོན་ལ་བདག་གཉེར་བྱེད་པར་བསྟན་པ་ཡིན། སྐབས་ཐོག་དེ་ནི་ལུ་གུ་ཡར་སྐྱེ་འཚར་ལོངས་འབྱུང་བའི་ཆེས་གལ་འགག་གི་དུས་སྐབས་ཡིན་པས། གསོ་སྐྱོང་བདག་གཉེར་གྱི་ཐད་ནས་གཤམ་གསལ་གྱི་བྱ་བ་ལེགས་སྒྲུབ་བྱེད་དགོས།

(གཅིག)ཁོར་ཡུག་འཕྲོད་བསྟེན་གྱི་བྱ་བར་ཤུགས་སྣོན་བྱེད་པ།

ལུ་གུའི་ལུས་ཕུང་ཞན་པ་དང་ནད་འགོག་བྱེད་ནུས་གཉོམ་པས་ན། སྔོས་བཅས་སྐོས་ནད་འབྱུང་ཚད་ཅུང་མཐོ། དེར་བརྟེན། ལྷས་རའི་འཕྲོད་བསྟེན་གྱི་བྱ་བ་ལེགས་སྒྲུབ་བྱེད་པ་དང་ལུ་གུར་ནད་འབུ་ཕྲ་མོ་དང་འཕྲད་པའི་གོ་སྐབས་ཇེ་ཉུང་དུ་གཏོང་བ་བཅས་ནི་ལུ་གུར་ནད་འབྱུང་ཚད་ཇེ་ཉུང་དུ་གཏོང་བའི་ཐབས་ལམ་གལ་ཆེན་ཞིག་ཡིན།

(གཉིས)མིའི་ཐབས་ཀྱིས་འོ་མ་བསྣུན་པ།

གལ་ཏེ་ལུ་གུ་བཙས་རྗེས་མོ་ལུག་ཤི་བ་དང་མོ་ལུག་ལ་ནུ་མའི་ཚ་ནད་བྱུང་བའམ་ལུ་གུ་བཙས་པ་མང་ཡང་འོས་འཚམ་གྱི་མ་ཡར་བཙལ་ནས་མི་རྙེད་ན་མིའི་ཐབས་ཀྱིས་འོ་མ་བསྣུན་ཆོག མིའི་ཐབས་ཀྱིས་འོ་མ་བསྣུན་སྐབས་བ་མོའི་འོ་མ་དང་ར་མའི་འོ་མ། འོ་ཐུ། སྲན་ཁུ་བཅས་སྤྱད་ཆོག

(གསུམ)དུས་ཐོག་ཏུ་ར་མ་གཅོད་པ།

བོད་ལུགས་མ་ཡིན་པའི་ལུག་རྒྱུད་ཀྱི་ལུ་གུ་ཡིན་ན། བཙས་ནས་གཟའ་འཁོར་2~3འགོར་རྗེས་ར་མ་གཅོད་དགོས། ར་མ་གཅོད་སྐབས་2%~3%ཅན་གྱི་ཏིན་ཅུག་གིས་རྨ་ཁར་དུག་སེལ་བྱེད་དགོས། ར་མ་བཅད་རྗེས་ཀྱི་ཉི་མ་འགའི་ནང་དུ་རྒྱུན་དུ་ཞིབ་བཤེར་བྱེད་དགོས། ར་མའི་བཅད་མཚམས་བརྣག་པ་དང་ཁྲག་བཞུར་བ་སོགས་ཀྱི་གནས་ཚུལ་བྱུང་ན་དུས་ཐོག་ཏུ་ཐག་གཅོད་བྱས་ཏེ་ནད་འགོ་བ་སྔོན་འགོག་བྱེད་དགོས།

(བཞི)དུས་ཐོག་ཏུ་གཟན་ཆས་ཁ་གསབ་བྱེད་པ།

ལུ་གུ་བཙས་ནས་གཟའ་འཁོར་4ཡས་མས་འགོར་རྗེས་མོ་ལུག་གིས་འོ་མ་སྟེར་ཚད་ཆེས་མཐོ་བའི་དུས་ཡིན། དེ་ནས་རིམ་པ་བཞིན་དུ་འོ་མ་སྟེར་ཚད་ཇེ་ཉུང་དུ་འགྲོ་བ་དང་། ཟླ་ངོ་2འགོར་རྗེས་ངེས་པར་དུ་གཟན་ཆས་ཁ་གསབ་བྱེད་དགོས། སྤྱིར་ལུ་གུ་བཙས་ནས་ཉི་མ་15ཡས་མས་འགོར་རྗེས་ལུ་གུས་རྩྭ་མྱུག་དང་ཤིང་ལོ། ཞིབ་གཟན་བཅས་ཟ་མགོ་སློབ་པ་ཡིན། སྣུན་ཆས་སྟེར་སྐབས་ཞིབ་བཏགས་བྱེད་པ་དང་། ཞིབ་བཏགས་མ་བྱས་པའི་སྔོན་དུ་བརྫས་ན་ལེགས་པར་མ་ཟད། ཚྭ་ཁུ་དང་ལིན་སོན་ཆེན་ཀའི་འོས་འཚམ་རེ་ཁ་སྣོན་བྱེད་དགོས། ཁུ་མང་གཟན་ཆས་ཁ་གསབ་བྱེད་སྐབས་ཞིབ་གཏུབ་བྱེད་པ་དང་། ཞིབ་གཟན་དང་བསྲེས་ཏེ་ལུ་གུར་སྟེར་དགོས། གཟན་རྩྭ་ཟ་ལོབ་ཏུ་གྱུར་པ་ན་སྔོ་ལྡང་གཟན་རྩྭའམ་སྤྲུས་ལེགས་རྩེ་རིལ་རྩྭ་སྟེགས་སྟེང་དུ་བཀྲམ་སྟེ་ལུ་གུར་རང་དབང་སྔོས་ཟ་རུ་འཇུག་དགོས།

(ལྔ)ལུ་གུའི་འོ་མ་ཁ་མཚམས་གཅོད་པ།

སྤྱིར་ཟླ་ངོ་3ཡས་མས་ཀྱི་ལུ་གུ་ཡིན་ན་འོ་མ་ཁ་མཚམས་གཅོད་དགོས། འོ་མ་ཁ་མཚམས་གཅོད་ཐུབ་ན་ལུ་གུ་འཆི་ཚད་ཇེ་མང་དུ་གྱུར་ཏེ། དགོས་མེད་ཀྱི་

སྐྱོང་གསུད་བཟོ་སྲིད། འོ་མ་ནུ་མཚམས་གཅོད་འཕྱིས་ན(ཟླ་ངོ 4བརྒལ་བ)ལུ་གུ་ཡར་སྐྱེ་འཚར་ལོངས་འབྱུང་བར་གནོད་པར་མ་ཟད། མོ་ལུག་གི་སྐྱེ་འཕེལ་དང་ཐོན་སྐྱེད་ལའང་མི་ཕན།

ལྔ། གསོས་གྲུབ་ལུག་གི་གསོ་སྐྱོང་བདག་གཉེར།

ཆུང་དུས་ཀྱི་ལུ་གུའི་ཡར་སྐྱེ་ཁྱད་ཆོས་ནི་ནར་སོན་འཚར་ལོངས་བྱེད་པ་མགྱོགས་ཤིང་གཟུགས་པོག་ཇེ་ཆེར་འགྱུར་ཚད་ནི་གཟུགས་པོག་མ་ཡིན་པའི་ཁག་ལས་ཆེ་བ་དང་། ཚོལ་གསོག་ཚད་ཉུང་ཞིང་གྲོད་པུས་ཞིབ་གཟན་བེད་སྤྱོད་བྱེད་ནུས་ཆེ་བ་སོགས་ཡིན་པས། སྐབས་ཐོག་དེའི་ལུ་གུར་ཤེད་མོང་འབུད་དུ་བཅུག་ན་ཤ་པོག་ཆེ་བར་མ་ཟད། གཟན་ཆས་ཀྱི་ངོ་ཡང་ཆེས་གསལ་བ་ཡིན།

(གཅིག)སྔ་མོ་ནས་འོ་མ་ནུ་མཚམས་བཅད་དེ་ཞིབ་གཟན་གྱིས་ལུ་གུའི་ཤེད་མོང་གསོ་བའི་ལག་རྩལ།

1.ཤེད་མོང་གསོ་བའི་ཉིན་གཟན་བསྡེབ་པ། འབྲུ་སྣའི་གཟན་ཆས་གང་ཡིན་ཡང་ལུ་གུའི་ཤེད་མོང་གསོས་ཆོག འོན་ཀྱང་བྱེད་ནུས་ཆེས་ལེགས་པ་ནི་མ་རྨོས་ལོ་ཏོག་སོགས་ནུས་མཐོ་གཟན་ཆས་ཡིན། ཞིབ་འཇུག་བྱས་པ་ལྟར་ན། ཕྱེད་བརྟགས་འབྲུ་གཟན་གྱི་ཕན་ནུས་ནི་འབྲུ་གཟན་ཧྲིལ་པོ་ལས་ལེགས་པ་དང་། འབྲུ་གཟན་སྣ་གཅིག་འབྲུ་གཟན་བསྲེས་མ་ལ་མི་དོ་བ་རེད།

2.གསོ་སྐྱོང་བྱེད་སྟངས། ལུ་གུར་རང་དབང་སྒོས་རྩྭ་ཟ་རུ་འཇུག་པ་དང་ཆུ་བཏུང་དུ་འཇུག་དགོས། གལ་ཏེ་ལུ་གུ་གང་ཞིག་གིས་གྲུང་ས་ཟ་བ་མཐོང་ན་ལུག་ལྷས་སུ་ཁ་ར་འཇོག་པ་དང་། ཁ་རའི་ནང་དུ་ཚྭ་ཁུ་དང་ཚྭ་ཁུའི་མང་ཉུང་དང་མཚུངས་པའི་རྗེ་ཕྱི་གཏོར་ཏེ་ལུ་གུར་རང་དབང་སྒོས་བལྡག་ཏུ་འཇུག་དགོས།

3.བདག་གཉེར་ལག་རྩལ། ① འོ་མ་ནུ་མཚམས་མ་བཅད་པའི་སྔོན་གྱི་ཉི་མ 15ཡི་ཡར་སྔོན་དུ་ལུ་གུ་ཁེར་འགོག་བྱས་ཏེ་གཟན་ཆས་སྟེར་དགོས། ②ལུ་

ཀུ་མ་བཅས་པའི་སྟོན་དུ་མོ་ལུག་ལ་འགོག་སྨན་རྒྱག་པའམ་འོ་མ་ནུ་མཚམས་མ་བཅད་པའི་སྟོན་གྱི་ལུ་གུར་འགོག་སྨན་རྒྱག་དགོས། ③འོ་མ་ནུ་མཚམས་མ་བཅད་པའི་སྟོན་ལ་ཁ་གསབ་བྱེད་པའི་གཟན་ཆས་དང་འོ་མ་ནུ་མཚམས་བཅད་དེ་ཤེད་འབུད་གཟན་ཆས་གཉིས་གཅིག་མཚུངས་ཡིན་དགོས། ④ཤེད་འབུད་གསོ་ཡུན་ནི་ཉི་མ་50~60བར་ཡིན་པ་དང་། བར་དེར་བཀུང་ཆུ་ཆད་དུ་འཇུག་མི་རུང་བ་དང་གཟན་ཆས་ཆད་དུ་འཇུག་མི་རུང་།

(གཉིས)འོ་མ་ནུ་མཚམས་བཅད་རྗེས་ལུ་གུའི་ཤ་ཤེད་གསོ་བའི་ལག་རྩལ་ཐབས་ལམ།

གཟུགས་གཞི་ཆུང་བའམ་ཤ་ཤེད་ཞན་པའི་ལུག་འོས་འཚམ་སྣོས་གཟན་གསོ་བྱེད་པ་དང་། གཟུགས་གཞི་ཆེ་ཞིང་ཤ་ཤེད་ལེགས་པའི་ལུ་གུར་བཙན་གྱིས་ཤེད་སློང་གསོས་ན། གོམ་གང་མདུན་སྤེལ་སྣོས་དཔལ་འབྱོར་གྱི་ཕན་ནུས་རྗེ་མཐོར་གཏོང་ཐུབ། ཐབས་ལམ་འདི་སྐབས་བདེ་སྤྱོད་བདེ་ཞིག་ཡིན་པས། རྩྭ་སའི་གནས་ཚུལ་ལ་གཞིག་པ་དང་རྒྱུད་མི་གཅིག་པའི་ལུ་གུ་འདེམས་གསོ་བྱེད་དགོས། དཔེར་ན་ཤུགས་ཆེན་པོའི་སྣོ་ནས་ལུག་ཤེད་གསོ་བ་དང་། སྤྱིར་བཏང་སྣོས་ལུག་ཤེད་གསོ་བ། རི་ནས་འཚོས་ཏེ་ལུག་ཤེད་གསོ་བ། ཁང་བའི་ནང་ནས་ལུག་ཤེད་གསོ་བ་སོགས་ལྟ་བུ།

1.ལུག་ཤེད་གསོ་གྲབས་ཡོད་སྐབས་ཀྱི་གསོ་སྐྱོང་བདག་གཉེར། ལུག་ཤེད་གསོ་གྲབས་བྱེད་ཡུན་ནི་ཕལ་ཆེར་ཉི་མ་15སྟེ་དུས་སྐབས་གསུམ་དུ་བགོས་ཆོག དུས་སྐབས་དང་པོ་ཉི་མ་1~3ཡིན་པ་དང་། རྩི་རིལ་རྐྱུང་རྐྱུང་སྟེར་དགོས། དམིགས་ཡུལ་ནི་ལུ་གུ་ཁོར་ཡུག་གསར་བར་ལོབ་ཏུ་འཇུག་པ་དེ་ཡིན། དུས་སྐབས་གཉིས་པ་ནི་ཉི་མ་7~10ཡིན་ཏེ། ཉི་མ་3པ་ནས་བཟུང་རིམ་པ་བཞིན་དུ་དུས་སྐབས་གཉིས་པའི་ནང་གི་ཉིན་གཟན་གྱིས་རྩི་རིལ་གྱི་ཉིན་གཟན་གྱི་ཚབ་བྱེད་དགོས།

ཉི་མ 7པ་ནས་བཟུང་དུས་སྐབས་གཉིས་པའི་ཉིན་གཟན་རྒྱང་རྒྱང་སྟེར་དགོས། དུས་སྐབས་གསུམ་པ་ནི་ཉི་མ 10~14ཡིན།

2.ལུག་ཤེད་གསོ་ཇོ་མའི་དུས་སྐབས་ཀྱི་གསོ་སྐྱོང་བདག་གཉེར། ལུག་ཤེད་གསོ་གྲབས་ཡོད་སྐབས་ནི་ཉི་མ 15འགོར་རྗེས་མཇུག་སྔུད་པ་དང་། དེ་ནས་ལུག་ཤེད་ཇོ་མ་གསོ་བའི་དུས་སྐབས་སུ་ཞུགས་དགོས། དུས་སྐབས་དེའི་ནང་དུ་ལུག་ཤེད་གསོ་བའི་འཆར་གཞི་དང་རང་ས་གནས་ཀྱི་ཆ་རྐྱེན། ཤ་ཤེད་འབུད་པའི་རེ་འདུན་བཅས་གཞིར་བཟུང་སྟེ། ཉིན་གཟན་གྱི་རིགས་འདེམས་པ་དང་གསོ་སྐྱོང་བདག་གཉེར་བྱེད་སྐབས་བྱེ་བྲག་གིས་ལག་བསྟར་བྱེད་དགོས།

ལེའུ་ལྔ་པ། ཤ་སྒྱིད་ལུག་སྐྱེ་འཕེལ་བྱེད་པའི་ལག་རྩལ།

ཤ་སྒྱིད་ལུག་གི་གྲངས་ཀ་ཧེ་མང་དུ་གཏོང་བ་དང་ལུག་གི་ཕྲུས་ཀ་ཧེ་ལེགས་སུ་གཏོང་ན། ངེས་པར་དུ་ཤ་སྒྱིད་ལུག་གི་སྐྱེ་འཕེལ་ལ་བརྟེན་ནས་མངོན་འགྱུར་བྱེད་དགོས། དེར་བརྟེན། ལུག་གི་སྐྱེ་འཕེལ་ལག་རྩལ་ཐོག་ཏུ་ཆུད་པར་བྱས་ཏེ་ཤ་སྒྱིད་ལུག་གི་སྐྱེ་འཕེལ་བྱ་བ་ལེགས་སྒྲུབ་བྱེད་པ་ནི་ལུག་གསོ་ལས་རིགས་སུ་མཐོང་ཆུང་བྱེད་མི་རུང་བའི་གལ་གནད་ཅིག་ཡིན། སྐྱེ་འཕེལ་ལག་རྩལ་གྱིས་ཐད་ཀར་དུ་ལུག་གསོ་ལས་རིགས་ཀྱི་ཐོན་སྐྱེད་ཚད་ནུས་ལ་ཤན་ཤུགས་བཟོ་བར་མ་ཟད། ཕྱུགས་ལས་ཚན་རྩལ་ཆུ་ཚད་མཐོ་དམའི་ཕྱོགས་བསྡུས་ཚོར་སྣང་ཞིག་ཀྱང་ཡིན། ལུག་གསོ་ཚན་རྩལ་མགྱོགས་མྱུར་ངང་གོང་འཕེལ་དུ་སོང་བ་དང་བསྟུན་སྔོ་ཕྱུགས་ཀྱི་རྒྱུད་འཛིན་དང་ཟུངས་བཅུད། སྐྱེ་འཕེལ། ནད་ཡམས་སྔོན་འགོག་སོགས་གལ་གནད་ཀྱི་ལག་རྩལ་འཕྲུར་མཆོང་རང་བཞིན་གྱིས་གོང་འཕེལ་དུ་འགྲོ་བ་དང་། ཐོན་སྐྱེད་ཕན་ནུས་དང་ངལ་རྩོལ་ཐོན་སྐྱེད་ཀྱི་ཆོད་ཚད་ཕྱིན་རྒྱ་ཆེན་པོས་མཐོར་འདེགས་བྱེད་དགོས། སྐྱེ་འཕེལ་ལག་རྩལ་ཐད་ནས་ནུས་ཚོད་ཀྱི་སྒོ་ནས་ཚོད་འཛིན་དང་སྐྱེ་འཕེལ་གོ་རིམ་ལ་ཐེ་གཏོགས་བྱས་ཏེ། མི་རྣམས་ཀྱི་དགོས་མཁོ་དང་འདོད་བློ་ལྟར་འཆར་གཞི་ཡོད་པའི་སྒོ་ནས་ཤ་སྒྱིད་ལུག་ཐོན་སྐྱེད་བྱེད་དགོས།

ལེ་ཚན་དང་པོ། སྐྱེ་འཕེལ་དུས་ཚིགས་དང་འཕྲིག་སྦྱོར་བྱེད་པ།

གཅིག ལུག་གི་སྐྱེ་འཕེལ་དུས་ཚིགས།

སྐྱེ་འཕེལ་དུས་ཚིགས་ནི་ཕོ་ལུག་མོ་ལུག་སྡེབ་པའི་དུས་ཚིགས་ལ་སྟོན་པ་ཡིན། མཚོ་སྔོན་གྱི་ལུག་གི་སྐྱེ་འཕེལ་དུས་ཚིགས་ནི་ཟླ་7པ་ནས་ཕྱི་ལོའི་ཟླ་དང་པོའི་བར་ཡིན་ལ། ཟླ་8པ་ནས་ཟླ་11པའི་བར་དུ་སྡེབ་པ་ཆེས་མང་། ཁྲིམ་ལུག་གི་སྡེབ་རྟགས་མོ་ལུག་ཇི་བཞིན་མངོན་གསལ་ཞིག་མིན་ནའང་སྟོན་ཀར་ཕེད་སྤྱོད་བྱས་ན་ཏ་ཙང་ལེགས།

གཉིས། འཕྲིག་སྦྱོར་གྱི་དུས་ཚོད་དང་བྱེད་ཐབས།

(གཅིག)འཕྲིག་སྦྱོར་དུས་སྐབས་འདེམས་པ།

ལུག་གི་འཕྲིག་སྦྱོར་དུས་ཚོད་ནི་ལུ་གུ་བཙའ་བའི་དུས་ཚོད་དེ་དགུན་ལུག་བཙའ་བ། དཔྱིད་ལུག་བཙའ་བ། སྟོན་ལུག་བཙའ་བ་བཅས་ལ་གཞིགས་ཏེ་ཐག་གཅོད་བྱེད་དགོས། འོན་ཀྱང་ལུ་གུ་བཙའ་བའི་དུས་ཚོད་ནི་རང་བྱུང་ཆ་རྐྱེན་དང་གསོ་སྐྱོང་བདག་གཉེར་ཆ་རྐྱེན་གཞིར་བཟུང་སྟེ་ཐག་གཅོད་བྱེད་དགོས། (རི་མོ 5–1)

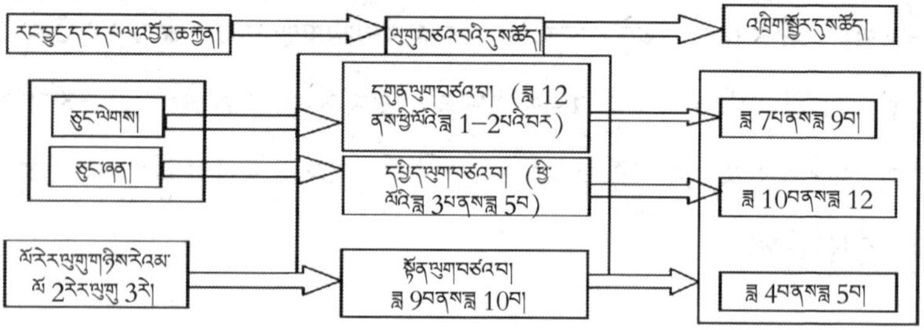

རི་མོ 5–1 འཕྲིག་སྦྱོར་དུས་ཚོད་འདེམས་པ།

(གཉིས)སྐྱེལ་སྐྱོར་བྱེད་སྟངས། (རེའུ་མིག 5–1)

རེའུ་མིག 5–1 ལུག་གི་འཁྲིག་སྐྱོར་བྱེད་སྟངས་བསྡུར་བ།

འཁྲིག་སྐྱོར་བྱེད་སྟངས།	བཟང་ཆ།	སྐྱོན་ཆ།	འོས་འཚམ་ཁྱབ་ཁོངས།
རང་བྱུང་འཁྲིག་སྐྱོར།	མི་ཤུགས་དང་སྒྲིག་ཆས་གྲོན་ཆུང་བྱེད་ཐུབ་པ་དང་། མངལ་ཆགས་ཚད་ཅུང་མཐོ།	བསྲེས་འཚོ་བྱས་ན་ལུག་གི་རྩྭ་ཟ་བར་གནོད་པ་དང་། ཁྲིམ་གྱི་ལུས་ཤུགས་ཟད་དྲགས་ཤིང་ཤུགས་གང་ཡོད་ཀྱིས་ཞུལ་བྱུང་ཁྲིམ་ལུག་བཀོལ་སྤྱོད་བྱེད་པར་མི་ཕན། འཁྲིག་སྐྱོར་བྱས་པའི་དུས་ཚོད་དངོས་དང་མོ་ལུག་གི་ལུ་གུ་བཙའ་བའི་དུས་ཚོད་དངོས་ཀྱང་ངོས་འཛིན་བྱེད་དཀའ། ཕྱི་སྒྲིག་དང་ཉེ་སྒྲིག་བྱེད་པ་འབྱུང་སྲིད། ནད་ཡམས་སྐྱོལ་སྐྱེལ་བྱས་ནས་འགོ་སྲིད། ལུ་གུ་ལུག་རྒྱུད་གང་གི་ཡིན་པ་ཤེས་དཀའ།	ཆ་རྐྱེན་ཅུང་ཞན་པའི་ གྲོན་སྐྱེད་སྡེ་ཁག་དང་ཞིང་སྡེ་ནས་བཀོལ་ཆོག
མིའི་རམ་འདེགས་ལ་བརྟེན་ནས་འཁྲིག་སྐྱོར་བྱེད་པ།	འཁྲིག་སྐྱོར་བྱས་པའི་ཁྲིམ་ལུག་གི་ཨང་རྟགས་དང་མོ་ལུག་གི་ཨང་རྟགས་སོགས་གསལ་པོར་ཤེས་ཐུབ། འཁྲིག་སྐྱོར་བྱས་པའི་དུས་ཚོད་དང་མོ་ལུག་གིས་ལུ་གུ་ནམ་བཙའ་བའང་ཤེས་ཐུབ། ཁྲིམ་ལུག་གི་ལུས་ཤུགས་ཟད་པ་ཇེ་ཉུང་དུ་གཏོང་བ་དང་། མོ་ལུག་དང་འཁྲིག་སྐྱོད་བྱེད་གྲངས་ཇེ་མང་དུ་གཏོང་ཐུབ།	མི་ཤུགས་དང་དངོས་ཤུགས་ངེས་ཅན་ཞིག་དགོས་པ་རེད།	མ་ཁྲུ་མི་ཆེ་བ་དང་། ཁྲིམ་ལུག་གི་གྲངས་ཀ་མང་བའི་ལུག་རས་ཐབས་འདི་སྤྱད་ཆོག
མིའི་ཐབས་ཀྱིས་ཁམས་དཀར་འཇུག་པ།	ལུག་རྒྱུད་དང་ལུ་གུའི་རྒྱུད་པ་གསལ་པོར་ཤེས་ཐུབ་པ་དང་། སོན་འདེམས་སོན་སྤེལ་བྱེད་པར་སྟབས་བདེ་བཟོ་ཞིང་། ཞུལ་བྱུང་ཁྲིམ་ལུག་པེད་སྤྱོད་གང་ལེགས་བྱས་ཏེ། རྒྱུད་སྤེལ་ཚད་ཇེ་མགྱོགས་སུ་གཏོང་ཐུབ།	འགྲོ་གྲོན་ཅུང་མཐོ།	སོན་སྤེལ་ར་བ་དང་ཐོན་སྐྱེད་ཀྱི་ཐད་དུ་རྒྱུན་དུ་བཀོལ་བ་ཡིན།

མཆན: ①རང་དབང་སྔོས་འཁྲིག་སྐྱོར་བྱེད་པ་ནི་གདོད་མའི་ལུག་གསོ་ཐབས་ལས་ཆེས་སྟབས་བདེ་ཡིན་པའི་འཁྲིག་སྐྱོར་བྱེད་ཐབས་ཤིག་ཡིན། ལུག་གི་སྐྱེ་འཕེལ་དུས་ཚིགས་སུ་ཕོ་མོའི་བསྡུར་ཚད་ངེས་ཅན 1:30~40གཞིར་བཟུང་སྟེ། བསལ་འདེམས་བྱས་པའི་ཕོ་ལུག་དང་མོ་ལུག་བསྲེས་འཚོ་བྱེད་པ་དང་། སྒྲིག་བཞིན་པའི་ཕོ་ལུག་དང་མོ་ལུག་རང་དབང་སྔོས……འཁྲིག་སྐྱོར་བྱེད་དུ་འཇུག་དགོས། ②འཁྲིག་སྐྱོར་དུས་ཚིགས་སུ་ཉི་མ་རེ་རེར་མོ་ལུག་སྒྲིག་གིན་ཡོད་མེད་ལ་བརྟགས་ཏེ། སྒྲིག་བཞིན་པའི་མོ་ལུག་གཏན་ཁེལ་བྱས་པའི་ཁྲིམ་ལུག་ལ་འཁྲིག་སྐྱོར་བྱེད་དུ་འཇུག་དགོས།

ལེ་ཚན་གཉིས་པ། བསྒྱོད་ལུག་གི་སྐྱེ་འཕེལ་ལག་རྩལ།

གཅིག མོ་ལུག་སྦྱིག་མིན་བརྟག་ཐབས།

(གཅིག) མོ་ལུག་སྦྱིག་པའི་ལུས་ཁམས་གོ་རིམ།

ལུག་ནི་དུས་ཚིགས་རང་བཞིན་གྱི་ཐེངས་མང་སྦྱིག་ཅིང་རང་འགྱུལ་སྣྲོས་ཁམས་དམར་ཕྱིར་འབུད་པའི་སྲོག་ཆགས་ཤིག་ཡིན། སྦྱིག་པ་ནི་མོ་ལུག་ནར་སོན་ཏེ་ཆགས་པ་སྨིན་པའི་སྐབས་སུ་བསླེབས་པ་དང་། སྐྱེ་འཕེལ་དུས་ཚིགས་སུ་བྱུང་བའི་དུས་འཁོར་རང་བཞིན་གྱི་ཆགས་སྤྱོད་བྱ་འགྱུལ་དང་ཆགས་སྤྱོད་གནས་ཚུལ་ལ་སྟོན་པ་ཡིན། རང་འགྱུལ་རང་བཞིན་གྱིས་ཁམས་དམར་ཕྱིར་འབུད་པ་ནི་ཁམས་དམར་སྣྲོང་སོབ་སྨིན་རྗེས་རང་འགྱུལ་སྣྲོས་ཁམས་དམར་ཕྱིར་འབུད་པ་དང་རང་འགྱུལ་སྣྲོས་སེར་གཟུགས་གྲུབ་པ་དེར་སྟོན་པ་ཡིན། མོ་ལུག་སྐྱེས་ནས་ནར་སོན་པའི་བར་དུ་ཆགས་པ་ལངས་པའི་ལུས་ཁམས་གོ་རིམ་ལ་ཕལ་ཆེར་དང་ཐོག་སྦྱིག་སྐབས་དང་ཆགས་པ་སྨིན་སྐབས། ལུས་སྨིན་སྐབས། ནར་སོན་སྐབས་བཅས་སུ་དབྱེ་ཆོག

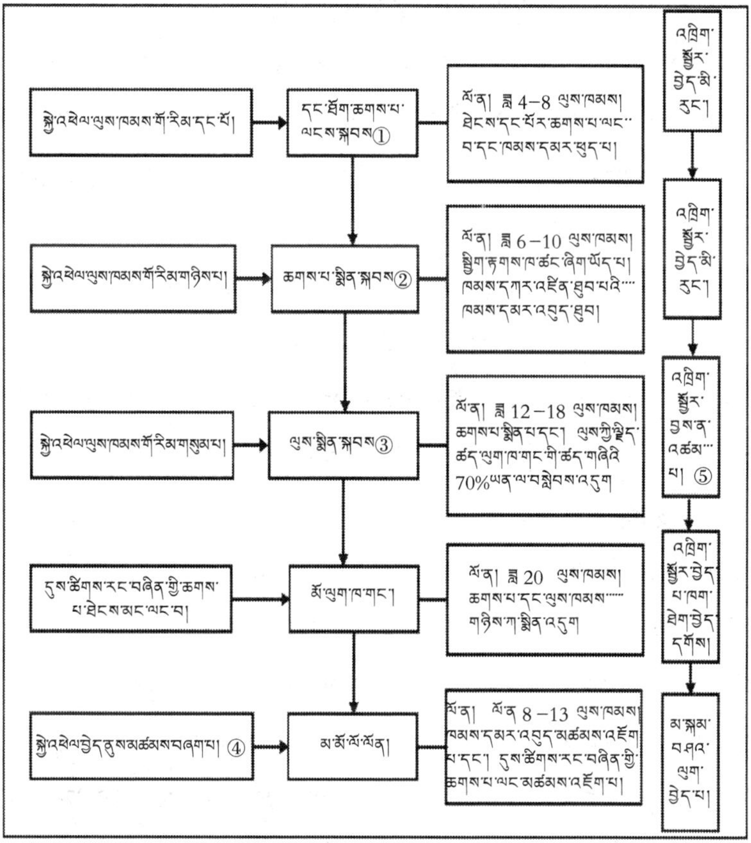

རི་མོ 5–2 མོ་ལུག་སྨིག་པའི་ལུས་ཁམས་གོ་རིམ།

མཆན། ① མ་ལུག་ལ་དང་ཐོག་ཆགས་པ་མངོན་པ་དང་། ཡང་ན་ཁམས་དམར་འབུད་པའི་དུས་ཚོད་བཅས་ནི་ལུག་རྒྱུད་དང་ཁོར་ཡུག ཚ་ཚད། ཟུངས་བཅུད་སོགས་ཀྱི་ཤན་ཤུགས་ཐེབས་པ་ཡིན། ②དང་ཐོག་ཆགས་པ་ལངས་རྗེས་ལུ་མཐུད་དུ་ཆགས་པ་ལང་བ་དང་། རྒྱུན་ལྡན་ལྟར་ཆགས་པ་ལང་བ་དང་ཁམས་དམར་ཕུད་པ། རྗེས་རབས་སྐྱེ་འཕེལ་བྱེད་ནུས་ལྡན་སྐབས་ཡིན། ③ མོ་ལུག་སྐྱེ་འཕེལ་འཚར་ལོངས་བྱུང་བ་ཕལ་ཆེར་གྲུབ་སོང་བ་དང་། མ་མོ་ཁ་གང་ལ་ཡོད་པའི་རྣམ་པ་དང་གྲུབ་ཚུལ་སོགས་ཐོབ་འདུག ལུས་ཀྱི་ལྗིད་ཚད་མ་མོ་ཁ་གང་གི 70%ཡན་ལ་བསླེབས་འདུག ④ལུག་གི་སྐྱེ་འཕེལ་བྱེད་མཚམས་བཞག་པ། ⑤ཤ་སྦྱོད་ལུག་འཁྲིག་སྦྱོར་བྱེད་པར་འཚམ་པའི་ལོ་ཚོད་དེ། ཆགས་པ་སྨིན་པ་དང་ལུས་མ་སྨིན་པའི་སྔོན་དེར་སྟོན་པ་ཡིན།

(གཉིས)ཆགས་པ་ལང་བའི་དུས་འཁོར་གྱི་གོ་རིམ་བགོ་སྟངས།

1.ཆགས་པ་དང་ཐོག་ལང་བ། ཆགས་པ་དང་ཐོག་ལང་བ་ལ་མངལ་ཆགས་གྲ་སྒྲིག་བྱེད་སྐབས་ཀྱང་ཟེར། མོ་ལུག་གི་ཕྱི་ཚུལ་ནས་བལྟས་ན་རྟགས་མངོན་གསལ་མེད་པ་དང་། ཕལ་ཆེར་ཆགས་པ་ལངས་ཏེ་ཉི་མ 16~18དང་མཚུངས།

2.ཆགས་པ་ལངས་སྐབས། དེར་མངོན་གསལ་གྱིས་ཆགས་པ་ལངས་རྟགས་སྟོན་པའི་དུས་སྐབས་ཟེར། མོ་ལུག་གི་རིག་པའི་རྣམ་པ་དང་བྱ་སྤྱོད་ལ་བལྟས་ན་སྒྲིག་རྟགས་ཧ་ཅང་མངོན་གསལ་ཡིན་པ་དང་། ཕལ་ཆེར་ཆགས་པ་ལངས་པའི་དུས་འཁོར་གྱི་ཉི་མ་དང་པོ་དང་ཉི་མ 2པ་ཡིན་སྲིད།

3.ཆགས་པ་ལང་ཡུན་ཡལ་སྐབས། ཁམས་དམར་སྔོང་སོབ་རལ་ཏེ་ཁམས་དམར་ཕྱིར་བུད་ནས་སེར་གཟུགས་གྲུབ་པ་དང་། མོ་རྒྱུད་སྐྱུལ་རྫེ་རིམ་བཞིན་དུ་མར་གྲིབ་པ་དང་། སྒྱུམ་རྫེ་ གྲོང་ད་དུང་ཟགས་ཐོན་ཐུབ་མེད་པ་ཡིན། མོ་ལུག་ཆགས་པའི་རྫེ་མོ་རུ་བསླེབས་པ་ན་དལ་འཇགས་སུ་འགྱུར་བ་ཡིན། ཕལ་ཆེར་ཆགས་པ་ལངས་པའི་དུས་འཁོར་གྱི་ཉི་མ 3~4བ་ཡིན།

4.ཆགས་པའི་བར་བཀལ་དུས་སྐབས། དེར་ཆགས་པ་ངལ་གསོ་ཡང་ཟེར། སེར་གཟུགས་ཟགས་ཐོན་སྒྱུམ་རྫེས་ཚོད་འཛིན་ཐུབ་པར་བརྟེན། མོ་ལུག་གི་ཆགས་པ་ཉམས་པ་དང་། རྣམ་རིག་སླར་སོས་ཏེ་རྒྱུན་ལྡན་དུ་འགྱུར་བ་ཡིན། ཕལ་ཆེར་ཆགས་པ་ལངས་པའི་དུས་འཁོར་གྱི་ཉི་མ 4~5བའམ་ཉི་མ 15བ་ཡིན།

(གསུམ)མོ་ལུག་ཆགས་པ་ལང་བའི་དུས་འཁོར་གྱི་ཁྱད་ཆོས།

1.ཆགས་པ་ལང་བའི་དུས་འཁོར། མོ་ལུག་ཅིག་གི་ཆགས་པ་ལང་ཡུན་ནི་ཕལ་ཆེར་ཉི་མ 16ཡིན། (ཉི་མ 14~19)

2.ཆགས་པའི་མྱུ་བསྐྱེད་ཡུན། མོ་ལུག་ཅིག་གི་ཆགས་པ་ལང་ཡུན་ནི་དུས……ཚོད 24ནས་དུས་ཚོད 36ཡིན།

3.ཁམས་དམར་འབུད་པའི་དུས་ཚོད། མོ་ལུག་ཆགས་པ་ལངས་ནས་དུས…ཚོད 20ནས་དུས་ཚོད 30ཡི་ནང་ཡིན།

4.ཁམས་དམར་གསོན་ཡུན། སྤྱིར་དུས་ཚོད 12ནས་དུས་ཚོད 24ཡིན།

5.ཁམས་དམར་འབུད་གྲངས། ཁམས་དམར 1ནས 3འབུད་སྲིད།

6.ལུ་གུ་བཙས་རྗེས་ཆགས་པ་ལང་བ། སྤྱིར་ལུ་གུ་བཙས་རྗེས་ཟླ་ངོ 2ནས…ཟླ་ངོ 3འགོར་རྗེས་ཆགས་པ་ལང་བ་ཡིན་ལ། འོ་མ་བསྣུན་མི་དགོས་པའི་མོ་ལུག…ཡིན་ན་ཉི་མ 20ཡས་མས་སུ་ཆགས་པ་ལང་སྲིད།

(བཞི)མོ་ལུག་ཆགས་པ་ལང་བའི་ཕྱི་རྟགས། (རེའུ་མིག 5–2)

རེའུ་མིག 5–2 མོ་ལུག་གི་ཆགས་པ་ལང་བའི་ཕྱི་རྟགས།

ཕྱི་ཚུལ།	བྱ་སྤྱོད།	ཕྱི་རྟགས།	སྐྱེ་འཕེལ་དབང་རྟེན་གྱི་འགྱུར་ལྡོག
མངོན་གསལ་མིན།	ཁྲིམ་ལུག་ལ་བཏུད་པར་དགའ་བ་དང༌། རྫ་མ་དྲག་གཡུག་བྱེད་པ་ཡིན།	ཁྲིམ་ལུག་རང་སྟེང་དུ་ཞོན་ན་མི་འགུལ་མོད། འོན་ཀྱང་རང་འགུལ་སྨོས་ལུག་གཞན་གྱི་སྟེང་ལ་མི་ཞོན་པ་ཡིན། ཟགས་ཐོན་དངོས་པོ་ཉུང་བའམ་ཡང་ན་མི་མཐོང་བ་ཡིན།	རྗེང་ཁའི་ཕྱི་ངོས་ན་མངོན་གསལ་གྱི་སྣང་ས་རྟགས་དང་ཁྲག་དོས་མེད།

(ལྔ)མོ་ལུག་སྤྲིག་མིན་དབྱེ་འབྱེད་བྱེད་སྟངས།

1.ཕྱི་ནས་བརྟག་ཐབས། ཐད་ཀར་དུ་མོ་ལུག་གི་བྱ་སྤྱོད་དང་ཕྱི་རྟགས། སྐྱེ་འཕེལ་དབང་རྟེན་གྱི་འགྱུར་ལྡོག་བཅས་ལ་བརྟེན་ནས་མོ་ལུག་སྤྲིག་མིན་ལ………བརྟག་པའི་ཐབས་ལམ་ཞིག་ཡིན། འདི་ནི་མོ་ལུག་སྤྲིག་མིན་ལ་བརྟག་པའི་ཆེས…རྨང་གཞི་དང་ཆེས་རྒྱུན་སྤྱོད་ཀྱི་ཐབས་ལམ་ཞིག་ཡིན། ཁྱད་ཆོས་ཡོད་པའི་མཚོན་རྟགས་ནི་ལུག་ལ་ཆགས་པ་ལང་གིན་ཡོད་མེད་ལ་བརྟག་དགོས།

2.ཁྲིམ་གྱིས་མོ་ལུག་སྨྲིག་གིན་ཡོད་མེད་ལ་བརྟག་ཐབས། ཁྲིམ་གྱིས་མོ་ལུག་སྨྲིག་གིན་ཡོད་མེད་ལ་བརྟག་ཐབས་ནི་མོ་ལུག་གིས་ཁྲིམ་ལུག་ལ་རྣམ་འགྱུར་ཅི་ཞིག་སྟོན་པར་གཞིར་བཟུང་སྟེ། ཕྱི་ཚུལ་ལ་བརྟགས་ཏེ་མོ་ལུག་སྨྲིག་གིན་ཡོད་མེད་གསལ་ཐག་གཅོད་དགོས། ཉི་མ་རེ་རེའི་ནངས་མོའམ་དགོང་མོ་མོ་ལུག་སྨྲིག་མིན་ལ་བརྟག་པའི་ཁྲིམ་ལུག་མོ་ལུག་གི་ཁྱུར་གཏོང་བ་དང་། སྨྲིག་མིན་བརྟག་པའི་ཁྲིམ་ལུག་རང་གི་ལུས་སྟེང་ལ་ཕྱིང་དུ་བཙུག་པའི་མོ་ལུག་ནི་སྨྲིག་བཞིན་པའི་མོ་ལུག་ཡིན་པས། ཚོན་རྟགས་རྒྱག་པའམ་ཟིན་ཐོར་འགོད་དགོས།

(དྲུག)མོ་ལུག་སྨྲིག་མིན་ལ་བརྟག་སྐབས་དོ་སྣང་བྱེད་དགོས་པ་འགའ།

1.དལ་འཛགས་རྒྱུན་འཁྱོངས་བྱས་ཏེ་སྨྲིག་མིན་བརྟག་པའི་ཁྲིམ་ལུག་གི་ཆགས་པ་ལ་བར་ཆད་བྱེད་མི་རུང་།

2.སྨྲིག་མིན་བརྟག་གྲངས་འོས་འཚམ་ཡིན་དགོས་པ་དང་། སྨྲིག་མིན་བརྟག་པ་དང་ལུག་ཤེད་འཛིན་པ་མཉམ་སྦྲེལ་བྱེད་དགོས།

3.སྐྱེ་འཕེལ་དབང་རྟེན་ལ་ཚ་ནད་བྱུང་ཡོད་པའི་མོ་ལུག་བསལ་དགོས།

4."གནད་ལ་ཁེལ་བ་གཅིག་དང་ཚགས་ཡང་གཉིས"ལག་ཏུ་བསྟར་དགོས། གནད་ལ་ཁེལ་བ་གཅིག་ནི་མིག་གིས་བསལ་བ་གནད་ལ་ཁེལ་བ་དང་། ཚགས་ཡང་གཉིས་ནི་རྐང་བ་དང་ལག་པ་ཚགས་ཡང་ཡིན་དགོས།

(བདུན)སྨྲིག་མིན་བརྟག་པའི་ཁྲིམ་ལུག (པར 2~5)

སོན་ལུག་ཏུ་མི་བསྐྱུར་བ་དང་། ལུས་ཕུང་ལེགས་ཤིང་འདོད་ཆགས་ཆེ་བ། ནད་མེད་པ་བཅས་ཀྱི་ཕོ་ལུག་ཡིན་དགོས། སྐག་སྟེབ་སྟོན་འགོག་བྱེད་ཆེད་དེ་འཚམ་གྱི་གཤགས་བཅོས་བྱེད་དགོས། ཁེར་འཚོ་ཁེར་འགོག་བྱེད་པ་དང་དུས་བཅད་ལྟར་དུ་ཁམས་དཀར་ཕྱིར་འབུད་དུ་འཇུག་དགོས། ངལ་གསོ་འོས་འཚམ་རེ་བྱེད་དུ་འཇུག་དགོས། མོ་ལུག་བརྒྱ་རེའི་ནང་དུ་སྨྲིག་མིན་བརྟག་པའི་ཁྲིམ་ལུག

2ནས 3བསྐྱུར་དགོས།

(བརྒྱད)མོ་ལུག་ལ་སྨྲིག་རྟགས་ཁྱད་པར་ཅན་བྱུང་བ།

སྨྲིག་རྟགས་ཁྱད་པར་ཅན་ནི་སྨྲིག་པ་དང་ཁམས་དམར་འབུད་པ་གཉིས་དུས་གཅིག་ཏུ་མི་བྱེད་པའམ་སྨྲིག་རྟགས་རྒྱུན་ལྡན་མིན་པ་སོགས་ཀྱི་གནས་ཚུལ་ལ་སྟོན་པ་ཡིན། སྨྲིག་རྟགས་ཁྱད་པར་ཅན་དུ་དལ་འཛགས་ཆགས་པ་ལང་བ་སྟེ་ཆགས་པ་སྙོག་ལང་ཡང་ཟེར། དེ་ནི་མོ་ལུག་ལ་ཆགས་པ་ལང་རྟགས་ཞན་པ་ལ་སྟོན་པ་ཡིན། འོན་ཀྱང་བསམ་སེའུ་སྟེང་དུ་སྦྱོང་སོབ་ནར་སོན་ཏེ་སྨིན་པ་དང་ཁམས་དམར་ཕུད་པར་སྟོན་པ་ལགས། མངལ་སྦྲུམ་རྗེས་ཆགས་པ་ལངས་པ་ལ་ཆགས་པ་རྫུན་ལང་ཡང་ཟེར། མོ་ལུག་གིས་མངལ་སྦྲུམ་སྐབས་མཚོན་པའི་ཆགས་པ་ལ་སྟོན་པ་ཡིན།

གཉིས། མིའི་ཐབས་ཀྱིས་ཁམས་དཀར་འཛུག་པ།

གཅིག ཁམས་དཀར་མ་བཙུག་པའི་སྔོན་གྱི་གྲ་སྒྲིག་བྱེད་སྟངས། (རི་མོ 5~3)

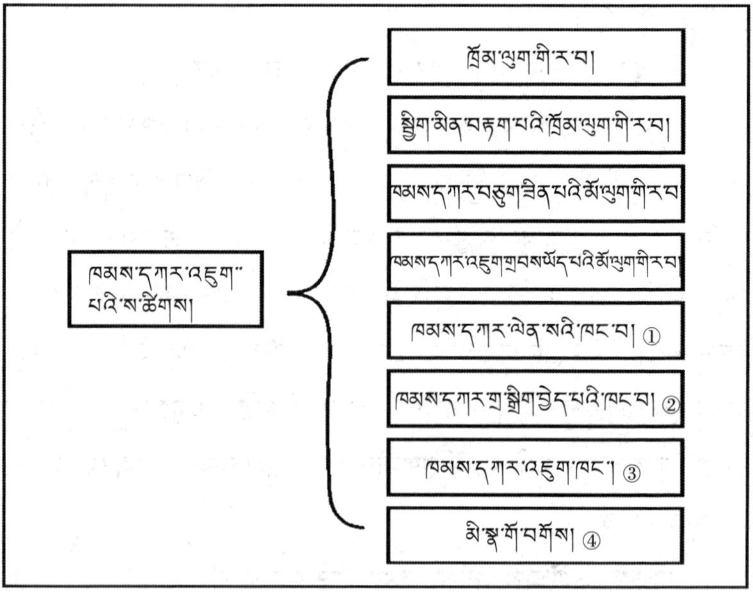

རི་མོ 5–3 ཁམས་དཀར་འཛུག་པའི་ས་ཚོགས་ཀྱི་རྨང་གཞིའི་
སྒྲིག་ཆས་གྲུབ་ཚུལ་དཔེ་སྟོན་རི་མོ།

མཆན། ①ལུག་དམ་པོར་འཛིན་པའི་སྣེ་གས་བུ་བཙུགས་ཡོད་པ་དང་། ལུག་དམ་པོ་བྱས་ཆོག ②ཁང་བར་མགོ་ཁེབས་ཡོད་དགོས། གྱང་ངོས་སུ་ཀ་རག་བསྐུ་དགོས། རྒྱ་ཁྱོན་ཆེ་མི་དགོས། འོད་སྣང་ལྡན་དགོས། དྲོད་ཚད་ཧྲུའུ 18~25ཡིན་དགོས། གྲང་ངར་ཆེ་ས་ཧྲུ་མེ་ཐབ་བམ་མེ་གྱང་བསྒྲིག་དགོས། རྒྱ་ཁྱོན་ཆུང་ཆེ་ཞིང་གསལ་ཡངས་ཡོད་པ། སྐམ་ཞིང་གཙང་སྦྲ་ཡིན་པ་བཅས་ཡིན་དགོས་པར་མ་ཟད། འཕྱིད་ཤིང་རྐང་གསུམ་ཅན་གྱི་ཁམས་དཀར་འཛུག་པའི་སྣེ་གས་བུ་ཡོད་དགོས། ཐེངས་རེར་མོ་ལུག 5~7གྱི་རྐང་པ་འཕྱིད་ཤིང་དུ་བཀལ་ཏེ་སྨུ་བྱས་ནས་ཁམས་དཀར་འཛུག་བདེ་བ་བྱེད་དགོས། ③ཁམས་དཀར་འཛུག་པའི་ས་ཚོགས་སུ་ལག་རྩལ་མི་སྣ 2~3དགོས། གཙོ་བོ་ཁྲིམ་གྱི་ལུས་ཕུང་བདེ་ཐང་སྲུང་སྐྱོབ་དང་ཁམས་དཀར་འཛུག་པ་སོགས་ཀྱི་བྱ་བ་བསྒྲུབ་དགོས།

(གཉིས) སོན་འདེམས་སོན་སྤེལ་བྱེད་པའི་ཐབས་ལམ་གཏན་ཁེལ་བྱེད་པ།

ཡང་དག་པའི་སོན་འདེམས་སོན་སྤེལ་བྱས་ན་ལུག་ཁྱུའི་སྤུས་ཀ་མགྱོགས་མྱུར་དང་ཇེ་ལེགས་སུ་གཏོང་ཐུབ།

1.ལུས་བཀན་ཞིང་དོམ་པོ་ཡིན་པ་དང་ཐོན་སྐྱེད་བྱེད་ནུས་མཐོ་བ། སྐྱེ་

འཕེལ་དབང་རྟེན་རྒྱུན་ལྡན་ཡིན་པ། མོ་ལུག་གི་ཁྱད་ཆོས་མངོན་གསལ་ཡིན་པ། ཁམས་དཀར་གྱི་སྦུས་ཀ་ཞིགས་པ་བཅས་ཡིན་དགོས།

2.ཁྲིམ་དང་མོ་ལུག་གི་བསྡུར་ཚད 1:200~400ལྟར་རྩིས་རྒྱག་དགོས།

3.ཆ་རྐྱེན་ཡོད་པའི་ལུག་ར་ཡིན་ན་ཁྲིམ་ལུག་རེར་གྲ་སྒྲིག་ཁྲིམ་ལུག 1~2 བཀོད་སྒྲིག་བྱེད་དགོས།

4.སོན་སྡེབ་བྱེད་པར"གཉིས་སྡེབ་བཞི་མི་སྡེབ"ཀྱི་རྩ་དོན་ཁོང་དུ་ཆུད་པར་བྱེད་དགོས། གཉིས་སྡེབ་ཟུང་བ་ཞེས་པས་སྦུས་མཚུངས་སོན་སྡེབ་དང་སྦུས་ཐ་དད་སྡེབ་པ་ལ་ཟེར་ཞིང་། བཞི་མི་བསྡེབ་ཅེས་པས་སྐྱོན་མཚུངས་ཡོད་པ་མི་བསྡེབ་པ་དང་ཉེ་དུ་མི་བསྡེབ་པ། ཁྲིམ་ལུག་གི་སྦུས་རིམ་མོ་ལུག་ལས་ཞན་པ་མི་བསྡེབ་པ། འགྲོག་སྐྱོན་ཆེན་པོ་དྲང་ལ་བླངས་པ་མི་བསྡེབ་པ་བཅས་ལ་སྟོན་པ་ཡིན།

(གསུམ)ཁྲིམ་ལུག་གཡུང་འདུལ།

མོ་ལུག་ལ་སྦྲོ་བ་མེད་པའམ་ཡང་ན་དང་ཐོག་འཁྲིག་སྦྱོར་དུ་ཞུགས་པའི་ཁྲིམ་ལུག་ཡིན་ན་གཤམ་གསལ་གྱི་ཐབས་ལམ་ལྟར་གཡུང་འདུལ་བྱེད་དགོས།

1.ཁྲིམ་ལུག་བདེ་ཐང་ཅན་མོ་ལུག་འགའ་དང་ཁྱུ་གཅིག་ཏུ་འགོག་པ།

2.ཁྲིམ་གཞན་པས་འཁྲིག་སྦྱོར་བྱེད་པའམ་ཁམས་དཀར་ལེན་པར་བལྟ་རུ་འཇུག་པ།

3.ནངས་དགོང་རེར་ཟླིག་འབྲས་ལ་ཕུར་མཉེ་བྱེད་པ་དང་། ཕུར་མཉེ་བྱེད་ཐེངས་རེར་དུས་ཚོད་སྐར་མ 10~15ཙམ་བྱེད་དགོས།

4.པིན་སྦྱོང་ཟླིག་འབྲས་བསྐུལ་རྩིའི་སྨན་ཁབ་ཐེངས 3ལ་རྒྱག་དགོས་པ་དང་། སྨན་ཁབ་དེ་རྒྱག་ཐེངས་རེར་ཧོ་ཧྲིན 1 ~2རྒྱག་དགོས་པར་མ་ཟད། སྨན་ཁབ་རྒྱག་ཐེངས་རེའི་བར་ལ་ཉིམ 1རེ་བསྐྱུར་དགོས།

5.སྨྱིག་བཞིན་པའི་མོ་ལུག་གི་སྐྱེ་ལམ་ཟགས་ཐོན་དངོས་པོའམ་གཅིན་ཆུ་ཁྲིམ་ལུག་གི་སྣ་མགོར་བསྐུས་ཏེ་ཆགས་པ་ལང་དུ་འཇུག་དགོས།

(བཞི)འཁྲིག་སྦྱོར་དུ་ཞུགས་པའི་མོ་ལུག་གྲ་སྨྲིག་བྱེད་པ།

འཁྲིག་སྦྱོར་མ་བྱས་པའི་སྔོན་ལ་མོ་ལུག་གི་ཤ་ཤེད་འབྲིང་ཡན་ཡིན་པ་དང་། དེ་ལྟར་ཡིན་ན་མོ་ལུག་མཉམ་གཅིག་ཏུ་སྨྱིག་པར་ཕན་ཞིང་ཉི་མ་45ཡས་མས་སུ་འཁྲིག་སྦྱོར་བྱས་ཚར་བར་འབད་དགོས། འཁྲིག་སྦྱོར་བྱེད་མགོ་བཙམས་པ་ནས་སྨྱིག་ཡུན་དང་པོའི་ནང་དུ་མོ་ལུག 75%～80% ལ་ལུ་གུ་འཛིན་དུ་འཇུག་ཐུབ་ན་རབ་ཡིན། ལུ་གུར་འོ་མ་ནུ་མཚམས་བཅད་རྗེས་ལུག་ཁྱུ་ལེགས་སྨྲིག་བྱེད་དགོས། སྤྱིར་ལུ་གུ་ཟླ་ངོ 2~3འགོར་རྗེས་འོ་མ་ནུ་མཚམས་གཅོད་དགོས།

1.འཕེལ་ཏོག་ལེན་པར་མི་ཕན་པའི་མ་རྒན་དང་མ་སྐམ། ལུས་སྐྱོན་ཡོད་ཅིང་ནུ་མཐུད་དུ་སྐྱེ་འཕེལ་བྱེད་མི་ཐུབ་པའི་མོ་ལུག་སོགས་རྩ་མེད་དུ་གཏོང་དགོས།

2.སྐམ་རིད་དུ་གྱུར་པའི་མོ་ལུག་ལ་གཟན་ཆས་བྱིན་ཏེ་གསོ་ཤ་སྟག་བྱེད་དགོས།

3.ལུ་གུར་འོ་མ་སྣུན་མཚམས་བཅད་དེ་ཐེངས་རྗེས་མའི་འཁྲིག་སྦྱོར་བྱེད་པར་ཟླ་ངོ 1.5~2རིང་གི་ངལ་གསོ་བྱེད་ཡུན་དང་ལུས་ཤུགས་སོས་ཡུན་ཡོད་པར་བྱེད་པ་དང་། ལུག་ར་ནི་སྐམ་བསྲུད་ཡིན་པ་དང་བསེར་བུ་རྒྱུ་བ། མཚན་མོ་ངལ་གསོ་བྱེད་ལེགས་པ་ཞིག་ཡིན་དགོས།

4.འཁྲིག་སྦྱོར་ལ་ཞུགས་པའི་མོ་ལུག་ལ་དུས་ཡུན་ཐུང་ངུས་ལེགས་གསོ་བྱས་ཏེ། དུས་ཡུན་ཐུང་ངུའི་ནང་ལུག་གི་ཟུངས་བཅུད་ཆུ་ཚད་ཇེ་མཐོར་བཏང་སྟེ་མགྱོགས་མྱུར་སྨོས་རང་གི་རེ་འདུན་ལྟར་ཡོང་བར་བྱེད་དགོས།

(ལྔ)མིའི་ཐབས་ཀྱིས་ཁམས་དཀར་འཇུག་ཐབས།

མིའི་ཐབས་ཀྱིས་ཁམས་དཀར་འཛུག་ཐབས་ཀྱི་རི་མོ 5–4

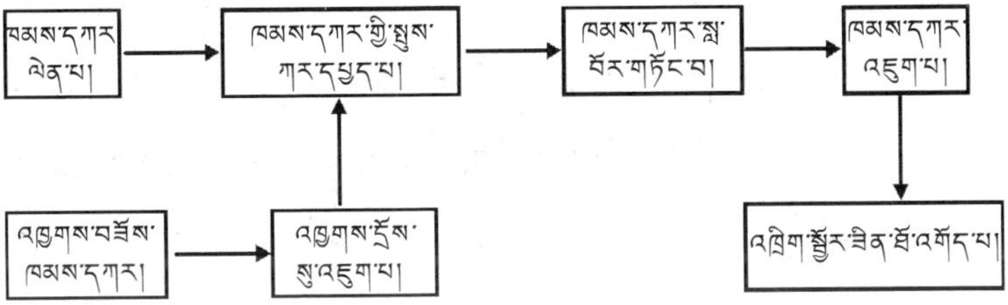

རི་མོ 5–4 མིའི་ཐབས་ཀྱིས་ཁམས་དཀར་འཛུག་པའི་ལག་རྩལ་གོ་རིམ།

1.ཁམས་དཀར་ལེན་པ། ཁམས་དཀར་མ་བླངས་པའི་སྔོན་དུ་ཕྲ་སྙིག་གི་བྱ་བ་ཕུན་སུམ་ཚོགས་པ་ཞིག་བསྒྲུབ་དགོས། དཔེར་ན་མིའི་ཐབས་ཀྱིས་ཁམས་དཀར་འཛུག་པའི་ལག་ཆ་ཕྲ་སྙིག་བྱེད་པ་དང་། ཁྲིམ་ལུག་ཕྲ་སྙིག་གམ་གཡུང་འདུལ་བྱེད་པ། དེར་འཁྲིག་སྦྱོར་བྱེད་པའི་མོ་ལུག་ཕྲ་སྙིག་བྱེད་པ། འདེམས་སྦྱོར་འཆར་གཞི་འགོད་པ་སོགས་ལྟ་བུ། ཁམས་དཀར་མ་བླངས་པའི་སྔོན་དུ་སྙེགས་བུའི་མོ་ལུག་བདམ་དགོས། སྙེགས་བུའི་མོ་ལུག་འདེམས་ན་ཁམས་དཀར་ལེན་པའི་ཁྲིམ་ལུག་གི་གཟུགས་གཞིའི་ཆེ་ཆུང་དང་འཚམ་དགོས་པར་མ་ཟད། སྨྱིག་རྟགས་ཧ་ཅང་མངོན་གསལ་ཡིན་དགོས།

ཁྲིམ་ལུག་གི་ཁམས་དཀར་ནི་མངལ་ལམ་རྫུན་མ་ལ་བརྟེན་ནས་ལེན་དགོས། མངལ་ལམ་རྫུན་མ་སྙིག་སྦྱོད་བྱེད་སྐབས་ནང་ཤུན་ལ་བལྟབས་བཅག་འབབ་ཏུ་འཛུག་མི་རུང་། སྙིག་སྦྱོད་བྱས་རྗེས 75%ཅན་གྱི་ཆང་བཙུད་མ་སོག་གིས་དག་སེལ་བྱེད་པ་དང་། དེ་ནས་སྨན་བཙོས་ཚྭ་ཆུས་ཐེངས་འགར་བཀྲུ་དགོས། ཁམས་དཀར་མ་བླངས་པའི་སྔོན་དུ་མངལ་ལམ་རྫུན་མའི་ནང་ཤུན་ལ་གནོན་ཤུགས་ངེས་ཅན་ཞིག་དང་བརླན་ཚད་ངེས་ཅན་ཞིག འཇམ་འདྲེད་ཀྱི་ཚད་ངེས་ཅན་ཞིག་བཅས་ཡོད་པར་བྱེད་དགོས། མངལ་ལམ་རྫུན་མའི་ནང་དུ

དྲོད་ཚད་ངེས་ཅན་ཞིག་ཡོད་དུ་འཇུག་པའི་ཆེད་དུ་མངལ་ལམ་རྫུན་མའི་ཕྱི་ཤུན་གྱི་ཁ་ལེབ་བླངས་ཏེ་ཏུའུ 50 ~55℃ཅན་གྱི་ཆུ་དྲོད་འཇམ་ཧ་ཧིན 150%བླུགས་རྗེས། ཁ་ལེབ་སྲུ་མོ་ཞིག་བརྒྱབ་སྟེ་མངལ་ལམ་རྫུན་མའི་ནང་ངོས་ཀྱི་དྲོད་ཚད་ཏུའུ 40~42℃སུ་སྙོམས་སྒྲིག་བྱེད་དགོས། འཇམ་འདྲེད་ཀྱི་ཚད་ངེས་ཅན་ཞིག་ཡིན་པ་ཁག་ཐེག་བྱེད་ཆེད། ནད་འབུ་བསད་ཟིན་པའི་ཤེལ་དབྱུག་གཙང་མ་ཞིག་གི་སྟེང་དུ་ནད་འབུ་བསད་པའི་འདྲེད་རྫས་ཧྥན་ཧྲི་ལིན་ཞུང་ཙམ་ཞིག་བསྒྲེས་ཏེ། མངལ་ལམ་རྫུན་མའི་ནང་ངོས་ཀྱི 1/3གི་མཚམས་སུ་བསྐུ་བ་དང་། ཡང་ན་སྨན་བཙོས་ཚྭ་ཆུས་བཀྲུས་ཏེ་འཇམ་འདྲེད་ལྡན་པ་ཞིག་བྱེད་དགོས། དེ་ནས་དབུགས་སྔོའི་ཁ་ལེབ་ཕྱི་སྟེ་དབུགས་བརྒྱབ་ནས་མངལ་ལམ་རྫུན་མའི་ནང་དམ་ཤེད་རན་པ་ཞིག་ཡོད་པར་བྱེད་པ་དང་། མངལ་ལམ་རྫུན་མའི་ནང་ངོས་དབོས་ཏེ་ཟུར་གསུམ་ཕྱིར་མི་འབུར་བ་ཞིག་ཡིན་ན་རན་པ་ཡིན། (རི་མོ 5–5 རི་མོ 5–6 རི་མོ 5–7)

ཁམས་དཀར་ལེན་པའི་གོ་རིམ་ནི་སྟེགས་བུའི་མོ་ལུག་དམ་པོར་བཟུང་རྗེས། ཁྲིམ་ལུག་སྟེགས་བུའི་མོ་ལུག་གི་གམ་དུ་འཁྲིད་པ་དང་ཁམས་དཀར་ལེན་མཁན་མོ་ལུག་གི་གཡས་ཕྱི་རུ་ཙོག་འདུག་བྱས་ཏེ། གཡས་ལག་གིས་མངལ་ལམ་རྫུན་མ་བཟུང་ཞིང་མོ་ལུག་གི་ཇ་ཚར་སྦྲན་པ་དང་། མངལ་ལམ་རྫུན་མའི་ཁ་རྩུང་ཞིག་མར་བསྐོར་ཅིང་བསེག་ངོས་ཏུའུ 30~45ཡིན་དགོས། ཁྲིམ་ལུག་ཡར་ལྡིང་བ་ན་ཕོ་མཚན་མངལ་ལམ་རྫུན་མའི་ནང་དུ་འདྲེན་པ་དང་། མངལ་ལམ་རྫུན་མ་དང་ཕོ་མཚན་གཉིས་དྲང་ཐིག་གཅིག་གི་སྟེང་ལ་འབབ་ཏུ་འཇུག་དགོས། ཁྲིམ་གྱིས་མདུན་ལ་གསིག་གཏད་བྱས་པ་ན། ཁམས་དཀར་གཏོར་བ་ཡིན་པས། སྐབས་ཐོག་དེར་ཁམས་དཀར་ལེན་མཁན་གྱིས་ཁྲིམ་མོ་ལུག་ལས་མར་བབས་པ་དང་མངལ་ལམ་རྫུན་མ་འོས་དང་བསྟུན་ནས་མར་ལེན་ཞིང་། དེ་མ་ཐག་ཏུ་ཁམས་

དཀར་ཞེལ་དམ་གྱི་ཁ་ཡར་བསྐོར་བ་དང་། དབུགས་ཕྱིར་བཏང་ཞིང་ཁམས་དཀར་ཞེལ་དམ་མར（རི་མོ 5–8）ལེན་དགོས། ཁམས་དཀར་ལེན་སྐབས་ཉུར་ཟིང་བྱེད་མི་རུང་བ་དང་མི་མང་རུབ་སྟེ་ལྟོད་མོ་བལྟ་རུ་འཇུག་མི་རུང་བར་མ་ཟད། ཐ་མག་འཐེན་མི་ཆོག་པ་དང་ལུག་ལ་གཅར་རྡུང་བྱེད་མི་རུང་། རྐང་ལག་མགྱོགས་ཤིང་བདེ་འཇགས་ཡིན་དགོས། སྤྱིར་ཡིན་ན་ཉི་མ་རེར་ཁམས་དཀར་ཐེངས་གཅིག་ལེན་པ་དང་གཟའ་འཁོར་རེར་ཁམས་དཀར་ཐེངས་ལྔ་བླངས་ཆོག ཁམས་དཀར་ལེན་སྐབས་ཁྲིམ་ལ་ཞིབ་གཟན་བྱེད་ཏེ་ཟུངས་བཅུད་ཁ་སྣོན་བྱེད་པ་དང་། འགྱུལ་སྐྱོད་བྱེད་པར་ཤུགས་སྣོན་བྱས་ནས་ལུས་ཤུགས་ཕུན་སུམ་ཚོགས་པ་ཞིག་ལྡན་པ་རྒྱུན་འཁྱོངས་བྱེད་དགོས། གཞན། ཁམས་དཀར་ལེན་སྐབས་ཁྲིམ་ལུག་ལ་སྨན་མང་པོ་ལྡུད་མི་རུང་བ་དང་། གལ་ཏེ་ནད་ཡོད་ཕྱིན་ཁམས་དཀར་ལེན་མཚམས་འཇོག་དགོས་ཤིང་། ནད་དྲག་ཡག་བྱུང་ཚེ་ད་གཟོད་སྲུ་མཐུད་དུ་ཁམས་དཀར་བླངས་ཆོག

རྒྱུན་ལྡན་གྱི་ཁྲིམ་ལུག་ཁ་གང་ཞིག་གི་ཁམས་དཀར་ལེན་ཐེངས་དང་ཁམས་དཀར་གྱི་ཁྱད་ཆོས་རེའུ་མིག 5–3ལ་གཟིགས་རོགས་ཞུ།

རེའུ་མིག 5 –3 རྒྱུན་ལྡན་གྱི་ཁྲིམ་ལུག་ཁ་གང་ཞིག་གི་ཁམས་དཀར་ལེན་ཐེངས་དང་ཁམས་དཀར་གྱི་ཁྱད་ཆོས།

གཟའ་འཁོར་རེར་ཁམས་དཀར་ལེན་ཐེངས།	ཆ་སྙོམས་ཀྱིས་ཐེངས་རེར་ཁམས་དཀར་གཏོར་ཚད།（སྙ་ཐིན）	ཆ་སྙོམས་ཀྱིས་ཐེངས་རེར་ཁམས་དཀར་གཏོར་ཚད་ཀྱི་སྤྱི་གྲངས།（དུང་ཕྱུར）	ཆ་སྙོམས་ཀྱིས་གཟའ་འཁོར་རེར་གཏོར་བའི་ཁམས་དཀར་གྱི་སྤྱི་གྲངས།（དུང་ཕྱུར）	ཁམས་དཀར་གྱི་གསོན་ཚད།（%）	རྒྱུན་ལྡན་ཁམས་དཀར་གྱི་གྲངས་ཀ（%）
5	0.8~1.2	16~36	200~400	60~80	80~95

ཞིབ་བཤེར།	ནང་ཤུན་དང་ཁ་ལེབ་ཀྱིས་དབུགས་ཆོགས་མིན་དང་། ཕྱི་ཤུན་དུ་སེར་ག་ཡོད་མེད་དང་ཁྲུང་བུ་ཡོད་མེད། ཁ་ལེབ་གཙུ་གཟེར་ལ་སྙོད་ཤ་ལྡན་མི་ལྡན་བཅས་ལ་དཔྱད་དགོས།
གཙང་བཀྲུ་བྱེད་པ།	ནང་ཤུན་དང་ཁམས་དཀར་ཤེལ་དམ་མ་བཀོལ་བའི་སྔོན་ཏེ། ཉི་མ་གཅིག་གི་ཡར་སྔོན་དུ 1% ནས 2%ཅན་གྱི་ཐན་སོན་ཆེན་ནྟའི་སྨན་ཁུས་གཙང་བཀྲུ་བྱེད་པ་དང་། ཡང་ན་འོས་འཚམ་སྣོམས་འདག་རྫས་སྦྱུད་དེ་སྐུམ་ཆོལ་བཀྲུས་རྗེས། ཆུ་གཙང་མས་ཐེངས 3ནས་ཐེངས 4ལ་བཤལ་བཀྲུ་བྱས་ཏེ་བསིལ་སྐམ་བྱེད་དགོས།
ནང་ཤུན་སྦྲོད་པ།	ཁམས་དཀར་ལེན་པའི་ཉིམ་དེར་ནང་ཤུན་གྱི་འཇམ་ངོས་ནང་ལ་སྟོན་པ་དང་རྩུབ་ངོས་ཕྱིར་བསྟན་ཏེ་མངལ་ལམ་རྫུན་མའི་ནང་ལ་བསྙོན་ཏེ་དྲང་མོར་འཐེན་དགོས། ནང་ཤུན་གྱི་སྣེ་གཉིས་མངལ་ལམ་རྫུན་མའི་སྣེ་གཉིས་སུ་ཕྱིར་བཀུག་བལྟབས་བྱས་རྗེས་འཁྱིག་རྒྱུས་དོམ་པོ་མི་ཤུད་པ་ཞིག་བསྡམ་དགོས།
དུག་སེལ་དང་བཤལ་བཀྲུ་བྱེད་པ།	སྐམ་པ་ཡུ་རིང་གིས 75%ཅན་གྱི་ཆང་བཙུད་ཀྱིས་སྦངས་པའི་སེང་རས་བླངས་ཏེ། ཕྱོགས་ཡོངས་ནས་ནང་ཤུན་ལ་དུག་སེལ་བྱེད་པ་དང་། ཁམས་དཀར་ཤེལ་དམ་ཆང་བཙུད་ཀྱིས་དུག་སེལ་བྱེད་པའམ་ཀླངས་པ་བཙོའམ་ཆུ་ནང་དུ་བཙོས་ཏེ་དུག་སེལ་བྱས་རྗེས། སྨན་བཙོས་ཚ་ཆུས་ཐེངས 2–3ལ་བཤལ་བཀྲུ་བྱེད་དགོས། (གཙོ་བོ་ཆང་བཙུད་དམ་ཀླངས་ཆུ་བཀྲུ་རྒྱུ་དེ་ཡིན)
དབུགས་ནོན་སྐྱོམས་པ།	ཁ་ལེབ་ཕྱེ་སྟེ་དབུགས་འོས་འཚམ་ཞིག་བརྒྱབ་སྟེ་མངལ་ལམ་རྫུན་མའི་ནང་དུ་གནོན་ཤུགས་ཡོད་དུ་འཇུག་པ་དང་། མངལ་ལམ་རྫུན་མའི་སྣེ་མོ་ཟུར་གསུམ་དུ་གྱུར་ན་འོས་པ་ཡིན།
དྲོད་བཤེར།	ཁྲིམ་ལ་མཆོད་ན་མངལ་ལམ་གྱི་གནོན་ཤུགས་ལས་དྲོད་ཚད་ལ་ཆེར་བ་རྩེ་བས། ཁམས་དཀར་ལེན་སྐབས་དུག་སེལ་བྱས་པའི་དྲོད་གྲང་བརྟག་ཆས་མངལ་ལམ་རྫུན་མའི་ནང་དུ་བཙུགས་ཏེ་དྲོད་ཚད་ལ་བརྟག་དགོས། དྲོད་ཚད་ཏུའུ 39–42རྒྱུན་འཁྱོངས་བྱེད་ཐུབ་ན་འཚམ་པ་ཡིན།

རི་མོ 5–5 མངལ་ལམ་རྫུན་མ་སྒྲིག་ཚུལ།

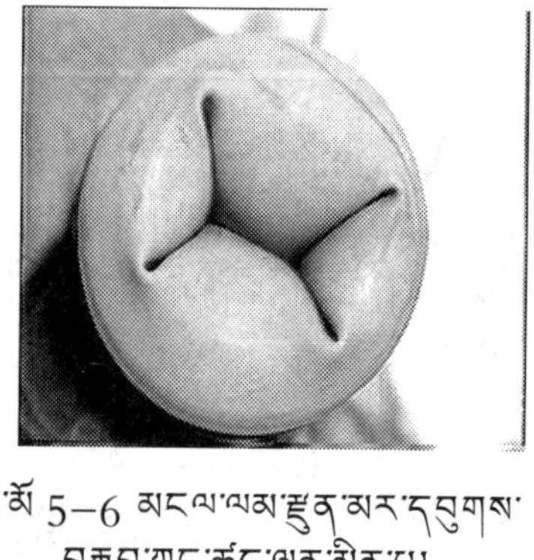

རི་མོ 5–6 མངལ་ལམ་རྫུན་མར་དབུགས་བརྒྱབ་ཀྱང་ཚད་ལྡན་མིན་པ།

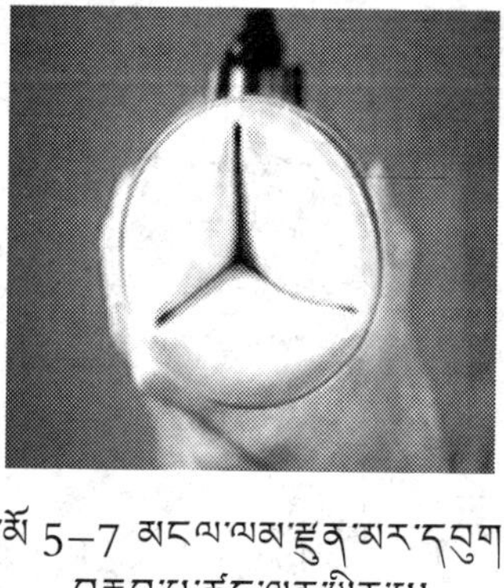

རི་མོ 5–7 མངལ་ལམ་རྫུན་མར་དབུགས་བརྒྱབ་པ་ཚད་ལྡན་ཡིན་པ།

རི་མོ 5–8 ཁང་བའི་ནང་ནས་ཁམས་དཀར་ལེན་པ།

ཁམས་དཀར་ལེན་སྐབས་དོ་སྣང་བྱེད་དགོས་པ་འགའ། ①ལག་པས་ཕོ་མཚན་གྱི་ཤུབས་ལ་འཇུས་ཏེ་ཕོ་མཚན་མངལ་ལམ་རྫུན་མའི་ནང་དུ་འདྲེན་པ་དང་། མཇུབ་མོའམ་མངལ་ལམ་རྫུན་མའི་ཕྱི་ཤུན་གྱིས་ཕོ་མཚན་ལ་རེག་ཐུག་མི་བྱེད་པ་དང་། མངལ་ལམ་རྫུན་མ་ཕོ་མཚན་གྱི་སྟེང་ལ་བཙན་བསྙོན་བྱེད་མི་རུང་། ཁྱད་པར་དུ་མངལ་ལམ་རྫུན་མའི་ནང་གི་ཆུ་ཁམས་དཀར་གསོག་སྣོད་ཀྱི་ནང་ལ་བཞུར་དུ་འཇུག་མི་རུང་བར་མ་ཟད། མངལ་ལམ་རྫུན་མའི་ཕྱི་ཤུན་སྟེང་གི་ཆུ་འབྱིད་དགོས། ②ཁམས་དཀར་གསོག་སྣོད་སྟེང་དུ་ཉི་འོད་ཐད་ཀར་དུ་འཕྲོ་རུ་འཇུག་མི་རུང་། དྲོད་ཚད་ཏུའུ 18རྒྱུན་འཁྱོངས་བྱེད་དགོས། ③ཁམས་དཀར་གསོག་སྣོད་བླངས་རྗེས་མངལ་ལམ་རྫུན་མའི་བར་ཤུན་གྱི་ཆུ་འབོ་དགོས། མངལ་ལམ་རྫུན་མ་ལུ་མཐུད་དུ་བཀོལ་དགོས་ན་ནང་ཤུན་སྟེང་གི་ཁམས་དཀར་འདག་རྫས་ཀྱིས་བཀྲུས་ཏེ། ཡང་ནས་ཡང་དུ་བཤལ་བཀྲུ་བྱས་ཏེ་སྐམ་བསྲད་དུ་བསྒྱུར་རྗེས་བཀོལ་བ་ལེན་བྱེད་དགོས། ④ལུག་གི་འཁྲིག་སྤྱོད་བྱེད་ཡུན་ཧ་ཅང་ཐུང་སྟེ། ཁྲིམ་གྱིས་གཏད་པ་ཙམ་གྱིས་ཁམས་དཀར་གཏོར་བ་ཡིན་པས། ཁམས་དཀར་ལེན་སྐབས་རྣམ་རིག་བསྒྲིམ་དགོས་པ་དང་། ལག་མྱུར་ཞིང་གནད་ལ་འཁེལ་བ་ཞིག་བྱེད་དགོས།

2.ཁམས་དཀར་གྱི་སྤུས་ཀ་ཞིབ་བཤེར། དེར་མིག་གིས་བལྟ་བ་དང་ཕྲ་མཐོང་ཆེ་ཤེལ་གྱིས་བལྟ་བ་བཅས་འདུས།

(1)མིག་གིས་ཞིབ་བཤེར། རྒྱུན་ལྡན་གྱི་ཁམས་དཀར་ནི་འོ་མདོག་དང་མཚུངས་ཤིང་། སྦྲ་བ་མེད་པའམ་དམར་དྲི་ཙམ་སྦྲ་བ་ཡིན། རུལ་དྲི་སྦྲ་བ་དང་དམར་མདངས་སམ་དམར་ནག ལྗང་མདོག་བཅས་མངོན་པའི་ཁམས་དཀར་ཡིན་ན་ཁམས་དཀར་འཇུག་མི་རུང་། སྤྱིར་མོ་ལུག་ལ་ཁམས་དཀར་འཇུག་ཚད་ཧྥ་ཧྲིན 0.8~1.2ཡིན།

(2)སྲ་མཐོང་ཆེ་ཤེལ་གྱིས་ཞིབ་བཤེར་བྱེད་པ། དྲོད་ཚད་ཧྲུའུ 18~25℃ ཡི་ཁང་བའི་ནང་ནས་བླངས་མ་ཐག་པའི་ཁམས་དཀར་ལ་སྲ་མཐོང་ཆེ་ཤེལ་གྱིས་ཞིབ་བཤེར་བྱེད་དགོས། ཁམས་དཀར་འཇུག་ཆས་ཀྱིས་ཁམས་དཀར་ཡར་དྲངས་ཏེ་མ་ཤེལ་གྱི་སྟེང་དུ་གཏིགས་རྗེས་ཡ་ཤེལ་འགེབས་པ་དང་། དབུགས་སོབ་ཡ་ཤེལ་མ་ཤེལ་གྱི་བར་ལ་འཚོར་དུ་འཇུག་མི་རུང་། དེ་ནས་ལྡབ 400~600ཅན་གྱི་སྲ་མཐོང་ཆེ་ཤེལ་གྱི་འོག་ལ་བཞག་སྟེ་ཞིབ་བཤེར་བྱེད་དགོས།

①ཁམས་དཀར་གྱི་སྟུག་ཚད། གལ་ཏེ་མཐོང་རྒྱ་གཅིག་གི་ནང་དུ་ཁམས་དཀར་བསྟར་འདུག་པ་དང་ཁམས་དཀར་དང་ཁམས་དཀར་གྱི་བར་ན་བར་སྟོང་ཙམ་ཡང་མེད་པ་ཡིན་ན། ཁམས་དཀར་གྱི་རིམ་གྲས་ལ“སྟུག”ཅེས་དཔྱད་འཇོག་བྱེད་དགོས། གལ་ཏེ་མཐོང་རྒྱ་གཅིག་གི་ནང་དུ་ཁམས་དཀར་དང་ཁམས་དཀར་བར་གྱི་བར་སྟོང་ལ་ཁམས་དཀར་གཅིག་གི་བར་སྟོང་ཡོད་པ་དང་། ཁམས་དཀར་སོ་སོ་འགུལ་སྐྱོད་བྱེད་ཀྱིན་ཡོད་ཕྱིན། ཁམས་དཀར་གྱི་རིམ་གྲས་ལ“འབྲིང”ཞེས་དཔྱད་འཇོག་བྱེད་དགོས། གལ་ཏེ་མཐོང་རྒྱ་གཅིག་གི་ནང་དུ་ཁམས་དཀར་ཉུང་བ་དང་། ཁམས་དཀར་དང་ཁམས་དཀར་བར་གྱི་བར་སྟོང་ཧ་ཅང་ཆེ་ཞིང་། ཁམས་དཀར་གཅིག་གི་རིང་ཚད་ཀྱི་བར་སྟོང་ཡོད་ཕྱིན། ཁམས་དཀར་གྱི་རིམ་གྲས་ལ“རགས”ཞེས་དཔྱད་འཇོག་བྱེད་དགོས། གལ་ཏེ་ཁམས་དཀར་གྱི་ནང་དུ་ཁམས་དཀར་གཅིག་ཀྱང་མེད་པ་ན། ཁམས་དཀར་གྱི་རིམ་

གྲས་ལ“མེད”ཅེས་དཔྱད་འཇོག་བྱེད་དགོས། གནད་ལ་འཁེལ་བའི་སྨྲ་ནས···ཁམས་དཀར་གྱི་གྲངས་ཀ་ཁོག་གཟོན་ཡོད་པར་བྱེད་ཆེད། ཁྲག་རིལ་རྩིས་ཚས···ལ་བརྟེན་ནས་ཞིབ་བཤེར་བྱས་ཚོག་པ་དང་། ཉེ་མ 7 རེའི་ནང་དུ་ཞིབ་བཤེར···ཐེངས་གཅིག་བྱེད་དགོས། ②ཁམས་དཀར་གྱི་གསོན་ཤུགས། ཐད་ཀར་དུ···མདུན་སྐྱོད་བྱེད་པའི་ཁམས་དཀར་རྩིས་གཞི་བྱས་ཏེ། སྐར་གྲངས 5 ཡིས་དཔྱད···འཇོག་བྱེད་དགོས། ཕྲ་མཐོང་ཆེ་ཤེལ་ལ་བརྟེན་ནས་དཔྱད་དགོས། 100%ཡི་ཁམས་དཀར་མདུན་སྐྱོད་བྱེད་པ་ཡིན་ན་སྐར་གྲངས 5 རྒྱག་དགོས། 80%ཡི་ཁམས་དཀར་མདུན་སྐྱོད་བྱེད་པ་ཡིན་ན་སྐར་གྲངས 4 རྒྱག་དགོས། དེ་ནས······ཁམས་དཀར་གྱི་མདུན་སྐྱོད་བྱེད་ཚད 20%ཡིས་ཇེ་ཉུང་དུ་གྱུར་ན་སྐར་གྲངས 1 རེ་འཐེན་དགོས། གལ་ཏེ་ཁམས་དཀར་མདུན་སྐྱོད་མི་བྱེད་པར་གནས་གཅིག······ནས་འགྱུལ་བ་ཡིན་ན། “འགྱུལ”ཞེས་བྲི་དགོས། གལ་ཏེ་ཁམས་དཀར་ཡོངས་རྫོགས་འགྱུལ་སྐྱོད་མི་བྱེད་ན“ཤི”ཞེས་བྲིས་ཏེ་མཚོན་པར་བྱེད་དགོས། མོ······ལུག་ལ་ཁམས་དཀར་འཇུག་ན་ངེས་པར་དུ“སྤུག—ལྔ”“སྤུག—བཞི” ཡང་ན“འབྲིང—ལྔ” “འབྲིང—བཞི”ཅན་གྱི་ཁམས་དཀར་བཀོལ་དགོས། (རེའུ་མིག 5–4)

རེའུ་མིག 5–4 ཁམས་དཀར་གྱི་གསོན་ཤུགས་དཔྱད་འདེམས་བྱེད་པའི་ཚད་གཞི། (%)

དཔྱད་འདེམས་ཚད་གཞི།	ཁམས་དཀར་ཐད་ཀར་མདུན་སྐྱོད་བྱ་འགྱུལ་བྱེད་པའི་བརྒྱ་ཆའི་བསྡུར་ཚད།										
	100	90	80	70	60	50	40	30	20	10	0
རིམ་པ 0–10བར་གྱི་དཔྱད་འདེམས་སྐར་གྲངས།	1.0	0.9	0.8	0.7	0.6	0.5	0.4	0.3	0.2	0.1	0
རིམ་ལྔའི་སྐར་གྲངས་སྟེར་ཚད།	5		4		3		2		1		0

3.ཁམས་དཀར་སླ་བསྐྱུར། ཁམས་དཀར་སླ་བསྐྱུར་བྱེད་པའི་དམིགས་ཡུལ་ནི་ཁམས་དཀར་ཇེ་མང་དུ་གཏོང་བ་དང་ཁམས་དཀར་གྱི་གསོན་ཤུགས་ཇེ་མཐོར་གཏོང་བ། ཁམས་དཀར་གྱི་གསོན་ཡུན་ཇེ་རིང་དུ་གཏོང་བ་བཅས་ཀྱི་ཆེད་དུ་ཡིན། ཁམས་དཀར་སླ་བསྐྱུར་བྱེད་པའི་གོ་རིམ་ནི་རི་མོ 5 –9ལ་གཟིགས་རོགས། རྒྱུན་དུ་མཐོང་བའི་ཁམས་དཀར་སླ་བསྐྱུར་བྱེད་ཚུལ་འགའ་མཚོན།

①སྨན་བཅོས་ཚྭ་ཆུས་སླ་བསྐྱུར་བྱེད་ཚུལ། སྨན་ཁབ་ཏུ་ཏུང་བའི 0.9%ཅན་གྱི་སྨན་བཅོས་ཚྭ་ཆུའམ་སྤྲིན་བསད་དུག་སེལ་བྱས་པའི 0.9%ཅན་གྱི་ལུའུ་ཧྭ་ནྭའི་སྨན་ཆུས་སླ་བསྐྱུར་བྱེད་པ། བྱེད་ཐབས་འདི་སྟབས་བདེ་སྤྱོད་བདེ་ཡིན་མོད། འོན་ཀྱང་ལྷབ་གཉིས་ཀྱི་ཡན་སླ་བསྐྱུར་བྱེད་མི་ཏུང་། ② རྒུན་འབྲུམ་ཀ་ར་དང་སྒོང་སེར་གྱིས་སླ་བསྐྱུར་བྱེད་ཚུལ། ཧོ་ཧྲིན 100ཅན་གྱི་ཆྣངས་བཅོས་ཆུའི་ནང་དུ་རྒུན་འབྲུམ་ཀ་ར་ཁེ 3 དང་ཉིང་མིང་སྐྱུར་ནྭ་ཁེ 1.4 དེ་གཉིས་ཀ་བསྲེས་ཏེ་བཙགས་ནས་སྲིན་གསོད་བྱས་ཤིང་འཁྱག་ཏུ་བཙུག་ནས་ཏུའུ 30ལ་བསླེབས་ཙ་ན། སྒོང་སེར་གསར་བ་ཧོ་ཧྲིན 20བླུགས་ཏེ་བསྲེ་ཡག་བྱེད་དགོས། ③བཞོན་མའི་འོ་མ(ར་མའི་འོ་མ་ཡིན་ཡང་ཆོག)ཡིས་སླ་བསྐྱུར་བྱེད་ཚུལ། བཞོན་མའི་འོ་མ་གསར་བ(ར་མའི་འོ་མ་ཡིན་ཡང་ཆོག)སྐྱམ་བཏོན་སེང་རས་ཀྱིས་བཙགས་པ་དང་། ཆུ་ཚོད་སྐར་མ 15ལ་ཆྣངས་བཙོ་སྲིན་གསོད་བྱས་ཏེ། འཁྱགས་ནས་ཏུའུ 30℃ལ་བསླེབས་རྗེས་སླ་བསྐྱུར་ཁུ་བ་བྱས་ཆོག

གོང་སྨྲས་ཀྱི་སླ་བསྐྱུར་ཁུ་བ་ཧོ་ཧྲིན་རེའི་ནང་དུ་ཆེན་མེ་སུའུ་དང་ལན་མེ་སུའུ་སོ་སོ་རྒྱལ་སྤྱིའི་རྩིས་གཞི 500རེ་བསྲེས་ཤིང་། སླ་བསྐྱུར་ཁུ་བའི་སྐྱུར་ཚད pH =7རུ་བཏང་རྗེས་བཀོལ་ཆོག ཏུའུ 25 ~30℃ཡི་དྲོད་ཚད་འོག་ཏུ་སླ་བསྐྱུར་བྱེད་དགོས།

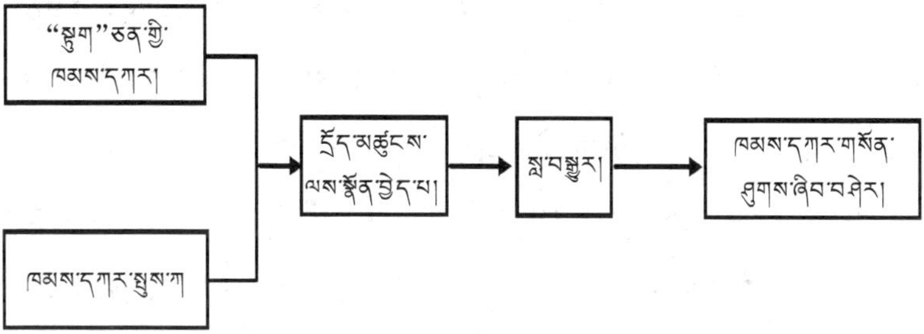

རི་མོ 5–9 ཁམས་དཀར་སླ་བསྐྱུར་གོ་རིམ་རི་མོ།

4.ཁམས་དཀར་ངོ་དམ།

①རྒྱུན་དྲོད(ཧྲུའུ 18~25℃)འོག་ཏུ་ངོ་དམ་བྱེད་པ། ཁམས་དཀར་སླ་བསྐྱུར་བྱས་རྗེས་སྐྱུར་སྣས་ཁམས་དཀར་གྱི་སྙིང་ཚབ་གསར་བརྗེའི་བྱ་འགུལ་ཚོད་འཛིན་བྱེད་པ་ལ་བརྟེན་ནས་མངོན་འགྱུར་བྱེད་དགོས། ཐབས་ལམ་དེ་སྤྱད་ན་ཁམས་དཀར་ཉི་མ 1~2ལ་ངོ་དམ་བྱེད་ཐུབ་པ་ཡིན། ②འཁྱགས་དྲོད(ཧྲུའུ 2~5℃)འོག་ཏུ་ངོ་དམ་བྱེད་པ།

སླ་བསྐྱུར་ཁམས་དཀར་ནི་ཧྲུའུ 30ནས་ཧྲུའུ 2~5ལ་འབབ་པར་བྱས་ན། ཁམས་དཀར་འཇུག་རག་བར་དུ་ངོ་དམ་བྱེད་ཐུབ། དྲོད་ཚད་མི་འགྱུར་བར་རྒྱུན་འཁྱོངས་བྱེད་དགོས།

3.ཁམས་དཀར་འཇུག་པ།

(1)ཁམས་དཀར་མ་བཙུག་པའི་སྔོན་གྱི་གྲ་སྒྲིག ཁམས་དཀར་མ་བཙུག་པའི་སྔོན་དུ་ཡོ་བྱད་ཐམས་ཅད་དུག་སེལ་སྲིན་གསོད་བྱེད་དགོས། ཁམས་དཀར་འཇུག་ཆས་དང་རྫིང་ཁ་ཁ་འབྱེད་ཡོ་བྱད་སོགས་བཙོ་བའམ་དྲོད་ཚད་མཐོ་བའི་རླམ་བསྲོད་སྣམ་དུ་བཙུག་སྟེ་དུག་སེལ་བྱེད་དགོས། ལྷུ་མཐུད་དུ་ཁམས་དཀར་འཇུག་སྐབས། སོ་ལྕུག་རེར་ཁམས་དཀར་བཙུག་རྗེས་ཁམས་དཀར་འཇུག་ཆས་

ཀྱི་ཕྱི་ངོས་སུ་སྨན་བཙོས་ཚྭ་ཆུའི་མ་མོག་གིས་ཕྱིས་ཏེ་སྤྱད་ཆོག མོ་ལུག་འཛིན་པ་དང་ཚད་ལྡན་སྒོས་ཁམས་དཀར་འཇུག་པར་ཁམས་དཀར་འཇུག་པའི་སྟེགས་བུ་སྟེ། འཕྲེད་ཤིང་སྤྲད་ཡོད་པའི་ཁམས་དཀར་འཇུག་པའི་སྟེགས་བུ་འཛུགས་དགོས། དེར་ས་ངོས་སུ་བར་ཐག་ལ་སྨིས་1ཡོད་པའི་ཀ་ར་གཉིས་འཛུགས་པ་དང་། ཀ་རའི་སྟེང་དུ་ས་ངོས་ནས་མཐོ་ཚད་ལ་ལི་སྨིས་70ཡོད་ཅིང་། སྲོམ་ཚད་ལ་ལི་སྨིས་5~7ཙམ་གྱི་འཕྲེད་ཤིང་ཞིག་སྦྲེད་དགོས། ཁམས་དཀར་འཇུག་པར་འཚམ་པའི་མོ་ལུག་གི་རྐང་པ་གཉིས་འཕྲེད་ཤིང་གི་སྟེང་དུ་འགེལ་བ་དང་ལག་སུག་གཉིས་ས་ངོས་ལ་དཔྱངས་ན། ཐེངས་གཅིག་ལ་མོ་ལུག་3~5བཀལ་ཆོག་པ་དང་། ཁམས་དཀར་བཙུག་ན་ཧ་ཅང་སྟབས་བདེ་ཡིན། ཡང་ཐབས་ལམ་སྟབས་བདེ་ཞིག་ཡོད་པ་ནི་མི་ཞིག་གིས་མོ་ལུག་འཛིན་པ་དང་། ཁམས་དཀར་འཇུག་མཁན་གོང་དོང་དུ་བབས་ཏེ་ཁམས་དཀར་འཇུག་པ་ཡིན་ལ། ཡང་ན་མི་གཉིས་ཀྱིས་མོ་ལུག་གི་རྐང་པ་གཉིས་བཟུང་སྟེ་ཡར་བཀྱགས་ནས་ཁམས་དཀར་འཇུག་མཁན་གྱིས་བུ་སྣོད་ཀྱི་ཁ་བཙལ་བདེ་བར་བྱེད་དགོས།

(2)ཁམས་དཀར་འཇུག་པ། ཁམས་དཀར་འཇུག་སྐབས་ཁམས་དཀར་འཇུག་ཆས་ཀྱི་མཆུ་དལ་གྱིས་བུ་སྣོད་ཀྱི་ཁའི་ནང་དུ་ལི་སྨིས་0.5~1ཙམ་བཏང་རྗེས། ཁམས་དཀར་ངེས་ཅན་ཞིག་བུ་སྣོད་ཀྱི་ཁའི་ནང་དུ་འཇུག་དགོས། ཁམས་དཀར་འཇུག་ཚད་ནི་སྤར་གྱི་ཁམས་དཀར་ཁུ་བའི་ཧྥོ་ཧྲིན 0.05 ~0.1ཡིན་དགོས། མོ་ལུག་ཁ་ཆུང་གི་མངལ་ལམ་དོག་དྲགས་པས། རྫིང་ཁ་ཁ་འབྱེད་ཡོ་བྱད་ཀྱིས་ཁ་འབྱེད་ཡག་བྱེད་མི་ཐུབ་པས་བུ་སྣོད་ཀྱི་ཁ་བཙལ་ན་མི་རྙེད་པ་ཡིན། གནས་ཚུལ་དེ་འདྲར་ཕྲད་ན་མངལ་ལམ་གྱི་ཕུགས་སུ་ཁམས་དཀར་བཙུག་ཆོག ཡིན་ནའང་ཁམས་དཀར་འཇུག་ཚད་སྤྱིར་བཏང་གི་ཁམས་དཀར་ལས་ལྡབ་གཅིག་གིས་མང་དགོས། མངལ་འཛིན་ཚད་ཇེ་མཐོར་གཏོང་ཆེད་མོ་ལུག་གི་སྤྱིག་ཡུན་གཅིག་གི

ནང་དུ་མ་མཐར་ཁམས་དཀར་ཐེངས་2ལ་འཇུག་དགོས། ཁམས་དཀར་འཇུག་ཐེངས་གཉིས་ཀྱི་བར་ཐག་ནི་ཆུ་ཚོད་8~12ཡིན་དགོས།

ཁམས་དཀར་འཇུག་པའི་ལག་རྩལ་གནད་འགག་ནི་རེའུ་མིག 5–5ལ་གཟིགས་རོགས།

རེའུ་མིག 5–5 ཁམས་དཀར་འཇུག་པའི་ལག་རྩལ་གནད་འགག

ཁམས་དཀར་འཇུག་ཚད། (ཧོ་ཧྲིན)	ཁམས་དཀར་འཇུག་པའི་དུས་ཚོད།	ཁམས་དཀར་འཇུག་པའི་ཐེངས་གྲངས།	བར་ཚོད་དུས་ཚོད། (དུས་ཚོད)	ནུས་ལྡན་ཁམས་དཀར་གྱི་གྲངས་ཀ	ཁམས་དཀར་འཇུག་པའི་གནས།
མོ་ལུག 0.2~0.5	མོ་ལུག་སྨྲིག་རྗེས་དུས་ཚོད 20~30 ཡི་ནང་དུ།	ཐེངས 2	བར་ཐག་དུས་ཚོད། 8~10	ཁམས་དཀར་ཁྲི 7500ཡི་ཡན།	བུ་སྣོད་ཀྱི་ནང་དང་མངལ་ལམ་གྱི་ཕུགས།

ལེ་ཚན་གསུམ་པ། མོ་ལུག་གིས་ལུ་གུ་བཙའ་བ་དང་ལུ་གུ་སྐྱོར་སྐྱོང་བྱེད་ཚུལ།

གཅིག མོ་ལུག་གིས་ལུ་གུ་མ་བཙས་པའི་སྔོན་གྱི་བྱ་བ་གྲ་སྒྲིག

མཚོ་སྔོན་ཞིང་ཆེན་གྱི་ནམ་ཟླ་ཅུང་འཁྱག་པ་དང་ནངས་དགོང་གི་དྲོད་གྲང་ལ་བར་ཁྱད་ཆེ་བར་བརྟེན། སྤྱིར་ལུ་གུ་བཙའ་བའི་དུས་ཚིགས་ནི་དགུན་ཐོག་གམ་དཔྱིད་མགོར་བཀོད་སྒྲིག་བྱེད་པ་ཡིན། དེར་ལུ་གུ་བཙའ་ཁང་གྲ་སྒྲིག་བྱེད་དགོས། ཆ་རྐྱེན་ཡོད་ན་ལུ་གུ་བཙའ་ཁང་ཁེར་ལས་བྱེད་དགོས། ལུག་གསོས་པ་ཉུང་ན་ལུག་ཁང་ནང་དུ་ས་ཆ་ཞིག་བཅད་དེ་བཙའ་ཁང་བྱེད་དགོས། བཙའ་ཁང་གི་རྒྱ་ཁྱོན་ནི་མོ་ལུག་རེར་རྒྱ་ཁྱོན་གྲུ་བཞི་མ 1.8~2.0ཡོད་པར་བྱས་ནས་རྩིས་རྒྱག་དགོས། ལུ་གུ་བཙའ་ཁང་གི་རིལ་ལུད་གཙང་ཕྱགས་བྱེད་པ་དང་། ཁང

བའི་ས་རྫོས་དང་གྱང་རྫོས། ཡོ་བྱད་ཡོངས་རྫོགས་སོགས་ལ་ངེས་པར་དུ་དུག་སེལ་བྱེད་དགོས། དུག་སེལ་སྨན་ཆུ་རུ 15% ~20%ཅན་གྱི་རྩྭ་ཐལ་གྱི་ཆུ་དང་། 2% ~3%ཅན་གྱི་ལེ་སུའུ་ཨར་གྱི་བསྲུངས་ཆུ། 20%ཅན་གྱི་རྡོ་ཐལ་བསྲུངས་ཆུ། 1%ཅན་གྱི་ཁེ་ཞིན་ནྲ་བསྲུངས་ཆུ་སོགས་ཡོད་ཅིང་། ས་རྫོས་སུ་སོར 4 ~5ཅན་གྱི་བྱེ་ཟེགས་སམ་ས་རྡུལ་སྐམ་པོ་བཏིང་རྗེས། དེའི་སྟེང་དུ་རྩྭ་འཇམ་གཙང་མ་ཞིག་གཏོང་དགོས། གཞན་ཡང་། ཏིན་ཚང་དང་ཚང་བཙུད། ཀའོ་མེན་སོན་ཅ། སྨན་སྦྱོད་མ་མོག སེང་རས། ལུ་གུ་བཙའ་བར་མཁོ་བའི་ཡོ་བྱད་འདང་ངེས་ཤིག་གྲ་སྒྲིག་བྱེད་དགོས།

གཉིས། མོ་ལུག་གིས་ལུ་གུ་བཙའ་བར་བཙའ་རོགས་བྱེད་པ།

(གཅིག)ལུ་གུ་བཙའ་བའི་སྔ་ལྟས།

མོ་ལུག་གིས་ལུ་གུ་བཙའ་རན་སྐབས་ནུ་ཁ་རྒྱས་པ་དང་ནུ་མགོ་ལངས་འདུག ལག་པས་བ་ཙོར་ན་འོ་མ་གར་པོ་བཞུར་བ་དང་། མཚང་སྐམ་གྱི་རྒྱུས་ཀ་སློད་དེ་ཇ་རྩའི་གཡས་གཡོན་མར་བརྡིབས་ཤིང་། གསུས་པ་མར་དཔྱངས་པ་དང་ཏ་ཁུགས་མར་བརྡིབས་འདུག རྗེང་ཁ་སྐྲངས་ཤིང་དམར་པོར་གྱུར་པ་དང་འབྱར་ཁུ་ཕྱིར་བཞུར་བ་ཡིན། འགུལ་སྐྱོད་བྱེད་དལ་བ་དང་རྗེང་ཆུ་ཡང་ཡང་གཏོང་བ། ཁ་ཕྱིར་འཁོར་ནས་གསུམ་རྫོས་ལ་བལྟ་བ་དང་དུས་རྒྱུན་དུ་གྱང་ཙར་ལང་བའམ་ཁོག་ལང་བྱེད་པ་དང་། ཀང་ལག་བཞི་བརྐྱངས་བྱེད་པ། རྩྭ་མི་ཟ་བ། ཉལ་ལང་བྱེད་མི་བདེ་བ་བཅས་ཀྱི་རྟགས་མཚོན་པར་མ་ཟད། མཚམས་ལན་རེར་འབའ་བ་དང་ལག་སུག་གིས་ས་འདྲད་པ། ལུ་གུ་བཙའ་རན་སྐབས་བ་ཙོར་བ་སོགས་ཀྱི་རྟགས་མཚོན་པ་ཡིན། གོང་སྨྲས་ཀྱི་བཙའ་རྟགས་མཚོན་པ་ན་མྱུར་དུ་བཙའ་ཁང་དུ་བཀག་སྟེ་ཆུ་དྲོད་འཇམ་གྱིས་རྗེང་ཁ་དང་། རྟུག་ཁུང་ཁ། ཇ་རྩ། བརླའི་ནང་རྫོས། ནུ་མ་བཅས་བཀྲུས་ཤིང 1%~2%ཅན་གྱི་ལེ་སུའུ་ཨར་བསྲུངས་

ཆུས་དུག་སེལ་བྱེད་དགོས།

(གཉིས)བཙའ་རོགས་བྱེད་པ།

ཕོག་མར་བཙའ་རན་མོ་ལུག་གི་ནུ་མའི་མཐའ་སྐོར་དང་བརླའི་ནང་ངོས་ཀྱི་བལ་བྲེགས་རྗེས། ཆུ་དྲོད་འཇམ་གྱིས་ནུ་མ་བཀྲུ་བ་དང་དང་ཕོག་གི་འོ་ཐིགས་འགའ་བ་ཙོར་ཞིང་། དེ་ནས་མོ་ལུག་གི་ཇ་ཟ་དང་རྗེང་ཁ། རྟུག་ཁུང་ཁ་བཅས་གཙང་མ་ཞིག་བཀྲུས་རྗེས། 1%ཅན་གྱི་ལེ་སུའུ་ཨར་གྱིས་དུག་སེལ་བྱེད་དགོས། མོ་ལུག་གིས་རྒྱུན་ལྡན་ངང་ལུ་གུ་བཙའ་བ་ཡིན། མང་ལ་ཆུ་བཞུར་ཏེ་དུས་ཚོད་སྐར་མ 10~30འགོར་བ་ན། ལུ་གུ་བདེ་བླག་ངང་བཙའ་བ་ཡིན་ལ། དང་ཕོག་ལག་སུག་དང་མགོ་བོ་ཕྱིར་འཐུར་བ་དང་། ལུ་གུའི་མགོ་བོ་འཐུར་རྗེས་མོ་ལུག་གིས་ཤུགས་བ་ཙོར་བྱས་པར་བརྟེན་བདེ་བླག་ངང་ཕྱིར་བཙའ་ཐུབ་པ་ཡིན། ལུ་གུ་མཚེ་མ་བཙའ་སྐབས་སྔ་ཕྱིའི་བར་ལ་དུས་ཚོད་སྐར་མ 5~30འགོར་བ་ཡིན་ལ། མཚེ་མ་ལ་ལའི་སྔ་ཕྱིའི་བར་གྱི་བཙའ་ཐག་ཐུང་རིང་བ་ཡིན། མོ་ལུག་གིས་ལུ་གུ་གཅིག་བཙས་རྗེས་ད་དུང་བདེ་ལ་མི་འབབ་པར་ཉལ་བ་དང་། ཡང་ན་ཡར་ལངས་རྗེས་ཕྱིར་ཉལ་བ་དང་ཤུགས་ཀྱིས་བ་ཙོར་བ་སོགས་ཀྱི་རྟགས་མཐོང་བ་ན་ལུ་གུ་མཚེ་མ་ཡིན་སྲིད་པས། ལག་པས་གསུས་སྟོད་ཡར་བཀྱགས་ན་སྲ་ཞིང་ཤུད་ཀྱིན་འདུག་པའི་ལུ་གུའི་གཟུགས་རུས་ཚོར་ཐུབ། རྒྱུན་བཙའ་མོ་ལུག་གི་ལུ་གུ་བཙའ་ཡུན་དེ་དང་ཕོག་ལུ་གུ་བཙའ་བའི་མོ་ལུག་ལས་མགྱོགས་པ་ཡིན།

ལུ་གུ་བཙས་རྗེས་མགྱོགས་མྱུར་ངང་ལུ་གུའི་ཁ་རྣ་སྣ་གསུམ་བཅས་ཀྱི་འབྱར་ཁུ་འབྱིད་ཡག་བྱས་ཏེ། དབུགས་བཏུམ་ལ་གཅོད་པ་དང་དངོས་པོ་རང་བཞིན་གྱི་སློ་བའི་ཚ་ནད་འབྱུང་བ་སྔོན་འགོག་བྱེད་དགོས། ལུ་གུའི་ལུས་སྟེང་གི་འབྱར་ཁུ་ངེས་པར་དུ་མོ་ལུག་ལ་བལྡག་ཏུ་འཇུག་དགོས། དེ་ལྟར་བྱས་ན་ལུ་གུའི་ལུས་སྟེང་གི་ཁྲག་འཁོར་སྐྱོད་བྱེད་པ་རྗེ་མགྱོགས་སུ་གཏོང་ཐུབ་པར་མ་ཟད།

མ་བུ་ངོས་འཛིན་བྱེད་པར་ཡང་ཕན། དགུན་ཐོག་ལུ་གུ་བཙའ་རོགས་བྱེད་སྐབས་མཁྱོགས་དགོས་པ་དང་ལུ་གུར་ཆམ་པ་ཐོག་ཏུ་འཇུག་མི་རུང་།

(གསུམ)བཙའ་དཀའ་བ་དང་བཙའ་རོགས་བྱེད་པ།

དང་ཐོག་ལུ་གུ་བཙའ་བའི་མོ་ལུག་ཡིན་ན་དུས་ཐོག་ཏུ་བཙའ་རོགས་བྱེད་དགོས། མངལ་ལམ་དོག་པ་དང་མོ་ལུག་གི་ལུས་ཤུགས་ཞན་པ། ལུ་གུ་ཆེ་དྲགས་པ་སོགས་ཀྱིས་ལུ་གུ་བཙའ་དཀའ་བའི་ནད་འབྱུང་དུ་འཇུག་སྲིད། བཙའ་རོགས་བྱེད་ཐབས་ནི་ལུ་གུ་ཕྱིར་འཐེན་པ་དེ་ཡིན། མངལ་ཆུ་ཤོར་ནས་དུས་ཚོད་སྐར་མ 30འགོར་རྗེས། གལ་ཏེ་མོ་ལུག་གི་བ་ཙོར་ཤུགས་མི་འདང་བ་དང་ལུ་གུ་ད་དུང་ཕྱིར་ཐོན་མ་ཐུབ་ན་བཙའ་རོགས་བྱེད་དགོས། བཙའ་རོགས་བྱེད་མཁན་གྱིས་སེན་མོ་འབྲེག་པ་དང་བྲིགས་ཤུལ་བཟར་བ། ལག་པ་དུག་སེལ་བྱེད་པ། འདྲེད་སྨུམ་འབྱུག་པ་སོགས་བྱས་རྗེས། ཐོག་མར་ལུ་གུའི་ལག་སུག་གཉིས་ཕྱིར་འཐེན་པ་དང་ནང་ལ་གཏད་པ་བཅས་བྱས་རྗེས། ལག་ཡས་ཀྱིས་ལག་སུག་ལ་འཇུ་བ་དང་ལག་ཡས་ཀྱིས་ལུ་གུའི་མགོ་བོ་བསྐོར་ཏེ་མོ་ལུག་གིས་ཕྱིར་བ་ཙོར་བ་དང་བསྟུན་ནས་དལ་གྱིས་ཕྱིར་འཐེན་པ་ལས་ཤུགས་ཀྱིས་འཐེན་མི་རུང་བར་མ་ཟད། མོ་ལུག་གི་བ་ཙོར་ཤུགས་ལ་མ་བརྟེན་པར་ཤུགས་ཀྱིས་འཐེན་ན་མངལ་ལམ་ལ་རྨས་སྐྱོན་བཟོ་སྲིད། བཙའ་རོགས་བྱེད་པ་དུས་ཐོག་ལ་འཁེལ་དགོས་པ་དང་དུས་མི་རུང་ལ་འཕྱིས་ན་མོ་ལུག་གི་ལུས་ཟུངས་འཛད་དྲགས་ཤིང་། མངལ་ཆུ་ཤོར་ཏེ་ལུ་གུ་ལྟག་པར་བཙའ་དཀའ་བ་ཡིན།

གསུམ། ལུ་གུ་བཙས་རྗེས་ཀྱི་མོ་ལུག་དང་བཙས་མ་ཐག་པའི་ལུ་གུ་སྐྱོར་སྐྱོང་བྱེད་ཚུལ།

(གཅིག)ལུ་གུ་བཙས་རྗེས་ཀྱི་མོ་ལུག་སྐྱོར་སྐྱོང་བྱེད་ཐབས།

ལུ་གུ་བཙས་རྗེས་ཀྱི་མོ་ལུག་ལ་ཉྲོད་འཛིན་པ་དང་གྲང་ངར་འགོག་པ།

བརྟན་གཞིར་འགོག་པ། རླུང་བསེར་བུ་འགོག་པ། ཚམ་པ་སྔོན་འགོག་བྱེད་པ། གྲག་མེད་འགྲུལ་མེད་དང་ངལ་གསོ་བྱེད་པ་བཅས་ལ་དོ་སྣང་བྱེད་དགོས། ལུ་གུ་བཙས་ནས་དུས་ཚོད་1ཙམ་འགོར་རྗེས་ཆུ་དྲོད་འཇམ་ལྷུད་པ་དང་། ཐེངས་དང་པོར་ལྷུད་ཚད་མང་མི་རུང་། སྤྱིར་ཆུ་དྲོད་འཇམ་ཕྱིན་1~1.5ལྷུད་པ་དང་བུད་ཅོ་དང་སྤུས་ལེགས་རྩེ་རིལ་སྟེར་དགོས། ལུ་གུ་བཙས་ནས་ཉི་མ་འགའི་ནང་དུ་སྤུས་ཀ་ལེགས་ཤིང་འཇུ་སླ་བའི་གཟན་ཆས་སྟེར་དགོས་མོད། འོན་ཀྱང་སྟེར་ཚད་མང་མི་རུང་། ཉི་མ་གསུམ་འགོར་རྗེས་རྒྱུན་ལྡན་གྱི་གཟན་ཆས་བྱིན་ཆོག

(གཉིས)བཙས་མ་ཐག་པའི་ལུ་གུ་སྐྱོར་སྐྱོང་བྱེད་ཚུལ།

ལུ་གུ་བཙས་མ་ཐག་ཏུ་འོ་སྤྲི་ནུ་རུ་འཇུག་དགོས། ལུ་གུ་ཤེད་མེད་དང་དང་ཐོག་ལུ་གུ་བཙས་པའི་མོ་ལུག་གི་ལུ་གུའམ་ལུ་གུར་བདག་མི་བྱེད་པའི་མོ་ལུག་གི་ལུ་གུ་སྟེ། འོ་མ་བསྣུན་དགོས་པའི་ལུ་གུ། ཡང་ན་མོ་ལུག་ལ་ནུ་རྒྱུ་མེད་ནའང་དང་ཐོག་འོ་སྤྲི་ནུ་རུ་བཅུག་རྗེས་ད་གཟོད་མ་ཡར་མོ་ལུག(ར་མ་ཡིན་ཡང་ཆོག)ལ་བསྣུན་ཆོག

(གསུམ)ཤི་ཁྱུལ་ལུ་གུ་སྐྱོབ་ཐབས།

ལུ་གུ་བཙས་རྗེས་ལུས་ཁམས་རྒྱུན་ལྡན་ཡིན་ཡང་། དབུགས་ལེན་རྒྱུ་མེད་ནའང་སྙིང་ད་དུང་ལྡིང་བ་ཡིན་ན་དེར་ཤི་ཁྱུལ་ལུ་གུ་ཟེར་བ་ཡིན། ཤི་ཁྱུལ་ལུ་གུ་སླར་སྐྱོབ་བྱེད་ཐབས་མང་སྟེ། ཐོག་མར་དབུགས་འབྱིན་རྡུབ་མ་ལག་ཏུ་བརྡུབས་པའི་འབྱར་ཁུ་དང་མངལ་ཆུ་བཅས་གཙང་འབྱེད་བྱེད་པ་དང་། སྣ་ཁུང་གཙང་མ་བྱས་ཏེ་དབུགས་རྒྱག་པའམ་མིའི་ཐབས་ཀྱིས་དབུགས་འབྱིན་རྡུབ་བྱེད་དུ་འཇུག་པ་བཅས་བྱེད་དགོས། ཡང་ན་ལུ་གུའི་རྐང་ལག་གཉིས་ལ་འཇུས་ཏེ་ཡར་འགྱོགས་པ་དང་ལག་པས་ལུ་གུའི་བྲང་ངོས་དང་རྒྱབ་ངོས་ལ་བརྡུང་བ། ཡང་ན་ལུ་གུ་འཕྲེད་དུ་བསྐལ་བ་དང་ལུས་སྟོད་དམའ་ཞིང་ལུས་སྨད་མཐོ་བ་བྱེད་པ

དང་། ལག་པས་ལག་སྲུག་གཉིས་ལ་འཇུས་ཏེ་ཡང་ནས་ཡང་དུ་མདུན་དུ་འཐེན་པ་དང་ཕྱིར་བསྐྱུམ་པ་བཅས་བྱས་རྗེས། ལག་པས་བྲང་ངོས་གཡས་གཡོན་ལ་དལ་གྱིས་བརྡུང་དགོས།

ལེ་ཚན་བཞི་བ། ཤ་སྐྱིད་ལུག་གི་འཕེལ་སྐྱོབས་ཇེ་ཆེར་གཏོང་བའི་ལག་རྩལ།

གཅིག ཤ་སྐྱིད་ལུག་གི་འཕེལ་སྐྱོབས་ཇེ་ཆེར་གཏོང་བའི་ཐབས་ལམ།

ཤ་སྐྱིད་ལུག་གི་འཕེལ་སྐྱོབས་ཇེ་ཆེར་གཏོང་བའི་ཐབས་ལམ་ནི་ཕོ་ལུག་མོ་ལུག་ལ་གཟན་སྟེར་ངོ་དམ་བྱེད་པ་དང་ལུག་ཕྲུ་ལེགས་སྐྱོང་བྱེད་པ། སྐྱེ་འཕེལ་བྱེད་རན་པའི་མོ་ལུག་གི་བསྡུར་ཚད་ཇེ་མང་དུ་གཏོང་བ། ཁོར་ཡུག་ཚོད་འཛིན་ལ་ཤུགས་སྣོན་བཅས་བྱེད་དགོས་པར་མ་ཟད། ཐབས་ལམ་གཙོ་བོ་ནི་འདེམས་སྐྱོང་འདེམས་སྦྱོར་བྱེད་པ་དང་། ཐུ་སྨིན་ཡིན་ལ་ལུ་གུ་མང་པོ་ཁྲིད་པའི་ཤ་སྐྱིད་ལུག་རྒྱུད་གསོ་སྐྱོང་སྤེལ་སྦྱོར་ལེགས་ཆ་བེད་སྤྱོད་བྱེད་པ་བཅས་ཡིན།

(གཅིག)འདེམས་སྐྱོང་འདེམས་སྦྱོར་བྱེད་པར་ཤུགས་སྣོན་བྱེད་པ།

1.ཁྲིམ་ལུག་འདེམས་པ། ཁྲིམ་ལུག་ནི་གཟུགས་གཞི་ཆེ་ཞིང་རླིག་འབྲས་རྒྱས་ཐག་ཆོད་པ། ཁྲིམ་ལུག་གི་ཁྱད་ཆོས་མངོན་པར་ལྡན་པ་ཞིག་ཡིན་དགོས་པར་མ་ཟད། ལུ་གུ་མཆེ་མ་བཙའ་བ་དང་ལུ་གུ་མང་པོ་བཙའ་བའི་མོ་ལུག་གི་ལུག་རྒྱུད་ཁྲིམ་ལུག་ལ་འཛོག་དགོས།

2.མོ་ལུག་འདེམས་པ། མོ་ལུག་གི་འཕེལ་སྐྱོབས་ནི་ལོ་ན་དང་བསྟུན་ཏེ་ཇེ་ཆེར་འགྲོ་བ་དང་། རྒྱུད་དེ་ཕྱི་རབས་པར་སྤེལ་ཐུབ་པ་ཡིན། མོ་ལུག་འདེམས་སྐབས་ལུ་གུ་མང་པོ་ཁྲིད་པའི་མོ་ལུག་གི་ལུག་རྒྱུད་ལས་ཕུལ་བྱུང་རྒྱུད་བཟང་

འདེམས་དགོས། མོ་ལུག་གི་འོ་མ་སྟེར་བ་དང་ལུ་གུ་སྐྱོར་བའི་བྱེད་ནུས་བཙས་ལ་དོ་སྣང་བྱེད་དགོས།

3.འདེམས་སྐྱོར། ཡང་དག་པའི་སྒོ་ནས་འདེམས་སྐྱོར་བྱེད་པ་ནི་འཕེལ་སྐྱོབས་རྗེ་མཐོར་གཏོང་བའི་ལག་རྩལ་ཐབས་ལམ་གལ་ཆེན་ཞིག་ཡིན། ལུ་གུ་གཉིས་རེ་ཁྲིད་པའི་ལུག་རྒྱུད་ཀྱི་ཁྲིམ་ལུག་དང་ལུ་གུ་གཉིས་རེ་ཁྲིད་པའི་ལུག་རྒྱུད་ཀྱི་མོ་ལུག་སྡེབ་སྦྱོར་བྱེད་ཅིང་། དེ་ལས་བཙས་པའི་ཕོ་མོའི་ལུ་གུ་བསལ་འདེམས་གསོ་སྐྱོང་བྱས་ཏེ་སོན་ལུག་ཏུ་བསྒྱུར་ཆོག

(གཉིས)སྔ་སྨིན་ལུ་གུ་མང་པོ་ཁྲིད་པའི་ཤ་སྤྱོད་ལུག་རྒྱུད་གསོ་སྐྱོང་བྱེད་དགོས།

རང་རྒྱལ་དུ་དྲངས་པའི་ལུ་གུ་མང་པོ་ཁྲིད་པའི་ཤ་སྤྱོད་ལུག་རྒྱུད་བེད་སྤྱད་དེ། རང་ས་གནས་ཀྱི་ལུ་གུ་མང་པོ་ཁྲིད་པའི་ལུག་རྒྱུད་དང་སྡེབ་སྦྱོར་བྱས་ཏེ། སྨིན་སྔ་བ་དང་ལོ་ཧྲིལ་པོར་སྤྲིག་པ། ལུ་གུ་བཙའ་གྲངས་མང་བ། འོ་མ་སྟེར་ཚད་མང་བ། ནད་ཡམས་འགོག་ཤུགས་ཆེ་བ་སོགས་ཀྱི་མོ་ལུག་འདེམས་པ་དང་། གཟུགས་གཞི་སྐྱེ་སྟོབས་མགྱོགས་ཤིང་། གཟན་ཆས་བེད་སྤྱོད་བྱེད་ཚད་མཐོ་བ། ས་འཕྲོད་ཆུ་འཕྲོད་ཡིན་པ། ཤ་ཁོག་གི་སྤུས་ཀ་ལེགས་པ་བཅས་ཀྱི་ཁྲིམ་ལུག་གསོ་སྐྱོང་བྱེད་དགོས་པར་མ་ཟད། ཕོ་ལུག་མོ་ལུག་གི་རྒྱུད་འཛིན་རང་བཞིན་གཏན་འཇགས་ཡིན་པ་དང་སྔ་སྨིན་ཡིན་ལ་ལུ་གུ་མང་པོ་ཁྲིད་པའི་ཤ་སྤྱོད་ལུག་རྒྱུད་གསོ་སྐྱོང་བྱེད་དགོས།

(གསུམ)སྡེབ་སྦྱོར་ལེགས་ཆ་བེད་སྤྱོད་གང་ལེགས་བྱེད་པ།

ལུ་གུ་མང་པོ་ཁྲིད་པའི་ལུག་རྒྱུད་ནང་འདྲེན་བྱེད་པ་དང་། ལུ་གུ་མང་པོ་ཁྲིད་པའི་ལུག་རྒྱུད་སྤྱད་དེ་རང་ས་གནས་ཀྱི་ལུག་རྒྱུད་དང་སྡེབ་སྦྱོར་བྱས་ཏེ་རང་ས་གནས་ཀྱི་ལུག་རྒྱུད་ལེགས་བསྒྱུར་བྱེད་པ་ནི། རང་ས་གནས་ཀྱི་ཤ་སྤྱོད་ལུག་གི

འཕེལ་སྟོབས་ཇེ་མཐོར་གཏོང་བའི་ཆེས་མགྱོགས་པ་དང་ཆེས་ནུས་ཚོད་ལྡན་པ། ཆེས་སྟབས་བདེ་ཡིན་པའི་ཐབས་ལམ་བཟང་པོ་ཞིག་ཡིན།

གཉིས། ཁ་སྐྱོད་ལུག་སྐྱེ་འཕེལ་ཚོད་འཛིན་ལག་རྩལ།

(གཅིག)མོ་ལུག་སྐྱེ་འཕེལ་ཚོད་འཛིན་ལག་རྩལ།

1.མིའི་ཐབས་ཀྱིས་སྦྲིག་ཏུ་འཇུག་པ། མོ་ལུག་སྦྲིག་སྐབས་ཕྱི་རྐྱེན་སྐྱུལ་རྫི་ལ་བརྟེན་ནས་རྒྱུན་ལྡན་ལྟར་སྦྲིག་པ་དང་འཁྲིག་སྦྱོར་བྱས་ན། མོ་ལུག་གི་སྐྱེ་འཕེལ་དུས་འཁོར་ཇེ་ཐུང་དུ་བཏང་སྟེ་འཕེལ་སྟོབས་ཇེ་མཐོར་གཏོང་ཐུབ། དེའི་ཐབས་ལམ་ལ་ལུ་གུར་སྔ་མོ་ནས་འོ་མ་ནུ་མཚམས་གཅོད་དུ་འཇུག་པ་དང་། སྐྱུལ་རྫི་དང་དངོས་ལུགས་རིག་པ་སྦྱོད་པ་སོགས་ཡོད། དེ་ལས་ལུ་གུར་སྔ་མོ་ནས་འོ་མ་ནུ་མཚམས་གཅོད་པ་ནི་མོ་ལུག་གི་འོ་མ་བསྣུན་ཡུན་ཇེ་ཐུང་དུ་གཏོང་བ་དང་། མོ་ལུག་སྔ་མོ་ནས་སྦྲིག་ཏུ་འཇུག་པ་དེ་ཡིན་མོད། འོན་ཀྱང་སྔ་མོ་ནས་ལུ་གུར་འོ་མ་ནུ་མཚམས་གཅོད་ན་ལུ་གུ་གསོ་སྐྱོང་བྱེད་པའི་ཆ་རྐྱེན་ཅུང་མཐོ་བས། ངེས་པར་དུ་མིས་བཟོས་འོ་མ་དང་མིའི་ཐབས་ཀྱིས་ལུ་གུ་གསོ་སྐྱོང་བྱེད་པ་སོགས་ཀྱི་ལག་རྩལ་གནད་དོན་ཐག་གཅོད་བྱེད་དགོས།

2.དུས་མཚུངས་སྦྲིག་པ། ཐབས་ལམ་གཅིག་ནི་མངལ་སྦྲུམ་སྐྱུལ་རྫི་རུ་བསྲེས་པའི་འཛིག་སོབ་མོ་ལུག་གི་བུ་སྣོད་ཀྱི་ཁ་རུ་བཞག་ཅིང་། ཉི་མ 10 ~14 འགོར་རྗེས་ཕྱིར་ལེན་པ་དང་། ཉི་མ་དེར་ཤ་གསེང་དུ་རྨོད་མའི་མངལ་སྦྲུམ་དྭངས་ཁྲག་ཆགས་རྐྱེན་སྐྱུལ་རྫི་རྒྱལ་སྤྱིའི་རྫས་གཞི 400~500རྒྱག་པ་དང་། ཕྱིར་ཡིན་ན་དུས་ཚོད 30ཡས་མས་འགོར་བ་ན་སྦྲིག་རྟགས་མངོན་པ་ཡིན་ལ། མོ་ལུག་སྦྲིག་པའི་ཉི་མ་དེ་དང་དེའི་ཕྱི་ཉིན་སོ་སོར་ཁམས་དཀར་ཧྥོ་ཧྲིན 1རེ་འཇུག་པའམ་ཁྲིམ་ལ་བལྟ་རུ་འཇུག་དགོས། རྒྱུན་སྤྱོད་མངལ་སྦྲུམ་སྐྱུལ་རྫི་ཡི་རིགས་དང་བཀོལ་ཚད་ནི་ཡོན་ཐོང་ཡིན་ན་ཧྥོ་ཁེ 150~300 ཙ་ཡོན་ཐོང་ཡིན་ན་ཧྥོ་ཁེ 50~

70 ཙ་ཧྲིས་ཡོན་ཐོང་ཡིན་ན་ཧྐོ་ཁེ 80~150 18ཙ་ཅེ—ཙོས་ནོ་ཐོང་ཡིན་ན་ཧྐོ་ཁེ 30~40 རྫའོ་ནོ་ཐོང་ཡིན་ན་ཧྐོ་ཁེ 20~40བཅས་ཡིན། ཐབས་ལམ་གཞན་ཞིག་ནི་ཉི་མ་རེར་ཚད་ངེས་ཅན་དང་ལྡན་པའི་ཆགས་སྐྱོང་སྐྱུལ་རྫི་གཟན་ཆས་སུ་བསྲེ་ཡག་བྱེད་ཅིང་། མུ་མཐུད་དེ་ཉི་མ 12 ~14ལ་གཟན་ཆས་དེ་སྟེར་དགོས། སྨན་སྟེར་ཚད་ནི་མང་ལ་ལམ་དུ་འགྱིག་སོབ་བསྲེ་སྨན་གྱི 1/10~1/5ཡིན་དགོས། མཇུག་མཐར་སྨན་སྟེར་བའི་ཉི་མ་དེར་ཤ་གསེང་དུ་རྒོད་མ་ཁྲིག་དྭངས་ཀྱི་ཆགས་སྐྱུལ་རྫེན་བུའི་སྐྱུལ་རྫི་རྒྱལ་སྤྱིའི་རྫིས་གཞི 400~750རྒྱག་དགོས། ཡང་ཐབས་ལམ་ཞིག་ཡོད་པ་ནི་ཆགས་པ་ལངས་ནས་ཉི་མ་འགའ་འགོར་རྗེས། བུ་སྣོད་དུ་མདུན་ཆགས་རྫེན་བུ FG2aཧྐོ་ཧྲིན 10~20སྡུག་པ་དང་། ཡང་ན་ཤ་གསེང་དུ་མདུན་ཆགས་རྫེན་བུ FG2aཧྐོ་ཧྲིན 10~20བརྒྱབ་ན། ཉི་མ 2~3ཀྱི་ནང་དུ་མོ་ལུག་ལ་ཆགས་པ་ལང་སྲིད། གོང་སྨྲས་ཐབས་ལམ་ནི་ལུག་ཁྱུ་ཆེན་པོར་འཚམ་པ་ཡིན།

(གཉིས)མོ་ལུག་ལ་ལུ་གུ་མཚེ་མའམ་ལུ་གུ་མང་པོ་འཁྲིད་དུ་འཇུག་པའི་ལག་རྩལ་ཐབས་ལམ།

1.སྣོན་གསོ་བྱེད་ཐབས། འཁྲིག་སྦྱོར་མ་བྱས་པའི་སྔོན་གྱི་ཟླ་ངོ 1གི་ཡར་སྔོན་ལ་ཉིན་གཟན་ལེགས་སྦྱར་བྱེད་དགོས། ཁྱད་པར་དུ་སྤྲི་དཀར་གྱི་སྟེར་ཚད་ཇེ་མང་དུ་གཏོང་བ་དང་། ཆགས་སྐྱུལ་གཟན་སྟེར། མོ་ལུག་གི་སྤྱིག་ཚད་ཇེ་མཐོར་གཏོང་བ། ཁམས་དམར་ཞུད་གྲངས་ཇེ་མང་དུ་གཏོང་བ་བཅས་བྱས་ནས་མོ་ལུག་ལ་མཚེ་མའམ་ལུ་གུ་མང་པོ་འཁྲིད་དུ་འཇུག་དགོས།

2.མཚེ་མ་སྐྱུལ་རྫི། མིག་སྔར་རྒྱལ་ནང་གིས་ཐོན་སྐྱེད་བྱས་པའི་མཚེ་མ་སྐྱུལ་རྫི་གཙོ་བོ་ལ TFT、XJC −A、སྔོ་ཆ། རུའུ་ཆ 3 རུའུ་ཆ 17 སྐྱུལ་རྫི་དེ་དག་ལས TFTཡིས་ལུ་གུ་བཙའ་ཚད 8%~65.71%ཇེ་མཐོར་གཏོང་ཐུབ།

སྨན་ཞུས་ལ་ཁྱད་པར་ཤོར་དོན་ནི་ལུག་རྒྱུད་དང་གསོ་སྐྱོང་བདག་གཉེར་བྱེད་ཐབས་མི་གཅིག་པའི་དབང་གིས་བྱུང་བར་མ་ཟད། གཙོ་བོ་དངོས་བཀོལ་ལག་རྩལ་ལ་གནད་དོན་བྱུང་བ་ཡིན། ཡང་དག་པའི་བཀོལ་སྤྱོད་ཐབས་ལམ་ནི་འདི་ལྟ་སྟེ། རིམས་འགོག་མཚོ་མ་སྐྱུལ་རྩེ་སྤྱོད་སྐབས་རིམས་འགོག་ཐེངས་2བྱེད་དགོས། ཐོག་དང་པོར་འཁྲིག་སྦྱོར་མ་བྱས་པའི་སྔོན་གྱི་ཉི་མ་42ཡས་མས་སུ་རིམས་འགོག་ཐེངས་གཅིག་དང་། ཐེངས་གཉིས་པ་འཁྲིག་སྦྱོར་མ་བྱས་པའི་སྔོན་གྱི་ཉི་མ་21གི་ཡས་མས་ཡིན་དགོས་ཤིང་། ངེས་པར་དུ་གསལ་བཤད་ཀྱིས་གཏན་ཁེལ་བྱས་པའི་བཀོལ་ཚད་ལྟར་བཀོལ་དགོས། སྐྱུལ་རྩེ་རྒྱག་པའི་གསང་གནས་ནི་ཧྲིག་ཏད་གསང་གནས་ཡིན་དགོས། སྨན་ཁབ་རྒྱག་སྐབས་ཁབ་མགོ་གཞང་དཀར་ནག་དང་ཐད་གཏད་བྱས་ནས་ཡར་ཚུར་ཙམ་བསེགས་ཏེ་གཏིང་ཚད་ལ་ལི་སྨིས0.5 ~1གི་ས་ཐ་རྒྱག་དགོས། རིམས་འགོག་བྱས་རྗེས་དུས་ཡུན་ཐུང་ངུའི་ནང་དུ་མོ་ལུག་གི་ཡི་ག་ཆད་པ་དང་། གཟན་རྩྭ་ཟ་ཚད་ཇེ་ཉུང་དུ་འགྱུར་བའི་ནད་རྟགས་མངོན་སྲིད་པ་དང་། ཉི་མ་3~5འགོར་རྗེས་རྒྱུན་ལྡན་དུ་འགྱུར་སྲིད།

གསུམ། མོ་ལུག་གི་འཕེལ་སྟོབས་དཔྱད་རྩིས་བྱེད་པའི་ཚད་གཞི།

མོ་ལུག་གི་འཕེལ་སྟོབས་དཔྱད་རྩིས་ཚད་གཞི་གཤམ་གསལ་ལྟར།

$$\text{མངལ་ཆགས་ཚད}=\frac{\text{འཁྲིག་སྦྱོར་བྱས་པའི་ལུག་གྲངས།}}{\text{སྒྲིག་རན་མོ་ལུག་གི་གྲངས་ཀ}}100$$

$$\text{སྤྱིའི་མངལ་ཆགས་ཚད}=\frac{\text{མངལ་ཆགས་ལུག་གྲངས།}}{\text{འཁྲིག་སྦྱོར་ལུག་གྲངས།}}\times100$$

$$\text{སྒྲིག་ཡུན་དུ་མངལ་ཆགས་ཚད}=\frac{\text{མངལ་ཆགས་ལུག་གྲངས།}}{\text{སྒྲིག་སྐབས་མངལ་ཆགས་ལུག་གྲངས།}}\times100$$

$$\text{ལུ་གུ་བཙའ་ཚད}=\frac{\text{བཙས་ཟིན་ལུ་གུའི་གྲངས་ཀ}}{\text{ལུ་གུ་བཙས་པའི་མོ་ལུག་གི་ལུག་གྲངས།}}\times 100$$

$$\text{ལུ་གུའི་གསོན་ཚད}=\frac{\text{ལུ་གུའི་གསོན་ཚད།}}{\text{ལུ་གུ་བཙས་ཚད།}}\times 100$$

$$\text{སྐྱེ་འཕེལ་གསོན་ཚད}=\frac{\text{ཉུ་མཚམས་བཅད་པའི་ལུ་གུའི་གསོན་ཚད།}}{\text{ན་རན་སྐྱེ་འཕེལ་མོ་ལུག་གི་གྲངས་ཀ}}\times 100$$

$$\text{སྐམ་པར་ལུས་ཚད}=\frac{\text{སྐྱེ་འཕེལ་ཡོན་པའི་མོ་ལུག་གི་གྲངས་ཀ}-\text{མང་ལ་ཆགས་མོ་ལུག་གི་གྲངས་ཀ}}{\text{འཕེལ་རྟོག་ཡོན་པའི་མོ་ལུག}}\times 100$$

$$\text{འཕེལ་རྟོག་ཡོན་པའི་མོ་ལུག་བསྒྱུར་ཚད}=\frac{\text{ལོ་མཇུག་དེར་འཕེལ་རྟོག་ཡོན་པའི་མོ་ལུག་གི་གྲངས་ཀ}}{\text{ལོ་མཇུག་དེར་ཡོད་པའི་ལུག་ཁྱུའི་གྲངས་ཀ}}\times 100$$

ལེའུ་དྲུག་པ། ཟིང་ལུད་དང་ཤེ་ལུག་གནོད་མེད་ཅན་དུ་བསྒྱུར་བ།

ལེ་ཚན་དང་པོ། ཟིང་ལུད་གནོད་མེད་ཅན་དུ་གཏོང་བ།

གཅིག ཟིང་ལུད་གནོད་མེད་ཅན་དུ་གཏོང་བའི་བྱེད་ཐབས།

1.ཟིང་ལུད་ཕྱིར་བཞུར་དུ་མི་འཇུག་པའི་ཆེད་དུ་ཤ་སྐྱོད་ལུག་ར་རུ་གཏན་འཁེལ་ཡིན་པའི་ལུག་ལུད་བསྡུ་ཉར་བྱེད་ས་ཡོད་དགོས།

2.ལུག་གི་ཟིང་ལུད་དང་ཤེ་རོ། འབྲེལ་ཡོད་བཙོག་དངོས་སོགས་ངེས་པར་དུ་ཞུང་དུ་ཅན་དང་གནོད་མེད་ཅན། ཐོན་ཁུངས་ཅན་བཅས་སུ་གཏོང་བའི་ཙ་དོན་ལག་བསྟར་བྱེད་པ་དང་། ལུག་ལུད་སྤུངས་ཏེ་ཚ་ལང་དུ་འཇུག་པའམ······ཟོབ་ལྷངས་བསྐྱུན་པ་བཅས《ཟིང་ལུད་གནོད་མེད་ཅན་དུ་གཏོང་བའི་འཕྲོད་·······བསྟེན་ཚད་གཞི》GB −7959ཡིས་ཐག་གིས་བཅད་པ་དང་མཐུན་དགོས། ཟོབ་ཚུ་སྐྱེ་དངོས་ཀྱིས་ནོ་ནམ་བྱས་པ GB −18596《སྒོ་ཕྱུགས་དང་ཁྱིམ་བྱ་གསོ་སྐྱེལ་ལས་རིགས་ཀྱིས་ཟོབ་དངོས་ཕྱིར་གཏོང་བའི་ཚད་གཞི》ཡི་ཐག་གཅོད་དང་མཐུན་དགོས།

3.གསར་དུ་བཙུགས་པའི་ཤ་སྐྱོད་ལུག་ར་རུ་ངེས་པར་དུ་དེ་མཚུངས་ཀྱི་ཟིང་ལུད་མེད་པར་གཏོང་བའི་སྒྲིག་ཆས་མཉམ་སྒྲུབ་བྱེད་པ་དང་། ཁོར་ཡུག···ལ་དཔྱད་དཔག་བྱེད་ཅིང་ཤ་སྐྱོད་ལུག་ར་བསྐྲུན་རྗེས་མཐའ་ཁོར་གྱི་ཁོར་ཡུག་མི···

རྫོབ་པ་དང་ཁོར་ཡུག་གིས་ཤ་སྐྱོད་ལུག་རའི་ཁོར་ཡུག་མི་རྫོབ་པ་བཅས་བྱེད་དགོས།

4.ཤ་སྐྱོད་ལུག་རའི་མཁའ་དབུགས་དང་ཆུའི་སྤུས་ཀ། ས་གཞིས་སོགས་ཁོར་ཡུག་གི་ཕན་ཚུན་བསྟུར་གྲངས་ལ་དུས་བཅད་ལྟར་བརྟག་དཔྱད་བྱེད་པ་དང་། དུས་ཐོག་ཏུ་བྱེད་ཐབས་ལེགས་སྒྱུར་བྱས་ཏེ། ས་སྟོང་སྡོ་བསྒྱུར་བྱེད་ཅིང་ལྗང་སྒྱུར་བྱས་ཚད 30%ལས་དམའ་མི་རུང་བ་བྱེད་དགོས།

གཉིས། ལུག་ལུད་མེད་པར་གཏོང་བ།

1.ལུག་ལུད་ལ་ཚ་ལང་དུ་འཇུག་པ། འབུ་ཕྲ་སྣ་མང་གི་བྱ་འགུལ་ལ་བརྟེན་ནས་ལུག་ལུད་ཀྱི་ནང་གི་སྐྱེ་ལྡན་གྲུབ་ཆ་བེད་སྤྱོད་དེ། བྱེད་ནུས་ལྡན་པའི་སྒོ་ནས་སྐྱེ་ལྡན་དངོས་པོ་བེད་སྤྱོད་བྱེད་ཚད་ཇེ་མཐོར་གཏོང་དགོས། སྐྱུར་ཚ་ལང་བའི་འབུ་ཕྲའི་རིགས་ལ་དབྱང་ལྡན་སྐྱུར་ཚ་ལང་བ་དང་དབྱང་མེད་སྐྱུར་ཚ་ལང་བ་ཞེས་རིགས་གཉིས་ལྡན་པ་ཡིན།

(1)དབྱང་དབུགས་བསྣན་ཏེ་ཚ་སྐྱུར་ལང་དུ་འཇུག་པ། འོས་ཤིང་འཚམ་པའི་དྲོད་ཚད་དང་བརླན་ཚད། དབྱང་དབུགས་མཁོ་སྤྲོད་བྱས་པ་བཅས་ཀྱི་ཆ་རྐྱེན་འོག་ཏུ་དབྱང་ལ་དགའ་བའི་འབུ་ཕྲ་མགྱོགས་མྱུར་ངང་སྐྱེ་འཕེལ་བྱས་ཏེ། ལུག་ལུད་ནང་གི་སྐྱེ་ལྡན་དངོས་པོ་དབྱེ་ཕྲལ་བྱས་ནས་འཇུ་སླ་ཞིང་འདྲེན་སླ་བའི་དངོས་རྫས་སུ་བསྒྱུར་བ་དང་མཉམ་དུ་ཐན་ཧྭ་ཆིན་དང་ཨན་སོགས་ཀྱི་དབུགས་གཟུགས་ཕྱིར་གཏོང་བ་ཡིན། ཏུའུ 45~55℃ཡི་གནས་ཚུལ་འོག་ཏུ་ལུག་ལུད་དུས་ཚོད 12ལ་བསྐོལ་བ་ན། ཐལ་དུ་བྱུང་བའི་སྐྱེ་ལྡན་ལུད་དང་བསྐྱར་བྱུང་གཟན་ཆས་ཐོན་སྐྱེད་བྱེད་ཐུབ།

(2)ལུད་ཕུང་ཚ་སྐྱུར་ལང་དུ་འཇུག་པ། ལུད་ཕུང་ནི་ཏན་འདྲེས་སྐྱེ་ལྡན་དངོས་པོ་སྟེ་ཕྱུགས་ལུད་དང་ཐན་འདུས་སྐྱེ་ལྡན་དངོས་པོར་གཏོགས་པའི་ཁ་ཉོག་སོགས་དབྱང་དབུགས་དང་ཚ་དགའ་རང་བཞིན་གྱི་འབུ་ཕྲའི་བྱེད་ནུས་

ལ་བརྟེན་ནས་བཅུད་ལྡན་ཞིང་ས་དང་། འབུ་སྲ། སྐྱེ་ལྡན་སྐྱིགས་རོ་བཅས་སུ་བསྒྱུར་བའི་གོ་རིམ་ཡིན། ལུད་སྤུངས་གོ་རིམ་དུ་བྱུང་བའི་ཚ་ངར(ཏུའུ 50~70℃)གྱིས་ནད་འབུ་སྲ་མོ་དང་གཞན་རྟེན་སྲིན་འབུའི་སྒོང་སོགས་གསོད་ཐུབ། ས་སྐྱོན་དབྱུག་འབུ་གསོད་པའི་དྲོད་ཚད་ནི་ཏུའུ 50~55℃ཡིན་ལ། གསོད་ཡུན་ནི་དུས་ཚོད 1ཡིན། པུའུ་ལུའུ་ཧྲི་ནད་འབུ་སྲ་མོ་གསོད་པའི་དྲོད་ཚད་ནི་ཏུའུ 65℃ཡིན་པ་དང་། གསོད་ཡུན་ནི་དུས་ཚོད 2ཡིན། ཁ་ཚ་རྨིག་ཚའི་ནད་དུག་གསོད་པའི་དྲོད་ཚད་ནི་ཏུའུ 50~60℃ཡིན་ལ། གཞན་རྟེན་སྲིན་འབུའི་སྒོང་དང་འབུ་ཕྲུག་གསོད་པའི་དྲོད་ཚད་ནི་ཏུའུ 50~60℃ཡིན་པ་དང་། གསོད་ཡུན་ནི་དུས་ཚོད་སྐར་མ 1~3ཡིན། ཚ་ངར་གྱིས་ལུག་ལུད་སེར་སྨུག་ཅན་ཏེ། སྐྱི་མོ་ཡིན་ཞིང་དྲི་ངན་མི་ཐྲོ་བ། འཕྲོད་བསྟེན་གནོད་མེད་ཅན་དུ་བསྒྱུར་ཐུབ།

2.སྐམ་ཐག་ཆོད་དུ་འཇུག་པ།

(1)བརླན་མེད་སྐམ་ཐག་ཆོད་པ། བརླན་མེད་སྐམ་ཐག་ཆོད་དུ་བཅུག་ན་ལུག་ལུད་དུ་ཆུ་འདུས་ཚད 15%ཡི་མན་ལ་འབབ་ཏུ་འཇུག་པ་དང་། དེ་ལྟར་བྱས་ན་ཐུམ་བརྒྱབ་སྟེ་སྐྱེལ་འདྲེན་བྱེད་བདེ་བར་མ་ཟད། ཕྱུགས་ལུད་ནང་གི་འབུ་སྲའི་བྱ་འགུལ་ཆོད་འཛིན་བྱས་ཏེ་བཅུད་རྫས(དཔེར་ན་སྤྲི་དཀར་ལྟ་བུ)བརླག་ཚད་ཇེ་ཉུང་དུ་གཏོང་ཐུབ།

(2)དྲོད་ཚད་མཐོན་པོས་མྱུར་དུ་སྐམ་ཐག་ཆོད་དུ་འཇུག་པ། ཕྱི་འཁོར་སྐམ་བསྲད་ལྕགས་ཐབ་འཕྲུས་ཚབ་ཡིན་པའི་ཚ་ངར་མྱུར་སྐམ་སྒྲིག་ཆས་སྤྱད་ན། དུས་ཚོད་ཐུང་དུའི(དུས་ཚོད་སྐར་མ 10)ནང་དུ་ཆུའི་འདུས་ཚད 70%ཅན་གྱི་ལུག་ལུད་རློན་པ་མགྱོགས་མྱུར་དང་ཆུ་འདུས་ཚད 10%~15%ཡིན་པའི་སྐམ་ལུད་དུ་གཏོང་ཐུབ།

གསུམ། ལུག་ལུད་བེད་སྤྱོད་བྱེད་ཐབས།

1.ཞིང་ལུད་བྱེད་པ།

(1)ཐད་ཀར་དུ་ཞིང་ལུད་བྱེད་པ། ལུག་ལུད་ཞིང་ལུད་དུ་བསྒྱུར་ན་ཐོག་མར་གཟན་ཆས་ཀྱི་ནང་གི་ཟུངས་བཅུད་གྲུབ་ཆ་དང་ནང་འདྲེན་བྱེད་ཚད་གཞིར་བཟུང་སྟེ། རྫིང་ལུད་ཀྱི་ནང་གི་ཟུངས་བཅུད་གྲུབ་ཆ་ཚོད་དཔག་བྱེད་དགོས། ལུད་མ་གཏོར་བའི་སྔོན་ལ་ས་གཤིས་ཀྱི་རིགས་དང་གྲུབ་ཆ། ལོ་ཏོག་གི་རིགས་བཅས་ལ་རྒྱུས་ལོན་བྱས་ཏེ་ལུགས་མཐུན་སྙོམས་ལོ་ཏོག་ལ་མཁོ་བའི་ཟུངས་བཅུད་ཀྱི་མང་ཉུང་གཏན་ཁེལ་བྱེད་ཅིང་། རྨང་གཞི་དེའི་སྟེང་ནས་ཕྱུགས་ལུད་འཛོག་ཚད་བཟོ་དགོས།

(2)སྐྱེ་ལྡན་དང་སྐྱེ་མེད་བསྒྱུར་བསྲེས་ལུད་རྫས། ལུག་ལུད་ཡིན་ན་ཐོག་མར་ཚ་ངར་ལང་དུ་འཇུག་པ་དང་། དེ་ནས་རྐམ་དུ་འཇུག་པ་དང་། དེ་ནས་སྐྱེ་མེད་ལུད་དང་བསྲེས་ཏེ་བསྒྱུར་བསྲེས་ལུད་བཟོ་དགོས། བསྒྱུར་བསྲེས་ལུད་ནི་སླི་མོ་དང་བསྲེ་སླ་བ། དྲི་ངན་མི་བྲོ་བ་ཞིག་ཡིན་པར་མ་ཟད། ཞིང་ནང་དུ་གཏོར་རྗེས་ཚ་སྒྱུར་མི་ལང་བ་དང་། ཁྱད་པར་དུ་རྫ་བུམ་མེ་ཏོག་དང་ས་མེད་འདེབས་འཛུགས། ལྷས་རར་འདེབས་འཛུགས་བྱེད་པ་བཅས་ལ་འཚམ་པ་ཡིན།

2.གཟན་ཆས་སུ་སྤྱོད་པ།

ལུག་ལུད་རྫོབ་རླངས་སུ་ཚ་སྒྱུར་ལང་དུ་བཅུག་རྗེས་རྫོབ་སྒྲིགས་དང་རྫོབ་ཆུ་ཉ་རིགས་ཀྱི་གཟན་ཆས་བྱས་ཆོག་པ་དང་། ཉ་གསོ་བྱེད་ཀྱི་འགྲོ་གྲོན་རྗེ་ཉུང་དུ་གཏོང་ཐུབ་པར་མ་ཟད། ཤ་སྤྱོད་ལུག་གི་གསོ་སྐྱེལ་ཡོང་སྒོ་རྗེ་མང་དུ་གཏོང་ཐུབ།

བཞི། རྫིང་ལུད་གནོད་མེད་ཅན་དུ་བསྒྱུར་བའི་འཕྲོད་བསྟེན་ཚད་གཞི།

མིག་སྔར་རྒྱལ་ཁབ་ཀྱིས་སྒོ་ཕྱུགས་གནོད་མེད་ཅན་དུ་བསྒྱུར་བའི་འཕྲོད་བསྟེན་ཚད་གཞི་གཏན་ཁེལ་བྱས་མེད་པས། འདིར་འཕྲོད་བསྟེན་པུའུས་གཏན

ཁེལ་བྱས་པའི་རྒྱལ་ཁབ་ཚད་གཞི(GB7959 −87)ལ་ཟུར་ལྟ་བྱས་ནས་ཕྱུགས་ལུད་གནོད་མེད་ཅན་དུ་བསྒྱུར་བའི་འཕྲོད་བསྟེན་རེ་འདུན་ལ་འགྲེལ་རྒྱག་པ་ཡིན།

ལེ་ཚན་གཉིས་པ། ལུག་ཤི་རོ་གནོད་མེད་ཅན་དུ་བསྒྱུར་བའི་ལག་རྩལ།

གཅིག ལུག་ཤི་རོ་གནོད་མེད་ཅན་དུ་བསྒྱུར་བའི་རྩ་དོན།

ལུག་ཤི་རོ་མེད་པར་གཏོང་བའི་རྩ་དོན་གཅིག་ནི་ནད་ལུག་ཡིན་ན་ཁེར་འགོག་བྱེད་སའི་ལུག་ཁང་དུ་བཀག་སྟེ་ནད་ཡམས་མི་ཁྱབ་པར་བྱེད་དགོས། རྩ་དོན་གཉིས་པ་ནི་རོ་ཐབ་བམ་རོ་འཇུ་རྫིང་བུ་སོགས་ནད་ཀྱིས་ཤི་བའི་ལུག་རོ་གནོད་མེད་ཅན་དུ་བསྒྱུར་བའི་སྒྲིག་ཆས་ཆ་ཚང་དུ་གཏོང་དགོས།

གཉིས། ཤི་ལུག་གནོད་མེད་ཅན་དུ་གཏོང་ཐབས།

དེང་སྐབས་ནད་ཀྱིས་ཤི་བའི་སྒོ་ཕྱུགས་དང་ཁྱིམ་བྱ་མེད་པར་གཏོང་བའི་ཐབས་ལམ་གཙོ་བོ་ནི་གཉིས་ཡོད་དེ། གཅིག་ནི་ས་འོག་ཏུ་གཏིང་སྦས་བྱས་ཏེ་གནོད་མེད་ཅན་དུ་གཏོང་བ་དང་། གཉིས་ནི་མེར་བསྲེགས་ཏེ་གནོད་མེད་ཅན་དུ་གཏོང་དགོས།

1.གཏིང་སྦས་བྱེད་ཐབས། ཐོག་མར་འོས་ཤིང་འཚམ་པའི་གཏིང་སྦས་བྱེད་ས་གདམ་དགོས། ཤི་རོ་སྦས་ས་ནི་མི་འཚོ་སྡོད་བྱེད་ས་དང་སྒོ་ཕྱུགས་དང་ཁྱིམ་བྱ་གསོ་སྐྱེལ་བྱེད་ས། ཆུ་མཛོད་དང་ཆུའི་འབབ་རྒྱུན། ས་གཤིས་གཏན་འཇགས་ཡིན་པ་སོགས་དང་ཐག་རིང་དགོས་པ་དང་། མི་འཚོ་སྡོད་བྱེད་སའི་བསེར་ཁའི་སླད་ཕྱོགས་དང་བཏུང་ཆུ་ལེན་སའི་སླད་རྒྱུད། ཆར་ཆུ་འདུས་ས་དང་བར་ཐག་རིང་ས་བཅས་ཡིན་དགོས། གཙོ་བོ་སྒོ་ཕྱུགས་དང་ཁྱིམ་བྱ་ཤི་རོ་སྐྱེལ་

འདྲེན་བྱེད་བདེ་བ་དང་དུག་སེལ་བྱེད་བདེ་བ་བཅས་ཀྱི་ས་ཆ་ཡིན་དགོས། ཞོར་ནས་དོང་རིང་ཞིག་བརྐོ་དགོས། སྣྦོ་ཕྱུགས་དང་ཁྱིམ་བྱ་འཕོར་ཆེན་ཞིག་གཉིང་སྦས་བྱེད་དགོས་ཕྱིན་སྣྦོ་ཕྱུགས་དང་ཁྱིམ་བྱ་ཤི་རོའི་སྟེང་ལ་ས་བཀབ་རྗེས་ས་ཇོས་དང་དོང་ཁའི་བར་ལ་སྨིས 3ཡོད་དུ་འཇུག་དགོས། སྣྦོ་ཕྱུགས་དང་ཁྱིམ་བྱའི་རོ་འཇུག་ས་ལ་ལའི་ས་ཇོས་དང་དོང་ཁའི་བར་དུ་མ་མཐའ་ཡང་སྨིས 1ཡོད་དགོས་པར་མ་ཟད། དོང་ནང་དུ་བཙུག་པའི་སྣྦོ་ཕྱུགས་དང་ཁྱིམ་བྱ་ཤི་རོ་གཙང་གཟན་གྱིས་ཕྱིར་བྲུ་མི་ཐུབ་པ་བྱེད་དགོས། ངེས་པར་དུ་དུག་སེལ་སྲིན་གསོད་བྱེད་དགོས། དོང་ཁར་རྡོ་ཐལ་དང་ཞུགས་ཆེའི་བུལ་ཏོག་སོགས་དུག་སེལ་རྫས་དངོས་འཕོར་ཆེན་ཞིག་གཏོར་ཏེ། སྣྦོ་ཕྱུགས་དང་ཁྱིམ་བྱ་ཤི་རོའི་སྟེང་ལ་རྡོ་ཐལ་རིམ་པ་ཞིག་བཏིང་རྗེས་དེའི་སྟེང་དུ་ས་འདེད་དགོས། ས་དེད་རྗེས་དེའི་མཐའ་ཁོར་དུ་དུག་སེལ་བྱེད་དགོས།

2. རོ་བསྲེག་པ། སྤྱིར་ཐབས་ལམ་དེ་ཕྱུགས་ལས་ཀྱི་ལས་རིགས་སུ་སྤྱོད་པ་ཡིན། གལ་ཏེ་གསོ་སྐྱེལ་ར་བའི་མཐའ་ཁོར་དུ་རོ་ཐབ་ཅན་གྱི་གད་སྙིགས་མེད་པར་གཏོང་ས་ཡོད་ན། སྣྦོ་ཕྱུགས་དང་ཁྱིམ་བྱ་ཤི་རོ་ཆབས་ཅིག་ཏུ་གད་སྙིགས་མེད་པར་གཏོང་ས་རུ་བསྐྱལ་ཏེ་ཚད་ལས་རོ་ཐབ་ཏུ་བཞག་སྟེ་བསྲེག་དགོས། ཐབས་ལམ་འདི་ནི་ཁྱོན་རྒྱ་ཅུང་ཆེ་བའི་གསོ་སྐྱེལ་ར་བས་སྣྦོ་ཕྱུགས་དང་ཁྱིམ་བྱ་ཤི་རོ་མེད་པར་གཏོང་བའི་ཐབས་ལམ་བཟང་པོ་ཞིག་ཡིན།

ལེ་ཚན་གསུམ་པ། ལུག་རའི་རྫོབ་རོ་ཕྱིར་ཐུད་པ་དང་དེར་ལྟ་རྟོག་བྱེད་ཚུལ།

གཅིག ཆུ་རྫོབ་རོ་ཕྱིར་ཐུད་པའི་ཚད་གཞི།

ཁྱུ་སྐྱུད་ཅན་གྱི་ལུག་ར(ཁྱུལ)ཡི་རྫོབ་ཆུ་རྗོད་གཞི་ཡོད་པའི་ཆུ་ཁོངས་དང་ཁྱད་པར་བའི་བྱེད་ནུས་ལྡན་པའི་ཆུ་ཁོངས་སུ་གཏོང་མི་རུང་། རྫོབ་ཆུ་ས་གང་ལ་ཐུད་པ་དེ་རྒྱལ་ཁབ་དང་ས་གནས་ཀྱི་འབྲེལ་ཡོད་ཁྲིམས་ལུགས་ཀྱིས་གཏན་ཁེལ་བྱས་པ་དང་མཐུན་དགོས།

1.རྫོབ་ཆུ་ཕྱིར་ཐུད་པའི་ཚད་གཞི། ཆུས་བཀྲུ་བའི་ལག་རྩལ་སྤྱོད་པའི་ཤ་སྤྱོད་ལུག་ར་ཡིན་ན་ཆེས་མཐོ་བའི་རྫོབ་ཆུ་ཐུད་ཚད་དེ། ཉི་མ་རེར་ལུག 100ཡི་རྫོབ་ཆུ་ཐུད་ཚད་ནི་དགུན་ཐོག་སྨིས་རྒྱ་དཔངས་གྲུ་བཞི་མ 1.1~1.3དང་། དབྱར་ཐོག་སྨིས་རྒྱ་དཔངས་གྲུ་བཞི་མ 1.4~2.0བཅས་ཡིན་དགོས། རིལ་ལུད་གཙང་ཕྱགས་བྱེད་པའི་ཤ་སྤྱོད་ལུག་ར་ཡིན་ན་དགུན་ཐོག་ཉི་མ་རེར་ལུག 100རེའི་རྫོབ་ཆུ་སྨིས་རྒྱ་དཔངས་གྲུ་བཞི་མ 1.1དང་། དབྱར་ཐོག་ཉི་མ་རེར་ལུག 100རེའི་རྫོབ་ཆུ་སྨིས་གྲུ་བཞི་མ 1.3བཅས་ཡིན།

2.ཁྱུ་སྐྱུད་ཅན་གྱི་ལུག་རའི་གད་སྙིགས་འཛོག་ས། གད་སྙིགས་འཛོག་སར་རྫིང་ལུད་བཙགས་བཞུར་དང་ཁ་ནས་བཞུར་བ་བཅས་སྔོན་འགོག་བྱེད་པའི་བྱེད་ཐབས་སྤྱོད་དགོས། ཐད་ཀར་དུ་ཞིང་ནང་ལ་གཏོར་བའི་ཕྱུགས་ལུད་ཡིན་ན་གནོད་མེད་ཅན་དུ་བསྒྱུར་དགོས། ཐད་ཀར་དུ་གད་སྙིགས་ས་ངོས་ཀྱི་བཞུར་ཆུའམ་ཁོར་ཡུག་གཞན་དག་ཏུ་འཕོ་བ་གཏན་འགོག་བྱེད་དགོས། ཕྱུགས་ལུད་ཞིང་ནང་དུ་གཏོར་སྐབས་མང་མི་རུང་། ཞིང་ས་བཟོད་དྲགས་ཏེ་ས་འོག་གི་ཆུ

རྫོད་པ་སྟོན་འགོག་བྱེད་དགོས།

གཉིས། གད་སྙིགས་དང་དྲི་ངན་ཕྱིར་ཐུད་པ།

ཁྱེ་སྡུད་ཅན་གྱི་ལུག་ར་རུ་གནོད་མེད་ཅན་དུ་བསྒྱུར་བའི་གད་སྙིགས་སུ་རྒྱུ་སྲིན་གྱི་འཆི་ཚད 95%ལ་བསླེབ་པ་དང་། རྙིང་ལུད་དུ་སྦང་གའི་དབྱུག་སྲིན་གྲངས་ཀ་སྟོང་ཁེ་གཅིག་གི་ནང་དུ་ཁྲི 10ལས་ཉུང་ཞིང་། དྲི་ངན་རྫོབ་དངོས་བཏང་བའི་དྲི་ངན་བྲོ་ཚད་ཏོ་ཁེ 70/སྨིས་ཀྱུ་དཔངས་གྲུ་བཞི་མ་ཡིན་དགོས། རྙིང་ལུད་ཞིང་ནང་དུ་གཏོར་བའམ་བྱེད་ཐབས་གཞན་པ་སྤྱད་དེ་ཕྱིར་ཐུད་པའི་དྲི་ངན་ཕྱོགས་བསྡུས་བེད་སྤྱོད་བྱེད་དགོས།

གསུམ། རྫོབ་དངོས་དཔྱད་རྟོག་བྱེད་པ།

རྫོབ་དངོས་རྣམ་གྲངས་དཔྱད་རྟོག་གི་དཔེ་དབྱིབས་བཙལ་བའི་གནད་ས་དང་དཔེ་དབྱིབས་བཙལ་བའི་གྲངས་ཚད་བཅས་རྒྱལ་ཁབ་ཀྱི་དཔྱད་རྟོག་ལག་རྩལ་གྱི་ཚད་ལྡན་རེ་འདུན་དང་མཐུན་དགོས།

ལེ་ཚན་བཞི་པ། ཤ་སྐྱོད་ལུག་རའི་ཁོར་ཡུག་ལྟ་རྟོག་དང་གཙང་བསྒྱུར་བྱེད་ཚུལ།

གཅིག དུག་སེལ་དོན་སྤྱི་དང་རིགས་དབྱེ་སྟངས།

(གཅིག)དུག་སེལ་དོན་སྤྱི།

དུག་སེལ་ཞེས་པ་ནི་ཐབས་ལམ་སྣ་ཚོགས་སྤྱད་དེ་གསོ་སྐྱོང་ཁོར་ཡུག་ནང་གི་རིགས་སོ་སོའི་ནད་གཞི་གསོད་པ་དང་བཅོམ་པ། ནད་གཞིས་ཁོར་ཡུག་རྫོད་པ་རྗེ་ཉུང་དང་ནད་ཡམས་ཀྱི་འགོ་ལམ་གཅོད་པ། ནད་ཡམས་འབྱུང་བ་དང་ནད་ཡམས་མཆེད་པ་སྟོན་འགོག་བྱས་ནས་འགོ་ནད་ཚོད་འཛིན་དང་མེད

པར་གཏོང་བའི་དམིགས་ཡུལ་མངོན་འགྱུར་བྱེད་དགོས།

(གཉིས)དུག་སེལ་བྱེད་ཐབས་སྣ་ཚོགས།

1.ནད་ཡམས་འབྱུང་ས་དུག་སེལ་བྱེད་པ། ནད་ཡམས་འབྱུང་ས་དུག་སེལ་བྱེད་པ་ནི་ནད་ཡམས་བྱུང་བའམ་སྔོན་ཆད་ནད་ཡམས་བྱུང་སྲིད་པའི་ས་ཆར་ཁ་གཏད་ནས་དུག་སེལ་བྱེད་པ་ལ་སྟོན་པ་ཡིན། ས་ཆ་ཞེས་པ་ནི་ནད་གཞིའི་ཕྲ་སྲིན་འགོས་པའི་ལུག་ཕྲུ་དང་ཁོར་ཡུག དཔེར་ན་ལུག་ཕྲུ་དང་ལུག་ཁང་། ཡོ་བྱད་སོགས་ལྟ་བུ། སྤྱིར་ཡིན་ན་དུས་ཐོག་ཏུ་དུག་སེལ་བྱེད་པ་དང་མཐའ་མཇུག་གི་དུག་སེལ་བྱེད་ཚུལ་སོགས་རིགས་གཉིས་ཡོད།

2.སྔོན་འགོག་རང་བཞིན་གྱི་དུག་སེལ། བདེ་ཐང་ཡིན་པ་དང་སྐྱག་འགོས་བྱས་པའི་ལུག་ཕྲུ་ཡིན་ན། འགོ་ནད་དམ་ནད་གཞན་པ་བྱུང་མེད་ཕྱིན། ནད་གཞིའི་ཕྲ་སྲིན་འགོས་ཡོད་པར་དོགས་པའི་ལུག་ཕྲུ་གནས་སའི་ཁོར་ཡུག་དང་ཡོ་བྱད་སོགས་ལ་དུག་སེལ་བྱེད་པ་དེར་སྔོན་འགོག་རང་བཞིན་གྱི་དུག་སེལ་ཟེར། ལུག་རའི་ཟུར་གཏོགས་སྡེ་ཁག་སྟེ་དཔེར་ན་སྒོ་སྲུང་ཁང་དང་ཟོག་སྨན་ཁང་བཅས་དུག་སེལ་བྱེད་པ་སོགས་རིགས་འདིར་གཏོགས་པ་ཡིན།

གཉིས། དུག་སེལ་བྱེད་ཐབས།

(གཅིག)དངོས་ལུགས་དུག་སེལ།

དངོས་ལུགས་དུག་སེལ་དུ་བཙགས་བཞུར་དུག་སེལ་དང་ཚ་ངར་དུག་སེལ། འོད་འཕྲོ་དུག་སེལ(སྨུག་ཕྱིའི་འཕྲོས་འོད་ཀྱིས་དུག་སེལ་དང་གློག་ཐལ་འཕྲོས་འོད་ཀྱིས་དུག་སེལ་བྱེད་པ་སོགས)བཅས་འདུས། རྒྱུན་དུ་སྤྱོད་པ་ནི་ཚ་ངར་དུག་སེལ་ཡིན་ལ། དེ་ལས་སྤྱོད་རྒྱ་ཆེ་བ་ནི་བཙོ་གདུ་དུག་སེལ་བྱེད་ཐབས་དེ་ཡིན། དེའི་བཟང་ཆ་ནི་སྟབས་བདེ་ཡིན་ཞིང་སྣོམ་ཆོག་པ། བདེ་འཇགས་ཡིན་ཞིང་འགྲོ་གྲོན་ཆུང་བ་བཅས་ཡིན།

（གཉིས）རྫས་འགྱུར་དུག་སེལ།

རྫས་འགྱུར་དུག་སེལ་ནི་ཕྱི་ཡུལ་ཁོར་ཡུག་གི་ནད་གཞིའི་ཕྲ་སྲིན་ནམ་གནོད་ལྡན་ཕྲ་སྲིན་གཞན་དག་གསོད་པ་དང་སེལ་བའི་རྫས་འགྱུར་སྨན་སྣ་ལ་སྟོན་པ་ཡིན། དུག་སེལ་ཚད་གཞི་ལྟར་དབྱེ་ན་དུག་སེལ་སྨན་རྫས་ལ་མཐོ་ནུས་དང་འབྲིང་ནུས། དམའ་ནུས་བཅས་རིགས་གསུམ་དུ་བགར་ཆོག རྒྱུན་སྤྱོད་དུག་སེལ་སྨན་རྫས་ལ་ཆེན་དབྱང་ཧྲ་ནྭ་དང་ཕྲུ་ཨར་མ་ལིན། ཁེ་ལུའོ་ལིན（དྲི་ངན་སྨན་ཆུ）ལེ་སུའུ་ཨར（སྣི་ཕྲུན་ཙའོ་སྨན་ཆུ）དཀར་བསྐྱུར་སྨན་ཕྱེ། ཞིན་ཙེ་ཨར་སྣི་སོགས་ཡོད།

（གསུམ）སྐྱེ་དངོས་དུག་སེལ།

སྐྱེ་དངོས་དུག་སེལ་ནི་སྐྱེ་དངོས་ག་གེ་མོ་ཞིག་ལ་བརྟེན་ནས་ནད་གཞིའི་ཕྲ་སྲིན་གསོད་པའམ་གཙང་སེལ་བྱེད་པའི་ཐབས་ལམ་ཞིག་ཡིན། ཚ་སྐྱུར་ལང་བ་ནི་ཆེས་རྒྱུན་དུ་མཐོང་བའི་རྫིང་ལུད་དང་གད་སྙིགས་དུག་སེལ་བྱེད་ཐབས་ཤིག་ཡིན། ཚ་སྐྱུར་དུག་སེལ་བྱེད་པ་ལ་ས་ངོས་ལུད་སྤུངས་དང་གད་སྙིགས་ཚ་སྐྱུར་ལང་དུ་འཇུག་ཐབས། དོང་དབྱིབས་ལུད་སྤུངས་ཚ་སྐྱུར་ལང་དུ་འཇུག་ཐབས་ཞེས་རིགས་གཉིས་ཡོད།

རྒྱུན་སྤྱོད་དུག་སེལ་བྱེད་ཐབས་གཙོ་བོ་ནི་སྨན་ཆུ་གཏོར་བའི་དུག་སེལ་བྱེད་ཐབས་ཡིན། གར་ཚད་གཏན་ཁེལ་བྱས་པའི་ཚད་གཞི་ལྟར་ཆོ་ལུའུ་སོན་ཡན་དང་སྐྱེ་ལྡན་ཏེན་འགྱུར་སྨན་རྫས། ཀའོ་དབྱང་ཡི་སོན། ཞིན་ཙེ་ཨར་སྣི། སྣི་ཕྲུན་ཙའོ་སྨན་ཆུ་སོགས་ཀྱིས་ལུག་ཁང་དུག་སེལ་དང་ལུག་ཡོད་ཁོར་ཡུག་དུག་སེལ། ལུག་རའི་ལུག་ལམ་དུག་སེལ། ལུག་རའི་ལུག་ལམ་ཁོར་ཡུག་དུག་སེལ། ལུག་རར་བཀོད་པའི་འཁོར་ལོའི་རིགས་བཅས་དུག་སེལ་བྱེད་དགོས། དེའི་འཁྲོར་བསྐྱུངས་ཆུས་དུག་སེལ་བྱེད་པ་སྟེ། གར་ཚད་གཏན་ཁེལ་བྱས་པའི་ཞིན

ཅེ་ཨར་ནྱེ་དང་སྐྱེ་ལྡན་ཏེ་ན་བསེ་སྨན་རྩ། ནྱེ་སྤྲུན་ཙའོ་སྨན་རྩ་སོགས་ཀྱིས་ལག་པ་དང་ལས་སྐྲུབ་གོན་པ། འཁྱིག་ལྷམ་བཅས་དུག་སེལ་བྱེད་པ་ཡིན་ལ། དུག་སེལ་སྨན་རྩ་གཏོར་བ་ནི་ལུག་ཁང་གི་མཐའ་ཁོར་དང་ལུག་ཁང་སྒོ་ལམ། ལུ་གུ་བཙའ་ཁང་། ལུད་འོག་བཅས་སུ་རྡོ་ཐལ་དང་ཚིན་དབྱང་ཧྭ་ནྭས་དུག་སེལ་བྱེད་པ་ལ་བཤད་པ་ཡིན། སྨུག་ཕྱིའི་འོད་འཕྲོས་དུག་སེལ་བྱེད་པ་ནི་མི་སྣ་བགྲོད་སའི་སྒོ་ལམ་དུག་སེལ་ཁང་འཛུགས་པ་དང་། གནམ་ཤིང་སྟེ་ས་ངོས་ནས་སྨིས 2.5 ཡས་མས་སུ་སྨུག་ཕྱིའི་གློག་ཞུ་སྒྲིད་དགོས། ཕྱིར་སྨིས་གྲུ་བཞི་མ 6~15ཡི་ནང་དུ་ཝ 15ཅན་གྱི་སྨུག་ཕྱིའི་གློག་ཞུ 1སྒྲིད་དགོས། སྨུག་ཕྱིའི་འོད་ཀྱིས་རྫབ་དངོས་ཕྱི་ངོས་སུ་དུག་སེལ་བྱེད་སྐབས་གློག་ཞུ་དང་རྫབ་དངོས་ཀྱི་བར་ཐག་ལ་སྨིས 1.0ལས་བརྒལ་མི་རུང་བ་དང་། དུག་སེལ་བྱེད་ཡུན་སྐར་མ 30ཡས་མས་ཡིན་དགོས། དུག་སེལ་ནུས་ཚད་ཁྱབ་རྒྱ་ནི་གློག་ཞུའི་མཐའ་སྐོར་གྱི་སྨིས 1.5~2.0ཡིན།

གསུམ། ཤ་སྐྱིད་ལུག་ར་དུག་སེལ་བྱེད་པ།

(གཅིག)རྒྱུན་ལྡན་དུག་སེལ།

1.གཙང་ཕྱུགས་དང་གཙང་བཀྲུ། ཐལ་རྡུལ་དང་ཕྲ་སྲིན་འཕྱུར་སྐྱོད་བྱེད་དུ་མི་འཇུག་པའི་ཆེད་དུ་ཐོག་མར་ཆུའམ་དུག་སེལ་སྨན་རྩ་གཏོར་ཏེ་གཙང་ཕྱུགས་བྱེད་པ་དང་། གཙོ་བོ་ལུག་ལུད་དང་འོག་ལུད། ཁ་ཉོག ཐལ་རྡུལ། གྱང་ངོས་དང་གནམ་ཤིང་ངོས་ཀྱི་སྙོམ་ཐག་དང་ས་རྡུལ་བཅས་ཕྱུགས་དགོས།

2.ཤ་སྐྱིད་ལུག་ཁང་དུག་སེལ་བྱེད་པ། རྒྱུན་སྤྱོད་དུག་སེལ་སྨན་རྩ་ལ 10%~20%རྡོ་ཐལ་གྱི་ཁུ་བ་དང་། 10%ཅན་གྱི་དཀར་བསྐྱུར་ཕྱེ་ཐལ། 0.5%ཅན་གྱི་ཀའོ་དབྱང་ཡི་སོན་སྨན་རྩ་སོགས་ཡོད་པ་དང་། དུག་སེལ་སྨན་རྩའི་སྤྱོད་ཚད་སྨིས་གྲུ་བཞི་མ་གཅིག་རེར་ཧྲེན 1ཡིན་ལ། ས་ངོས་སམ་འགྱུལ་སྐྱོད་ར་བ་ཡིན་ན་སྨིས་གྲུ་བཞི་མ་རེར་ཧྲེན 1.5རེ་སྤྱོད་དགོས། དུག་སེལ་གོ་རིམ་ནི་ཕྱིར་ཡིན

ན་སྒོ་ལམ་ནས་མགོ་རྫོམ་པ་དང་། གྱང་རྡོས། གནམ་ཤིང་། ས་རྡོས་བཅས་སུ་དུག་སེལ་སྨན་ཆུ་ཐེངས་གཅིག་གཏོར་རྗེས། ནང་ནས་ཕྱི་ལ་ཡང་བསྐྱར་དུག་སེལ་སྨན་ཆུ་ཐེངས་གཅིག་གཏོར་བ་དང་། སྒོ་སྲ་མོ་ཞིག་གཏན་ཏེ་དུས་ཚོད་2~3འགོར་རྗེས་དྲ་མ་དང་སྒོ་ཕྱི་སྟེ་བསེར་བུ་རྒྱུ་རུ་འཇུག་ཅིང་། དེ་ནས་ཁ་ར་དང་ཆུ་སྣོད་སོགས་ལུག་གསོ་སྐྱོང་བྱེད་པའི་ཡོ་བྱད་བཅས་གཙང་བཀྲུ་བྱེད་དགོས།

3.བཏུང་ཆུ་དུག་སེལ། ཤ་སྐྱིད་ལུག་གི་བཏུང་ཆུ་ནི་སྒོ་ཕྱུགས་དང་ཁྱིམ་བྱའི་བཏུང་ཆུའི་ཆུ་སྤུས་ཚད་གཞི་དང་མཐུན་དགོས། ཁ་རའི་ནང་གི་བཏུང་ཆུ་དུས་ཚོད་3~4འགོར་རྗེས་ཐེངས་གཅིག་ལ་བརྗེ་དགོས་པ་དང་། བཏུང་ཆུའི་ཁ་ར་དང་བཏུང་ཆུའི་སྦྲིག་ཆས་སོགས་དུས་བཅད་ལྟར་དུག་སེལ་བྱས་ཏེ། ནད་ཡམས་མཆེད་པ་གཏན་འགོག་བྱེད་དགོས། ཆ་རྐྱེན་ཡོད་ན་རྫ་འདུས་དུག་སེལ་སྨན་ཆུས་བཏུང་ཆུ་ལ་དུག་སེལ་བྱེད་དགོས།

4.མཁའ་དབུགས་དུག་སེལ་བྱེད་པ། སྤྱིར་ཡིན་ན་ལུག་ཁང་གི་མཁའ་དབུགས་རྒྱ་དཔངས་གྲུ་བཞི་མ་གཅིག་གི་ནང་དུ་ཕྲ་སྲིན་10ཡན་ཡོད། གཙང་ཕྱུགས་བྱེད་པ་དང་ས་འདེད་པ། ལུག་ཁྲུ་སྒོར་ཕུད་ནང་འཇུག་བྱེད་སྐབས་ཕྲ་སྲིན་ཏ་ཅང་མང་། མཁའ་དབུགས་དུག་སེལ་བྱེད་པའི་ཆེས་སྟབས་བདེ་ཡིན་པའི་བྱེད་ཐབས་ནི་བསེར་བུ་རྒྱུ་རུ་འཇུག་པ་དང་། ཡང་ན་སྨུག་ཕྱིའི་འོད་ལ་བརྟེན་ནས་དུག་སེལ་བྱེད་པའམ་ཙ་ཆེན་དབུགས་རླངས་ཀྱིས་དུག་སེལ་བྱེད་དགོས།

5.ལུག་རར་ཡོང་བའི་མི་དང་འཁོར་ལོ་དུག་སེལ་བྱེད་པ། ཤ་སྐྱིད་ལུག་རའི་སྒོ་ལམ་དུ་དུག་སེལ་ཁྲུས་རྫིང་ལས་དགོས། དུག་སེལ་ཁྲུས་རྫིང་གི་རིང་ཚད་རླངས་འཁོར་གྱི་འཁོར་ལོའི་ཞེང་ཚད་དང་མཐུན་ཏེ། (སྨིས 2ཀྱི་ཡན་ཡིན་དགོས) རྒྱ་སྒོའི་ཞེང་ཚད་དང་གཅིག་མཚུངས་ཡིན་དགོས། དུག་སེལ་ཁྲུས་ཆུའི་གཏིང་ཚད་ལ་ལི་སྨིས 10~15ཡིན་དགོས་ཤིང་། དུག་སེལ་ཁྲུས་ཆུའི་ནང་

དུ 2% ~3%ཅན་གྱི་ཆེན་དབྱང་ཧྭ་ནྭའི་སྨན་ཆུའམ 5%ཅན་གྱི་ལི་སུའུ་ཨར་སྨན་ཆུ་དང་རྫ་སྐྱུར་བསྲེ་དགོས། དུག་སེལ་སྨན་ཆུ་གཟའ་འཁོར་རེར་ཐེངས་གཅིག་ལ་བརྫེ་དགོས། བྱང་ཕྱོགས་ས་ཆ་རུ་དགུན་ཐོག་ཆེན་དབྱང་ཧྭ་ནྭའི་ཚབ་ཏུ་རྡོ་ཐལ་བཀོལ་ཆོག

6.ལུག་ལུད་དུག་སེལ། ལུག་ལུད་དུག་སེལ་བྱེད་པ་ལ་ས་འོག་ཏུ་སྦས་པ་དང་བསྲེག་པ། རྫས་འགྱུར་དུག་སེལ་བྱེད་ཐབས་བཅས་རིགས་གསུམ་ཡོད། དེ་ལས་ས་འོག་ཏུ་སྦས་ཐབས་ནི་ལུག་ལུད་སྟེང་དུ་དཀར་སྐྱུར་རྫས་ཕྱེ་དང་རྡོ་ཐལ་གསར་པ་བསྲེས་ཏེ་སྨིས 2ཀྱི་གཏིང་ཚད་ཡོད་པའི་ས་དོང་དུ་གཏིང་སྦས་བྱེད་དགོས། འགོ་ནད་དྲག་པོ་བྱུང་ཡོད་པའི་ལུག་གི་རིལ་མ་མེར་བསྲེག་དགོས། མེར་བསྲེག་ཐབས་ནི་གཏིང་ཚད་ལ་ལི་སྨིས 75ཡོད་ཅིང་། རིང་ཚད་དང་ཞེང་ཚད་ལ་ལི་སྨིས 75~100ཡོད་པའི་ས་དོང་ཞིག་བརྐོས་ཏེ། དོང་ཞབས་དང་ལི་སྨིས 40~50ཡོད་ས་རུ་ལྕགས་དྲ་ཞིག་འདིང་བ་དང་། རིལ་མ་རློན་པ་ཡིན་ན་རྫ་སྐྱ་བསྲེ་དགོས། དེ་ནས་རླངས་སྣུམ་མམ་ཆང་བཙུད་བླུགས་ཏེ་མེར་བསྲོན་དགོས། རྒྱུན་སྤྱོད་ལུག་ལུད་དུག་སེལ་བྱེད་ཐབས་ནི་ཚ་སྐྱུར་ལང་བའི་དུག་སེལ་བྱེད་ཐབས་ཡིན།

7.རྫོབ་ཆུ་དུག་སེལ་བྱེད་ཐབས། རྫོབ་ཆུ་ཉུང་ན་ལུག་ལུད་དང་བསྲེས་ཏེ་ཚ་སྐྱུར་ལང་དུ་བཅུག་སྟེ་དུག་སེལ་བྱས་ཆོག དགོས་མཁོ་ཡོད་ན་སྨིས་ཀྱི་དཔངས་གྲུ་བཞི་མ་གཅིག་ཏུ་དཀར་སྐྱུར་རྫས་ཕྱེ་ཁེ 8~10བསྲེས་ཏེ་དུག་སེལ་བྱེད་དགོས།

(གཉིས)མི་སྣ་དང་གཞན་དག་དུག་སེལ་བྱེད་ཐབས།

1.མི་སྣར་དུག་སེལ་བྱེད་པ།

(1)གསོ་སྐྱོང་བདག་གཉེར་མི་སྣ་ཡིན་ན་རྒྱུན་དུ་མི་རང་གི་འཕྲོད་བསྟེན་ལ་གཟིགས་ཤིང་། དུས་བཅད་ལྟར་དུ་མི་ཟོག་གཉིས་ལ་བྱུང་བའི་ནད་ཡམས་ལ

ནད་བཤེར་བྱེད་པ་དང་། འགོག་སྨན་རྒྱག་པ་སྟེ། དཔེར་ན་ཁ་ཅེ་འགོག་སྨན་དང་ཁྲི་སྨྲོན་གྱི་འགོག་སྨན་སོགས་རྒྱག་པ་ལྟ་བུ། གལ་ཏེ་ཤ་སྐྱོད་ལུག་དང་མི་ལ་གནོད་པའི་ནད་ཡམས་ཡོད་པ་ཡིན་ན་དུས་ཐོག་ཏུ་སོ་སོར་བཀར་ཏེ་ནད་ཡམས་མཆེད་པ་སྔོན་འགོག་བྱེད་དགོས།

(2)གསོ་སྐྱོང་བྱེད་མཁན་ཤ་སྐྱོད་ལུག་ཁང་དུ་འགྲོ་སྐབས་ཆེད་སྤྱོད་ལས་སྒྲུབ་གོན་པ་དང་འཁྲིག་ལྷམ་སོགས་གོན་པ་དང་། དུས་ཐོག་ཏུ་དུག་སེལ་བྱེད་དགོས། ལས་སྒྲུབ་གོན་པ་བཙོ་གདུ་དུག་སེལ་བྱེད་པ་དང་འཁྲིག་ལྷམ 3%~5% ཡི་ལི་སུའུ་ཨར་གྱི་ནང་དུ་སྦངས་ཏེ་དུག་སེལ་བྱེད་དགོས། ལས་སྒྲུབ་མི་སྣས་བྱ་བ་བསྒྲུབས་ཚར་བ་དང་། ཁྱད་པར་དུ་ལུག་ར་རུ་ནད་ཡམས་མཆེད་སྐབས་བྱ་བ་བསྒྲུབས་ཚར་བ་ན། ངེས་པར་དུ་དུག་སེལ་བྱས་རྗེས་ད་གཟོད་ལུག་ར་ནས་ཕྱིར་ཐུད་ཆོག

(3)གསོ་སྐྱོང་མི་སྣས་བྱ་བ་སྒྲུབ་སྐབས་མ་གཏོགས་ས་མི་གཅིག་པ་དང་ལུག་ཁང་མི་གཅིག་པ་རུ་ཕར་འགྲོ་ཚུར་འོང་བྱས་མི་ཆོག་པར་མ་ཟད། ཡོ་བྱད་ལག་ཆ་ཕན་ཚུན་ལ་གཡར་ཏེ་བཀོལ་མི་རུང་།

(4)ཐོན་སྐྱེད་ས་ཁུལ་དུ་བྱི་ལ་དང་ཁྱི་གསོས་མི་ཆོག ལས་བཟོ་པས་ཁྱི་དང་བྱི་ལ་ལུག་རའི་ནང་དུ་ཁྲིད་ནས་ཡོང་མི་ཆོག ཟོག་སྨན་ཁང་ནས་མ་གཏོགས་ས་ཆ་གཞན་དུ་ལུག་ཤི་རོ་གཤགས་མི་རུང་། ནན་ནན་ཏན་ཏན་གྱིས་ཟོག་སྨན་འཕྲོད་བསྟེན་རིམས་འགོག་ལམ་ལུགས་བཙུགས་ཏེ་ཤ་སྐྱོད་ལུག་རའི་ཐོན་སྐྱེད་ས་ཁུལ་དང་འཚོ་སྡོད་ས་ཁུལ་སོ་སོར་འགེར་དགོས། ལུག་རའི་སྒོ་ལམ་དུ་དུག་སེལ་ཁྲུས་རྫིང་བསྐྲུན་ཅིང་། ཆེད་དུ་ཁེར་གཅོད་བྱས་པའི་ལུག་ཁང་དང་ཟོག་སྨན་ཁང་བཙུགས་ཏེ། ནད་ཡམས་བྱུང་ཚེ་ནད་ལུག་ཁེར་འགོག་བྱེད་པ་དང་ནད་བཤེར་བྱེད་པ། སྨན་བཅོས་བྱེད་པ་བཅས་ལེགས་སྒྲུབ་བྱེད་པ་དང་། ནད་ཡམས་

ཀྱི་ཁྱབ་ཁོངས་ཚོད་འཛིན་དང་ནད་ཡམས་བྱུང་རྗེས་དུག་སེལ་ཁྲུ་གཙང་བྱེད་པ་སོགས་ཀྱི་བྱ་བ་ལེགས་སྒྲུབ་བྱེད་དགོས། ནད་ཡམས་ངེས་ཅན་ཞིག་རང་གི་ས་ཁུལ་དང་རང་གི་ལུག་ར་རུ་མཆེད་པ་ན། དུས་ཐོག་ཏུ་དེར་བསྟུན་གྱི་འགོག་བཅོས་བྱེད་ཐབས་སྤྱོད་པ་དང་། ཐག་གཅོད་ལྟར་དུ་གོང་རིམ་ལས་ཁུངས་ལ་ཡར་ཞུ་བྱས་ཏེ་ཁེར་འགོག་གམ་བཀག་སྡོམ་བཅས་བྱེད་དགོས།

(5) སོ་ཕྱིལ་པོར་དུས་བཅད་ལྟར་དུ་བྱི་བ་གསོད་དགོས། དུས་ཐོག་ཏུ་སྦྲང་ནག་དང་འབུ་ཤང་ང་ཙི་མེད་པར་བཏང་སྟེ་རིམས་ནད་མཆེད་པ་སྔོན་འགོག་བྱེད་དགོས། ལུག་ཤི་རོ་གཤགས་ལྟ་བྱེད་པ་སྟེ་གཤགས་བཤེར་བྱེད་ན་ངེས་པར་དུ་ཟོག་སྨན་དཔྱད་བཅོས་ཁང་དུ་བསྒྲུབ་པ་དང་། ཡང་ན་ཆུ་མགོ་དང་ཐག་རིང་ས་ནས་ཞིབ་བཤེར་བྱེད་དགོས། གཤགས་བཤེར་བྱས་རྗེས་ཀྱི་ལུག་རོ་ས་འོག་ཏུ་གཏིང་སྦས་སམ་མེར་བསྲེག་དགོས། རང་གི་ལུག་རའི་ནང་གི་མི་སྣ་དང་ལྷངས་འཁོར་ཡིན་ན་ངེས་པར་དུ་ཕྱོགས་ཡོངས་ནས་དུག་སེལ་བྱས་རྗེས་ད་གཟོད་ལུག་རར་སོག་ཆོག གཟན་ཆས་འཛུག་བྱེད་ཀྱི་ཐུམ་ཁུག་ཕྱིར་བསྐྱུ་བྱེད་ན་ངེས་པར་དུ་དུག་སེལ་བྱས་རྗེས་ད་གཟོད་བེད་སྤྱོད་བྱས་ཆོག གང་ལྟར་ཀྱང་ཐུམ་ཁུག་གིས་གཟན་ཆས་ཛོད་དུ་འཛུག་མི་ཆོག

2. གཟན་ཆས་དུག་སེལ་བྱེད་པ། རགས་གཟན་ཡིན་ན་བསེར་ཁ་ནས་སྐམ་དུ་འཇུག་པ་དང་། ཡང་ནས་ཡང་དུ་སེལ་སྐམ་བྱེད་ཅིང་ཉི་འོད་ལ་བརྟེན་ནས་དུག་སེལ་བྱེད་དགོས། སྔོ་གཟན་རུལ་དུ་མི་འཇུག་པའི་ཆེད་དུ་ཉི་མ་དེར་བྲིགས་ན་ཉི་མ་དེར་སྤྱོད་ཚར་དགོས། ཞིབ་གཟན་ཡིན་ན་རུལ་དུ་མི་འཇུག་པའི་ཆེད་དུ་རྒྱུན་དུ་བསིལ་སྐམ་བྱེད་པ་དང་། དགོས་མཁོ་ཡོད་ན་སྨུག་ཕྱིའི་འོད་ཀྱིས་དུག་སེལ་བྱེད་དགོས།

3. ས་དུག་སེལ་བྱེད་པ། ས་ནང་གི་ནད་གཞིའི་འབུ་ཕྲ་མེད་པར་གཏོང་ན།

གཙོ་བོ་སྐྱེ་དངོས་རིག་པ་དང་དངོས་ལུགས་རིག་པའི་བྱེད་ཐབས་བེད་སྤྱོད་པ་སྟེ། ས་སོབ་ཏུ་བཏང་སྟེ་འབུ་ཕྲའི་བར་གྱི་འགལ་འཐབ་བྱེད་ནུས་ཤུགས་སྟོན་བྱེད་པའམ་སླུག་ཕྱིའི་འོད་ཡོངས་སུ་འཕྲོ་རུ་འཇུག་དགོས། དགོས་མཁོ་ཡོད་དུས 5%~10%ཅན་གྱི་དཀར་སྦྱར་དྭངས་སྙིགས་འབྱེད་ཁུ། 4%ཅན་གྱི་ཙ་ཚོན་སྨན་ཆུ། 1%ཅན་གྱི་ལིག་སོན་པིན་ཕྱུན་མཉམ་སྦེབ་སྨན་ཆུ། 2% ~4%ཅན་གྱི་ཆེན་དབྱང་ཧྭ་ནྭ་ཆུ་ཛྲོན་སྨན་ཆུ་སོགས་ཀྱིས་ས་ལ་དུག་སེལ་བྱེད་དགོས།

4.ལུག་གི་ཕྱི་ལུས་དུག་སེལ་བྱེད་པ། ལུག་གི་ཕྱི་ལུས་དུག་སེལ་བྱེད་པ་ལ་སྨན་ཁྲུས་དང་སྨན་བསྐུ་བ། མིག་བཀྲུ་བ། མིག་སྨན་བཏིག་པ། མང་ལ་ལམ་དང་བུ་སྣོད་བཀྲུ་བ་སོགས་ལྟ་བུ།

5.སྨན་བཅོས་ཡོ་བྱད་དུག་སེལ་བྱེད་པ། སྨན་བཅོས་ཡོ་བྱད་སྣ་ཚོགས་དང་སྣོད་ཆས་སོགས་སྤྱད་ཚར་རྗེས་དུས་ཐོག་ཏུ་དུག་སེལ་བྱེད་པ་དང་། ཡང་ན་གཅིག་སྤྱོད་རང་བཞིན་གྱི་སྨན་བཅོས་འཕྲོད་བསྟེན་ཡོ་བྱད་བདམས་ཏེ། ནད་གཞིའི་ཕྲ་སྲིན་སྣ་ཚོགས་ཕན་ཚུན་འགོ་བ་སྔོན་འགོག་བྱེད་དགོས།

(གསུམ)ནད་ཡམས་བྱུང་སའི་ལུག་རར་རིམས་འགོག་བྱེད་ཐབས།

1.དུས་ཐོག་ཏུ་ནད་ཡམས་ཁྱབ་པ་ཤེས་པ་དང་མགྱོགས་མྱུར་ངང་ནད་གཞི་ངོས་འཛིན་བྱས་ཏེ་དེ་མ་ཉིད་དུ་ནད་ཡམས་ཁྱབ་ཚུལ་ཡར་ཞུ་བྱེད་དགོས། ནད་ལུག་ངོས་འཛིན་བྱས་ཏེ་མགྱོགས་མྱུར་ངང་ཁེར་འགོག་བྱེད་དགོས། གལ་ཏེ་རིགས་དང་པོ་དང་རིགས་གཉིས་པའི་འགོ་ནད་གློ་བུར་དུ་བྱུང་བའམ་མཆེད་པ(ཁ་ཚ་རྨིག་ཚ་དང་ཟ་འཕྲུག ལྷེ་སྔོན་གྱི་ནད། ལུག་འབྲུམ། ས་སྐྲོན་སོགས)ན་དུས་ཐོག་ཏུ་རིམ་པར་བཀག་སྡོམ་སོགས་སྣ་འཛོམས་རིམས་འགོག་བྱེད་ཐབས་སྤྱོད་དགོས།

2.འགོ་ནད་འགོ་སླ་བའི་ལུག་ཁྱུ་ལ་དུས་ཐོག་ཏུ་མགྱོགས་མྱུར་ངང་རིམས་

འགོག་འགོག་སྨན་དང་རིམས་འགོག་དྭངས་ཁྲག་བརྒྱབ་སྟེ་རིམས་ནད་འགོ་སླ་བའི་ལུག་ཁྱུའི་ནད་འགོག་བྱེད་ནུས་ཇེ་མཐོར་གཏོང་བ་དང་། སྨན་བཅོས་བྱེད་པ་དང་གསོ་སྐྱོང་བདག་གཉེར། དུག་སེལ་དེ་དམ་སོགས་ལ་ཤུགས་སྣོན་བྱེད་དགོས། ནད་བྱུང་བའི་ལུག་ཡིན་ན་ནན་ཏན་སྒོས་ཟུར་འགོག་བྱས་པའི་ཆ་རྐྱེན་འོག་ཏུ་དུས་ཐོག་ཏུ་ལུགས་མཐུན་སྨན་བཅོས་བྱེད་པ་དང་། ནད་ལུག་ཕུ་མོ་ནས་དྲག་ཏུ་བཙུག་སྟེ་དཔལ་འབྱོར་གྱི་གྱོང་གུད་ཇེ་ཉུང་དུ་གཏོང་དགོས།

3.རྫོབ་རོ་ཡིན་པའི་ལུག་ལྤས་དང་ལུག་ཁང་། འགྱུལ་སྐྱོད་ར་བ། ནད་ལུག་སོགས་དང་རེག་ཐུག་བྱས་པའི་དངོས་པོའམ་ཡོ་བྱད་སོགས་ལ་གཏིང་ནས་དུག་སེལ་དང་བསྲེག་པར་བྱེད་དགོས། འགོ་ནད་ཀྱིས་ཤི་བའི་ལུག་རོ་དང་ལུག་སྣར་མི་འགྲོ་བའི་ལུག་ཡིན་ན་ནན་ཏན་སྒོས་འགོ་ནད་འགོས་པའི་ལུག་རོའི་འཕྲོད་བསྟེན་དུག་སེལ་བྱེད་ཐབས(རེའུ་མིག 6-1)ལྟར་བསྲེགས་ཏེ་ས་འོག་ཏུ་གཏིང་སྦས་བྱེད་དགོས།

བཞི། ཤ་སྤྱོད་ལུག་རའི་རྒྱུན་སྤྱོད་དུག་སེལ་སྨན་རྫས།

རེའུ་མིག 6–1 ཤ་སྤྱོད་ལུག་རའི་རྒྱུན་སྤྱོད་དུག་སེལ་སྨན་རྫས།

མིང་།		རྒྱུན་སྤྱོད་གཏར་ཚད།	སྤྱོད་སྒོ།
ཆང་བཅུད།		75%	སྐྱི་ལྤགས་དང་དཔུང་ལག་སོགས་དུག་སེལ་བྱེད་པ། གཙོ་བོ་ལས་སྒྲུབ་མི་སྣ། སྨན་ཁབ་རྒྱག་སྐབས་ལུས་རྫས་དང་སྐྱི་ལྤགས་སྟེང་དུ་ཐད་ཀར་དུ་གཙང་འབྱིད་དང་དུག་སེལ་བྱེད་དགོས།
ཏན་ཏིན། (ཡང་ན་ཏིན་ཙྪ)		5%	
སླེ་སྨུག་ཙའོ (ལི་སུའུ་ཨར)		1%~1.3% 3%~5%	ཁ་ར་དང་ཡོ་བྱད་དུག་སེལ་བྱེད་པ། ཁ་ར་དང་ཡོ་བྱད། ལག་པ་སོགས་དུག་སེལ་བྱེད་པ། ཡོ་བྱད་དུག་སེལ་བྱེད་པ།
ཞིན་ཅེ་ཨར་སླེ།		0.1% 0.5%~1%	གཤགས་བཅོས་བྱེད་ས་དུག་སེལ་བྱེད་པ།
བྱལ་ཏོག་རིགས་ཀྱི་དུག་སེལ་སྨན་རྫས།	ཆེན་དབྱང་ཧྭ་ནྭ (བྱལ་ཏོག་རྒོད་པོ)	1%~2%	རིམས་ནད་བྱུང་སའི་ས་ཆ་དང་ཡོ་བྱད (ལྤགས་ཆའི་སྣོད་དེའི་ནང་ལ་མི་འདུས) སོགས་དུག་སེལ་བྱེད་པ།
	ཐྭན་སོན་ནྭ (བྱལ་རྐྱང)	4%	གོན་རྒྱུ་དང་ཡོ་བྱད། ས་ཆ་དུག་སེལ་བྱེད་པ། ལུག་རའི་ཀྱང་རྫོས་དང་ས་རྫོས་དུག་སེལ་བྱེད་པ།
	རྡོ་ཐལ་ཞུར་པོ 1:1	10%~20%	ལུག་ར་དང་ཁ་ར། ཡོ་བྱད་སོགས་དུག་སེལ་བྱེད་པ།
	རྡོ་ཐལ་དུ་ཆུ་བླུགས་པ།	20%~30%	ལུག་ར་དང་ལུག་ཁང་། ཁ་ར། ཡོ་བྱད། འཁོར་ལོ། གཟན་ཆས་ལས་སྔོན་ཁང་གི་ས་རྫོས་དང་ཀྱང་རྫོས་ལ་སྨན་ཆུ་གཏོར་ཏེ་དུག་སེལ་བྱེད་པ།
དབྱང་འགྱུར་དྲག་པོའི་དུག་སེལ་སྨན་རྫས།	ཚྭ་ཐལ (རྡོང་ཁྲུལ་གྱི་ཚྭ་སྐྱ་བུས་པའི་ཐལ་སྐྱ)	0.2%~0.5% 0.1%	ཆུ་ལམ་གྱི་ནད། སྐྱི་ལྤགས་དང་འབྱར་སྐྱི། རྨ་ཁ་བཅས་དུག་སེལ་བྱེད་པ།
	གའོ་དབྱང་ཡི་སོན།	0.5%	
	གའོ་མུན་སོན་ཙ།	1%	ཁ་ར་དང་ཡོ་བྱད་དུག་སེལ་བྱེད་པ།

རེའུ་མིག་མཐུད་མ།

མིང་།	སྤྱོད་སྒོ།
སྐྱེ་ལྡན་ལུའུ་ཡི་དུག་སེལ་སྨན་རྫས་ཏེ། དཔེར་ན་ཞའོ་ཕྲི་ལིན་དང་ཚོན་ཤུའུ་ཅིན། དཀར་སྦྱར་སྨན་ཕྱེ་སོགས་ལྟ་བུ།	ལུག་ལྷས་དང་ལུག་ཁང་། ཁ་ར། འཁོར་ལོའི་… རིགས་དུག་སེལ་བྱེད་པ།
ཐྲུ་ཏི་ཐྲུན་ཏེ་ཞའོ་ཏུའུ་ལིན་ནམ་ནོན་ལི་སོགས་ཟེར།	སྨན་འདིས་གཙོ་བོ་ལུག་ར་དང་ལུག་ཁང་། ཕྲིག་ཆས་ཡོ་བྱད། ཁོར་ཡུག་སོགས་དུག་སེལ་བྱེད་པ… དང་། སྨན་ཞུས་ཉི་མ 5—7ལ་རྒྱུན་བསྲིང་ཐུབ།
ཧྲོང་ལིན་ཅི་ཨན་སོན་ཡན་ལིའི་རིགས་ཀྱི་དུག་སེལ་སྨན་སྣ་སྟེ། དཔེར་ན་པེ་ཏུའུ་ཧྲ་ལྟ་བུ།	སྨན་ཞུས་བསྲིང་ཡུན་ཕལ་ཆེར་ཉི་མ 10ཡིན་ལ། གསོ་སྐྱོང་ར་བ་དང་ལུག་ཁང་། ཡོ་བྱད། བཏུང་… ཆུའི་སྣོད་ཀ། འཁོར་ལོ་སོགས་དུག་སེལ་བྱེད་པ།

ལེའུ་བདུན་པ། ལུག་ར་འཛུགས་སྐྲུན་བྱེད་པ།

《མཚོ་སྔོན་ཞིང་ཆེན་ཕྱུགས་ཟོག་དང་འབྲིམ་བྱ་རྒྱ་ཁྱོན་ཅན་གྱི་གསོ་སྐྱེལ་ར་བ (ལུལ་རྐྱང)ངོས་འཛིན་བདག་གཉེར་བྱེད་ཐབས》ཨང 180ཡི་ཡིག་ཆས་ཐག་གཅོད་བྱས་པ་ལྟར། རྒྱ་ཁྱོན་ཅན་གྱི་ཤ་སྐྱོད་ལུག་རར་རྒྱ་ཁྱོན་འོས་འཚམ་ཅན་དང་རྒྱ་ཁྱོན་ཆུང་ཆེ་བ། རྒྱ་ཁྱོན་ཆེན་པོ་ཞེས་ཐོན་སྐྱེད་རྒྱ་ཁྱོན་གསུམ་དུ་བཀར་ཆོག སོ་རེར་བཙོང་ལུག 1000 ~1999ལ་འབུད་པ་ནི་རྒྱ་ཁྱོན་འོས་འཚམ་ཅན་དང་། བཙོང་ལུག 2000 ~4999ལ་འབུད་པ་ནི་རྒྱ་ཁྱོན་ཆུང་ཆེ་བ། བཙོང་ལུག 5000ཡན་ལ་འབུད་པ་ནི་རྒྱ་ཁྱོན་ཆེན་པོའི་རིགས་ཡིན།

ལུག་ར་འཛུགས་སྐྲུན་བྱེད་ན། ས་ཆ་དང་ལུག་རའི་འཆར་གཞི་བཀོད་རྒྱ། ལུག་ཁང་གི་འཛུགས་སྐྲུན་བཀོད་རྒྱ། འཕྲོད་བསྟེན་རིམས་འགོག་སྒྲིག་ཆས་སོགས་ལ་ཕྱོགས་ཡོངས་ནས་བསམ་བློ་གཏོང་དགོས།

ལེ་ཚན་དང་པོ། ལུག་ར་འཛུགས་ས་བཙལ་བ།

གཅིག ས་དབྱིབས་རྩུང་མཐོ་ཞིང་སྐམ་པོ་ཡིན་པ།

སྐམ་ཞིང་བསེར་བུ་རྒྱུ་བ་དང་དགུན་ཐོག་དྲོ་ཞིང་དབྱར་ཐོག་བསིལ་བའི་ཁོར་ཡུག་ནི་ལུག་ལ་ཆེས་འཚམ་པའི་འཚོ་བའི་ཁོར་ཡུག་ཡིན། དེར་བརྟེན། ཕྱོགས་གང་ཡོད་ཀྱིས་ས་དབྱིབས་རྩུང་མཐོ་བ་དང་། ས་ངོས་བདེ་ཐང་ཡིན་པ།

ཁོད་རྒྱ་ཡངས་པ། གནས་སྒྱུ་བའི་ཡིན་པ། རྒྱབ་རི་བོ་ལ་བརྟེན་ཞིང་ཁ་ལྷོ་ལྟ་ཡིན་པ། ས་རིམ་གྱིས་བརླན་མི་འཛིན་པ། ཆུ་རྒྱུ་སླ་བ། བསེར་ཁ་ཡིན་ཞིང་སྐམ་ཐག་ཆོད་པ། སྔོན་ཤིང་མི་མང་ས་དུ་ལུག་ར་བསྐྱུན་དགོས། རི་ཁུལ་ཡིན་ན་ལུག་ར་རི་ཟམ་དང་ལུང་ཞབས་སུ་བསྐྱུན་མི་རུང་། ངོས་གཟར་ཚད་ཏུའུ 1%~3%ཡིན་ན་འཚམ་སྟེ། རི་ངོས་ཡིན་ན་གཟར་ཚད་ཏུའུ 25%ལས་བརྒལ་མི་རུང་།

ལུག་ར་བསྐྱུན་སའི་ས་འོག་གི་ཆུ་གནས་ཚད་སྤྱིར་ཡིན་ན་སྨིས 2ཀྱི་མན་ཡིན་དགོས། ས་འོག་གི་ཆུ་གནས་ཚད་སྟོ་ཤར་དོང་ཞབས་ལས་སྨིས 0.5ཡི་མན་ཡིན་དགོས།

གཉིས། ས་ཆ་འདོན་སྤེལ་དང་བེད་སྤྱོད་རིན་ཐང་དམའ་བ།

ཤུགས་གང་ཡོད་ཀྱིས་ས་ཞིང་མིན་པའི་ཐོན་ཁུངས་བེད་སྤྱོད་བྱེད་པ་དང་། ས་སྟོང་ངོས་གཟར་བེད་སྤྱོད་གང་ལེགས་བྱེད་དགོས། ལུག་རའི་ས་གཞིས་སྐྱེ་ལྡན་དངོས་པོས་བརྫད་མེད་པའི་བྱེ་ཟེགས་དང་ས་ནག་ཡིན་ན་ཤིན་ཏུ་ལེགས།

གསུམ། ཆུ་ཁུངས་ཕུན་སུམ་ཚོགས་པ་དང་ཆུ་སྤུས་ལེགས་དགོས།

ལུག་ར་ཆགས་ས་ཆུ་ཁུངས་ཀྱི་མར་རྒྱ་ཡིན་དགོས། ལུག་ཁྱུར་ཆུ་ལྡུད་ཚད་ཀྱི་ཆོས་ཉིད་གཞིར་བཟུང་སྟེ་ཆུ་འདང་ཚད་ཅིག་མཁོ་སྤྲོད་བྱེད་དགོས། ལུག་གི་བཏུང་ཆུ་ནི་ཆུ་མིག་གི་ཆུ་དང་དོང་ཆུ། རང་འབབ་ཆུ་བཅས་ཡིན་ན་རབ་ཡིན། ལུག་ལ་རྫིང་བུའི་ནང་གི་ཆུ་དང་འཁྱིལ་ཆུ་སོགས་དུལ་ཆུ་ལྡུད་མི་རུང་།

བཞི། གཟན་རྩྭའི་ཐོན་ཁུངས་ཕུན་སུམ་ཚོགས་པ།

གཟན་རྩྭ་མཁོ་སྤྲོད་བྱེད་པ་རང་ས་གནས་ལས་སྟོག་འདོན་རྩ་དོན་རྒྱུན་འཁྱོངས་བྱས་ཏེ། མཐའ་ཁོར་དང་ཉེ་ས་ན་ཕུན་སུམ་ཚོགས་པའི་གཟན་རྩྭའི་ཐོན་ཁུངས་ཡོད་དགོས།

༡༠། འགྲིམ་འགྲུལ་སྟབས་བདེ་ཡིན་པ།

ལུག་ར་ཚགས་ས་འདེམས་པ་འགྲིམ་འགྲུལ་ལམ་ཁ་ཡིན་མི་རུང་ལ། གཟན་རྫ་སྐྱེལ་འདྲེན་དང་། ལུག་གི་ཐོན་རྫས་འདྲུད་པ་སྟབས་བདེ་ཡིན་པ…… བཅས་ལ་བསམ་བློ་གཏོང་བ་དང་མཉམ་དུ་ཐོན་ཁུངས་མཁོ་སྤྲོད་བྱེད་པ་ཕུན་སུམ་ཚོགས་པ་དང་། གློག་འཕྲིན་ཆ་རྐྱེན་མཁོ་སྒྲུབ་ཡིན་པ་བཅས་ལའང་བསམ་བློ་གཏོང་དགོས།

༡༡། རིམས་འགོག་བདེ་འཛགས་ཁག་ཐེག་བྱེད་པ།

1.འགོ་ནད་དང་གཞན་རྐྱེན་སྲིན་འབུའི་ནད་མཆེད་ས་རུ་ལུག་ར་བསྐྲུན་མི་རུང་།

2.ལུག་ར་ཚགས་ས་ནི་སྡོད་དམངས་འདུག་སའི་བསེར་ཁའི་མར་སྣེ་ཡིན་དགོས། མ་མཐར་སྡོད་དམངས་འདུག་ས་དང་བར་ཐག་ལ་སྨིས300ཡོད……དགོས།

3.ས་ཆ་བརྫོད་ཡོད་ས་ཡིན་ན་ལུག་ར་བསེར་ཁའི་གོང་རོལ་དུ་ཚགས་དགོས།

4.ཤ་སྤྱོད་ལུག་ར་ཟོག་ལུག་བཙོང་ས་དང་ལུག་ར་གཞན་དག ཟས་སྣ་ལས་སྣོན་ཁང་། བཤས་ར་བཅས་ཀྱི་ཐག་ཉེ་ས་རུ་བསྐྲུན་མི་རུང་བར་མ་ཟད། ཉེ་འབྲེལ་ལུག་ཁྲུ་རྒྱུ་ས་རུའང་ཤ་སྤྱོད་ལུག་ར་བསྐྲུན་མི་ཆོག

5.ལུག་ར་ནི་གཞུང་ལམ་དང་ལྕགས་ལམ། ཆུའི་བཞུར་རྒྱུན་སོགས་དང་བར་ཐག་ལ་སྨིས300~500ཡན་ཡོད་དགོས།

6.ལུག་རའི་ནང་གི་བར་བཅད་ས་ཁུལ་བསེར་ཁའི་མར་སྣེ་ཡིན་པ་དང་། སྙིག་ཆས་གཙོ་བོ་དང་བར་ཐག་ལ་སྨིས500ཡན་ཡོད་དགོས།

ལེ་ཚན་གཉིས་པ། ལུག་རའི་བཀོད་རྒྱ།

གཅིག ལུག་ར་འཆར་འགོད་བྱེད་པ།

ལུག་ར་ཆགས་ས་ནི་ས་དབྱིབས་དང་བསེར་ཁ་གཞིར་བཟུང་སྟེ་བཀོད······ སྒྲིག་བྱེད་དགོས། (རི་མོ 7–1)

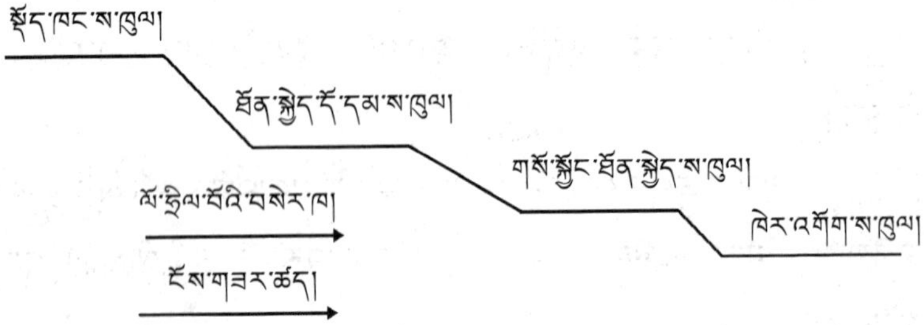

རི་མོ 7–1 ས་དབྱིབས་དང་བསེར་ཁ་བཅས་ལ་བརྟེན་ནས་བཀོད་སྒྲིག་བྱས་པའི་ལུག་རའི་ཁུལ་སོ་སོའི་དཔེ་སྟོན་རི་མོ།

གཉིས། བཀོད་སྒྲིག་བྱེད་ཚུལ།

1.ལུག་ལུད་འདུད་ས་དང་ལུག་ཡོང་ས། གཟན་ཆས་འདུད་ས་སོགས་ལམ་གཅིག་ཡིན་མི་རུང་།

2.གཟན་ཆས་འཛོག་ས་དང་ལུག་གི་ཐོན་རྫས་འཛོག་ས། ཐོག་མར་ལས་སྣོན་བྱེད་པའི་བཟོ་བཀོད་སོགས་ཐོན་སྐྱེད་ལུག་ཁྱུའི་ཟུར་ཡོགས་ཏེ་ཐོན་སྐྱེད········ ཁུལ་གྱི་གཞི་གྲུང་ལ་བརྟེན་ནས་བསྒྲུན་དགོས། དངོས་པོ་ཕྱིར་འདུད་པའི་སྒོ་ཆེན་ཐད་ཀར་དུ་གཞི་གྲུང་གི་སྟེང་དུ་བཏོད་དེ། འགྲིམ་འགྲུལ་ཡོ་བྱད་སོགས་ཐོན······ སྐྱེད་ས་ཁུལ་དུ་འགྲོ་རུ་བཙུག་མི་ཚོག

3.ལུག་ཁང་ནི་ཐོན་སྐྱེད་ས་ཁུལ་གྱི་ལྟེ་བ་རུ་ངོས་མཉམ་བཀོད་སྒྲིག་བྱེད་དགོས། གལ་ཏེ་ཁང་ཞད 4ལས་མ་བརྒལ་ན་ལྷུ་གཅིག་བྱས་ནས་བསྟར་ཏེ་བསྐྲུན་ཆོག གཟན་ཆས་མང་པོ་མཁོ་བའི་ལུག་ཁང་དཀྱིལ་དབུས་སུ་བསྐྲུན་དགོས། ཁང་ཞད 4ལས་བརྒལ་ན་ལྷུ་གཉིས་བྱས་ནས་བསྟར་ཏེ་བསྐྲུན་དགོས། ལུག་ཁང་གཉིས་ཀྱི་གཡས་གཡོན་བར་གྱི་བར་ཐག་ལ་སྨིས 15ཡོད་དགོས། ཆེས་ཐུང་བའི་འཁྲིམ་འགྲུལ་དང་ཆུ་ལྷུད་ཐག གློག་འཐེན་ཐག་བཅས་ཁག་ཐེག་བྱེད་ཐུབ་པར་མ་ཟད། གསལ་ཡངས་རྒྱུག་པའང་ཁག་ཐེག་བྱེད་ཐུབ་པ་དང་། བསེར་བུ་རྒྱུ་བར་ཡང་ཕན། སྦྲ་ཕྱིའི་ཁང་ཞད་བར་གྱི་བར་ཐག་ནི་སྨིས 20ལས་ཐུང་མི་རུང་།

4.ཁྲིམ་ལུག་འགོག་སའི་ལུག་ཁང་མིའི་ཐབས་ཀྱིས་ཁམས་དཀར་འཛུག་སའི་ཁང་པ་དང་ཐག་ཉེ་དགོས། སོན་བཞག་མོ་ལུག་ལ་མཁོ་བའི་གཟན་རྩྭ་མང་བས། མོ་ལུག་གི་ལུག་ཁང་གཟན་རྩྭ་གཟན་ཆས་ལས་སྣོན་བྱེད་ས་དང་ཐག་ཉེ་དགོས། ལུ་གུའི་ཁང་པ་གཙོ་བོ་དྲོད་འཛིན་པ་ཡིན་ལ། གསོ་སྐྱོང་མི་སྣ་སྡོད་ས་དང་ཐག་ཉེ་ན་རབ་ཡིན། ཁྲིམ་ལུག་གི་ཁང་པ་བཙོང་ལུག་གི་ཁང་པ་ལས་ལུག་ལུད་སྤུངས་ས་དང་ལུག་རོ་འཛུག་ས་ལས་ཐག་རིང་དགོས།

གསུམ། ལུག་རའི་ཁ་འཁོར་ཕྱོགས།

མཚོ་སྔོན་ཞིང་ཆེན་ལ་མཚོན་ན་ལུག་རའི་ཁ་འཁོར་ཕྱོགས་ཁ་ལྷོ་ལྟ་ཡིན་ན་ལེགས་པ་དང་། ཡང་ན་ཡུལ་བབ་དང་བསྟུན་ནས་ཤར་ཕྱོགས་སམ་ནུབ་ཕྱོགས་སུ་ཏུའུ 15ཙམ་བསེགས་ན་བཟང་།

ལེ་ཚན་གསུམ་པ། ལུག་ཁང་བསྐྲུན་པ།

གཅིག ལུག་ཁང་བསྐྲུན་པའི་རྩ་བའི་རྩ་དོན།

1. ཐོན་སྐྱེད་ཀྱི་རིགས་མི་གཅིག་པའི་ལུག་གི་ཁྱད་པར་བའི་ལུས་ཁམས······དགོས་མཁོ་དང་བསྟུན་ཏེ་ལུག་ཁྱུ་ལ་འཚོ་བའི་ཁོར་ཡུག་ལེགས་པོ་ཞིག་ཡོད་པ·······ཁག་ཐེག་བྱེད་པ་དང་། དེར་དྲོད་ཚད་དང་བརླན་ཚད། མཁའ་དབུགས་ཀྱི་སྦྲུས་ཀ། ཉི་འོད་འཕྲོ་ཚད། ས་ངོས་སྲ་ཚད། དྲོད་འདྲེན་རང་བཞིན་བཅས་འདུས།

2. ཡུལ་བབ་དང་བསྟུན་ཅིང་གྲོན་ཆུང་དངོས་སྤྱོད་རང་བཞིན་ཡོད་དགོས།

3. སྲ་མོ་བཀན་མོ་ཡིན་པ་དང་འགྲོ་གྲོན་ཆུང་བ་བྱེད་དགོས།

4. ཐོན་སྐྱེད་གོ་རིམ་གྱི་རེ་འདུན་དང་འཚམ་ཞིང་དོ་དམ་བྱེད་ཚད་ཇི་ཙམ་དུ་གཏོང་བ། ངལ་རྩོལ་ཕན་ནུས་ཇེ་མཐོར་གཏོང་བ་བཅས་ལ་ཕན་པ་ཡིན།

5. འཕྲོད་བསྟེན་རིམས་འགོག་གི་དགོས་མཁོ་དང་བསྟུན་ཏེ་ཤུགས་གང······ཡོད་ཀྱིས་རིམས་ནད་མཆེད་པ་གཏན་འགོག་བྱེད་དགོས།

6. མི་འགོག་པ་དང་གྲང་རླུང་འགོག་པ། ཁོར་ཡུག་སྲུང་སྐྱོབ་བྱེད་པ་སོགས་ལ་དོ་སྣང་བྱས་ཏེ་ཐོན་སྐྱེད་བདེ་འཛགས་ཁག་ཐེག་བྱེད་དགོས།

7. རིམ་པར་སྔོན་ཐོན་ཅན་དུ་བསྒྱུར་བ་དང་རིམ་བཞིན་དུ་ལེགས་སྒྱུར་བྱེད་དགོས།

གཉིས། ལུག་ཁང་བསྐྲུན་པའི་ཆ་རྐྱེན།

1. འཛུགས་སྐྲུན་རྒྱ་ཁྱོན། ལུག་གི་ཐོན་སྐྱེད་ཁ་ཕྱོགས་དང་ཐོ་མོ། ལོ་ཚོད། ལུས་ཁམས་གནས་ཚུལ། ནམ་ཟླའི་ཆ་རྐྱེན་མི་འདྲ་བ་སོགས་ཀྱི་ཁྱད་པར་ཡོད། (རིའུ་མིག 7–1 རིའུ་མིག 7–2)

བཀོད་སྒྲིག་བྱས་པའི་འགུལ་སྐྱོད་ར་བའི་རྒྱ་ཁྱོན་ནི་ལུག་ཁང་གི་ལྡབ 2 ~ 2.5ཡིན་དགོས། ལུ་གུ་སྐོར་གསོ་ཁང་གི་རྒྱ་ཁྱོན་ནི་ལུ་གུ་བཙའ་བའི་མོ་ལུག་གི 25%བྱས་ནས་རྩིས་རྒྱག་དགོས།

རེའུ་མིག 7–1 རིགས་སོ་སོའི་ལུག་ལ་མཁོ་བའི་རྒྱ་ཁྱོན། (རྩིས་གཞི། སྨིས་གྲུ་བཞི་མ/གཅིག)

རིགས་སྣ།	བལ་འཇམ་ལུག	བལ་ཕྱེད་འཇམ་ལུག	ཤ་སྐྱོད་ལུག	པགས་སྐྱོད་ལུག
རྒྱ་ཁྱོན།	1.5~2.5	1.5~2.5	1.0~2.0	1.2~2.0

རེའུ་མིག 7–2 ལུས་ཁམས་ཀོ་རིམ་མི་གཅིག་པའི་ལུག་ལ་མཁོ་བའི་རྒྱ་ཁྱོན།

(རྩིས་གཞི། སྨིས་གྲུ་བཞི་མ/གཅིག)

རིགས་སྣ།	དགུན་བཙའ་མོ་ལུག	དཔྱིད་བཙའ་མོ་ལུག	མོ་ལུག་ཁ་གང་།	ཁྲིམ་ལུག་ཁེར་གསོ།	ཁྲིམ་ལུག་ཁྱུ་གསོ།	གསོས་གྲུབ་ཁྲིམ་ལུག	ལོ་གཅིག་མོ་ལུག	བྱ་བྱས་པའི་ལུ་གུ།	ཟླ 3–4འགོར་བའི་ལུ་གུ།
རྒྱ་ཁྱོན།	1.4~2.0	1.1~1.2	0.8~1.0	4.0~6.0	2.0~2.5	0.7~1.0	0.7~0.8	0.6~0.8	0.3~0.4

2.ཨར་ལས་རྒྱུ་ཆ། རྒྱུ་ཆ“རང་ས་ནས་ལེན་པ་དང་འགྲོ་སྐྲོ་ཆུང་ཞིང་སྲྱིད་ཡུན་རིང་བའི”རྩ་དོན་རྒྱུན་འཁྱོངས་བྱས་ཏེ། ཆ་རྐྱེན་བཟང་ས་ཏུ་བརྟན་འཇགས་ཡུན་གནས་རང་བཞིན་གྱི་ལུག་ཁང་ལས་ཆོག ས་ཀྱིག་གིས་བརྩིགས་པའི་ལུག……ཁང་ཡིན་ན། ཆར་ཆུས་འཛིག་ཏུ་མི་འཇུག་པའི་ཆེད་དུ་མཐོ་ཚད་ལ་སྨིས་གཅིག་ཡོད་པའི་སོ་ཕག་གི་གྲུང་རྟེང་བརྩིག་དགོས།

3.ལུག་ཁང་གི་རིང་ཚད་དང་ཞེང་ཚད། མཐོ་ཚད། ལུག་ཁང་གི་རིང་ཚད་དང་ཞེང་ཚད། མཐོ་ཚད་བཅས་ནི་བཟོ་བཀོད་ཀྱི་དབྱིབས་ཚུགས་དང་རྒྱ་ཁྱོན……གཞིར་བཟུང་སྟེ་གཏན་ཁེལ་བྱེད་དགོས། དཔེར་ན་རེའུ་མིག 7–3ལྟ་བུ།

རེའུ་མིག 7–3 རིགས་མི་གཅིག་པའི་ལུག་ཁང་གི་ཞེང་ཚད་དང་མཐོ་ཚད། (རྩིས་གཞི། སྨྱིས)

ལུག་ཁང་གི་རིགས།	ཞེང་ཚད།	ས་ངོས་ནས་བྱ་འདབ་བར་གྱི་མཐོ་ཚད།	ས་ངོས་ནས་གནམ་ཤིང་བར་གྱི་མཐོ་ཚད།	ཟུར་མཆན།
བསེག་ངོས་གཅིག་ཅན།	5~6	2.4~3.0	2.5	བརྟན་ས་ཡིན་པ་དང་ལུག་གྲངས་མང་ན་ལུག་ཁང་ཆུང་མཐོ་ཆོག
བསེག་ངོས་གཉིས་ཅན།	6~8	2.4~3.0	2.5	
ཉིས་བཤར་ཅན།	10~12	2.4~3.0	2.5	

4.ལུག་ཁང་གི་དྲོད་ཚད་དང་བརླན་ཚད། བསེར་བུ་རྒྱུ་བ། སྤྱིར་ལུག་ཁང་གི་ས་ངོས་ནི་དྲོད་སྲུང་རང་བཞིན་ལེགས་དགོས་པ་དང་། དྲོད་ཡལ་ཚད་ཆུང་……བའི་རྒྱུ་ཆས་བསྐྲུན་དགོས། (རེའུ་མིག 7–4)

རེའུ་མིག 7–4 ལུག་ཁང་གི་དྲོད་ཚད་དང་བརླན་ཚད། བསེར་བུ་རྒྱུ་བ།

དུས་ཚིགས།	དྲོད་ཚད།	སྤྱིས་བཅས་ཀྱི་བརླན་ཚད། (%)	བསེར་བུ་རྒྱུ་བ། (སྨྱིས་རྒྱ་དཔངས་གྲུ་བཞི་མ/གཅིག×དུས་ཚོད་སྐར་མ་རེ)
དབྱར་ཐོག	ཧྲེའུ 30ལས་དམའ་བ།	60	1.2~1.6
དགུན་ཐོག	ལུག་ཁང་ཧྲེའུ 0ལས་མཐོ། ལུ་གུ་བཙའ་ཁང་ཧྲེའུ 10ཡིན་དགོས།	50~70	0.5~0.7

ལུག་ཁང་ནང་གི་ས་ངོས་ནི་ལུག་ཁང་གི་ཕྱི་རོལ་ལས་ལི་སྨྱིས 20~30 ཡིས་མཐོ་དགོས། ནང་ནས་ཕྱི་རོལ་བར་དུ་གཟར་ཚད་ངེས་ཅན (ལི་སྨྱིས 2~3) ཞིག་ཡོད་དགོས། གྲང་རྟེང་དུ་རྫིང་ལུད་སྤུད་ས་ཞིག་ཕྱེ་སྟེ་རྫིང་ལུད་སྤུད་བདེ་བ་དང་ས་ངོས་སྐམ་པོ་ཡིན་པ་རྒྱུན་འཁྱོངས་བྱེད་དགོས། ས་ངོས་ཚགས་དམ་ཞིང་སྲ་མོ་ཡིན་པ། ངོས་མཉམ་པ། སེར་ཁ་མེད་པ། སྲ་ཞིང་ཤུད་པ་ཞིག་མིན་པ། ཆུ་ཚོགས་པ་ཞིག་སྟེ། ལུག་རྣམས་བདེ་མོའི་ངང་ངལ་གསོ་ཐུབ་པ་ཞིག་ཡིན……

དགོས་ལ། ལུག་གི་སྨུག་བཞི་ལ་རྣམ་སྨིན་འབྱུང་བའམ་རྨིག་པའི་ནད་མཆེད་པ་སྔོན་འགོག་བྱེད་དགོས།

5.གཞི་གྲུང་། གཞི་གྲུང་གིས་གཙོ་བོ་ལུག་ཁང་ལ་དྲོད་འཛིན་པ་དང་ཚ་གདུག་འགོག་པར་བྱེད་ནུས་གལ་ཆེན་འདོན་པ་ཡིན། གཞི་གྲུང་ཅི་ཙམ་མཐུག་ན་དྲོད་འཛིན་བྱེད་ནུས་ཀྱང་དེ་ཙམ་གྱིས་ལེགས། གཞི་གྲུང་ལ་ཕལ་ཆེར་ས་གྲུང་དང་སོ་ཕག་གི་གྲུང་། རྡོ་གྲུང་སོགས་མཆིས། ཆེས་མཐོང་བར་མང་བ་ནི་སོ་ཕག་གི་གྲུང་ཡིན། དེའི་མཐུག་ཚད་ལ་སོ་ཕག་ཕྱེད་ཀ་ཅན་དང་སོ་ཕག་གཅིག་ཅན། སོ་ཕག་གཅིག་དང་ཕྱེད་ཀ་ཅན་བཅས་མངའ། ཉེ་བའི་ལོ་འགའི་རིང་ལ་ལྷུགས་ཆས་རིགས་ཀྱི་ཧ་ཡང་དང་། སྤྱིན་སྦྱར་པང་ལེབ། རྡོ་ལྷུགས་ལྷུ་ལག ཞེལ་གྱི་ཚི་སྣ་སོགས་ཀྱིས་བསྐྲུན་པའི་དྲོད་འཛིན་ཚ་འགོག་གཞི་གྲུང་ཡིན་ན་ནུས་པ་ཧ་ཅང་ལེགས།

6.ཁང་སྣད་དང་གནམ་ཞིང་། ཁང་སྣད་ལ་ཆར་འགོག་དང་དྲོད་འཛིན། ཚ་གདུག་འགོག་པའི་བྱེད་ནུས་དང་ལྡན་པས། སྤྱིར་རིམ་པ་མང་བའི་ཨར་ལས་རྒྱུ་ཆ་སྤྱད་དེ་ཁང་སྣད་ཀྱི་དྲོད་འཛིན་རང་བཞིན་ཇེ་ལེགས་སུ་གཏོང་དགོས། སྤྱིར་ལུག་ཁང་གི་ས་ངོས་ནས་གནམ་ཞིང་གི་བར་དུ་སྨིས 2.5ཡིན་པ་དང་། ས་ངོས་ནས་བྱ་འདབ་བར་དུ་སྨིས 1.7~2.0ཡིན། ངོས་བསེག་ལུག་ཁང་ཡིན་ན་སྤྱིར་མདུན་ཐད་ཀྱི་ས་ངོས་ནས་བྱ་འདབ་བར་གྱི་མཐོ་ཚད་ནི་སྨིས 2.2~2.5ཡིན་ལ། གཞུག་ཐད་ཀྱི་མཐོ་ཚད་ནི་སྨིས 1.7~2.0ཡིན་པ་དང་། ཁང་སྣད་ཀྱི་བསེག་ཚད་ཏུའུ 45ཡིན་དགོས། ཁང་སྣད་དུ་བསེར་བུ་རྒྱུ་སའི་རྩིབས་ཧ་བསེགས་སྒྲོད་བྱས་པའི་དྲ་མ་སྒྲོད་དགོས། དྲ་མ་དེའི་ཆེ་ཆུང་ནི (གྲུང་ཁའི་བར་དང་ལི་སྨིས 5~10) བསེར་ཁུང་ལས་ལྷག 1.5~2.0གིས་ཆེ་བ་ཡིན།

7.སྒོ་དང་དྲ་མ། ལུག་ཁང་གི་སྒོ་དང་དྲ་མ་ནི་ཅི་ཙམ་ཆེན་ལུག་ཁང་དུ

བསེར་བུ་རྒྱ་སྡེ་ས་ཉེམ་སྐམ་པར་དེ་ཙམ་གྱིས་ཕན་པ་དང་། ལུག་ཁང་དུ་དཀར་··· གསལ་ཡོད་པ་དང་ལུག་ལུད་ཕྱིར་འདྲུད་པར་སྟབས་བདེ་བཟོ་སྲིད། (རེའུ་མིག 7–5དང་རེའུ་མིག 7–6)

རེའུ་མིག 7–5 ལུག་ཁང་གི་སྒོ་སྒྲོད་ཚུལ།

རིགས།	ཞེང་ཚད། (སྨིས)	མཐོ་ཚད། (སྨིས)	གྲངས་ཀ (ཚིག་གྲངས)	ཆགས་གནས།	ཨར་ལས་རྒྱུ་ཆ།
ལུག་ཁང་ཆེན་པོའི་སྒོ། ལུག་ཁང་ཆུང་དུའི་སྒོ། ར་སྒོ།	2.5~3.0 1.2~1.5 1.5ལས་མི་དམའ་བ།	2.0~2.5 2.0	1~2	ལུག་ཁང་གི་གྱང་གཉིས། ཐད་ཀར་རྒྱ་ལམ། ཁ་སྒོ་ལྷོ། ཕྱི་རོལ་དུ་བཏོད་པ།	ཤིང་ཆ། རྡོ་ལྕགས་ཀྱི་རྒྱུ་ཆ།

རེའུ་མིག 7–6 ལུག་ཁང་གི་དྲ་མ་སྒྲོད་སྟངས།

ཞེང་ཚད། (སྨིས)	ཞེང་ཚད། (སྨིས)	ས་ངོས་ལས་མཐོ་ཚད། (སྨིས)	རྒྱ་ཚོན།	ཨར་ལས་རྒྱུ་ཆ།
1.0~1.3	0.7~0.9	1.5ལས་དམའ་མི་རུང་།	ས་རྒྱའི་ཟྙིན་ཚད། 115	ཤིང་ཆ་དང་ཤེལ་སྒོ།

8.གསལ་ཡངས་རྒྱ་བ། ལུག་ཁང་གི་གསལ་ཡངས་ཟུར་ལྟའི་རྩིས་གཞི་རེའུ་མིག 7–7ལ་གཟིགས།

རེའུ་མིག 7–7 ལུག་ཁང་གི་གསལ་ཡངས་ཟུར་ལྟའི་རྩིས་གཞི།

གསལ་ཡངས་རྟག་གྲངས།		ནང་འཁྱོས་གྱི་ཟུར།	འོད་འཁྱོ་ཟུར་སྒ།	རང་བྱུང་འོད་འཁྱོ་རྟག་གྲངས།	འོད་འཁྱོ་དུས་ཡུན། (དུས་ཚོད)
ཆེ་ལུག་ལུག་ཁང་། 1:15~25	ལུ་གུ་བཙའ་ཁང་། 1:15~20	≥དུའུ 25	≥དུའུ 5	ཤ་སྐྱོད་ལུག ལུག་ཕོ་མོ། ནུ་མཚམས་བཅད་པའི་མོ་ལུག 0.35% ལུ་གུ་བཙའ་ཁང་། 0.5%	ཕོ་མོའི་ལུག་ཁང་། 8~10 སྨྲམ་ལུག་ཁང་། 16~18

9.འགུལ་སྐྱོད་ར་བ། ཁེར་བསྐོར་ལུག་ཁང་ནི་རྒྱབ་ཕྱང་ཕྱོགས་དང་ཁ་སྒོ་ལྟ་ལྟར་ཆགས་ཡོད། འགུལ་སྐྱོད་ར་བ་ནི་ལུག་ཁང་གི་སྔོ་ཕྱོགས་སུ་བསྐྲུན་དགོས།

ཉིས་བསྐར་ཅན་གྱི་ལུག་ཁང་ཡིན་ན་ཁ་སྒོ་ལྔ་ཡིན་དགོས། ཉི་འོད་རྟག་པའི་ཆེད་དུ་འགྲུལ་སྐྱོད་ར་བ་ལུག་ཁང་གི་ཤར་སྒོ་གཉིས་སུ་བསྐྲུན་དགོས། འགྲུལ་སྐྱོད་ར་བ་ནི་ལུག་ཁང་གི་ས་ངོས་ལས་དམའ་དགོས། འགྲུལ་སྐྱོད་ར་བའི་ས་ངོས་ནི་སོ་ཕག་དང་ཨར་འདམ། རྡོ་གཅལ། བྱེ་ཟེགས་བཅས་ཡིན་ཆོག ས་ངོས་ཁོད་སྙོམས་སྐམ་ཐག་ཆོད་པ་དང་། གྱང་ར་བརྟན་ཞིང་ཁ་ཚང་ཡིན་པ་དང་ར་གྱང་གི་མཐོ་ཚད་ལ་སྨིས 1.2~1.5ཡོད་ཅིང་། ར་གྱང་གི་མཐའ་ཁོར་དུ་ཚུ་རགས་འཛིན་དགོས།

10.ལུག་ཁང་གི་རྣམ་པ། ལུག་ཁང་བསྐྲུན་པ་ནི་ཐོན་སྐྱེད་ཁོར་ཡུག་ལེགས་སྒྱུར་དང་ཚོད་འཛིན་བྱེད་པའི་བྱེད་ཐབས་གཙོ་བོ་ཞིག་ཡིན། ལུག་ཁང་གི་རྣམ་པ་ནི་རང་བྱུང་ཁོར་ཡུག་ཆ་རྐྱེན་དང་ཐོན་སྐྱེད་རྣམ་པ། གསོ་སྐྱོང་རེ་འདུན། བཟོ་བཀོད་ར་བ། རྒྱུ་ཆ་འདེམས་བཀོལ། སྲོལ་རྒྱུན་གོམས་གཤིས། དཔལ་འབྱོར་སྟོབས་ཤུགས་སོགས་མི་གཅིག་པའི་དབང་གིས་གཅིག་མཚུངས་ཤིག་མིན། ལུག་ཁང་ཕལ་ཆེར་ནི་ཉིས་བསྐར་ཅན་ཡིན་ལ། དེར་ཉིས་བསྐར་ཁ་སྒྲིད་ཅན་དང་ཉིས་བསྐར་མཇུག་སྒྲིད་ཅན་བཅས་ཀྱང་འདུས་པ་ཡིན།

ལེ་ཚན་བཞི་བ། ལུག་རའི་རམ་འདེགས་སྒྲིག་ཆས།

གཅིག ཁ་ར།

གཙོ་བོ་ཞིབ་གཟན་དང་རྩིག་གཟན། སོ་ཉར་གཟན་ཆས། སོ་རྫ། རྫ་སྐྱ་སོགས་སྟེར་བར་མཁོ་བ་ཡིན།

1.གཏན་ཁེལ་ཡིན་པའི་དབྱིབས་རིང་ཁ་ར། གཏན་ཁེལ་ཡིན་པའི་དབྱིབས་རིང་ཁ་ར་ནི་ལུག་ཁང་དང་འགྲུལ་སྐྱོད་ར་བ། ཆེད་གསོར་བའི་ནང་

དུ་འཛོག་པ་ཡིན། ཁ་རའི་ཁ་ཞེང་ཆེ་ལ་ཞབས་ཞེང་དོག་པ་དང་། ཁ་རའི་རྒྱབ་ར་མདུན་ར་ལས་ལི་སྨི་5ཡིས་མཐོ་བ་ཡིན། གཟན་རྩྭ་འཕྲ་འཕྱོ་ཟ་སྐབས་ལུག་གི་སྐེ་མཇིང་མི་བཤུ་བའི་ཆེད་དུ་ནང་ཟུར་ཐམས་ཅད་སྒོར་དབྱིབས་ཡིན་དགོས། ལུག་གི་ཁ་རའི་དཔྱད་གྲངས་ནི་རེའུ་མིག 7–8ལ་གཟིགས་རོགས།

རེའུ་མིག 7–8 ལུག་གི་ཁ་རའི་དཔྱད་གྲངས།

རིགས།	མཐོ་ཚད། (ལི་སྨི)	ཞེང་ཚད། (ལི་སྨི)	གཏིང་ཚད། (ལི་སྨི)	ཁ་རའི་ཞེང་ཟིན་ཚད། (ལི་སྨི)
ལུ་གུ།	30	25	20	20
ཆེ་ལུག	35~40	30~35	25~30	40~50

2. སྤོ་བདེའི་དབྱིབས་རིང་ཁ་ར། སྤོ་བདེའི་དབྱིབས་རིང་ཁ་ར་ནི་ཤིང་ལེབ་བམ་ལྕགས་ལེབ་ཀྱིས་བཟོས་པ་ཡིན། རིང་ཚད་ལ་སྨི1.5~2ཡོད་ལ། ཁ་རའི་ཁའི་ཞེང་ཚད་ལ་ལི་སྨི35དང་ཞབས་ཀྱི་ཞེང་ཚད་ལ་ལི་སྨི30 གཏིང་ཚད་ལ་ལི་སྨི20བཅས་ཡིན་དགོས། ལུག་འགོས་ཏེ་ཁ་ར་བཤིག་པ་དང་བསྣོག་པ་སོགས་སྔོན་འགོག་བྱེད་ཆེད། ཁ་རའི་སྣེ་མོ་གཉིས་སུ་གཏོར་བ་དང་ཕྱིར་སྤྲོད་པར་སྟབས་བདེ་ཡིན་པའི་རྐང་གསུམ་སྒྲིད་དགོས།

གཉིས། རྩྭ་སྡེགས།

རྩྭ་སྡེགས་སྤྱད་དེ་ལུག་གསོ་སྐྱོང་བྱས་ན་གཟན་རྩྭ་རྐང་བཙག་མི་བྱེད་པ་དང་གཟན་རྩྭ་ཚུད་ཟོས་སུ་གཏོང་བ་ཇེ་ཉུང་དུ་གཏོང་ཐུབ་པར་མ་ཟད། རིམས་ནད་འབྱུང་བ་སོགས་ཀྱང་སྔོན་འགོག་བྱེད་ཐུབ།

གསུམ། སྤྲོད་སྒོ་མང་བའི་བར་ཚོད།

1. སྤོ་བདེའི་བར་ཚོད། རི་ཁ་ནས་འཚོ་སྐྱོང་བྱེད་པའི་ལུག་ར་ཡིན་ན་ངེས་པར་དུ་དུས་ཚིགས་དང་རྩྭ་སའི་ཐོན་སྐྱེད་ནུས་ཤུགས། གནས་ཚུལ་འགྱུར་ལྡོག

ཐོན་སྐྱེད་པོ་རིམ་མི་གཅིག་པ་སོགས་ཀྱི་ཐོན་སྐྱེད་གནད་འགག་གི་དགོས་མཁོ་བཅས་གཞིར་བཟུང་སྟེ། ལུག་འཚོ་སྐྱོང་གི་བྱ་བ་བཀོད་སྒྲིག་བྱེད་དགོས།

2.རྩྭ་རའམ་རྩྭ་སྐོར་རྒྱུག་པ། རྩྭ་རའམ་རྩྭ་སྐོར་ནི་མཐའ་སྐོར་དུ་སོ་ཕག་དང་ས་ཀྱིག་བརྩིག་པ་དང་། ཡང་ན་བར་ཚོད་དང་ར་བས“ལྕགས་རའམ་ཞིང་ར་སོགས”བསྐོར་བ་དང་། ཤད་ངོས་སུ་ཁ་ཆར་འགོག་པའི་ཤད་ཁེབས་འགེབས་དགོས། རྩྭ་སྐོར་ས་དབྱིབས་མཐོ་ས་རུ་བརྩིག་པའམ་ཡང་ན་རྩྭ་སྐོར་འོག་ཏུ་སའམ་སོ་ཕག་གིས་རྡེ་མཐོར་གཏོང་དགོས་པར་མ་ཟད། བརླན་འགོག་པའི་ཆེད་དུ་ཆུ་རགས་འཐེན་དགོས། སྤྱིར་ལུག་རེར་གཟན་རྩྭ་གསོག་ཚད་ནི་ལེགས་བསྒྱུར་ལུག་ཡིན་ན་སྟོང་ཁེ 180 ~200དང་། རང་ས་གནས་ཀྱི་ལུག་ཡིན་ན་སྟོང་ཁེ 90~100བཅས་གྲ་སྒྲིག་བྱེད་དགོས།

3.སྦོ་ཉར་སྒྲིག་ཆས། སྦོ་ཉར་སྒྲིག་ཆས་སུ་སྦོ་ཉར་དོང་དང་སྦོ་ཉར་རྫིང་རིང་། སྦོ་ཉར་ལྕོག་ཁང་། འཁྱིག་སྒྲོ་སོགས་འདུས།

4.སྨན་ཁྲུས་སྒྲིག་ཆས། སྨན་ཁྲུས་སྒྲིག་ཆས་ཀྱི་རྣམ་པའི་ཐད་ནས་ཁྲུས་རྫིང་དང་འབབ་ཆུའི་ཁྲུས་བཅས་འདུས།

5.བཏུང་ཆུའི་ཁ་ར། རྫ་བཟོས་ཁྲུས་རྫིང་དང་རྒྱུ་ཆ་གཞན་གྱིས་བཟོས་པའི་ཁྲུས་རྫིང་སྤྱད་ཆོག་ཅིང་། ཁྲུས་རྫིང་གི་ཞབས་སུ་ཆུ་ཐུད་སའི་ཁུང་བུ་ཡོད་དགོས།

6.དོང་རྩ། གལ་ཏེ་ལུག་ར་རུ་རང་འབབ་ཆུ་མེད་ན་ཁྲོན་པ་བརྐོ་དགོས། ཁྲོན་པ་ནི་ལུག་ཁང་དང་བར་ཐག་ལ་སྨིས 100ཡན་ཡོད་དགོས། རྒྱ་ཁྱོན་ཅན་གྱི་གསོ་སྐྱེལ་ར་བ་འཛུགས་སྐྲུན་བྱེད་པའི་རེ་འདུན་གཞིར་བཟུང་སྟེ། གསོ་སྐྱོང་གོ་རིམ་རྟུས་འགོད་ཀྱིས་ལུག་རའི་ངོས་མཉམ་ཁྱབ་རིས(རི་མོ 7–2)གཞིར་བཟུང་སྟེ་བྲིས་པ་ཡིན་པས། ཟུར་ལྟ་ཙམ་ལ་མཁོ་སྤྲོད་བྱས་པ་ཡིན།

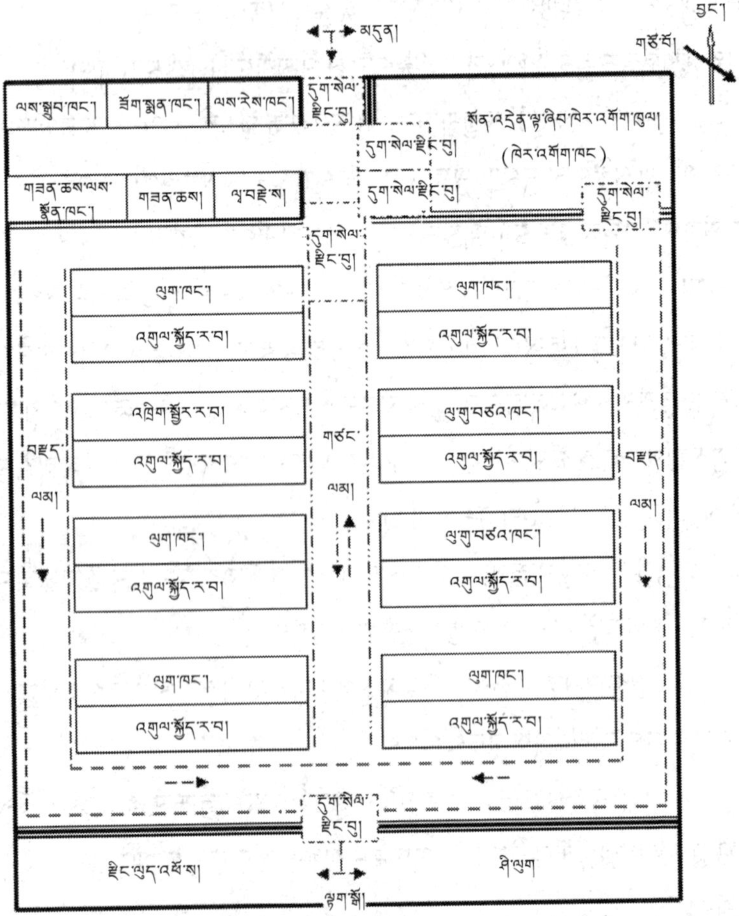

རི་མོ 7–2 སོན་ལུག་ར་བའི་ངོས་མཉམ་བཀོད་རྒྱ་རི་མོ།

མཆན། ①ཁྲིམ་ལུག་རེས་སྤྱིས་གྲུ་བཞི་མ 2.0~2.5ཡི་ས་རྒྱ་དང་། མོ་ལུག་རེས་སྤྱིས་གྲུ་བཞི་མ 1~2ཀྱི་ས་རྒྱ། གསོས་གྲུབ་ལུག་རེས་སྤྱིས་གྲུ་བཞི་མ 0.6~1གི་ས་རྒྱ་བཅས་འཛིན་པ་ཡིན། འགྲུལ་སྐྱོད་ར་བའི་རྒྱ་ཁྱོན་ནི་ལུག་ཁང་གི་རྒྱ་ཁྱོན་གྱི་ལྡབ 1.5~3ཡིན། ②འཚོ་བའི་སྡོད་ཁུལ་ནི་བསེར་ཁའི་གོང་རོལ་ཡིན་ལ། ཐོན་སྐྱེད་ཁུལ་བར་དུ་བར་ཐག་ལ་སྨིས 100ཡན་ཡོད་དགོས། ཐོན་སྐྱེད་ཁུལ་དང་རྫིང་ལུད་དག་གཙང་། ནད་ལུག་དང་ཤི་ལུག་བཀག་སྡོམ་བྱེད་ས་བསེར་ཁའི་མར་སྣེ་རུ་ཆགས་ཤིང་། བར་ཐག་ལ་སྨིས 200ཡན་ཡོད་དགོས། ③གཙང་ལམ་གྱི་ཞེང་ལ་སྨིས 5དང་བརྫེད་ལམ་གྱི་ཞེང་ལ་སྨིས 3དགོས། ④མདུན་གྲལ་གྱི་ལུག་ཁང་འགྲུལ་སྐྱོད་ར་བ་དང་གཞུག་གྲལ་གྱི་ལུག་ཁང་བར་གྱི་རྒྱུ་ལམ་གྱི་ཞེང་ལ་སྨིས 2མང་འ།

ལེའུ་བརྒྱད་པ། ཕ་སྒྲོད་ལུག་རའི་ཐོན་སྐྱེད་དང་བདག་གཉེར་དོ་དམ།

ལེ་ཚན་དང་པོ། ཕ་སྒྲོད་ལུག་རའི་ཐོན་སྐྱེད་བདག་གཉེར།

གཅིག ལུག་ཁྱུ་བཀར་བ།

སྤྱིར་ལུག་ཁྱུ་ནི་ཁྲིམ་ལུག་དང་མོ་ལུག ལུག་ཡར་སྐྱེ། གསོས་གྲུབ་ལུག ལུ་གུ། བྱ་བྱས་པའི་ལུག་སོགས་ཀྱིས་གྲུབ་པ་ཞིག་ཡིན།

གཉིས། ལུག་ཁྱུའི་སྒྲིག་གཞི།

ལུག་ཁྱུའི་སྒྲིག་གཞི་ནི་རིགས་མི་གཅིག་པའི་ལུག་གིས་ལུག་ཁྱུ་རུ་བཟུང་བའི་བསྡུར་ཚད་ལ་སྟོན་པ་ཡིན། ལུག་ཤ་ཐོན་སྐྱེད་བྱེད་པ་གཙོ་ཡིན་པའི་ལུག་ར་ཡིན་ན། ཆུང་ལུག་གམ་བྱ་བྱས་པའི་ལུག་ལ་ཤེད་འབུད་དུ་བཙུག་རྗེས་ལོ་གཅིག་གམ་ལོ་གཅིག་མ་ལོན་པའི་ལག་ག་ལག་མོ་བཙོང་བའམ་བཤའ་བ་སོགས་བྱེད་པས། ལུག་ཁྱུ་རུ་མོ་ལུག་གི་བསྡུར་ཚད་ཆུང་ཆེ་སྟེ། ཕལ་ཆེར་ལུག་ཁྱུའི 70%~80%ཟིན་པ་རེད། ཁྲིམ་ལུག་གིས་ལུག་ཁྱུ་རུ་བཟུང་བའི་བསྡུར་ཚད་ནི་ལུག་རས་སེབ་སྦྱོར་བྱེད་སྟངས་གང་ཞིག་སྤྱོད་པ་ལ་འབྲེལ་བ་དམ་པོ་ཡོད། དཔེར་ན་ལུག་ཁྱུར་བཏང་བའི་ཁྲིམ་ལུག་ཡིན་ན་མོ་ལུག 40~50རེར་ཁྲིམ་ལུག་གཅིག་རེ་བཀོད་སྒྲིག་བྱེད་དགོས། འོན་ཀྱང་མིའི་ཐབས་ཀྱིས་ཁམས་དཀར་འཇུག་ན་ཁྲིམ་ལུག་གཅིག་གི་ཁམས་དཀར་གྱིས་མོ་ལུག 200~1000ལ་སེབ་སྦྱོར་བྱེད་ཐུབ། མོ་ལུག་

གི་ནང་དུ་སྦྲིག་རན་མོ་ལུག་གི་བསྡུར་ཚད་ཅི་ཙམ་མཐོ་ན་ལུག་ཕྲུའི་སྐྱེ་འཕེལ་བྱེད་ཚད་དེ་ཙམ་གྱིས་མཐོ་བས། ཐོན་སྐྱེད་ཡོང་སྒོ་བསྐྱུན་པར་ཧ་ཅང་ཕན། རང་ལུག་རང་སྦྲིག་བྱེད་པར་ཁྲིམ་ལུག་དང་མོ་ལུག་གི་བསྡུར་ཚད 1:30ལ་གཏོང་དགོས། མིའི་ཐབས་ཀྱིས་ཁམས་དཀར་འཇུག་ན་ཁྲིམ་ལུག་དང་མོ་ལུག་གི་བསྡུར་ཚད 1:100~200ལ་གཏོང་དགོས། གཞན་སྦྲིག་མིན་བརྟག་པའི་ཁྲིམ་ལུག་འགའ་བཀོད་སྦྲིག་བྱེད་དགོས། སྤུས་ཀའི་སྟེང་ནས་ཐོན་སྐྱེད་བྱེད་ནུས་ལེགས་པ་དང་རྗེས་སྤྱོར་བྱེད་ནུས་ཆེ་བའི་ཁྲིམ་ལུག་གདམ་དགོས།

གསུམ། ལུག་ཕྲུའི་རྒྱ་ཁྱོན།

ལུག་ཕྲུའི་རྒྱ་ཁྱོན་ནི་ལུག་ཕྲུ་དང་རྩྭ་སའི་ཆ་རྐྱེན། ལག་རྩལ་གནས་ཚུལ་སོགས་གཞིར་བཟུང་སྟེ་ངོས་འཚམ་སྒྲོས་བཀོད་སྒྲིག་བྱེད་དགོས། ས་གནས་ལུག་རྒྱུད་ཀྱི་ལུག་ཕྲུ་ཅུང་ཆེ་ཆོག་པ་དང་། ལེགས་བསྒྱུར་ལུག་རྒྱུད་ཀྱི་ལུག་ཕྲུ་ཅུང་ཆུང་ཆོག ཁྲིམ་ལུག་གི་ལུག་ཕྲུ་ཆུང་ན་འོས་ཤིང་མོ་ལུག་གི་ལུག་ཕྲུ་ཆེན་བཟང་། འབྲོག་ཁུལ་ལ་མཚོན་ན་ལུག་ཕྲུ་ཆེན་འཚམ་ཞིང་རོང་ཁུལ་ལ་མཚོན་ན་ལུག་ཕྲུ་ཆུང་ན་ལེགས། ཁ་སྐྱོད་དང་ཁ་སྣད་ལ་མཚོན་ན་ས་དབྱིབས་དོག་ཅིང་འཕྲང་གཟར་བ་དང་། རྩྭ་ས་དོག་ཅིང་ཆུང་བ་ན་ལུག་ཕྲུ་ཡང་ཆུང་ན་དོ་དམ་བྱེད་བདེ་བ་ཡིན། ཁུ་བསྡུ་བྱེད་ཚད་མཐོ་བ་དང་ལུག་འཚོ་བའི་ལག་རྩལ་ཆུ་ཚད་མཐོ་བ་ན། ལུག་ཕྲུ་ཆེ་ཆོག

ལེ་ཚན་གཉིས་པ། ཁ་སྐྱོད་ལུག་ར་འཆར་གཞིའི་སྒོ་ནས་བདག་གཉེར་བྱེད་ཚུལ།

གཅིག ལུ་གུ་ཐོན་སྐྱེད་འཆར་གཞི།

ལུ་གུ་ཐོན་སྐྱེད་འཆར་གཞི་ནི་གཙོ་བོ་འཁྲིག་སྦྱོར་འཆར་གཞི་དང་ལུ་གུ

བཙའ་བའི་འཆར་གཞི། ལུག་ཁྱུ་འཕོར་སྐྱོད་ཀྱི་འཆར་གཞི་བཅས་ལ་སྟོན་པ་ཡིན། ལུ་གུ་བཙའ་བའི་དུས་ཚོད་བཀོད་སྒྲིག་བྱེད་པར་ནམ་ཟླའི་ཆ་རྐྱེན་ལ་བསམ་གཞིག་བྱེད་དགོས་པར་མ་ཟད། རྩྭ་སའི་གནས་ཚུལ་ལའང་གཞིག་དགོས་ཏེ། ང་ཚོས་ཆེས་མཐོང་བ་མང་བ་ནི་དགུན་ལུག(ཟླ 11 ~12པར་བཙས་པ)དང་དཔྱིད་ལུག(ཟླ 3 ~4བར་བཙས་པ)བཙའ་བ་དེ་ཡིན། ལོ་དེའི་ལུ་གུ་བཤས་ཏེ་བེད་སྤྱོད་པར་དུས་ཐོག་ཏུ་གསོས་ན་ཤེད་འབུད་པའི་ཚད་གཞིར་བསླེབ་སྲིད། མོ་ལུག་གི་ལུ་གུ་བཙའ་བ་ནི་ཉིམ 40 ~50ཡི་ནང་དུ་མཇུག་བསྡུ་དགོས་པས། འཁྲིག་སྦྱོར་བྱེད་ཡུན་ཡང་ཉིམ 40~50ཡི་ནང་དུ་བསྒྲུབ་དགོས།

གཉིས། ཤ་སྤྱོད་ལུག་ཐོན་སྐྱེད་འཆར་གཞི།

ཤ་སྤྱོད་ལུག་ར་ནི་ལུག་ཤ་ཐོན་སྐྱེད་བྱེད་པ་གཙོ་བོ་ཡིན་ནའང་། ལུག་ལྷགས་ཀྱང་ཡོང་སྒོ་གལ་ཆེན་ཞིག་ཡིན་པས། ལུག་ཤ་དང་ལུག་ལྷགས་ཀྱི་ཐོན་སྐྱེད་འཆར་གཞི་གཏན་ཁེལ་བྱེད་པ་ནི་ལུག་ཁྱུའི་འཕོར་སྐྱོད་འཆར་གཞི་དང་ཤ་ཤེད་འབུད་པར་གསོས་པའི་ལུག་གི་ཐོན་སྐྱེད་ཆུ་ཚད་གཞིར་བཟུང་སྟེ་བསྒྲིགས་པ་ཞིག་ཡིན། ཡང་ཅིག་བཤད་ན་ལུག་ཁྱུའི་ཕྲུས་ཀ་དང་ལུག་ཁྱུའི་སྒྲིག་གཞི། ལག་རྩལ་ཇེ་མཐོར་བཏང་བའི་གནས་ཚུལ། ངོ་དམ་བྱེད་ཐབས། འཁྲིག་སྦྱོར་དང་ལུ་གུ་བཙའ་བ་ལེགས་སྒྲུར་བྱེད་པའི་འཆར་གཞི། གཟན་ཆས་ཁག་ཐེག་བྱེད་ཚད། མིའི་ཤུགས་དང་སྒྲིག་ཆས་གནས་ཚུལ་སོགས་ཆ་རྐྱེན་གྱི་རྨང་གཞིའི་སྟེང་ནས། ལོ་དེར་གཏན་ཁེལ་བྱས་པའི་འཆར་གཞི་འགན་ཁུར་དང་རེ་འདུན་བཟུང་འབྲེལ་བྱས་ཏེ་གཏན་ཁེལ་བྱེད་དགོས།

གསུམ། གཟན་ཆས་ཐོན་སྐྱེད་མཁོ་སྤྲོད་འཆར་གཞི།

གཟན་ཆས་ཐོན་སྐྱེད་འཆར་གཞི་ནི་གཟན་ཆས་འཆར་གཞིའི་ནང་གི་ཆེས་འཆར་གཞི་གཙོ་བོ་ཞིག་ཡིན། ལུག་རས་ངེས་པར་དུ་གཟན་ཆས་ཐོན་སྐྱེད

དང་གཟན་ཆས་ཚུར་བསྡུ། གཟན་ཆས་ལས་སྣོན། གཟན་ཆས་ཉར་ཚགས། གཟན་ཆས་མཁོ་སྤྲོད་བྱེད་པ་བཅས་ལ་ནུས་ལྡན་འཆར་གཞི་ཞིག་བཟོས་ཏེ་གཟན་ཆས་ཁག་ཐེག་བྱེད་དགོས།

གཟན་ཆས་མཁོ་སྤྲོད་འཆར་གཞིར་གཙོ་བོ་གཟན་ཆས་སྟེར་ཚད་གཏན་ཁེལ་བྱེད་པ་དང་། ལུག་སོ་སོའི་ཉིན་གཟན་ཚད་གཞི། གཟན་ཆས་བསྒྱུར་བ་དང་བདག་གཉེར་བྱེད་པ། རྩི་གཟན་ཕོན་སྐྱེད་དང་མཁོ་སྤྲོད་བྱེད་པའི་གཟན་ཆས་ཉོ་བ་དང་ཉར་ཚགས་བྱེད་པ། ཡང་ན་གཟན་ཆས་ལས་སྣོན་སྤེལ་སྦྱོར་བྱེད་པ་སོགས་འདུས། འཆར་གཞི་འདི་ལེགས་འགྲུབ་ཡོང་བ་ཁག་ཐེག་བྱེད་ཆེད་བྱ་བ་སོ་སོ་དང་གལ་འགག་སོ་སོ་ལམ་ལུགས་ཅན་དུ་བསྒྱུར་ཏེ། སྒྲིག་ལམ་འཛིན་ས་ཡོད་པ་དང་སྒྲིག་ལམ་ལྟར་བྱ་བ་བསྒྲུབ་ཆོག་པ་ཞིག་བྱེད་དགོས།

བཞི། ལུག་ལྷུ་གོང་འཕེལ་འཆར་གཞི།

ལུག་ལྷུ་གོང་འཕེལ་འཆར་གཞིའམ་ལུག་རྒྱུད་གསོ་སྐྱོང་འཆར་གཞི་བཟོ་སྐབས། ལོ་དེ་དང་ལུག་ར་དེའི་ལོ་ཁོར་མོ་ཡུག་ཏུ་ལུག་གསོ་སྐྱོང་དང་ལུག་བཙོང་བའི་གནས་ཚུལ་དང་དོན་དངོས་ཀྱི་ཐོན་སྐྱེད་ཆུ་ཚད་མཐོ་བ་དང་། ཕྱིན་ཆད་ལུག་ར་གོང་འཕེལ་དུ་གཏོང་བར་ཚན་རིག་སྔོན་ཚོད་དཔག་བྱེད་དགོས།

ལྔ། ལུག་རའི་རིམས་ནད་སྔོན་འགོག་འཆར་གཞི།

ལུག་རའི་རིམས་ནད་སྔོན་འགོག་འཆར་གཞི་ནི་ལོ་ཧྲིལ་པོ་གཅིག་གི་ནང་དུ་ལུག་ལྷུའི་རིམས་ནད་འགོག་བཅོས་བྱེད་པའི་བཀོད་སྒྲིག་བཅས་ལ་སྟོན་པ་ཡིན། ནད་ཡམས་འགོག་བཅོས་བྱེད་པའི་བྱེད་ཐབས་ནི“སྔོན་འགོག་གཙོ་བོ་དང་། འགོག་བཅོས་ཟུང་འབྲེལ་བྱེད་དགོས”ཞེས་པ་དེ་ཡིན་པས། ཕྱོགས་བསྡུས་རང་བཞིན་གྱི་རིམས་འགོག་བྱེད་ཐབས་དང་ལམ་ལུགས་ཆ་ཚང་ཞིག་འཛུགས་དགོས། དེར་དུས་བཅད་ལྟར་ལུག་ལྷུར་ཞིབ་བཤེར་བྱེད་པ་དང་། ལུག་ཁང་དུག་

སེལ། འགོག་སྨན་སྣ་ཚོགས་དུས་བཅད་ལྟར་རྒྱག་པ། ནད་ལུག་སྨན་བཅོས་སམ་བཀག་སྡོམ་བྱེད་པ་སོགས་འདུས།

ལེ་ཚན་གསུམ་པ། ཤ་སྐྱོད་ལུག་ར་བདག་གཉེར་ངོ་དམ་བྱེད་པའི་རྩ་དོན།

གཅིག རྒྱ་ཁྱོན་ཅན་གྱི་སོན་ལུག་ར་བ་རྨང་གཞི་བྱེད་དགོས།

རང་རྒྱལ་གྱི་ལུག་གསོ་སྤུས་ལེགས་ཅན་དུ་འགྱུར་ཚད་མི་མཐོ་བས། ཐོན་སྐྱེད་ཆུ་ཚད་སྤྱོས་བཅས་ཀྱིས་དམའ་བ་ཡིན། སང་ཕྱིན་ཆད་དུས་ཡུན་ངེས་ཅན་ཞིག་གི་ནང་དུ་རང་རྒྱལ་གྱི་ལུག་གསོ་ལས་རིགས་གོང་འཕེལ་དུ་འགྲོ་དགོས་ན། ཚད་ཆེན་པོ་ཞིག་གི་སྟེང་ནས་སོན་ལུག་ལེགས་པོ་ཐོན་སྐྱེད་གོང་འཕེལ་དུ་གཏོང་བའི་རྒྱ་ཁྱོན་དང་མགྱོགས་ཚད་ལ་རག་ལས་པ་ཡིན། སོན་བཟང་ཅན་གྱི་ཆུ་ཚད་གོང་འཕེལ་དུ་གཏོང་བ་ཇི་མགྱོགས་སུ་གཏོང་ཆེད། ལུག་རས་ལུག་རྒྱུད་གསར་བ་གསོ་སྐྱེལ་དང་སྤར་གྱི་སྤུས་ལེགས་ལུག་རྒྱུད་སྐྱེ་འཕེལ་ལམ་རང་གི་ལུག་རྒྱུད་སྤེལ་སྦྱོར་བྱེད་པའི་ལས་འགན་གལ་ཆེན་དང་ལེན་བྱས་ཡོད་པར་མ་ཟད། ལུག་རྒྱུད་གསར་བ་དཔེ་སྟོན་དར་སྤེལ་དུ་གཏོང་བའི་ལས་འགན་ཡང་ཐྲག་ཏུ་བབས་ཡོད།

གཉིས། མགྱོགས་མྱུར་སྒྲོས་ཚན་རྩལ་ནང་འཇུར་བྱས་ཏེ། ལུག་ལས་ལག་རྩལ་གོང་འཕེལ་དུ་གཏོང་བར་སྐུལ་འདེད་བྱེད་དགོས།

ལག་རྩལ་གསར་བ་དང་གྲུབ་འབྲས་གསར་བ་གང་ཞིག་ཡིན་རུང་། ཚོད་ལྟ་དང་དཔེར་སྟོན། དར་སྤེལ་སོགས་ཀྱི་བར་བརྒྱུད་གལ་གནད་སོགས་བརྒྱུད་དགོས། བྱ་བ་འདི་ཐམས་ཅད་ལུག་ར་རུ་བསྒྲུབ་དགོས་པས། ལུག་རའི་ཚན་རྩལ་མི་སྣའི་མང་ཉུང་དང་ཚན་རྩལ་ཆུ་ཚད་ཀྱི་མཐོ་དམའ། ཆ་རྐྱེན་བཟང་ངན་

བཅས་ནི་རང་ས་གནས་ཀྱི་རྩོང་འབྲོག་མང་ཚོགས་ལ་ཚན་རྩལ་ཤེས་བྱ་ཁྱབ་གདལ་དུ་གཏོང་བ་དང་། ལག་རྩལ་གྲུབ་འབྲས་དར་སྤེལ་དུ་གཏོང་བ། ཚན་རྩལ་ཞབས་ཞུ་མཐོ་སྒྲིད་བྱེད་པ། མཐའ་འཁོར་གྱི་རྩོང་འབྲོག་ས་ཁུལ་གྱི་ཚན་རྩལ་ཆུ་ཚད་ཇེ་མཐོར་གཏོང་བར་སྐྱེ་ཁྲིད་བྱེད་པའི་རྨང་གཞིའི་ཆ་རྐྱེན་ཡིན། དུས་མཚུངས་སུ་རིམ་པ་བཞིན་དུ་ལུག་ར་ལྟེ་བ་བྱས་ཏེ་མཐའ་འཁོར་གྱི་རྩོང་འབྲོག་ས་ཁུལ་དུ་ལུག་གསོ་བའི་ཤེས་བྱ་དང་སྔོན་ཐོན་གྱི་ལག་རྩལ་གྲུབ་འབྲས་མ་ལག་དར་སྤེལ་དང་ཁྱབ་གདལ་དུ་བཏང་ཞིང་། ལུག་རས་ཁྱིམ་ཚང་སྐྱེ་ཁྲིད་དང་ལུག་ར་དང་ཁྱིམ་ཚང་ཟུང་འབྲེལ་བྱེད་པའི་ལམ་ལ་ཞུགས་ཏེ། ལུག་གསོ་ཆེད་གཉེར་ཁྱིམ་ཚང་ལ་མ་ལག་ཅན་གྱི་ཞབས་ཞུ་མཐོ་སྒྲིད་བྱེད་དགོས། འདི་ཐམས་ཅད་མགྱོགས་མྱུར་སྒོས་ལུག་རྒྱུད་ཕྲུས་ལེགས་ཅན་དུ་བསྒྱུར་བ་དང་། གསོ་སྐྱོང་བདག་གཉེར་ཆུ་ཚད་ཇེ་མཐོར་བཏང་ནས་ལུག་གསོ་ལས་རིགས་གོང་འཕེལ་དུ་གཏོང་བར་སྐུལ་འདེད་བྱེད་པའི་བྱེད་ནུས་གལ་ཆེན་འདོན་དགོས།

གསུམ། ལུག་རྒྱུད་སྲུང་སྐྱོབ་བྱེད་པ་དང་། ས་ཁོངས་རང་བཞིན་གྱི་ལུག་གི་ཐོན་ཁུངས་གཞི་རྒྱུ་མཛོད་ཁང་འཛུགས་དགོས།

སོ་མང་པོའི་རིང་ལ། ལུག་ར་ཁག་ཅིག་གིས་རྒྱལ་ནང་གི་ལུག་རྒྱུད་རྩ་ཆེན་དང་ལུག་རྒྱུད་དཀོན་པོ། ཕྱི་རྒྱལ་ནས་དྲངས་པའི་ཕུལ་བྱུང་ལུག་རྒྱུད་སྲུང་སྐྱོང་དང་སྒྱུར་སྐྱོབ། གསོ་སྤེལ་བཅས་བྱས་ཏེ། ཕུན་སུམ་ཚོགས་པའི་ལུག་རྒྱུད་ཐོན་ཁུངས་ཀྱི་གཞི་རྒྱུའི་མཛོད་ཁང་ཞིག་གྲུབ་ཡོད་པས། ཕལ་ཆེར་ཚན་རྩལ་ཞིབ་འཇུག་གི་བྱ་བ་དང་འདོན་སྤེལ་བྱེད་པའི་དགོས་མཁོ་མཁོ་སྒྲིད་བྱེད་པ་དང་། རང་རྒྱལ་གྱི་མིང་དུ་གྲགས་པ་དང་ཁྱད་དུ་འཕགས་པ། ཕུལ་དུ་བྱུང་བ་བཅས་ཀྱི་ཐོན་རྫས་ཐོན་སྐྱེད་བྱེད་པ་ཁག་ཐེག་བྱེད་ཅིང་། རྒྱལ་ནང་ཚོང་ར་ལ་འཚམ་པ་དང་ཕྱིར་བཙོང་དངུལ་སྒྲུབ་དགོས་མཁོ་རྒྱ་བསྐྱེད་པར་བྱས་རྗེས་མི་དམན་པ······

བཞག་ཡོད།

བཞི། ཁྲ་བསྒྲ་ཅན་གྱི་བདག་གཉེར་ལག་བསྟར་བྱེད་པ་དང་། ཚོང་རྫས་ཐོན་སྐྱེད་བྱེད་པའི་དཔེ་སྟོན་ར་བ་འཛུགས་སྐྲུན་བྱེད་པ།

ལོ་20རིང་ལ་སོན་སྐྱོང་དང་ཕྱུགས་ལས་འཕྲུལ་ཆས། སྡེབ་སྦྱོར་གཟན་ཆས་བཟོ་ལས་སོགས་ཀྱི་ལག་རྩལ་གོང་འཕེལ་དུ་སོང་བར་བརྟེན་ལུག་གསོ་ལས་རིགས་ཐོན་སྐྱེད་ནི་སྔོན་ཆད་ཀྱི་གནམ་ཐག་མར་བརྟེན་ཏེ་རགས་སྐྱོང་བདག་གཉེར་གྱི་རྣམ་པ་དེ་རིམ་བཞིན་དུ་བཟ་འཕྲིན་བདག་གཉེར་གྱི་ཕྱོགས་སུ་བསྒྱུར་དགོས། འདི་ནི་འཛམ་གླིང་གི་ལུག་གསོ་ལས་རིགས་གོང་འཕེལ་དུ་འགྲོ་བའི་ཁ་ཕྱོགས་ཡིན། ཨོ་སི་ཁྲུ་ལི་ཡ། ནེའུ་ཛི་ལན། ཨ་མེ་རི་ཁ། དབྱིན་ཇི་རྒྱལ་ཁབ་སོགས་ཀྱིས་ཕལ་ཆེར་ལུག་རྒྱུད་ཕྲུས་ལེགས་ཅན་དང་རྩྭ་ས་ལེགས་བསྒྱུར་ཅན། ལྕགས་ར་ཅན། ཁྲུལ་བགོ་ཕྱུགས་འཚོ་བཅས་མངོན་འགྱུར་བྱས་ཡོད་དེ། གཙོ་བོ་ཐོན་སྐྱེད་གལ་འགག་འཕྲུལ་ཆས་ཅན་མངོན་འགྱུར་བྱས་ཏེ། ངལ་རྩོལ་ཐོན་སྐྱེད་ཀྱི་ཚོད་ཚད་ཇེ་མཐོར་བཏང་བ་དང་དཔལ་འབྱོར་ཁེ་ཕན་ཇེ་མཐོར་བཏང་ཞིང་། ལུག་གསོ་ཐོན་སྐྱེད་ཁྲ་བསྒྲ་ཅན་དང་དེང་རབས་ཅན་གྱི་ཕྱོགས་སུ་བསྐྱོད་པ་ཡིན།

ལེའུ་དགུ་པ། ཕ་སྐྱིད་ལུག་གི་རྒྱུན་མཐོང་ལུག་ནད་འགོག་བཅོས་ལག་རྩལ།

ལེ་ཚན་དང་པོ། རྒྱུན་མཐོང་ལུག་ནད་འགོག་བཅོས།

གཅིག ལུག་གི་ནུ་མའི་ཚ་ནད།

ལུག་གི་ནུ་མའི་ཚ་ནད་ནི་འོ་མ་སྟེར་སྐབས་ཀྱི་མོ་ལུག་ལ་འབྱུང་བའི་རྒྱུན་མཐོང་ནད་རིགས་ཤིག་ཡིན། གཙོ་བོ་རྣམ་སྨིན་བཟོས་པའམ་ཕྲ་སྲིན་འགོ་ནད། རྫས་འགྱུར་རྒྱུ་རྐྱེན་བཅས་ལ་བརྟེན་ནས་བྱུང་བ་ལགས།

1.ནད་རྟགས། མོ་ལུག་གི་ནུ་མར་ཚ་དྲོད་རྒྱས་པ་དང་། དམར་ཞིང་སྐྲངས་པ། ན་ཟུག་ལང་བ། འོ་མ་སྟེར་བའི་བྱེད་ནུས་ལ་ཤན་ཞུགས་བཟོས་ཏེ་འོ་མ་སྟེར་ཚད་ཇེ་ཉུང་ལ་འགྲོ་བ་ཡིན།

2.སྨན་བཅོས་བྱེད་ཐབས། ནད་འདི་ཐོག་མར་འབྱུང་སྐབས་འཁྱགས་བསྲོས་རྒྱག་པ་དང་། ནད་འདི་བྱུང་བའི་མཇུག་ཏུ་དྲོས་བསྲོས་རྒྱག་དགོས། ནད་ཐོག་ཏུ་ཡོས་ཧྲི་གྲི་འབྱུག་སྨན་བསྐུ་བ་དང་། ཚབས་ཆེ་ན་ཆེན་མེ་སུའུ་རྫིས་གཞི་ཁྲི 40~80 0.5%ཅན་གྱི་ཕུའུ་ལུའུ་ཁ་ཡུན་ཧྥོ་ཧྲིན 5ཡི་ནང་དུ་བསྲེས་ཏེ་ནུ་ཁུང་དུ་འདྲེན་སྨྱུག་གིས་འདྲེན་པ་དང་། ནུ་མར་ཕུར་མཉེ་བྱས་ཏེ་སྨན་ཁུ་ནུ་མའི་རྩེན་རྩར་ཁྱབ་ཏུ་འཇུག་དགོས། རྣག་འབྱམས་རང་བཞིན་གྱི་ནུ་རྩེན་ཚ་ནད་ཡིན་ན་དུག་སྲིན་འགོག་སྨན་དང་སྟོང་ཤན་རིགས་ཀྱི་སྨན་ཁབ་རྒྱག་དགོས་པར་མ་ཟད།

འོ་མ་འཛོ་གྲངས་ཇེ་མང་དུ་གཏོང་དགོས།

གཉིས། ལུག་གི་བུ་སྟོད་ནང་སྐྱིའི་ཚ་ནད།

ནད་རྐྱེན་གཙོ་བོ་ནི་མོ་ལུག་གིས་ལུ་གུ་བཙའ་སྐབས། གཤགས་བཅོས་བཙའ་རོགས་དང་བུ་སྟོད་ཕྱིར་ལོག བུ་སྟོད་ལུགས་པ། བུ་རོགས་ལུས་པ། བུ་སྟོད་རང་གནས་སུ་སོས་མེད་པ་བཅས་ཀྱི་དབང་གིས་བུ་སྟོད་ནང་སྐྱི་ལ་རྨས་སྐྱོན་བཟོས་པའམ་ནད་འགོས་པ་སོགས་ལ་བརྟེན་ནས་བྱུང་བ་ཡིན། དེར་མྱུར་བའི་རང་བཞིན་གྱི་བུ་སྟོད་ནང་སྐྱིའི་ཚ་ནད་དང་དལ་བའི་རང་བཞིན་གྱི་བུ་སྟོད་ནང་སྐྱིའི་ཚ་ནད་ཅེས་རིགས་གཉིས་བཀར་ཆོག

1.ནད་རྟགས། ནད་ལུག་གི་ཡི་ག་ཞན་པ་དང་རྣམ་རིག་མེད་པ། ལུས་ཚ་རྒྱས་པ། རྗིང་ཁ་ནས་མཚམས་ལན་རེར་རྫོབ་ཁུ་དམར་ནག་བཞུར་བ། མོ་ལུག་ཐེངས་མང་པོར་སྦྱིག་ཀྱང་མངལ་ལ་མི་ཆགས་པ་བཅས་ཀྱི་ནད་རྟགས་མངོན་སྲིད།

2.སྨན་བཅོས་བྱེད་ཐབས། 0.1%གི་ཀའོ་མེན་སོན་ཙ་སྨན་ཆུས་བུ་སྟོད་བཀྲུ་བ་དང་། བུ་སྟོད་ཀྱི་ནང་དུ་ཤུབས་ལྡན་ཐུའུ་མེ་སུའུ་ཁེ 0.5གཏོང་དགོས། གཞན་མོ་ལུག་གི་བུ་སྟོད་ཀྱི་བསྐུམ་ཤུགས་བྱེད་ནུས་ཤུགས་སྟོན་བྱེད་ཆེད། ཀླད་ཞབས་འཕྲུང་གཟུགས་ཀྱི་སྨན་ཁབ་བམ་ཡི་ཞིས་ཚི་ཧྥུན་གྱི་སྨན་ཁབ་རྒྱག་དགོས།

གསུམ། ལུག་གི་གྲོད་ཕུའི་ཟས་འགག

ལུག་གིས་ཚོད་ལས་བརྒལ་བའི་ཞིབ་གཟན་ཟོས་ཏེ་གྲོད་ཕུ་ཇེ་ཆེ་དང་དོས་པར་གྱུར་པ་དང་། ཟས་ནུར་པོ་གྲོད་ཕུར་ལུས་ཤིང་ཟས་མི་འཇུ་བའི་ནད་གཞི་ཚབས་ཆེན་བསླངས་པ་དེར་བཤད་པ་ཡིན།

1.ནད་རྟགས། ཟས་མི་འཇུ་བ་ཚབས་ཆེན་ཡིན་པ་དང་། གྲོད་ཕུའི་འགུལ་ཤུགས་ཞན་པ། གྲོད་ཕུའི་ནང་དུ་ཟས་ལྷག་སྲ་མོ་ཡོད་པ་བཅས་ཀྱི་ནད་རྟགས་མངོན་སྲིད། ནད་ལུག་གིས་དང་ཐོག་སྐྲིགས་པ་རྒྱག་པ་དང་། དེ་ནས

སྒྲིགས་པ་མི་རྒྱག་པ་དང་སྐྱུགས་ལྷད་ཀྱང་མི་བྱེད་པ་ཡིན། ནད་ལུག་གིས་གསུམ་པའི་ན་ཟུག་མི་བཟོད་པར་རྫ་མ་གཡུག་པ་དང་། ཡང་ན་རྒྱལ་བ་འཁྱིལ་བ། འབའ་བ་བཅས་བྱེད་པར་མ་ཟད། ནད་མཇུག་གི་སྐབས་སུ་རྣམ་རིག་དུབ་ཅིང་། གཡོན་ཕྱོགས་ཀྱི་གསུམ་ངོས་ཚུང་སྐྲངས་ལ་ཏ་ཁུགས་ཀྱི་ངོས་ཚུང་ཉམས་པའམ་ཚུང་ཙམ་ཕྱིར་འབུར་འདུག

2.སྨན་བཅོས་བྱེད་ཐབས། ཧི་ལ་རྡོ་སྨུམ་ཧྲོ་ཧྲིན 100 ~200 མིས་བཟོས་ཚྭ་ཁུ་ཁེ 50བཅས་ཀྱི་ནང་དུ་ཆུ་ཧྲོ་ཧྲིན 500བསྲེས་ཏེ་ལྷུད་ཐེངས 1གིས་ལྷུད་དགོས། སྙིང་ཕྱིང་བ་ཞན་པ་ཡིན་ན 10%ཅན་གྱི་ཀྲང་ནའོ་ཧྲང་སོན་ན་ཧྲོ་ཧྲིན 4 སྡོད་རྩའམ་ཤ་གསེང་དུ་རྒྱག་དགོས། གལ་ཏེ་གསུམ་པ་ན་བའི་ནད་རྟགས་ཡོད་ན། ཨན་ཐོན་ཏིང་གི་སྨན་ཁབ་རྒྱག་དགོས།

བཞི། ལུག་གི་གྲོད་པུ་སྦོས་པ།

ལུག་གི་གྲོད་པུ་སྦོས་པ་ནི་དབྱིད་མགོའམ་དབྱར་ཐོག་ལུག་འཚོ་སྐབས་ལུག་གིས་ཁོག་ནས་སྐྱུར་ལང་སླ་བའི་གཟན་ཆས་སམ་གཟན་རྩྭ་ཟ་དྲགས་པ་དང་། གྲོད་པུའི་ནང་དུ་འབུ་སྒྲ་ཞུགས་ཏེ་སྐྱུར་ལང་དྲགས་ཤིང་། དབུགས་གཟུགས་འཐོར་ཆེན་བྱུང་ནས་ལུག་གི་གྲོད་པུའི་ཁོག་རྒྱ་སློ་བུར་དུ་ཇེ་ཆེར་བཏང་ཞིང་། གྲོད་པུ་བསྐྱེད་དེ་སྐྱུགས་ལྷད་བྱེད་མཚམས་དང་སྒྲིགས་པ་རྒྱག་མཚམས་འཛོག་པ་ཡིན། དེའི་ནད་རྐྱེན་གཙོ་བོ་ནི་སྲན་མ་དང་སྲན་ཕྱེ། ཆར་རྗེས་ཀྱི་སྔོ་མ། བད་དང་ཟིལ་བ། འཁྱགས་འབྱར་ལ་སོང་བའི་གཟན་རྩྭ། རྡུལ་ཡོད་པའམ་རྡུལ་བལ་སྐྱེས་པའི་རྩྭ་སྐྱ་སོགས་ཟོས་ཏེ་བྱུང་བ་ཡིན།

1.ནད་རྟགས། གཡོན་ཕྱོགས་གསུམ་ངོས་སློ་བུར་དུ་དབོས་པ་དང་། ནད་ལུག་དོགས་མི་བདེ་བ་དང་གསུམ་ངོས་ལ་ཡང་ནས་ཡང་དུ་ལྟ་བ། སྒལ་པ་གུག་ཅིང་སྒལ་བ་བསྲིང་བ། གཡོན་ཕྱོགས་གསུམ་ངོས་བརྡུངས་ན་རྔ་སྐད་གྲག

པ། ལག་པས་མནན་ན་སྲ་ཀྱིག་གེར་གྱུར་འདུག ནད་ལུག་གི་རྣམ་རིག་དུབ་པ་དང་སྐྱུགས་ལྷད་དང་གྲོད་པུ་འགུལ་མཚམས་བཞག་ཅིང་། ཡི་ག་མེད་པ་དང་མིག་རྩ་སྔོན་པོར་གྱུར་པ། སྙིང་ལྡིང་ཚད་ཇེ་མགྱོགས་སུ་འགྲོ་བ། དབུགས་འབྱིན་རྔུབ་བྱེད་དཀའ་བ། ཡང་མི་ཚུགས་པ་བཅས་ཀྱི་ནད་རྟགས་མངོན་སྲིད། དུས་ཐོག་ཏུ་སྨན་བཅོས་མ་བྱས་ན་དབུགས་བཏུམ་ལ་གཙོད་པའམ་སྙིང་སྒྲིད་དེ་འཆི་འགྲོ་བ་ཡིན།

2.སྨན་བཅོས་བྱེད་ཐབས། ཚོ་སྐྱུར་ཁེ 100ཡི་སྟེང་དུ་ཆུ་དྲོད་འཇམ་འཚམ་ཞིག་བསྲེས་ཏེ་ལྡུད་པ་དང་། ནད་ཚབས་ཆེན་ཡིན་ན་དུས་ཐོག་ཏུ་འབིག་གིས་བརྒྱབ་སྟེ་དབུགས་ཞི་བར་བྱེད་དགོས། དབུགས་སོབ་རང་བཞིན་གྱི་གྲོད་པུ་སྦོས་པ་ཡིན་ན། འབིག་གིས་བརྒྱབ་སྟེ་དབུགས་ཕུད་རྗེས་གྲོད་པུའི་ནང་དུ་རྩེས་གཞི་ཁྲི 200དང་སྲན་སྨུམ་མམ་མ་མོག་གི་སྨུམ་ཧྥ་ཧྲིན 30བཅས་རྒྱག་དགོས།

ལྔ། ལུག་གི་རྨིག་པ་རུལ་བའི་ནད།

1.ནད་རྟགས། ནད་ལུག་ཀྱོལ་ཏེ་འགྲོ་དཀའ་བ་དང་རྨིག་པར་དུ་ཆུ་བུར་བརྡོལ་ཞིང་། ཉལ་དགའ་ཆེ་བ་དང་ཡང་མི་ཚུགས་པ། ཚབས་ཆེན་ཡིན་དུས་ཡི་ག་ཆད་པ་དང་རྨིག་པ་རུལ་ཏེ་དབྱིབས་ཚུགས་འགྱུར་བ་ཡིན།

2.སྨན་བཅོས་བྱེད་ཐབས། རྨིག་པ་རུལ་བ་ན། 5%ཅན་གྱི་ཏན་ཏིན་གྱིས་བཀྲུ་བའམ་བསྐུ་བ་སོགས་བྱས་ཆོག རྨིག་ཞབས་ཀྱི་ཤ་ཉོབ་རུལ་བ་ན། རྨ་ཁ་བཀྲུ་བ་དང་རྨ་རུལ་གྱི་ཁུང་བུའམ་རྨ་ཁའི་ནང་དུ 5%ཅན་གྱི་ལིག་སོན་ཕྱོང་སྐྱ་ཕྱེ་གཏོར་ཏེ་སེང་རས་ཀྱིས་དཀྲི་དགོས།

དྲུག ལུག་གི་ཁ་ཚ།

1.ནད་རྟགས། ནད་ལུག་གིས་གཟན་རྩྭ་ཟ་ཚད་ཇེ་ཉུང་ངམ་ཟ་མཚམས་

འཛོག་པ། ཁ་ནང་དུ་རུལ་དྲི་བྲོ་བ་དང་དམར་པོར་གྱུར་པ། སྐྲངས་པ། ཟུག་ཛྭ་ལང་བ། ཁ་ཆུ་བཞུར་བ། ཡང་ན་ཁྲག་འཛག་པ། རུལ་འབྱམས་སུ་གྱུར་པ······ བཅས་ཀྱི་ནད་རྟགས་མངོན་པ་དང་། ལུས་ཡོངས་ལ་འགྱུར་ལྡོག་ཆེན་པོ་མེད།

2.སྨན་བཅོས་བྱེད་ཐབས། 1%ཅན་གྱི་གའོ་མིན་སོན་ཅ་སྨན་ཆུའམ 2%ཅན་གྱི་ཕེན་སོན་སྨན་ཆུས་ལུག་གི་ཁ་ནང་བཀྲུ་དགོས། དེ་ནས་རྨ་ཁའི་སྟེང་དུ་ཏན་ཀན་ཡུག(ཏན་ཧེན་དང་ཀན་ཡུག་གི་བསྡུར་ཚད 1 :9ཡིན)གམ་ལོན་ཏན་ཅོ་སྨན་ཆུ་བསྐུ་དགོས།

བདུན། ལུག་གི་ཕོ་རྒྱུའི་ཚ་ནད།

ནད་འདི་ནི་ཕོ་རྒྱུའི་ནང་སྐྱི་དང་གཏིང་རིམ་གྱུབ་ཆར་ཚ་ནད་བྱུང་བའི······ གོ་རིམ་ཞིག་ཡིན་ལ། ནད་ལུག་ལ་མངོན་པ་ནི་རྒྱུ་མའི་ཚ་ནད་གཙོ་བོ་ཡིན།

1.ནད་རྟགས། ནད་ལུག་ལ་མངོན་པའི་ནད་རྟགས་ནི་ཡི་ག་ཞན་པའམ་ཆད་པ། ཁ་ནང་སྐམ་ཞིང་ཁ་རུལ་བྲོ་བ། གསུས་པ་ན་བ། མཚམས་མི་ཆད་པར··· བཀྲང་བ། རྐང་འཚོལ་ལ་རུལ་དྲིའམ་ཐན་ནག་སྣས་མི་བཟོད་པ་ཞིག་བྲོ་བར་མ་ཟད། རྐང་འཚོལ་གྱི་ནང་དུ་ཁྲག་དང་རྒྱུ་ཤུན་སོགས་འདྲེས་འདུག བཀྲང······· དྲགས་པར་བརྟེན་ཁོག་ལ་ཁོག་ཆུ་གསོག་སྲིད། ལུས་ཟུངས་ཟད་པ་ན་ནད་ལུག··· ལང་མི་ཚུགས་པ་དང་། ཡང་ན་ཉལ་ཏེ་མི་ལང་བར་ལུས་ཟུངས་ཤོར་བའི་རྣམ་པ··· མངོན་ཞིང་། ཚབས་ཆེན་ཡིན་ན་ལུས་རྩ་འཁུམས་ཏེ་འཆི་འགྲོ་བ་ཡིན།

2.སྨན་བཅོས་བྱེད་ཐབས། མིས་བཟོས་ཚྭ་ཁུ་ཁེ 15དང་ཧྲི་ལ་བཞུས་སྨུམ་ཧོ་ཧྲིན 30 ཆེ་ལུག་ཡིན་ན་ཐེངས 1བྱས་ནས་ལྡུད་དགོས། ཧོང་ཨན་མིས་ཁེ 0.25 ×8ལྡུད་ཐེངས 1བྱས་ནས་ལྡུད་དགོས། ཆེན་མེ་སུའུ་དང་ལན་མེ་སུའུ་སོ་སོ་རྩིས་གཞི་ཁྲི 80རེ་ཤ་གསེང་དུ་ཉིན་རེར་ཐེངས 1རྒྱག་དགོས། ནད་ལུག་ལ··· ལུས་ཆུ་ཟད་པ་ན། སུའུ་ཐོ་ཐང་ཚྭ་ཆུ་ཧོ་ཧྲིན 200དང་། 10%ཅན་གྱི་ཨན་ནྭ་ཁ་

ཧྥོ་ཧྲིན 2སྟོད་རྩའི་ནང་དུ་རྒྱག་དགོས།

བརྒྱད། ལུག་གི་ཆམ་པ།

ཆམ་པ་ནི་ནམ་ཟླ་གློ་བུར་དུ་གྱུར་ན་ལུས་ཕུང་ལ་གྲང་ངར་གྱིས་འཇབ་སྟེ་བྱུང་བའི་སྣབས་ཆུ་བཞུར་བ་དང་། མིག་ཆུ་བཞུར་བ། དབུགས་འབྱིན་རྔུབ་བྱེད་མགྱོགས་པ། ལུས་དྲོད་ཚ་སྐོམས་མེད་པ་སོགས་ཀྱི་ཁྱད་ཆོས་ལྡན་པའི་མྱུར་ཞིང་དྲོས་བསྐྱེད་རང་བཞིན་གྱི་ནད་རིགས་ཤིག་ཡིན། ཆུང་ལུག་ལ་ནད་དེ་འབྱུང་གྲངས་མང་བ་དང་། ཁྱད་པར་དུ་དཔྱིད་མགོ་དང་སྟོན་མཇུག་སྟེ་ནམ་ཟླ་གློ་བུར་དུ་འགྱུར་སྐབས་ཆམ་ནད་ཧ་ཅང་མཆེད་སླ།

1.ནད་རྟགས། རྣམ་རིག་དུབ་པ་དང་འོད་སྣང་མཐོང་ན་མིག་ཆུ་བཞུར་བ། དང་ཐོག་ལུས་དྲོད་སྐོམས་པོ་མེད་པ་དང་རྣ་རྩེ་དང་སྣ་མདོ་འཁྱགས་པ་བཅས་ཀྱི་ནད་རྟགས་མངོན་ཞིང་། དེ་ནས་ལུས་དྲོད་རྒྱས་པ་དང་དབུགས་འབྱིན་རྔུབ་བྱེད་དྲགས་པ། སྣབས་ཆུ་བཞུར་བ་བཅས་ཀྱི་ནད་རྟགས་མངོན་པ་དང་། དེ་ནས་འབྲུར་བག་ཅན་གྱི་བེ་སྣབས་དང་རྣག་དང་མཚུངས་པའི་བེ་སྣབས་སོགས་སུ་འགྱུར་སྲིད། རྒྱབ་སྤུ་གཟེངས་ཤིང་སྐྱུགས་ལྡད་རྩེ་ཞུང་དུ་འགྱུར་བ། སྣ་མདོ་སྐམ་པོར་འགྱུར་བ་ཡིན། དུས་ཐོག་ཏུ་སྨན་བཅོས་བྱས་ན་མྱུར་དུ་དྲག་པ་ཡིན་ལ། དེ་མིན་ཕྱིན་སྦུ་མཐུད་རང་བཞིན་གྱི་གློ་སྲུག་ཡན་ལག་གི་ཚ་ནད་དུ་འགྱུར་ཉེན་ཡོད།

2.སྨུ་སྨྱང་ཨན་ཅི་པི་སི་ལིན་ཧྥོ་ཧྲིན 5~10ཤ་གསེང་དུ་རྒྱག་དགོས། ཡང་ན 30%ཅན་གྱི་ཨན་ནེ་ཅིན་དང་ཨན་ཐོན་ཧྲིན་སྨན་ཁབ་བརྒྱབ་ཀྱང་ཆོག སྨུ་འབྱུང་འགོ་ནད་འགོ་ཏུ་མི་འཇུག་པའི་ཆེད་དུ་ཆེན་མེ་སུའུ་དང་ལན་མེ་སུའུ་སོ་སོ་རྩིས་གཞི་ཁྲི 50 ~100རེའི་ནང་དུ་ནྲངས་ཆུ་ཧྥོ་ཧྲིན 10རེ་བསྲེས་ཏེ་ཉིན་རེར་ཤ་གསེང་དུ་ཐེངས 2རེ་རྒྱག་དགོས། ཀན་མའོ་ཐོང་རིལ་བུ 2རེ་ཉིན་རེར་ཐེངས 3

ལ་ལྷུད་དགོས།

དགུ། བུ་རོགས་མི་ཡོང་བ།

མོ་ལུག་གིས་ལུ་གུ་བཙས་ནས་དུས་ཚོད 5འགོར་ཡང་བུ་རོགས་མ་ཡོང་ན་བུ་རོགས་མི་ཡོང་བའི་ནད་ཟེར།

1.ནད་རྟགས། མོ་ལུག་གིས་སྐལ་བ་འཁྱིལ་ཏེ་བ་ཙོར་བ་དང་། ཡི་ག་མེད་པའམ་ཡི་ག་ཆད་པ། རྣམ་རིག་དུབ་པ། ས་ཉལ་བྱེད་དགའ་བ། དབུགས་འབྱིན་རྔུབ་དང་རྩ་འཕར་བ་མགྱོགས་པ། བུ་རོགས་དུས་ཡུན་རིང་པོར་མི་ཡོང་བ། བུ་རོགས་བུ་སྣོད་དུ་རུལ་བ་བཅས་ཀྱི་ནད་རྟགས་མངོན་པ་དང་། ཁྱད་པར་དུ་ཚ་གདུག་ཆེ་དུས་རྫིང་ཁ་ནས་རུལ་དྲི་བྲོ་བའི་བེ་སྣབས་དམར་པོ་བཞུར་བ་ཡིན།

2.སྨན་བཅོས་བྱེད་ཐབས། ནད་དེ་བྱུང་བ་ན། ལུ་གུ་བཙས་ནས་དུས་ཚོད 24ཡི་ནང་དུ་སྣད་འཕྲུང་གཞུག་རྫིའམ་ཚོས་ཁྲབ་སུའུ། ཡང་ན་གློ་ཙོ་ཙ་སྨན་ཁབ་ཏོ་ཧྲིན 1ཤ་གསེང་དུ་རྒྱག་དགོས། བུ་སྣོད་ཚ་ནད་སྔོན་འགོག་བྱེད་ཆེད། བུ་རོགས་རང་ཤུགས་སུ་ཕྱིར་ཡོང་བ་ན། བུ་སྣོད་དུ་ཉི་མ 2རེའི་ནང་ལ་ཐུའུ་མེ་སུའུ་འམ་ལུའུ་མེ་སུའུ་ཁེ 0.5རེ་གཏོལ་ན་ཕན་ནུས་ལེགས།

བཅུ། ལུ་གུ་བཙས་རྗེས་མོ་ལུག་གི་ལུས་སྦུང་ཞ་བ།

ལུ་གུ་བཙས་རྗེས་མོ་ལུག་གི་ལུས་སྦུང་ཞ་བ་ཞེས་པ་ནི་མོ་ལུག་གིས་ལུ་གུ་བཙས་རྗེས་གློ་བུར་དུ་བྱུང་བའི་སྙིང་ཚབ་གསར་བརྗེའི་ནད་རིགས་ཤིག་ཡིན། ནད་རྟགས་གཙོ་བོ་ནི་ཁྲག་གཱའི་དམའ་བ་དང་ལུས་ཡོངས་ཀྱི་ཤ་གནད་ལ་ཤུགས་མེད་པ། ཚོར་སྣང་ཉམས་པ། རྐང་ལག་བཞི་ཞ་བ་བཅས་ཡིན། ནད་འདི་ཕལ་ཆེར་ལུ་གུ་བཙས་ནས་ཉི་མ 1~3ཀྱི་ནང་དུ་འབྱུང་བ་ཡིན།

1.ནད་རྟགས། ནད་ལུག་གི་ཡི་ག་ཉམས་པའམ་ཡི་ག་ཆད་པ། སྐྱུགས་ལྷད་བྱེད་མཚམས་འཇོག་པ། གྲོད་པ་འགྲུལ་དལ་བ། རྣམ་རིག་དུབ་པ། ལང་མི་

ཚུགས་པ། རིལ་མ་གཏོང་མཚམས་འཛོག་པའམ་རྫིང་གཏོང་མཚམས་འཛོག་པ། ཤ་འདར་རྒྱག་པ་བཅས་ཀྱི་ནད་རྟགས་མངོན་པ་དང་། ནད་མཇུག་ཏུ་གཉིད་ལ་ཡུར་བ་དང་མིག་གི་རྫ་རྗེ་ཆེར་འགྲོ་བ། ལུས་དྲོད་བབས་ཏེ་ཏུའུ 36 ~37℃ལ་བསླེབ་པ། སྙིང་ལྡིང་ཚད་རྗེ་མགྱོགས་སུ་འགྲོ་བ། དབུགས་གཏིང་ལེན་བྱེད······པའམ་དབུགས་ལེན་པ་རྗེ་དལ་དུ་འགྱུར་བ་ཡིན།

2.སྨན་བཅོས་བྱེད་ཐབས། 10%ཅན་གྱི་སྦུའུ་ཐོ་ཐང་སོན་ཀའི་ཧོ་ཧྲིན 100~200སྡོད་རྩའི་ནང་དུ་དལ་གྱིས་རྒྱག་དགོས། ཡང་ན་སྡོད་རྩའི་ནང་དུ 5% ཅན་གྱི་ལུའུ་ཧྭ་ཀའི་ཧོ་ཧྲིན 60~80རྒྱག་དགོས། སྙིང་ནད་མི་འབྱུང་བའི་ཆེད་དུ་སྨན་ཁབ་རྒྱག་སྐབས་མགྱོགས་མི་རུང་། སྨན་སུ་མཐུད་དུ་ཉི་མ 3~5ལ་བསྟེན་དགོས།

ལེ་ཚན་གཉིས་པ། རྒྱུན་མཐོང་འགོ་ནད་འགོག་བཅོས་བྱེད་པ།

གཅིག ལུག་གི་ཁ་ཚ་སྨིག་ཚ།

ལུག་གི་ཁ་ཚ་སྨིག་ཚ་ནི་སྨྱུར་བའི་རང་བཞིན་དང་ཚ་ནད་རང་བཞིན། རིག་ཐུག་རང་བཞིན་གྱི་འགོ་ནད་ཅིག་ཡིན།

1.ནད་རྟགས། ཁ་ནང་དང་ལྕེ་ཐོག སྣ་ཁུང་། ཝ་མགོ། སྨིག་མགོའི་མཐའ་སྐོར་སོགས་ཀྱི་ནང་སྐྱི་དང་སྐྱི་ལྤགས་སྟེང་དུ་ཆུ་བུར་དཀར་སྐྱ་འབྱུང་བའམ་ཆུ་བུར་རལ་བ་དང་། རྐང་བ་གྱོལ་བ་བཅས་ནི་ནད་དེའི་ནད་རྟགས་གཙོ་བོ་ཡིན། རྐང་བ་ན་བས་ན། ལུས་ཚ་རྒྱས་པ་དང་ནད་ལུག་གྱོལ་བ་ཡིན་པ། ཚབས་ཆེན་སྨིག་པ་རུལ་ཏེ་སྨིག་རྩེ་ལྷུང་བ་སོགས་ཀྱི་ནད་རྟགས་མངོན་སྲིད།

2.འགོག་བཅོས་བྱེད་ཐབས། "འགོག་བཅོས་གཙོ་བོ་བྱེད་པའི"བྱེད་ཐྲོགས་ལག་བསྟར་བྱས་ཏེ། དུས་བཅད་ལྟར་འགོག་སྨན་རྒྱག་དགོས། ནད་ལུག་དང་ཡང་ན་ནད་ལུག་གིས་བཙྫད་པའི་གཟན་ཆས་དང་གཟན་རྩྭ་སོགས་ནི་འགོ་ནད་ཀྱི་འབྱུང་ཁུངས་གཙོ་བོ་ཡིན་པས། ལུག་ལ་ཁ་ཚ་སྨིག་ཚ་བྱུང་སྐབས་ནན་ཏན་སྒོས་བཀག་སྡོམ་དང་ཁེར་འགོག དུག་སེལ་བྱེད་པ་སོགས་སྔ་འཛོམས་རང་བཞིན་གྱི་བྱེད་ཐབས་སྤྱོད་པ་དང་། ནད་ལུག་བསད་དེ་ས་འོག་ལ་གཉིང་འཇུག་བྱེད་ཅིང་། ས་ཆ་བཙྫད་པ་སོགས་ལ་གཉིང་ནས་དུག་སེལ་བྱེད་དགོས།

གཉིས། ལུག་གི་འགོ་ནད་རང་བཞིན་གྱི་རྣག་འབྲུམ། (ཁ་ཚ་ཡང་ཟེར)

ནད་དེ་ནི་ནད་དུག་གིས་བསྐྱེད་པ་ཞིག་ཡིན་པས། གཙོ་བོ་ལུ་གུར་གནོད་པ་ཡིན།

1.ནད་རྟགས། ཐོག་མར་མཆུ་ངོས་སུ་འབྲུམ་བུ་འབྱུང་བ་དང་དེ་ནས་ཆུ་བུར་དང་རྣག་འབྲུམ་དུ་འགྱུར་བ། ཆུ་བུར་དང་རྣག་འབྲུམ་རལ་རྗེས་རྨ་ཤུལ་བཟོ་ཞིང་རྨ་ཤུན་བསྐོན་པ་ཡིན། ཕྱིར་ལུས་ཡོངས་སུ་ནད་རྟགས་མེད་ཅིང་། ནད་ཡུན་ནི་གཟའ་འཁོར 2ཡས་མས་ཡིན་ལ། རྨ་ཤུན་ལྷུང་རྗེས་ནད་དེ་སངས་དྲག་ཏུ་འགྱུར་བ་ཡིན། ནད་གཞི་ཚབས་ཆེན་ཡིན་ན་རྨ་ཤུན་ཧེ་མཐུག་ཏུ་འགྱུར་ཞིང་ཤ་ལུ་སྐྱེ་བ་ཡིན། ཁ་དང་སྣ་མདོ་ཡོངས་བསྒྲངས་ཏེ་ཕྱིར་ལོག་པ་དང་ལུ་གུས་འོ་མ་ནུ་བར་བར་ཆད་བཟོས་ཤིང་། ལུ་གུའི་ལུས་ཕུང་དཀའ་པོར་གྱུར་ཏེ་འཆི་འགྲོ་བ་ཡིན།

2.སྨན་བཅོས་བྱེད་ཐབས། དང་ཐོག 0.1%ཅན་གྱི་ཀའོ་མིན་སོན་ཅའི་སྨན་ཆུས་རྨ་ཁ་བཀྲུས་ཏེ་རྨ་ཤུན་བཀོག་པ་དང་། རྨ་སྟེང་དུ་པིན་ཏུའུ་ཞིན་དང་ལེ་ཧྲིན་སུའུ B_2བསྲེས་ཡོད་པའི་ཧྲོང་མེ་སུའུ་འབྱུག་སྨན་ནམ་ཏན་ཀན་ཡུག་ཞིན་རེར་ཐེངས 2ལ་བསྐུ་དགོས། འོ་མ་ནུ་མི་ཐུབ་པའི་ལུ་གུ་ནད་པ་ཡིན་ན། སྔོར་

སྐྱོང་བྱེད་པར་ཤུགས་སྣོན་བྱས་ཏེ། མིའི་ཐབས་ཀྱིས་འོ་མ་བསྣུན་དགོས། (མོ་ལུག་གི་འོ་མ་ཇ་དཀར་གཙང་མ་ཞིག་གི་ནང་དུ་བཞོས་ཏེ། དུག་སེལ་བྱས་པའི་ཐོག་སྦྱོད་སྨན་ཁབ་ཀྱི་ཁབ་མགོ་བླངས་ནས་འོ་མ་དྲངས་རྗེས་ལུ་གུ་ནད་པའི་ཁ་ནང་དུ་འདྲེན་དགོས)

གསུམ། ལུག་གི་འགོ་ནད་རང་བཞིན་གྱི་བྲང་སྐྱིའི་གློ་བའི་ཚ་ནད།

ནད་ལུག་གི་ལུས་ཚ་རྒྱས་པ་དང་དབུགས་འབྱིན་རྔུབ་བྱེད་དཀའ་བ། བལ་ཁ་གཟེངས་ཤིང་འོད་མདངས་ཉམས་པ། མིག་སྐྱིར་ཚ་ནད་འབྱུང་བ་དང་མིག་ཤ་སྐྲངས་པ། ཁ་ནང་ནས་ཟར་ཆུ་རང་བཞིན་དང་རྣག་ཁུ་རང་བཞིན་གྱི་བེ་སྣབས་བཞུར་བ་ཡིན། ཚབས་ཆེན་ནློན་ལུ་བྱེད་པ་དང་སྒྲུམ་ཤོར་བ། ནད་དེ་དལ་བའི་རང་བཞིན་དུ་གྱུར་པ་ན་ལུ་བ་དང་ལུས་ཕུང་དཀའ་པོར་འགྱུར་བ་ཡིན།

1.འགོག་བཅོས་བྱེད་པ། ལོ་རེར་ནོར་ལུག་འགོ་ནད་རང་བཞིན་གྱི་བྲང་སྐྱིའི་གློ་ཚ་ཆེན་དབྱང་ཧྭ་ལུའུ་འགོག་སྨན་ཐེངས་1ལ་རྒྱག་དགོས། ནད་ལུག་ཡོད་ན་གཙོ་བོ་དུས་ཐོག་ཏུ་གསོད་པ་དང་། བཀག་སྡོམ་བྱས་པའི་ནད་ལུག་ཡིན་ན་ངེས་པར་དུ་སྨན་བཅོས་བྱས་ཏེ་སངས་དྲག་ཏུ་གྱུར་པ་ན་ད་གཟོད་ལུག་ཁྲུར་བསྲེས་ཆོག

2.སྨན་བཅོས་བྱེད་ཐབས།

(1)"དགུ་གཅིག་བཞིའི"སྨན་བཅོས། ལུག་སྦྱོད"དགུ་གཅིག་བཞི"ཁེ 0.5ཡི་ནང་དུ 5%ཅན་གྱི་སྦུའུ་ཐའོ་ཐང་ཏོ་ཧྲིན 30བསྲེས་ཏེ་སྟོད་རྩའི་ནང་དུ་རྒྱག་དགོས། དུས་ཐོག་ཏུ་བསྟེབས་ཏེ་དུས་ཐོག་ཏུ་སྦྱོད་དགོས།

(2)དུག་སྲིན་འགོག་སྨན་གྱི་སྨན་བཅོས་བྱེད་ཐབས། ནོར་སྦྱོད་སི་ཧྲོན་སུའུའམ་ཐུའུ་མེ་སུའུ་ཁེ 2 ~3སུའུ་ཐའོ་ཐང་སྨན་ཆུར་བསྲེས་ཏེ་སྟོད་རྩའི་ནང་དུ་ཉིན་རེར་ཐེངས 1རེ་རྒྱག་པ་དང་། མུ་མཐུད་དེ་ཉི་མ 5~7ལ་རྒྱག་དགོས། ལུག

ལ་ཧུང་མེ་སུའུ་ཁེ 2ལྡུད་དགོས། སྤྱིར་སྨན་དེ་ཐེངས 1ལ་བླུད་རྗེས་ནད་དེ་རྗེ……ཡང་ལ་འགྲོ་བ་ཡིན། ཉི་མ 5འགོར་རྗེས་ཡང་བསྐྱར་སྨན་དེ་ཐེངས 1ལ་བླུད་ན་ནད་དེ་འགོག་བཅོས་བྱེད་ཐུབ། གཞན། སྙིང་ཤུགས་སྐྱོན་པ་དང་ཕོ་བ་གསོ་བ། གཙིན་རྒྱུག་པ་བཅས་ནད་དངོས་ལ་གཞིགས་ཏེ་སྨན་བཅོས་བྱེད་དགོས།

བཞི། ལུ་གུའི་རྐང་ནད། (གསུམ་པ་བཤལ་བ)

ལུ་གུའི་རྐང་ནད(གསུམ་པ་བཤལ་བ)ནི་རྐང་བཤལ་དབྱུག་སྲིན་གྱིས……བསླངས་པའི་མྱུར་བའི་རང་བཞིན་གྱི་འགོ་ནད་ཅིག་ཡིན། གཙོ་བོ་བཙས་ནས……གཟའ་འཁོར 1ཡས་མས་ཀྱི་ལུ་གུར་གནོད་པ་དང་། འཆི་ཚད་ཧ་ཅང་མཐོ།

1.ནད་རྟགས། ནད་དེའི་སྦས་ཡུན་ནི་ཉི་མ 1~2ཡིན། ལུ་གུ་ནད་པའི་རྣམ་རིག་དུབ་པ་དང་མགོ་གུག་ཅིང་སྐལ་བ་འཁྱིལ་བ། ཅང་མི་འགོར་བར་གསུམ་པ་བཤལ་ཞིང་། རྐང་བར་ཐན་ནག་ཅིག་ཐྲོ་ལ། ཁ་དོག་ལྗང་སེར་རམ་སེར་སྐྱ། ཡང་ན་སྨུག་སྐྱ་བཅས་ཡིན། ལུ་གུ་ནད་པའི་ལུས་ཕུང་ཞན་པ་དང་ཉལ་བ་ན……ལང་མི་ཐུབ་པ་ཡིན་པས། དུས་ཐོག་ཏུ་སྨན་བཅོས་མ་བྱས་ན་ཉི་མ 1~3ཀྱི་ནང་དུ་འཆི་འགྲོ་བ་ཡིན།

2.སྨན་བཅོས་བྱེད་ཐབས།

①ནོ་ཧྥོ་ཧྲ་ཞིན(ཧྥོ་ཕེ་སོན)ཧོ་ཧྲིན 4~6ཤ་གསེང་དུ་རྒྱག་དགོས། ②ཧོང་ཨན་མིས་ཁེ 1དང་རིག་སོན་ཏན་པེ་ཁེ 0.3 ཐན་སོན་ཆིན་ནྲ་ཁེ 0.2བཅས་ཉི་མ་རེར་ཐེངས 2ལ་ལྡུད་དགོས། ③སྦྲུ་སྦྲང་ཧོང་ལིན་སུའུ་སྨན་ཁབ་ཤ་གསེང་དུ་རྒྱག་དགོས། ④ཞིབ་བརྡུངས་བྱས་པའི་སྣོག་པ་ཁེ 0.5ཨ་རག་སྐྱོང་ཁེ 0.5ཡི་ནང་དུ་ཉི་མ 10ལ་སྦངས་རྗེས་ཆུ་ལྷབ 3བསྲེས་ཏེ་ལུ་གུ་རེར་ཁེམ་བུ་གང་རེ་ལྡུད་པ་དང་། ཉི་མ་རེར་ཐེངས 2~3ལ་ལྡུད་དགོས། ⑤ལིས་ཅོན་ཅིན་ཧོ་ཧྲིན 1~2ཤ་གསེང་དུ་རྒྱག་པ་དང་། སྨན་ཁབ་ཐེངས 2ལ་བརྒྱབ་ན་ཆོག

ལེ་ཚན་གསུམ་པ། རྒྱུན་མཐོང་གཞན་བརྟེན་སྲིན་འབུའི་ནད་རིགས་འགོག་བཅོས་བྱེད་ཐབས།

གཞན་བརྟེན་སྲིན་འབུའི་ནད་ནི་ལུག་ནད་ཁྲོད་ཀྱི་ཉེན་ཁ་དང་གནོད་པ་ཆེ་བའི་ནད་རིགས་ཤིག་ཡིན། མཚོ་སྔོན་ཞིང་ཆེན་གྱི་དབྱར་ཐོག་བརྟན་སྡོད་འཛོམས་པ་ཞིག་ཡིན་པས། གཞན་བརྟེན་སྲིན་འབུ་སྐྱེ་འཕེལ་བྱེད་པར་འཚམས། ཆེས་རྒྱུན་དུ་མཐོང་བའི་གཞན་བརྟེན་སྲིན་འབུ་ནི་མཆིན་ལེབ་འཇིབ་འབུ་དང་རྒྱུ་འབུ་ལེབ་རིང་། དཀྲིས་འཁོར་པོ་འབུ། གློ་འབུ། ཤ་སྦྲང་། རྗོ་འབུ་སོགས་ཡིན།

གཅིག ལུག་གི་མཆིན་ལེབ་འཇིབ་འབུ།

1.ནད་རྟགས། ནད་ལུག་གི་ཤ་རིད་པ་དང་ཁྲག་ཉམས་པ། བལ་ལ་འཁྱུར་རྒྱུབ་མང་བ་དང་མ་ནེ་འོག་ཏུ་ཆུ་སྐྲངས་འབྱུང་བ། ཡི་ག་ཆད་པ་སོགས་ཀྱི་ནད་རྟགས་མངོན་པ་དང་། ནད་བྱུང་སྟེ་མཇུག་ཏུ་བསླེབས་པ་ན། ཁོག་པ་བཤལ་བ་དང་མཇུག་མཐར་འཆི་འགྲོ་བ་ཡིན། མྱུར་བའི་རང་བཞིན་ཡིན་ན་ལུས་ཚ་རྒྱས་པ་དང་དབང་རྩའི་ནད་རྟགས་མངོན་སྲིད།

2.སྨན་བཅོས་བྱེད་ཐབས། ལུག་གི་ལུས་ལྗིད་སྤྱང་ཁེ་རེར་ཨིག་ལུའུ་ཧྲོས་ཨར་ཙ་པིན(ཁྲག་འགོག-846)ཧྲོ་ཁེ 400~600ཧྲར་རྩིས་བརྒྱབ་སྟེ་ལྡུད་དགོས། ཉི་མ 2རེར་ཐེངས 1ལྡུད་པ་དང་། ལྡུད་ཐེངས 3ནི་སྨན་བཅོས་བྱེད་ཡུན་གཅིག་ཡིན། དེང་སང་རྒྱུན་དུ་སྤྱོད་པའི་སྨན་ལ་སྤྱོད་རྒྱ་ཆེ་བའི་འབུ་འགོག་སྨན་སྣ་ཡོད་དེ། དཔེར་ན་ཁྲང་ཁྲུང་ཆིན་དང་པིན་ལིག་མིས་ཚོའོ་སོགས་ལྟ་བུ།

གཉིས། ལུག་གི་རྒྱུ་འབུ་ལེབ་རིང་།

1.ནད་རྟགས། རྒྱུ་འབུ་ལེབ་རིང་བྱུང་བའི་ལུག་ནི་མགྱོགས་མྱུར་ངང་ཤ་རིད་པ་དང་། བལ་མདངས་ཡལ་བ། ཡི་ག་ཉམས་པ། ཆུ་འཐུང་ཚད་ཇེ་མང་

དུ་འགྲོ་བ། ཁོག་པ་བཤལ་བ། ཁྲག་ཞན་པ། ཆུ་སྐྲངས་འབྱུང་བ། སྐབས་འགར་དབང་རྩ་འཚོལ་བའི་ནད་རྟགས་བཅས་མངོན་སྲིད།

2.སྨན་བཅོས་བྱེད་ཐབས། ལུས་ལྗིད་སྟོང་ཁ་རེར་པིན་ལིག་མིས་ཚའོ་ཧྲ་ཁེ 5~6ཅིས་གཞི་བྱས་ཏེ་ལྡུད་དགོས། སྨན་མ་བླུད་པའི་སྔོན་དུ་ཟས་ཆུ་དུས་ཚོད 12 ཡན་ལ་འགོག་དགོས། སྨན་བླུད་རྗེས་རྩྭ་ས་མི་རྫོད་པའི་ཆེད་དུ་ལུག་ཐམས་ཅད་ལུག་ལྷས་སུ་དུས་ཚོད 24ལ་འགོག་དགོས།

གསུམ། ལུག་གི་དཀྲིས་འཁོར་ཟོ་འབུ།

1.ནད་རྟགས། རྣམ་རིག་དུབ་པ་དང་ཤ་རིད་པ། ཁྲག་ཞན་པ། སྐྱེ་འཕེལ་འཚར་ལོངས་བྱུང་མཚམས་འཇོག་པ། ནད་ཡུན་རིང་ཞིང་ཁོག་པ་བཤལ་བ། དུས་རྒྱུན་དུ་ཕོ་སྲུལ་གྱི་ནད་དང་མཉམ་བྱུང་བྱས་ཏེ་འཆི་འགྲོ་བ་ཡིན།

2.སྨན་བཅོས་བྱེད་ཐབས། ལུས་ལྗིད་སྟོང་ཁ་རེར་ཙོ་ཞོན་མིས་ཚའོ་ཧྲ་ཁེ 8རེ་རྩིས་གཞི་བྱས་ཏེ་ལྡུད་པའམ། ཡང་ན་ལུས་ལྗིད་སྟོང་ཁ་རེར་ཙོ་ཞོན་མིས······ཚའོ་ཧྲ་ཁེ 5~6རེ་རྩིས་གཞི་བྱས་ཏེ་ཤ་གསེང་དུ་རྒྱག་དགོས། ཡང་ན་ཙ་པིན་མིས་ཚའོ་ཧྲ་ཁེ 10~15 ཡང་ན་སད་པིན་མིས་ཚའོ་ཧྲ་ཁེ 50~100བཅས་ལྡུད་དགོས། 5%~10%ཅན་གྱི་ཐྲུས་ལེགས་དུག་པེ་ཁྲུང་སྨན་ཆུ་ལུས་ལྗིད་སྟོང་ཁ་རེར་ཧྲ་ཁེ 100~120ལྡུད་དགོས། སྨན་དེ་བླུད་ན་སྨན་ནུས་ལེགས་པར་མ་ཟད། ཁོག་གི་གཞན་བརྟེན་སྲིན་འབུ་མང་པོ་ཕྱིར་འདེད་ཐུབ།

བཞི། ལུག་གི་གྲུག་འབུའི་ནད།

1.ནད་རྟགས། རྒྱུ་མའི་ནང་སྐྱི་རལ་བ་དང་། ནད་ལུག་གི་ཁྲག་ཧ་ཅང་ཞན་པ་དང་ཤ་རིད་པ། མ་ནེའི་འོག་ཏུ་ཆུ་སྐྲངས་འབྱུང་བ་དང་དུས་ཡུན་རིང་པོར་ཁོག་པ་བཤལ་བས་ན། ལུག་འཕོར་ཆེན་ཤི་འགྲོ་བ་རེད།

2.སྨན་བཅོས་བྱེད་ཐབས། ནད་ལུག་ལ་ཐེངས་རེར་སི་ལུའུ་ཡི་ཞི་ཧྲ་ཧྲིན

0.1~0.2ལྟུད་དགོས། སྨན་བཅོས་བྱེད་ཐབས་གཞན་དག་ནི་དགྲིས་འཁོར་ཕོ་འབུའི་ནད་ལ་སྨན་བཅོས་བྱེད་ཐབས་དང་མཚུངས།

ལྔ། ལུག་གི་རྫོ་ནད།

ལུག་གི་རྫོ་ནད་ནི་རྫོ་སྲིན་ལུག་ལྷགས་ཀྱི་སྟེང་དུ་འགོས་ཏེ་བྱུང་བའི་ནད་རིགས་ཤིག་ཡིན།

1.ནད་རྟགས། རྫོ་སྲིན་གྱིས་པགས་པར་སོ་བཏབ་སྐེ་རལ་བ་ན། ནད་ལུག་ལ་ཟ་འཕྲུག་སྨྲ་མི་ཤེས་པ་ཞིག་ལངས་ཏེ། ཡར་འཕྲུག་མར་འཕྲུག་དང་སོ་བཏབ་སྐེ་པགས་པར་ཚ་ནད་འབྱུང་ཞིང་རྣག་པས་ན། པགས་པ་ཇེ་མཐུག་ལ་འགྲོ་བ་དང་སྤྱོད་ཤ་ཉམས་ཏེ་གཉེར་མ་ཁྱབ་ཅིང་ཀྲ་ཤུན་བརྙིན་པ་ཡིན། ཁྱད་པར་དུ་མགོ་ལ་ཀྲ་ཤུན་བརྙིན་པ་ཧ་ཅང་ཚབས་ཆེན་ཡིན་པས་སྤལ་མགོ་ཞིག་དང་མཚུངས་འདུག དཀུན་ཐོག་རྫོ་ནད་ཁྱབ་པ་ཧ་ཅང་མགྱོགས་ཤིང་། ལུག་ལ་ནད་དེ་ཤིན་ཏུ་འགོ་སླ། ནད་དེ་བྱུང་བ་ན་དུས་ཡུན་རིང་པོར་སྡོད་མི་ཚུགས་པར་ལུས་ཕུང་དཀའ་པོར་གྱུར་ཏེ་འཆི་འགྲོ་བ་ཡིན།

2.སྨན་བཅོས་བྱེད་ཐབས། ཐོག་མར་ནད་ལུག་གི་སྟེང་གི་བལ་འབྲེག་པ་དང་། འདག་རྫས་ཀྱི་ཆུས་ཀྲ་ཤུན་དང་མི་གཙང་བ་བཀྲུ་བ་དང་། དེ་ནས་ཆུ་གཙང་མས་གཙང་བཀྲུ་ཞིག་བྱས་རྗེས་སྨན་བསྐུ་དགོས། ལུག་ཁྲུ་ཆེན་ཆེས་སྟབས་བདེ་ཡིན་པ་ནི་སྨན་ཁྲུས་བྱེད་རྒྱུ་དེ་ཡིན། ཡང་ན 0.5%~1%ཅན་གྱི་དུག་པེ་ཁྲུང་སྨན་ཆུའམ 50%ཅན་གྱི་ཞིན་ལིག་ལིན་འོ་སྐྱུམ་དུ་ཆུ་བསྲེས་ཏེ 0.05%ཅན་གྱི་སྨན་ཆུ་བསྟེབ་དགོས། སྨན་ཁྲུས་བྱེད་པའི་དུས་ཡུན་བཟང་པོ་ནི་ནམ་མཁའ་གཡའ་དག་ཅིང་རླུང་བསེར་བུ་མེད་དུས་ཡིན། སྨན་ཆུའི་དྲོད་ཚད་ནི་ཧྲུའུ 36~38℃ཡིན་པ་རྒྱུན་འཛིན་བྱེད་དགོས།

ནད་ཚུང་ཡང་བའི་ནད་ལུག་ཡིན་ན། 0.1%ཅན་གྱི་དུག་ཧྲ་སི་ཞེས་པའི་

སྨན་ཆུ་ཐད་ཀར་དུ་ཇོ་རྨའི་སྟེང་དུ་བསྐུ་དགོས། ཇོ་རྨའི་མཐའ་སྐོར་དུ་དུག་རྫ་སི་བསྐུ་ཡག་བྱེད་དགོས། ལུས་ཡོངས་སུ་ཇོ་ནད་ཁྱབ་ཡོད་པའི་ལུག་ཡིན་ན 0.5%ཅན་གྱི་དུག་རྫ་སིའི་སྨན་ཆུ་ཟངས་ཁན་ཞིག་གི་ནང་དུ་བླུགས་ཏེ། (ཆུའི་དྲོད་ཚད་ཏུའུ 20 ~25ཡིན་དགོས) ལུག་གི་མགོ་བོ་ཕྱིར་མངོན་པ་དང་ལུས་ཡོངས་སྨན་ཆུས་སྦངས་ནས་སྨན་ཁྲུས་བྱེད་པ་དང་། ཇོ་རྨ་དུས་ཡུན་སྐར་མ 5ལ་བཀྲུ་དགོས། (ཇོ་རྨ་བཀྲུ་སྐབས་སྨན་ཆུ་ལུག་གི་མིག་དང་རྣ། ཁ། སྣ་བཅས་སུ་འགྲོ་རུ་འཇུག་མི་རུང་)ནད་ལུག་བཀག་སྡོམ་བྱས་ཏེ་གསོ་དགོས། ཉི་མ་གཉིས་རེའི་ནང་དུ་སྨན་བཅོས་ཐེངས 1བྱེད་དགོས། ནད་ཡང་མོ་ཡིན་ན་སྨན་བཅོས་ཐེངས 2བྱེད་དགོས། ནད་ལྗིད་ན་སྨན་བཅོས་ཐེངས 3~4ལ་བྱས་པ་ན། རྨ་ཤུན་རང་ཤུགས་སུ་ཁོགས་འགྲོ་བ་དང་། གལ་ཏེ་ཇོ་རྨ་ཧ་ཅེར་མ་སོང་ན། ཉི་མ 10འགོར་རྗེས་ཇོ་རྨ་བྱུང་སར་བལ་སྤུ་གསར་བ་སྐྱེ་སྲིད།

ནད་མ་འགོས་པའི་ལུག་ཁྱུ་བདེ་ཐང་ཅན་ཡིན་ན་ཆུ་ལྷབ 2000 ~5000 བསྲེས་པའི་དུག་རྫ་སིའི་སྨན་ཆུས་སྨན་ཁྲུས་བྱས་ཏེ་ཇོ་ནད་སྔོན་འགོག་བྱེད་དགོས། དུས་མཚུངས་སུ 0.1%ཅན་གྱི་དུག་རྫ་སིའི་སྨན་ཆུའི་བཀྲན་སྦྲུག་གིས་ལུག་ཁང་དང་ཡོ་བྱད་བཅས་དུག་སེལ་བྱེད་དགོས།

3.སྔོན་འགོག ལོ་རེར་དུས་བཅད་ལྟར་སྨན་ཁྲུས་བྱེད་དགོས། དུས་རྒྱུན་དུ་ལུག་ཁྱུ་ལ་ཟ་འཐུག་ལང་གིན་ཡོད་མེད་དང་བལ་ལྷུང་གིན་ཡོད་མེད་བཅས་ལ་ཞིབ་བཤེར་བྱས་ཏེ། ནད་ལུག་རྙེད་པ་ན་དུས་ཐོག་ཏུ་བཀག་སྡོམ་གསོ་སྐྱོང་དང་སྨན་བཅོས་བྱེད་དགོས། གཞན་ནས་ཉོས་ཡོང་བའི་ལུག་ཁྱུ་ཡིན་ན་ཞིབ་བཤེར་ནན་ཏན་བྱེད་པ་དང་། ཐོག་མར་ཇོ་ནད་ཡོད་མེད་དང་ཇོ་ནད་བྱུང་སྲུང་མེད་བཅས་ཤེས་དགོས། ནད་ལུག་ཡོད་ན་བཀག་སྡོམ་སྨན་བཅོས་བྱེད་པ་དང་ཇོ་ནད་ཡོད་མེད་ཁོ་ཐག་ཆོད་རྗེས་ད་གཟོད་ལུག་ཁྱུར་བསྲེས་ཆོག

ཟུར་བཀོད། ཤ་སྤྱོད་ལུག་གི་རྒྱུན་སྤྱོད་འགོག་སྨན།

ཟུར་བཀོད་རེའུ་མིག ཤ་སྤྱོད་ལུག་གི་རྒྱུན་སྤྱོད་འགོག་སྨན།

སྨན་མིང་།	སྤྱོད་ཐབས་དང་སྤྱོད་ཚད།	སྨན་ནུས་ཐོན་ཡུན།	སྨན་ནུས་བསྲིང་ཡུན།	ཉ་དམ་བྱེད་ཚུལ།
ལུག་གི་ལོང་གཞིའི་དབྱུག་སྲིན་འགོག་སྨན།	ཟླ་3ཡན་གྱི་ལུག་གི་སྐྱི་ལྤགས་འོག་ཏུ་འགོག་སྨན་ཧྥོ་ཧྲིན་2རེ་དང་། ཟླ་3མན་གྱི་ལུ་གུའི་སྐྱི་ལྤགས་འོག་ཏུ་འགོག་སྨན་ཧྥོ་ཧྲིན་0.5~1བཅས་རྒྱག་དགོས།	ཉི་མ་14	ཟླ་5	ཏུའུ་2~15ཡི་སྐམ་བསིལ་ལྡན་སར་ཉ་དམ་བྱེད་པ། ནུས་ལྡན་དུས་བཅད་ལོ་1དང་བྱེད།
ལུག་གི་གཟེར་ཐེལ་དང་ལུག་གི་འཇག་སྲོས། ལུག་གི་རྒྱུ་མའི་དུག་ཁྲག་གི་ནད་གསུམ་འགོག་སྨན།	ཆེ་ལུག་ཆུང་ལུག་གང་ཡིན་ཡང་སྐྱི་ལྤགས་འོག་ཏུ་འགོག་སྨན་ཧྥོ་ཧྲིན་5རེ་རྒྱག་དགོས།	ཉི་མ་12~14	ལོ་བྱེད།	ཏུའུ་2~15ཡི་སྲིབ་འགྲིག་ཏུ་ཉ་དམ་བྱེད་པ། ནུས་ལྡན་དུས་བཅད་ལོ་2ཡིན།
ལུག་གི་ཏུལ་འབུ་ཕྲེང་བའི་ཆེན་དབྱང་ཧྭ་ལེའི་འགོག་སྨན།	ལུག་ཐམས་ཅད་ཀྱི་སྐྱི་ལྤགས་འོག་ཏུ་འགོག་སྨན་ཧྥོ་ཧྲིན་3རེ་རྒྱག་པ་དང་། ཟླ་3མན་གྱི་ལུ་གུར་འགོག་སྨན་བརྒྱབ་རྗེས། ཉི་མ་12~14འགོར་རྗེས་ཡང་བསྐྱར་འགོག་སྨན་ཧྥོ་ཧྲིན་3རེ་རྒྱག་དགོས།	ཉི་མ་21	ལོ་བྱེད།	ཏུའུ་2~15ཡི་སྲིབ་འགྲིག་ཏུ་ཉ་དམ་བྱེད་པ། ནུས་ལྡན་དུས་བཅད་ལོ་1དང་བྱེད་ཡིན།
ར་མའི་འགོ་ནད་རང་བཞིན་གྱི་བྲང་སྐྱི་སྣོ་ཚའི་ཆེན་དབྱང་ཧྭ་ལེའི་འགོག་སྨན།	ཟླ་ངོ་6ཡན་གྱི་ར་མའི་སྐྱི་ལྤགས་འོག་གམ་ཤ་གསེང་དུ་འགོག་སྨན་ཧྥོ་ཧྲིན་5རེ་རྒྱག་པ་དང་། ཟླ་ངོ་6མན་གྱི་ལུ་གུར་འགོག་སྨན་ཧྥོ་ཧྲིན་3རེ་རྒྱག་དགོས།	ཉི་མ་14	ལོ་1	ཏུའུ་2~10ཡི་སྲིབ་འགྲིག་ཏུ་ཉ་དམ་བྱེད་པ། ནུས་ལྡན་དུས་བཅད་ནི་ལོ་1དང་བྱེད་ཡིན།
ཁ་ཚ་སྨིག་ཚའི་དུག་ཞན་འགོག་སྨན།	ཤ་གསེང་ངམ་སྐྱི་ལྤགས་འོག་ཏུ་རྒྱག་པ་དང་། ཆེ་ལུག་ལ་ཧྥོ་ཧྲིན་1རེ། ལུ་གུར་ཧྥོ་ཧྲིན་0.5རེ་རྒྱག་དགོས།	ཉི་མ་14	ཟླ་4~6	ཏུའུ་2~6གི་ཁོར་ཡུག་འོག་ཏུ་ཟླ་ངོ་3ཡན་ལ་ཉ་དམ་བྱེད་མི་ཉུང་།
མན་ཅིན།	བལ་བྲེགས་རྗེས་ལུག་ལ་སྨན་ཁྲུས་བྱེད་དགོས།		ལོ་1	སྟོད་ཚད་དམའ་ན་དུས་ཡུན་རིང་པོར་ཉར་ཆོག

ཟུར་ལྟའི་དཔྱད་གཞི།

[1]ཧྲུ་ཏེན་ཀའོ། སོགས། ཤ་སྐྱོད་ལུག་གསོ་སྐྱོང་གཙོ་སྤེལ་ལག་རྩལ། [M] པེ་ཅིང་། ཀྲུང་གོ་ཞིང་ལས་ལག་རྩལ་དཔེ་སྐྲུན་ཁང་། 2013.

[2]ལེ་ཚེ་རྡོང་། སོགས། ཚད་ལྡན་ཅན་གྱི་ཤ་སྐྱོད་ལུག་གསོ་སྤེལ་ལག་རྩལ། [M] པེ་ཅིང་། ཀྲུང་གོ་ཞིང་ལས་ལག་རྩལ་དཔེ་སྐྲུན་ཁང་། 2012.

[3]ཆོན་ཁའི། སོགས། རིང་ཁྲུལ་གྱི་ཤ་སྐྱོད་ལུག་ར་རྫས་འགོད་དང་འཛུགས་···སྐྲུན། [M] པེ་ཅིང་། གསེར་ཕུབ་དཔེ་སྐྲུན་ཁང་། 2010.

[4]ཀོ་ཞིག་ཧྭན། སོགས། ཤ་སྐྱོད་ལུག་གི་ཐོན་སྐྱེད་ལག་རྩལ། [M] པེ་ཅིང་། ཀྲུང་གོ་ཞིང་ལས་སློབ་ཆེན་དཔེ་སྐྲུན་ཁང་། 2006.

[5]ཀྲའུ་ཆིས། སོགས། ནུས་ལྡན་བདེ་ཐང་ལུག་གསོ་སྤེལ་བྱེད་པའི་གནད་འགག་··ལག་རྩལ། [M] པེ་ཅིང་། རྫས་འགྱུར་བཟོ་ལས་དཔེ་སྐྲུན་ཁང་། 2013.

[6]ཕང་ལིན་ཧེ། སོགས། ཤ་སྐྱོད་ལུག་རྒྱ་ཁྱོན་ཅན་དང་ནུས་ལྡན་ཅན་གྱི་ཐོན་··སྐྱེད་ལག་རྩལ། [M] པེ་ཅིང་། རྫས་འགྱུར་བཟོ་ལས་དཔེ་སྐྲུན་ཁང་། 2012.

[7]ཀྲང་ཡོས། སོགས། ནུས་ལྡན་ཆ་ཚང་སྒོས་ཤ་སྐྱོད་ལུག་ཐོན་སྐྱེད་ལག་རྩལ། [M] པེ་ཅིང་། ཀྲུང་གོ་ཞིང་ལས་སློབ་ཆེན་དཔེ་སྐྲུན་ཁང་། 2005.

[8]ཀྲང་ཝེ་ཧྲུན། སོགས། ལུག་གི་གཟན་ཆས་སྡེབ་ཀ་གསར་བསྒྲིགས། [M] པེ་ཅིང་། རྫས་འགྱུར་བཟོ་ལས་དཔེ་སྐྲུན་ཁང་། 2009.

[9]ཀྲའོ་ཡུག་ཀྲང་གིས་གཙོ་བསྒྲིགས་བྱས། ལུག་ཐོན་སྐྱེད་རིག་པ། [M] པེ་ཅིང་། ཀྲུང་གོའི་ཞིང་ལས་དཔེ་སྐྲུན་ཁང་། 1995.

[10]དབྱང་ཞིན་ཕེན། སོགས། འགྲོ་ཞོར་འདུག་ཞོར་དུ་ལུག་གསོ་ཚུལ་སྦྱོང་བ། [M] པེ་ཅིང་། ཀྲུང་གོའི་ཞིང་ལས་དཔེ་སྐྲུན་ཁང་། 2010.